彩图 1 哈尔滨市园林种苗科研示范基地平面示意图

彩图 2 苗木生产区

彩图 3 各种容器育苗

彩图 4 苗圃剪形树

（1）美国红栌

（2）中华金叶榆

（3）金枝国槐

（4）红叶杨

（5）紫叶矮樱

（6）金叶女贞

（7）紫叶小檗

（8）紫叶李

（9）北美海棠

（10）红叶石楠

彩图 5 彩叶树

高等职业教育(专科)“十三五”规划教材

园林苗圃

(园林、林学、园艺等专业用)

第2版

王秀娟　梁俊香　主编

中国农业大学出版社
·北京·

内容简介

本书是高等职业教育(专科)“十三五”规划教材。全书包括园林苗圃的建立、种实生产技术、实生苗培育技术、营养繁殖育苗技术、设施育苗技术、大苗培育技术、园林苗圃病虫害防治与除草、苗木质量评价与出圃、常见苗木繁育技术、园林苗圃经营管理10个项目32个任务,每个项目包含知识目标和技能目标,大部分任务后附有自测训练和技能训练,供学生学习和实践使用。

本书可作为高职高专院校园林、林学、园艺等专业学生的教材,也可作为成人教育相关专业的教材,还可供园林绿化苗木生产、管理人员参考。

图书在版编目(CIP)数据

园林苗圃/王秀娟,梁俊香主编.—2版.—北京:中国农业大学出版社,2018.5

ISBN 978-7-5655-1998-7

Ⅰ.①园… Ⅱ.①王…②梁… Ⅲ.①园林-苗圃学-高等职业教育-教材 Ⅳ.①S723

中国版本图书馆CIP数据核字(2018)第055377号

书　名 园林苗圃 第2版

作　者 王秀娟 梁俊香 主编

策划编辑 姚慧敏　　**责任编辑** 洪重光

封面设计 郑 川

出版发行 中国农业大学出版社

社　址 北京市海淀区圆明园西路2号　　**邮政编码** 100193

电　话 发行部 010-62818525,8625　　读者服务部 010-62732336

编辑部 010-62732617,2618　　出 版 部 010-62733440

网　址 http://www.caupress.cn　　**E-mail** cbsszs @ cau.edu.cn

经　销 新华书店

印　刷 涿州市星河印刷有限公司

版　次 2018年5月第2版 2018年5月第1次印刷

规　格 787×1 092 16开本 18.25印张 450千字 彩插2

定　价 50.00元

编审人员
CONTRIBUTORS

主　编　王秀娟　梁俊香

副主编　李永晶　刘小菊　张伟燕　张变莉　潘　伟

参　编　何志君　胡　冰　白　龙

主　审　车代弟

顾　问　庞松龄

前 言
PREFACE

园林苗圃是高职高专园林技术专业的核心课程。在国家加快建设“生态文明”、建设“美丽中国”，树立和践行“绿水青山就是金山银山”理念的大背景下，推进生态环境建设和城乡绿化美化工程，必将推动园林苗圃业的快速发展。园林苗圃产业的升级和持续性发展，需要大量园林绿化苗木生产专业技术人员和管理人员。《园林苗圃》第2版的编写紧紧围绕现代苗圃业发展对高素质技能型人才的需求，根据园林苗木行业企业岗位任职能力的要求，以园林苗木生产过程为导向，以园林苗圃生产岗位典型工作任务为载体，进行教材内容的选取与设计。全书包括园林苗圃的建立、种实生产技术、实生苗培育技术、营养繁殖育苗技术、设施育苗技术、大苗培育技术、园林苗圃病虫害防治与除草、苗木质量评价与出圃、常见苗木繁育技术、园林苗圃经营管理10个项目，第2版新增了设施育苗技术和园林苗圃经营管理等方面的内容，丰富了自测训练和技能训练内容。教材编写注重突出科学性、先进性、适用性和职业性，引入最新的科技成果以及来自行业企业一线的成熟技术，理论联系实际，实践指导性强，充分体现工学结合的特色。

本教材由黑龙江农业工程职业学院王秀娟和沧州职业技术学院梁俊香任主编，黑龙江农业工程职业学院李永晶、新疆农业职业技术学院刘小菊、沧州职业技术学院张伟燕、河南农业职业学院张变莉、黑龙江农业职业技术学院潘伟任副主编，哈尔滨学院何志君、大庆市花圃胡冰、方正县林业局白龙参编。项目一由王秀娟编写，项目二由张伟燕编写，项目三由刘小菊编写，项目四由张变莉编写，项目五由潘伟编写，项目六由张变莉、胡冰编写，项目七由何志君编写，项目八和项目九由李永晶编写，项目十由梁俊香编写。全书由王秀娟、梁俊香统稿。彩色插图由王秀娟、庞松龄、白龙提供。

东北农业大学车代弟教授担任主审，她对本教材进行了审阅，并提出了宝贵意见。哈尔滨园林种苗科研示范基地庞松龄主任担任顾问，对教材内容的选取和工作任务的确定提出了宝贵意见。教材在编写过程中参阅和引用了有关专家、学者的专著、论文及教材等，在此一并致以最诚挚的谢意！

由于编者水平有限，书中不足之处在所难免，敬请各位读者批评指正，并提出宝贵意见，以便今后进一步修改完善。

编　者

2018年3月

目录 CONTENTS

Project 1

园林苗圃的建立

知识目标：

- 理解园林苗圃建立的基础理论知识。
- 学会园林苗圃规划设计的要点。

技能目标：

- 能根据当地的自然条件和经营条件正确选择苗圃地。
- 会设计苗圃平面图和编写说明书。
- 能完成中小型苗圃规划设计和组织施工。

任务一　园林苗圃的基本知识

随着科技的进步和经济的发展，人们对生存环境质量的要求也不断提高。随着园林绿化质量的逐年提高，园林绿化苗木的需求量也大大增加，而园林苗圃作为园林绿化苗木的重要来源，也有了新的发展机遇。建立具有高水准的苗圃，培育大量的新、奇、特苗木，是满足人们绿化、美化生活良好愿望，确保城乡绿化质量的重要条件之一。

一、园林苗圃的概念

园林苗圃是指为了满足城镇园林绿化建设需要，专门繁殖和培育各类园林苗木的场所。园林苗圃以园林树木繁育为主，同时包括城市景观花卉、草坪及地被植物的生产，并从传统的露地生产和手工操作方式，迅速向设施化、智能化方向过渡，成为园林植物工厂。园林苗圃又是园林植物新品种引进、选育、繁殖的重要场所。同时，园林苗圃本身也是城市绿地系统的一部分，具有公园功能，丰富城市园林绿化内容。

园林苗圃的任务就是以市场为导向，运用先进的科学技术手段、良好的生产设施和完善的经营管理体制，在较短的时间内，以较低的生产成本，通过引进、选育、快繁等手段，迅速培育出各种用途、各种类型的园林植物苗木，以满足园林绿化市场的需要，取得明显的经济效益和社会效益。

二、园林苗圃的类型及特点

(一)按园林苗圃面积划分

1. 大型苗圃

面积在 20 hm^2 以上。大型苗圃一般投资多，产量大，生产的苗木种类齐全，包括乔木、花灌木、露地草本花卉、草坪和地被植物等，拥有先进设施和大型先进设备，技术力量强，承担一定的科研和开发任务，生产技术和管理水平高，生产经营期限长。

2. 中型苗圃

面积为 3～20 hm^2。生产的苗木种类多，设施先进，生产技术和管理水平较高，生产经营期限长。

3. 小型苗圃

面积为 3 hm^2 以下。生产苗木种类较少，规格单一，经营期限不固定，往往随市场需求变化而更换生产苗木种类。

(二)按园林苗圃所在位置划分

1. 城市苗圃

位于市区或郊区，能够就近供应所在城市绿化用苗，运输方便，苗木适应性强，成活率高，适宜生产珍贵的和不耐移植的苗木，以及露地花卉和节日摆放用盆花。

2. 乡村苗圃(苗木基地)

乡村苗圃是随着城市土地资源紧缺和城市绿化建设迅速发展而形成的新类型苗圃,现已成为供应城市绿化建设用苗的重要来源。由于土地成本和劳动力成本低,适宜生产城市绿化用量较大的苗木,如行道树大苗、绿篱苗木、花灌木大苗等。

(三)按园林苗圃育苗种类划分

1. 专类苗圃

面积较小,生产苗木种类单一。有的只生产一种或少数几种要求特殊培育措施的苗木,如专门生产果树嫁接苗、月季嫁接苗等;有的专门从事某一类苗木生产,如针叶树苗木、棕榈苗木等;有的专门利用组织培养技术生产组培苗等。

2. 综合苗圃

多为大、中型苗圃,生产的苗木种类齐全,规格多样化,设施先进,管理水平高,技术力量强,通常将引种试验与开发工作纳入其中。

(四)按园林苗圃经营期限划分

1. 固定苗圃

规划建设使用年限通常在10年以上,面积比较大,生产苗木种类较多,机械化程度较高,设施先进。大、中型苗圃一般都是固定苗圃。

2. 临时苗圃

通常是在接受大批量育苗合同订单,需要扩大育苗生产用地面积时临时设置的苗圃。经营期限仅限于完成合同任务,以后往往不再继续生产经营园林苗木。

三、园林苗圃的功能

园林苗圃可为城市绿地建设提供大量的园林绿化苗木,是城市园林绿化建设事业的重要保障。随着城镇园林绿化水平的不断提高,园林苗圃已由单一的生产功能向集生产、科研、科普教育和休闲于一体的多功能方向发展。

1. 生产和经营功能

园林苗圃的首要功能是为城镇园林绿化繁殖和培育各种用途、各种规格、各种类型(或品种)、成本低、数量充足的优质苗木,如庭荫树、园景树、行道树、花灌木、绿篱植物、攀缘植物、盆花、草坪及地被植物等,以满足城镇园林绿化市场的需求。园林苗圃是一种集约经营方式,不仅可以充分利用人力、物力、财力,而且可以合理经济地利用土地,提高单位面积产苗量。一些规模较大、设施先进、科技含量高的专业化苗圃,在工厂化的生产条件下,产苗的数量比一般苗圃要高出几倍、几十倍或更多,有的可以做到一年四季育苗。其苗木的质量也大大提高。同时,园林苗圃也是开展科普教育和生态休闲观光的场所,达到花卉苗木生产和游憩观光共同发展的有机结合,做到资源的优化与合理利用,产生的经济效益较高。

2. 科研和教学功能

园林苗圃内的植物是进行科学研究的对象,通过对其生物学特性、生长发育规律、对环境条件的适应性和抗逆性的观察和鉴定,开展新品种的引进、驯化和选育等研究,培育和选育出更优良的园林绿化苗木品种,以满足城市园林绿化的需要。同时,园林苗圃与科研院所、大专院校开展合作与交流,实现生产、科研、教学相结合,园林苗圃中的各种园林植物,也是园林或相关专业师生进行教学和实习的良好材料。

3.辐射和示范功能

园林苗圃是科技成果的推广示范基地。根据园林绿化市场的需求，由苗圃生产优良的新品种种苗，提供给苗木种植户生产商品苗，并将新的栽培方法和育苗技术，辐射到周边苗木生产专业户和广大农户，促进苗木品种结构更新。同时，园林苗圃可以通过苗木的引种、驯化、培育、推广和应用，在一定程度上影响城市园林绿化的发展方向，对园林绿化具有极大的推动作用。

任务二　园林苗圃的合理布局和用地选择

一、园林苗圃的合理布局

1.园林苗圃合理布局的原则

园林苗圃是城市绿化建设的重要组成部分，应根据城镇园林绿化任务的大小，科学规划苗圃的种类、数量、位置和面积。城市苗圃应分布于近郊，乡村苗圃（苗木基地）应靠近城市，以方便运输。总之，以育苗地靠近用苗地为合理，这样可以降低成本，提高成活率。

2.园林苗圃数量和位置的确定

大城市通常在市郊设立多个园林苗圃。设立苗圃时应考虑设在城市的不同方位，以便就近供应城市绿化所需苗木。中、小城市要考虑在城市绿化重点发展的方位设立园林苗圃。城市园林苗圃总面积应占城区面积的2%～3%，按一个城区面积为1 000 hm^2 的城市计算，建设园林苗圃的总面积应为20～30 hm^2。

乡村苗圃（苗木基地）的设立，应重点考虑生产苗木所供应的范围。在一定的区域内，如果城市苗圃不能满足城市绿化需要，可考虑发展乡村苗圃。在乡村建立苗圃，最好相对集中，即形成园林绿化苗木生产基地，这样对于资金利用、技术推广和产品销售十分有利。

二、园林苗圃的用地选择

园林苗圃位置的选择直接影响到培育苗木的质量和产量，关系到苗圃今后生产经营的好坏，因此，在选址时要对苗圃的经营条件和自然条件进行可行性综合分析，慎重考虑苗圃的地点在生产经营上是否方便，苗圃及周围的自然环境是否有利于苗木的生长。只有这样才能培育出优质的园林植物，使苗圃创造较高的经济效益。

(一)经营条件

经营条件主要包括以下几个方面。

1.交通条件

种苗的运输距离和运输所需时间是影响苗木价格和成活率的重要因素。园林苗圃在选址时，应选择交通便利，靠近公路、铁路或水路的地方，便于苗木出圃外运和材料物资的运入，一般选择市郊，对城市也是大型的天然氧吧。

2. 劳动力和技术指导条件

种苗生产是劳动密集型行业，园林苗圃尽量选择靠近村镇的地方，以便于解决劳力、畜力、电力等问题，尤其在早春苗圃工作繁忙时，便于补充临时劳动力。条件允许时尽量将苗圃设在相关的科研单位、大专院校、林业站等附近，有利于培养大批有技术的劳动力，同时可以推进新品种应用、采用先进的技术指导及采用机械化作业等。

3. 服务设施

苗圃选址还应考虑周边是否有便利的电力、通信、灌溉等服务设施和一定的基础办公条件，以保证苗圃的正常生产经营。

4. 远离污染源

污染源主要是指远离空气污染、土壤污染和水污染。苗圃选址时要远离污染源，尽量远离工厂或其他对环境产生污染的企业等。

5. 销售条件

苗圃选址要做好市场调查，确定苗木需求地区的最大面积以保证苗木的供应。新建苗圃需配备一定数量业务熟练的干部和工人队伍，创造良好的经营条件，以利于提高苗圃的经营管理水平。

（二）自然条件

1. 地形、地势及坡向

园林苗圃应尽量选择背风向阳、排水良好、地势较高、地形平坦的开阔地带。坡度一般以1°～3°为宜，坡度过大，易造成水土流失，降低土壤肥力，不便于机械化作业；坡度过小，不利于排除雨水，容易造成渍害。具体坡度因地区、土质不同而异，一般在南方多雨地区，坡度可适当增加到3°～5°，以利于排水；北方少雨地区，坡度可小一些；在较黏重的土壤上，坡度适当大些；在沙性土壤上，坡度宜小些。积水洼地、重度盐碱地、峡谷风口等地，不宜选作苗圃地。

在坡度大的山地建立园林苗圃时，应修筑梯田进行苗木生产。由于地形起伏较大，不同的坡向，气象条件、土壤条件差别较大，会对苗木生长产生不同的影响。南坡背风向阳，光照时间长，光照强度大，温度高，昼夜温差大，湿度小，土层较薄；北坡与南坡相反；东、西坡介于南坡与北坡之间，但东坡在日出前到中午的较短时间内会形成较大的温度变化，而下午不再接受日光照射，因此对苗木生长不利；西坡由于冬季受到寒冷的西北风侵袭，易造成苗木冻害。我国地域辽阔，气候差别大，栽培的苗木种类也不尽相同，可根据不同地区的自然条件和育苗要求，选择适宜的坡向。北方地区冬季寒冷，且多西北风，最好选择背风向阳的东南坡中下部作为苗圃地，对苗木顺利越冬有益。南方地区温暖湿润，常以东南坡和东北坡作为苗圃地。

2. 土壤条件

园林苗圃的土壤条件十分重要，苗木生长所需的水分和养分主要来源于土壤，植物根系生长所需的氧气、温度也来源于土壤，因此，土壤对苗木的生长，尤其是对苗木根系的生长影响很大。苗圃在选址时要对土壤进行仔细的化验、分析，选择适宜苗木生长的土壤。土层较厚、排水良好的沙壤土或轻黏质壤土，持水保肥和透气性能好，适宜苗木生长。过分黏重的土壤，排水、通气不良，雨后泥泞，易板结，干旱时易龟裂，土壤耕作困难，不利于根系生长。过于沙质的土壤结构疏松，肥力低，持水力差，夏季土表温度高，易灼伤幼苗，而且不易带土坨移栽。

土壤深度对苗木的生长有重要影响。一般土层厚度不低于 60 cm，且排水良好的土壤对种苗生产最为有利。作为种苗生产用地的土壤多数情况下要求土层厚度 1.2 m 之内不能有硬盘层（不透水层），地表以下 40 cm 内不能有石块。

土壤酸碱度也是影响苗木生长发育的重要因素之一。重盐碱地及过分酸性土壤，不宜选做苗圃。一般树种以中性、微酸或微碱性土壤为好，一般针叶树种要求土壤 pH 为 5.0～6.5，阔叶树种要求土壤 pH 为 6.0～8.0。如果土壤条件差，可以通过土壤改良的办法来解决。

3. 水源及地下水位

园林苗木在生长发育过程中必须有充足的水分供应。因此，水源和地下水位也是园林苗圃选址的重要条件之一。苗圃最好选择在河流、湖泊、池塘、水库等天然水源附近，以利于引水灌溉，同时也利于使用喷灌、滴灌等现代化灌溉技术。这些天然水源水质好，有利于苗木生长。若无天然水源或水源不足，则应选择地下水源充足，可以打井灌溉的地方作为苗圃，但应注意两个问题：一是地下水位情况，地下水位高，土壤通透性差，苗木根系生长不良，地上部分易发生徒长，秋季易受冻害，且多雨时易造成涝灾，干旱时易发生盐渍化；地下水位过低时，土壤易干旱，需增加灌溉次数及灌水量，提高了育苗成本。适宜的地下水位一般为沙壤土 1.5～2.0 m，壤土为 2.5～4.0 m。二是水质问题，苗圃灌溉用水要求为淡水，水中含盐量不要超过 0.1%，最高不得超过 0.15%，水中有淡水小鱼虾，即为适合作灌溉水的标志。

4. 气象条件

地域性气象条件通常是不可改变的，因此，园林苗圃不能设在气象条件极端的地域。高海拔地域年平均气温过低，大部分园林苗木的正常生长受到限制，不适宜建立园林苗圃。年降水量小，通常无地表水源，地下水供给也十分困难的气候干燥地区，不适宜建立园林苗圃。经常出现早霜冻和晚霜冻，以及冰雹多发地区，会因不断发生灾害，给苗木生产带来损失，也不适宜建立园林苗圃。某些地形条件，如地势低洼、风口、寒流汇聚处等，经常形成一些灾害性气象条件，对苗木生长不利，一般不宜建立园林苗圃。总之，园林苗圃应选择气象条件比较稳定、灾害性天气很少发生的地区。

5. 病虫害情况

苗圃在选址时，要做专门的病虫害调查，了解圃地及周边的植物感染病害和发生虫害的情况。病虫害过于严重的地区，并且未能得到治理，则不宜在该地建立苗圃，尤其对园林苗木有严重危害的地下害虫、蛀干害虫，以及一些难以根除的病害，如立枯病、根瘤病等需格外注意。另外，苗圃用地是否生长着某些难以根除的灌木杂草，也是需要考虑的问题之一，过多的灌木、杂草根系可能需要花费很多时间去清理、耕作。杂草不仅与苗木争夺水分、养分、空间，而且滋生病虫害。

园林苗圃的选址和建立需要大量资本的投入。为了更好地规避市场风险，保证基地从选址到规划，再到生产经营的全过程得以顺利实施，应构建一个复合型的项目建设团队，负责项目的选址和规划，制定苗圃选址标准，然后从气候、土壤、水文、地形、先前的土地利用、土地成本、交通区位等关键因素进行综合评估，选择评价最高的土地。

任务三 园林苗圃的规划设计

一、园林苗圃规划设计的准备工作

园林苗圃在规划设计前应对苗圃范围的历史、现状、地形地貌、土壤、植被、气候、水文等自然条件和居民点、交通等社会经济条件进行勘察与调查论证，提供苗圃规划设计的基础资料。

1. 踏勘

由苗圃设计人员会同施工人员、经营管理人员以及相关人员到已确定的圃地范围内进行实地踏勘和调查访问，了解苗圃地的现状、历史、地权地界、地势、土壤、植被、水源、交通、病虫草害、有害动物以及周围的环境、自然村的情况等，并提出苗圃规划的初步意见。

2. 测绘地形图

平面地形图是苗圃进行规划设计的重要依据和基本材料。如果没有土地规划部门提供的地形图，要进行测量并绘制。地形图的比例一般为(1∶2 000)～(1∶500)，等高距为 20～50 cm。与设计直接有关的山、丘、河、沟、湖、井、道路、桥、房屋、高压线等地上物都应尽量绘入。对圃地的土壤分布和病、虫、草害及有害动物分布区域的界限都应标入地形图。

3. 土壤调查

根据圃地自然条件、地势及指示植物的分布，选定典型地区的土壤进行分析评价。分别挖取土壤剖面，观察和记录土层厚度、组成、pH、地下水位等，必要时可采样分层进行分析，弄清圃地内土壤的种类、分布、肥力状况和土壤改良的途径，并在地形图上绘出土壤分布图，以便合理使用土地。

4. 病、虫、草害和有害动物调查

主要调查圃地内的土壤地下害虫(如金龟子、地老虎、蝼蛄、金针虫)、有害鼠类、深根性杂草等情况。圃地病虫害调查可采取挖土坑分层调查，通过调查制定病虫害防治工程项目。

5. 气象资料的收集

向当地气象台或气象站了解有关的气象资料，不仅是进行苗圃规划设计的需要，也是进行苗木生产管理的需要。需要收集的气象资料包括气温、地温、日照长度、降水量、相对湿度、风力、风向、降雪、霜冻、冰雹以及当地小气候情况等。

二、园林苗圃用地的区划

园林苗圃用地一般包括生产用地和辅助用地两部分。

(一)生产用地的设置

生产用地是指直接用于培育苗木的土地，通常包括播种繁殖区、营养繁殖区、苗木移植区、大苗培育区、设施育苗区、采种母树区、引种驯化区以及轮作休闲地等。生产用地通常占苗圃总面积的80%左右，为了方便耕作，其内设立若干个作业区，即育苗区，是苗圃中进行生产的基本单位。

1.播种繁殖区

播种繁殖区是培育播种苗的区域。播种繁殖是整个育苗工作的基础和关键,而实生幼苗对不良环境的抵抗力弱,对土壤质地、肥力和水分条件要求较高,管理要求精细。所以,播种区应选全圃自然条件和经营条件最好的地段,并优先满足其对人力、物力的需求。播种繁殖区应靠近管理区,要求地势较高而平坦,坡度小于2°;接近水源,排灌方便;土层深厚,土壤肥沃;背风向阳,便于防霜冻。如果是坡地,要选择最好的坡段和坡向。

2.营养繁殖区

营养繁殖区是培育扦插苗、压条苗、分株苗和嫁接苗的区域,一般占育苗面积的8%。这一作业区与播种区的条件要求基本相同,应设在土层深厚、地下水位高、灌排方便的区域。扦插苗区可适当设在较低洼的地方且着重考虑灌溉和遮阴条件。具体的要求还要依营养繁殖的种类、育苗设施不同而有所差异,如杨、柳类的扦插繁殖区,可利用比较低洼的地块或零星的土地,条件要求不必过高;珍贵树种扦插和进行嫩枝扦插、冬季扦插的要靠近管理区,在大棚或温室内进行,条件最好。培育嫁接苗时应当选择与播种区自然条件相当的地段。压条和分株育苗的繁殖系数低,育苗数量较少,不需要占用较大面积的土地,通常利用零星分散的地块育苗。

3.苗木移植区

又叫小苗区,是培育各种移植苗的作业区,一般占育苗面积的10%~15%。由播种区和营养繁殖区中繁育出来的苗木,需要进一步培养成较大的苗木时,则应移入移植区中进行培育。依苗木规格要求和生长速度不同,往往每隔2~3年移植一次,逐渐扩大株行距,增加苗木营养面积。移植区占地面积较大,一般设在土壤条件中等、地块大而整齐的地方。同时依据苗木的不同生态习性进行合理安排,如杨树、柳树等,可设在地势较低、土壤湿润的地段;松柏类等常绿树则应设在较高燥而土壤深厚的地方,以利带土球出圃;进行裸根移植的苗木,可以选择土质疏松的地段栽植。

4.大苗培育区

大苗培育区是培育有一定树形、根系发达、苗龄较大并经过整形的各类大规格苗木的作业区,一般占育苗面积的75%。在大苗区培育的苗木,通常在移植区内进行过一次或多次的移植,在本区出圃前不再进行移植,且培育年限较长。大苗区的特点是株行距大,占地面积大,培育出的苗木规格大,根系发育完全,可以直接用于园林绿化。大苗区一般选在土层较厚、地下水位较低、地块整齐、运输方便的区域。为了出圃时运输方便,最好在靠近苗圃的主干道或在大苗区靠近出口处建立苗木假植区和发苗站,以利苗木出圃。

5.引种驯化区

本区用于培育、驯化由外地引入的园林植物新品种,目的是观察其生长、繁殖、栽培情况,从中选育出适合本地区栽培的新品种,进而推广应用。引种区面积占育苗面积的2%~3%,对土壤、水源等条件要求较严,选择有一定小气候条件的地块进行适应性驯化栽培,最好安排在环境条件较好的位置,靠近管理区便于观察研究记录。此区可单独设立试验区或引种区,或二者相结合。

6.采种母树区

为了获得优良的种子、插条、接穗等繁殖材料而设立的生产区。该区占地面积小,一般占育苗面积的2%。但对栽培条件、管理水平等要求较高，要求土层深厚、肥沃、地下水位较低。有些园林苗圃采取与周边农民签订合同的方式，特约繁殖母树。另外，有些乡土树种还可以利用防护林带和沟边、渠旁、路边进行栽植，或在办公区的院内栽植。

7. 设施育苗区

利用温室、大棚等设施进行育苗而设置的生产区。一般需要较高的投资，同时具有较高的生产率和经济效益，在北方地区可一年四季进行育苗。该区应设在管理区附近，要求土壤条件好，比较高燥而且背风向阳的地区，离管理区较近，用水、用电方便。

(二)辅助用地的设置

辅助用地又称非生产用地，主要包括苗圃的道路系统、排灌系统、防护林及管理区建筑用地等，是为苗木生产服务的。一般占苗圃总面积的20%～25%。设计时既要满足生产的要求，又要尽量少占用土地。

1. 道路系统的设置

苗圃中的道路是连接各作业区之间及各作业区与管理区之间的纽带。道路系统的设置及宽度，应以保证车辆、机具和设备的正常运行，便于生产和运输为原则，并与排灌系统和防护林带相结合。苗圃道路系统通常设一、二、三级道路和环路。在进行设计时，首先在交通方便的地方决定出入口。一般道路占地面积为苗圃总面积的7%～10%。

一级路：也称主干道。设置在苗圃的中轴线上，连接苗圃出入口和管理区，能够允许通行载重汽车和大型耕作机具。通常设置一条或两条相互垂直的主干道，大型苗圃的主干道宽6～8 m，标高高于作业区20 cm。

二级路：也称副道、支道。是一级路通达各作业区的分支道路，应能通行载重汽车和大型耕作机具。通常与主干道垂直，与各作业区相连，设计路面宽度一般为4～6 m，标高高于作业区10 cm。

三级路：也称步道、作业道。是沟通各作业区的道路，与二级路垂直，设计路面宽度一般为2 m。

环路：也称环道。设在大型苗圃四周防护林带内侧，供车辆、机具等回转通行使用，中小型苗圃视具体情况而定。设计路面宽度一般为4～6 m。

2. 灌溉系统的设计

园林苗圃必须有完善的灌溉系统，以保证苗木充足的水分供应。灌溉系统主要包括水源、提水设备和引水设施三部分。

(1)水源　主要包括地面水和地下水两类。地面水指河流、湖泊、池塘、水库等，以无污染的地面水灌溉最为理想，因为地面水温度较高，水质较好，而且含有部分养分，对苗木生长有利；地下水指泉水、井水等，其水温较低，最好建蓄水池存水，以提高水温。在条件允许的情况下，水井应设在地势较高的地方，以便于地下水提到地面后自流灌溉，同时水井设置要均匀分布在苗圃各区，以便缩短引水和送水的距离。

(2)提水设备　目前多用提水工作效率高的水泵。水泵规格的大小，应根据土地面积和用量的大小确定。如安装喷灌设备，则要用5 kW以上的高压水潜水泵提水。

(3)引水设施　有地面明渠引水和暗管(管道)引水两种形式。

①明渠引水。土筑明渠沿用已久，其占地多、渗漏量大、水流速度缓慢、蒸发量大、易冲垮，需注意经常维修，但修建简便，投资少，建造容易，目前有的地方仍在使用。现多采用水

泥槽做水渠，既节水又经久耐用。水渠一般分为三级：一级渠道(主渠)是把水由水源直接引出的渠道，是永久性的，一般顶宽为1.5～2.5 m；二级渠道(支渠)是把水由主渠引向各作业区的渠道，通常也是永久性的，顶宽为1～1.5 m；三级渠道(毛渠)是临时性的小水渠，一般宽1 m左右。主渠和支渠是用来引水和送水的，水槽底应高于地面，毛渠则直接向圃地灌溉，不宜设置过高，一般底部不应超出地面，以免冲刷量过大。各级渠道的设置应与各级道路相配合，渠道方向与作业区方向一致，且各级渠道互相垂直，同时毛渠又与苗木栽植行垂直，以利灌溉。渠道还应有一定的坡度，一般坡降在1/1 000～4/1 000之间，土质黏重的地段坡度可大些，但不超过7/1 000。水渠边坡一般采用45°为宜。引水渠道占地面积一般为苗圃总面积的1%～5%。

②管道引水。通过管道引水可实施喷灌、滴灌、渗灌等节水灌溉技术。采用管道引水时其主管和支管均埋于地下，不占用土地，其深度以不影响机械作业为度，阀门设于地端以方便使用。喷灌、滴灌、渗灌等灌溉方式比地面灌溉节水效果显著，避免地表径流和深层渗漏，一般可省水20%～40%，灌溉效果好，而且节省劳动力，工作效率高，能够减少对土壤结构的破坏，保持土壤原有的疏松状态。管道灌溉近年来在国内外均发展较快，在水资源缺乏地区，用管道灌溉是苗圃灌溉的发展方向。

3.排水系统的设置

排水系统对地势低、地下水位高、降水量多而且集中的地区非常重要。排水系统主要由大小不同的排水沟组成，排水沟常分为明沟和暗沟两种，目前多采用明沟排水。排水沟的宽度、深度、位置应根据苗圃的地形、土质、雨量、出水口的位置等因素综合决定，并且保持雨后尽快排除积水，同时要尽量少占土地。一般大排水沟应设在苗圃最低处，直接通入河、湖或市区排水系统；中小排水沟通常设在路旁。在地形、坡向一致时，排水沟和灌溉渠往往各居道路一侧，形成沟、路、渠并列。大排水沟一般宽1 m以上，深0.5～1 m；作业区内小排水沟宽0.3～1 m，深0.3～0.6 m。有的苗圃为防止外水进入，排除内水，常在苗圃四周设宽而深的排水沟，效果较好。排水系统占地一般为苗圃总面积的1%～5%。

4.防护林带的设置

设置防护林带是为了降低风速，避免苗木遭受风沙为害，减少地面蒸发和苗木蒸腾，创造适宜苗木生长的小气候条件和适宜的生态环境。防护林带的设置规格，应由苗圃面积的大小、风害的严重程度决定。一般防护林带的防护范围为树高的15～20倍，可据此设置辅助防护林带。一般小型苗圃设一条与主风方向垂直的防护林带；中型苗圃在四周设防护林带；大型苗圃不仅在四周设防护林带，而且在圃内结合道路、沟渠，设置与主风方向垂直的辅助林带。苗圃中防护林带的占地面积为苗圃总面积的5%～10%。

林带结构以乔木、灌木混交的疏透式为宜。林带宽度和密度依苗圃面积、气候条件、土壤和树种特性而定，一般主林带宽8～10 m，株距1.0～1.5 m，行距1.5～2.0 m；辅助林带由2～4行乔木组成，株行距根据树木品种而定。林带的树种应选当地适应性强、生长迅速、树冠高大、寿命较长的乡土树种，亦可结合采种、采穗母树和有一定经济价值的树种，如建材、蜜源、油料、绿肥等，以增加收益，便利生产。为了加强生产基地的防护，防止人们穿行和畜类窜入，可在林带外围种植带刺的或萌芽力强的灌木，减少对苗木的危害。

5.管理建筑区的设置

该区包括房屋建筑和苗圃内场院两部分。管理区房屋建筑主要包括行政办公室、食堂、员工宿舍、仓库、种子贮藏室、工具房、车库、商店等；苗圃场院主要包括假植场、积肥场、晒场、运动场等。苗圃的建筑管理区应设在交通方便，地势高燥，接近水源、电源的地方或不适合育苗的地方。大型苗圃的建筑群最好设在苗圃的中心，以便于整个苗圃的经营管理。积肥场、畜舍要放在比较隐蔽和便于运输的地方。本区占地面积一般为苗圃总面积的 1%～2%。

三、园林苗圃用地面积的计算

为了合理使用土地，保证育苗计划的完成，对苗圃面积必须进行正确的计算，以便于征收土地、苗圃区划和建设等具体工作的进行。苗圃的总面积包括生产用地面积和辅助用地面积两部分。

(一)生产用地面积计算

生产用地是指直接用来生产苗木的土地，一般占苗圃总面积的 75%～85%，大型苗圃生产用地所占比例较大，通常在 80%以上。随着苗圃面积缩小，由于必需的辅助用地不可减少，所以生产用地比例一般会相应下降。

计算苗圃生产用地面积，主要依据计划培育苗木的种类、数量、规格要求，结合出圃年限、育苗方式以及轮作等因素。

如果确定了单位面积的产量，即可按下面公式进行计算：

$$S = \frac{NA}{n} \times \frac{B}{C}$$

式中：S——某树种育苗所需面积，hm^2；

N——该树种的计划年产量，株/年；

A——该树种的培育年限，年；

n——该树种单位面积产苗量，株/hm^2；

B——轮作区的总区数；

C——该树种每年育苗所占的轮作区数。

例如，某苗圃每年出圃二年生紫薇实生苗 50 000 株，采用 3 区轮作，即每年有 1/3 的土地休闲，2/3 的土地育苗，计划产苗量为 150 000 株/hm^2，则

$$S=\frac{50\ 000\times 2}{150\ 000}\times\frac{3}{2}=1(hm^2)$$

目前，我国一般不采用轮作制，而是以换茬种植为主，故 B/C 为 1，所以需要育苗地面积为 0.667 hm^2。依上述公式计算出的结果是理论数字，在实际生产中因移植苗木、起苗、运苗、贮藏以及自然灾害等，苗木将受到一定损失，因此，还需将每年的计划产苗量增加 3%～5%的损耗，并增加相应用地面积，以确保完成育苗任务。

(二)辅助用地面积计算

辅助用地是指非直接用于育苗生产的防护林、道路系统、排灌系统、堆料场、苗木假植以及管理区建筑用地等。苗圃辅助用地面积不超过苗圃总面积的 20%～25%，一般大型苗圃的辅助用地面积为总面积的 15%～20%，中小型苗圃占 18%～25%。

四、设计图的绘制与说明书的编写

1.绘制设计图前的准备

在绘制设计图前，要明确苗圃的位置、圃界、面积、育苗任务、苗木供应范围还要了解育苗的种类、数量和出圃规格，确定苗木的生产和灌溉方式，必要的建筑和设施、设备的设置方式，并收集各有关的图面材料，如地形图、平面图、土壤图、植被分布图，调查有关的自然条件、经营条件和其他相关资料等。

2.设计图的绘制

对收集齐全的资料进行全面综合分析，确定大的区划设计方案，在地形图上绘出主要建筑区建筑物的具体位置、形状、大小以及路、渠、沟、林带等位置，再依据其自然条件和机械化条件，先确定适宜的耕作区长度、宽度及方向，然后根据各育苗区的要求，合理安排出各育苗场地，绘出苗圃设计草图，最后多方征求意见，进行修改，确定正式方案。正式方案确定后，就要对整个方案进行各方面的详细规划，包括每个功能区(育苗区)及作业区的准确形状、尺寸，完成总平面图定稿，绘制各专项(包括道路系统、灌溉系统、建筑布局)总图以及各局部建筑、道路、沟渠等详细的平面、立图面，根据需要，绘制体现整体场地面貌的鸟瞰图。

在绘制正式图时，应按地形图的比例尺，将建筑物、道路、沟渠、林带、作业区及育苗区按比例绘制，排灌方向要用箭头表示，图上要标明图例、比例尺、植被方向等，同时将各区各建筑物应加以编号或文字说明，以便识别各区位置。

3.设计说明书的编写

设计说明书亦是园林苗圃规划设计的文字材料，它与园林苗圃设计图构成苗圃设计两个不可缺少的组成部分。图纸上没有表达或不易表达的内容，都必须在说明书中加以说明。说明书一般分为总论和设计两部分进行编写。

(1)总论　主要叙述该地区的经营条件和自然条件，并分析其对育苗工作的有利和不利因素，以及相应的改进措施。

(2)设计部分　主要包括苗圃面积计算、区划说明，耕作区的大小、各育苗区的配置、道路系统的设计、排灌系统的设计、防护林带的设计、育苗技术设计、建圃投资和苗木成本回收及利润计算等。

任务四　园林苗圃的建设施工

园林苗圃的建设，主要指兴建苗圃的一些基本建设工作。主要项目有各类房屋、温室、大棚的建设，道路、排水、灌水渠的修建，水、电、通信的引入，土地平整和防护林带以及防护设施的修建。其中，房屋建设和水电、通信的引入工作量大，独立性强，应在其他项目施工前修建完成。

一、房屋建设和水电、通信的引入

水电、通信是搞好基建的先行条件，应最先安装引入。为了节约土地，办公用房、仓库、车库、机具库、种子库等最好集中一地兴建，尽量建成楼房。组培室一般建在管理区内。

二、圃路的施工

圃路施工前，先在设计图上选择两个明显的地物或已知点，定出主干道的实际位置，再以主干道的中心线为基线，进行其他圃路的定点放线工作，然后方可进行修建。圃路种类很多，有土路、石子路、灰渣路、水泥路或柏油路等，可根据具体情况修建。

三、灌溉工程的施工

圃内渠道修建时，先打机井安装水泵，或泵引河水。引水渠道的修建最重要的是使渠道落差均匀，符合设计要求，要用水准仪精确测量，打桩后认真标记。如果修筑明渠，则按设计要求，依渠道的高度、顶宽、底宽进行填土、分层、踏实，筑成土堤。当达到设计高度时，再在坝顶开渠，夯实即成。在沙质土地区，水渠的底部和两侧要用二级土或三合土加固，以防渗水。为了节约用水，现在大都采用水泥渠做灌水渠，修建的方法是先修成土渠，然后再在土渠沟中向下向四周挖一定厚度的土，挖土厚度与水泥渠厚度相同，在沟中放置钢筋网，浇筑水泥，之后用木板压制即成。修暗渠时，也应按照设计要求，依坡度、坡向、深度进行埋设。

四、排水工程的施工

排水工程一般先挖向外排水的总排水沟，中排水沟与道路两侧的边沟相结合，与修路同时挖掘而成，作业区内的小排水沟可结合整地进行挖掘，还可利用略低于地面的步道来代替。为了防止边坡坍塌，堵塞排水沟，可在排水沟挖好后，种植紫穗槐、柽柳等护坡树种，并注意排水沟的坡降和边坡都要符合设计要求。

五、防护林带的营建

一般在房屋、道路、渠、排水沟竣工后，立即营建防护林，以保证开圃后尽早起到防护作用。根据树种的习性和环境条件，可采用种植树苗、埋干、插条或埋根等方法，但最好是能使用大苗栽植，或做到乔灌木相结合，能尽早起到防风作用。树种的选择、栽植的株行距均应按照设计要求进行，栽后要加强养护，以保证成活。

六、土地平整及土壤改良

坡度较小的可结合翻耕进行平整工作，或待开圃后结合耕作播种和苗木出圃等时节，逐年进行平整；坡度较大的山地苗圃需修梯田，因此项工作量大，应提早进行施工。圃地中如有盐碱土、沙土、重黏土或城市建筑废墟地等，因不适合苗木生长，应在建圃时进行土壤改良工作。对盐碱地可采用开沟排水，引淡水冲碱等措施加以改良；轻度盐碱土可采用深翻晒土，多施有机肥料，灌冻水和雨后及时中耕除草等农业技术措施，逐年改良；对沙土，最好掺入黏土，多施有机肥进行改良，并适当增设防护林带等；对重黏土则应用混沙、深耕、多施有机肥料、种植绿肥和开沟排水等措施进行改良。对城市废墟或城市撂荒地的改良，应以清除耕作层中的砖、石、木片、石灰等建筑废弃物为主，然后进行客土、平整、翻耕、施肥，即可育苗。

自测训练

一、填空题

1.园林苗圃按面积划分为（　　　　）、（　　　　）和（　　　　）三种类型。

2.园林苗圃的主要功能有（　　　　）功能、（　　　　）功能、（　　　　）功能。

3.城市园林苗圃总面积应占城区面积的（　　　　）。

4.园林苗圃用地一般包括（　　　　）和（　　　　）两部分。

5.园林苗圃辅助用地包括（　　　　）、（　　　　）、（　　　　）、（　　　　）以及（　　　　）等。

6.园林苗圃中防护林带的占地面积为苗圃总面积的（　　　　）。

7.园林苗圃的灌溉系统主要包括（　　　　）、（　　　　）和（　　　　）三部分。

二、判断题

1.大型苗圃生产的苗木种类齐全，包括乔木、花灌木、露地草本花卉、草坪和地被植物等。（　　）

2.园林苗圃应尽量选择背风向阳、排水良好、地势较高、地形平坦的开阔地带。坡度一般以 1°～3°为宜。（　　）

3.园林苗圃生产用地通常占苗圃总面积的 90％左右。（　　）

4.园林苗圃辅助用地一般占苗圃总面积的 20％～25％。（　　）

三、问答题

1.园林苗圃选址时应综合考虑哪些自然条件？

2.园林苗圃生产用地通常包括哪些区域？

3.园林苗圃道路系统如何进行规划？

4.园林苗圃如何设置防护林带？

四、计算题

某苗圃每年出圃二年生紫薇实生苗 10 万株，采用 3 区轮作，即每年有 1/3 的土地休闲，2/3 的土地育苗，单位面积计划产苗量为 150 000 株/hm^2，计算所需育苗地面积。

技能训练一　中小型苗圃的调研与规划

一、目的要求

通过实地调研本地区中小型苗圃，了解苗圃建立的基本情况，掌握苗圃生产用地的划分、苗木的生产和经营情况。

二、材料与用具

测绘仪器、苗圃现状图、相关生产资料、记录本等。

三、方法步骤

1.实地参观、调查，访问本地区的中小型苗圃，了解苗圃的建立情况。

2.查阅、收集相关资料，制订工作计划。

3.分组进行测量，记录测量结果，绘制苗圃规划草图。

4.调查记录苗圃生产的苗木种类，了解苗木的生产经营情况。

四、作业

填写苗圃调查登记表(表1.1)，绘制苗圃平面图。

表1.1 苗圃调查登记表

序号	苗圃名称	苗圃类型	面积/hm^2	位置	土壤情况	肥力水平	水源类型	培育苗木种类
1								
2								
3								
4								

Project 2

种实生产技术

知识目标：

- 理解正确采收、调制和贮藏种实的依据及种子检验的重要性。
- 熟悉采种母树应具备的条件、影响种子寿命的因素及种实的贮藏条件。
- 掌握不同种实的成熟期，成熟特征、特性及优质种子的特征。

技能目标：

- 会正确选择采种母树和确定适宜的采种期。
- 会种实采集、调制和贮藏的基本方法及种子品质检验技术。
- 能熟练调制不同特性的种实。

种子是苗圃的基本生产资料之一，有了足够数量的种子才能保证育苗的数量，而种子品质的优劣又直接影响苗木的质量，也影响到造林绿化的效果和成败。因此，应科学地开展种子的生产工作，培育大量的良种，满足育苗需要。

良种是指遗传品质和播种品质都好的种子。种子的遗传品质是指植株的生长特性、木材形质、发育特性及抗逆性等方面，对造林绿化效果起主要作用，种子的遗传品质好坏主要决定于采种母树的遗传性。播种品质即使用品质或称外在品质，包括种子的净度、千粒重、发芽率、含水量、生活力、优良度及病虫害感染程度等方面，播种品质好表现为种子发育健全、纯净、饱满、种粒大而重、发芽率高、生命力强、无病虫害，这是培育合格苗木的基础。播种品质好坏既受采种母树遗传性的影响，又与结实母树生长的立地条件、种子生产技术和种子管理水平有关。

任务一　种实的采集

一、园林树木的结实规律

园林树木结实是指树木孕育种子或果实的过程。园林树木种类繁多，既包括被子植物，又包括裸子植物，各个种类的结实特点有很大区别。如不同种类的园林树木，其首次开花结实的年龄、种实的发育过程以及种实的成熟时期和成熟特征等均存在较大差异。有些阔叶树种当年开花授粉，当年发育结实，而有些针叶树需要 3～4 年才能完成种实发育过程。

(一)种实的类型

在园林苗圃学中，通常将用于繁殖园林苗木的种子和果实统称为种实。植物学意义上的种子是指经过受精而发育成熟的胚珠，或者说是由胚珠发育而成的繁殖器官。种子由外种皮、内种皮、胚乳及胚构成。种子形状多种多样，具有不同的颜色和斑纹，重量相差悬殊。

有些树种的果实成熟后不开裂，不需进行处理就可用来直接播种，习惯上把这些果实也称为种子，如榆树的翅果。果实和种子有所区别，在被子植物中，果实由外果皮、中果皮、内果皮和种子构成。若果实仅仅是由子房发育形成的，叫真果；若不仅由子房，而且还有花托发育增大参与形成的果实，叫假果。在裸子植物中，种子没有果皮包被，而是裸露在外，与中轴上的种鳞形成了球果。园林树木的种实实际上是种子与果实的混称。由于种实构造特性的差异，果实成熟时呈现许多不同的特征。大体上可将果实类型归纳为干果类、肉质果类和球果类。

1. 干果类

这类果实的突出特征是，果实成熟后果皮干燥。其中，有些果实类型，如蒴果、荚果和蓇葖果等，成熟时果皮开裂，散出种子；另一些种实类型，如坚果、颖果、瘦果、翅果和聚合果等，种子成熟后果实不开裂，种子不散出。

(1)蒴果　由两个或两个以上心皮发育而成，成熟时果实瓣裂或盖裂，种子散出。如杨、柳、丁香、连翘、太平花、卫矛、黄杨、大叶黄杨、紫薇、锦带花、栾树、泡桐、油茶、乌桕和桉树。

(2)荚果　由一个心皮发育而成，果实成熟时沿背缝线和腹缝线两个缝线开裂，如刺槐、皂荚、合欢、紫藤、相思树、锦鸡儿及紫穗槐等。

(3)蓇葖果　由一个心皮或离生心皮发育而成，成熟时沿腹缝线或背缝线一边开裂，如梧桐、白玉兰、绣线菊、珍珠梅等。

(4)坚果　成熟时果皮木质化或革质化，通常一果含一粒种子，如板栗、栓皮栎等。

(5)颖果　果实含种子一枚，种皮与子房壁愈合，如毛竹等。

(6)瘦果　果实生在坛状花托内，或生在扁平而突起的花托上，如蔷薇、月季等。

(7)翅果　果皮长成翅状，形成具有翅的果实，如榆、白蜡、水曲柳、槭等。

(8)聚合果　由多枚心皮集生于一个花托上形成，如马褂木。

2. 肉质果类

果实成熟后，果皮肉质化。可依据具体特征分为浆果、核果和梨果。

(1)浆果　果皮肉质或浆质并充满汁液，果实内含一枚或多枚种子，如猕猴桃、葡萄、接骨木、金银花、金银木、女贞、爬墙虎、黄波罗等。

(2)核果　果皮可分三层，通常外果皮呈皮状，中果皮肉质化，内果皮由石细胞组成，质地坚硬，包在种子外面，如榆叶梅、山桃、山杏、毛樱桃、山茱萸等。

(3)梨果　属于假果，其果肉是由花托和果皮共同发育而形成的，通常情况，花托膨大与外果皮和中果皮合成肉质，内果皮膜质或纸质状构成果心，如海棠、花楸、山楂、山荆子等。

3. 球果类

裸子植物的雌球花受精后发育形成的，种子着生在种鳞腹面，聚成球果，如落叶松、樟子松、云杉、柳杉、柏树。另一些裸子植物的坚果状种子，着生在肉质种皮或假种皮内，如红豆杉、罗汉松等。

(二)结实年龄

园林树木最初的生长发育过程主要是营养物质积累，树木枝干和树冠不断扩大。直至生长发育到一定的年龄且营养物质积累到一定程度后，树木顶端分生组织才开始分化并形成花原基和花芽，逐渐具有繁殖能力，开始开花结实。不同树种开始结实年龄有很大差异，出现差异的原因首先取决于树种的遗传特性，其次与环境条件有密切的关系。如紫薇 1 年生即可结实，梅花 3～4 年生可开花结实，落叶松约 10 年开花结实，而银杏则要到 20 年后才开始开花结实。

一般情况，就树种的生物学特性而言，阳性树种开始结实的年龄较早，而耐阴树种开始结实年龄较晚。从所处的环境条件，在同一树种的个体中，孤立树开始结实的年龄早，林缘木比密林中的树木开始结实的年龄早，在一个树种的分布区内，分布在南部或南坡的树木，比北部或北坡的树木结实早。在同一株树上，树冠梢部的枝条由于发育阶段较老而开花结实较早。

园林树木结实是在营养器官生长基础上开始的。多数情况下，营养器官生长得好，生殖器官生长得也好，树木开始开花结实年龄也早。但在有些情况下，虽然树木有旺盛的营养生长，开始开花结实的年龄却变晚。如枝叶徒长，往往不能开花结实或者延长开花结实年龄，这可能与各种激素未达到相应的水平有关。如柳杉使用赤霉素处理，可促进其提早开花结实。在另一些情况下，会出现营养生长并不旺盛但开花结实却早的现象。如土壤贫瘠、干旱或含盐量较高的环境胁迫下，受机械损伤或发生病虫害时，营养生长受到强烈抑制，树木个体早衰，有限的营养集中于生殖生长，造成了树木提早开花结实。

(三)结实间隔期

进入结实阶段的树木,每年结实的数量有差异。灌木树种大部分年年开花结实,而且每年结实量相差不大;乔木树种则有的年份结实量多(称丰年、大年、种子年),有的年份结实很少或不结实(称歉年、小年)。树木结实的间隔期是指相邻两个丰年间隔的年限。

树木结实丰歉现象因树种特性和环境条件不同而有很大差异。树木花芽的形成主要取决于营养条件,大量结实消耗了大量的营养,树势减弱。树种和环境条件不同,树势恢复情况不同,间隔期的长短也不相同,树木补充这些营养所需的时间越长,间隔期就越长。杨、柳、桉等树种的种子形成时间短,种粒小,营养物质消耗少,每年种子产量比较均衡。落叶松、马尾松、云杉等种子形成时间长的树种及种粒大的栎类,则有明显的结实间隔期。气候条件好,土壤肥沃,阳光充足,结实间隔期就短。不良的环境条件,特别是遇到灾害性环境因子,如风、霜、冰雹、冻害、病虫害等,常延长结实间隔期。不合理的采种方法,严重损伤母树,也会延长间隔期。

树木结实的丰歉现象,主要是营养不足和某些不良环境因子综合影响的结果。在丰年,树木光合作用的产物大部分为种子发育所消耗,养分运送到根部很少,从而抑制了根系的代谢和吸收功能,反过来又影响树木枝梢生长和叶的光合作用,造成在花芽分化的关键时期营养不良,从而导致丰年花芽分化量少,翌年就出现歉年。与小年相比,丰年不仅结实量多,而且种子品质好,发芽率高,幼苗的生活力强。生产上应尽量采收丰年的种子用于育苗,同时进行适量贮备,以补歉年之不足。

结实间隔期并不是树木固有的特性,也不是必定的规律,可以通过加强抚育管理,改善营养、水分、光照等环境条件,克服病虫害等自然灾害,协调树木的营养生长和开花结实的关系,消除或减轻丰歉年现象,获得种子的高产稳产。

(四)影响结实的因素

树木开花结实,从花芽分化、开花、授粉、受精到种子形成的整个发育过程中,常受各种内在和外在因素影响。当某一环节受阻时,必然会影响种子的形成。影响树木结实的因素有很多,主要有以下几方面。

1. 树木的生长与发育

树体内营养物质的积累是开花结实的物质基础。各种营养物质、内源生长促进物质和抑制物质之间的平衡,在树木的开花结实中起着重要作用。如含糖量与含氮化合物之间要达到一定的比例才能开花。一般情况,高水平的碳水化合物和低水平的氮素比率,有利于花的孕育。当 C/N 大时,开花早,反之,C/N 小时,则开花迟。此外,C/N 的变化,还影响花的性别。C/N 中等时,利于雄花的形成,C/N 较高时,则利于形成雌花。

2. 树木的开花与传粉习性

松、柏和杉科的常绿园林树种以及胡桃科、桦木科等许多阔叶园林树种,均为单性花。银杏、杨、柳、杜仲等很多树种是雌雄异株。如雌树雄树相距太远,则会使传粉受阻。树木在开花传粉过程中,开花的时间、雌雄花比例、雌雄花异熟、自花授粉及花的着生部位等开花与传粉习性对结实均有重要的影响。

树木的开花时间与结实量有密切的关系。树木从开花到种实成熟,整个生长发育过程不断地受到各种自然因子的影响。因此,这个过程经历的时间越长(短),受灾害因子影响的可能性越大(小)。各树种的开花时间,以及从开花到种实成熟所经历的时间差别很大。有些树种的种子成熟较快，如榆树3～4月开花，4～5月种实即成熟；但多数树种，春天开花，秋天种子成熟，如银杏、白玉兰和白蜡等；另一些树种，种实成熟要经历较长时间，如华山松4月开花，到翌年9～10月份种子才成熟。

自花授粉频率很高的树种，饱满种子的比例往往很低，且种子质量差，子代苗木死亡率高，植株矮小或多畸形。在自然条件下，有些树种如合欢及楸树等自花不孕，以避免自花授粉。另一些树种如红松和雪松等，雌球花多着生在树冠顶部、强壮主枝的顶端，而雄球花一般着生在中下部生长较弱的水平枝上，雌雄球花的这种分布有利于异株异花授粉。一般情况，孤立木虽然光照充足，树体生长强壮，结实量大，但由于自花授粉概率大，种子质量并不高，健全的种子数量不多。一些雌雄异株的孤立木，常常不结实，或虽然结实，却多为空粒。异花授粉频率较高时，结实量较高，种子质量也较好。

同一株树上，常因花的着生部位不同而导致授粉情况差异，进而引起结实差别。如马褂木树冠上部的花，受孕率可达20%～40%，而树冠下部的受孕率很低，有时为零。白蜡树和桉树等，着生在树冠下部的种子通常较重。针叶树中，球果着生在树冠阳面及主枝上时，种子较重，种子的质量较好。

3.气候条件

(1)温度　温度对花芽分化及幼果发育有较大影响。气温较高的年份，母树营养条件好，有利于形成花芽，可望丰收。若遇春寒霜冻，易使子房和花粉受伤，花粉管发育停滞，使得传粉、受精困难，结实量减少。松类、杉类的小球在授粉前已膨大，鳞叶对胚珠的包被已不甚严密，对霜冻最敏感，如受冻常引起种子歉收。极端高温、干热、缺水能伤害花及幼果，造成落花落果，影响种子的产量。

(2)湿度　湿度条件的变化对树木花芽的形成、传粉和种实的生长发育产生明显的影响。一般晴朗且适当干燥的天气，利于花芽的形成。能够在一个生长季完成种实生长发育的树种，经历一个旱季，常可获得种实丰产。对于樟子松等需要两年才能完成种实成熟过程的树种，若在花芽分化期(7～8月份)遇适当干燥的天气，则第三年可望获得较高的种实产量。但过于干旱的天气，影响树木正常的生理过程，也会影响花芽分化，或由于树木养分不足而导致种实发育不良，质量差。许多树种因春旱而造成落花，夏旱而造成落果。

在树木的开花期，若遭遇连阴下雨的天气，则会由于湿度过大而花药不开裂，或即使开裂但花粉难以飞散，阻碍传粉。此外，低温多雨限制了许多昆虫的活动，影响了虫媒花的传粉。在种实生长发育过程中，若阴雨天气多，则树木光合作用弱，营养物质供应少，会推迟种实成熟或减少种实产量。

(3)光照　光照是树木合成物质的基本条件，对花芽的分化有很大的影响。在有高大建筑物遮光或树木拥挤的地方，光照不足，降低了树木的光合作用效率和树体的营养水平，导致花芽分化不良。反之，阳光充足，树木的光能利用率高，光合作用的产物积累较多，进入正常结实的年龄较早，而且产量高、质量好。

光照强度影响花性及种子质量。果实大小和种子的重量，随母树得到的光照条件及营养状况的变化而变化。同一株树木，树冠上、中部及向阳面雌花数量多，果实着生多，种粒大而重，发芽率高。

光周期(即昼夜长短)也影响树木开花。北方树木向南方移栽或南方树木向北方移栽，超出一定的范围，即使树木能正常生长，也不能开花结实。

(4)风　微风有利于授粉,大风则会吹掉花朵和幼果,影响树木结实。

4.土壤条件

树木开花及种实发育过程与水分和营养元素供应有直接关系。在种子的成分中,除碳和氧元素外,氢、氮、磷、钾、钙、镁、硫以及各种微量元素主要通过根系从土壤中获取。因此,良好的土壤结构有利于根系的生长发育,利于树木体内各种物质的合成和营养物质的积累,给花芽的形成、开花以及种实的发育提供充分的营养物质,利于提高种实产量,且能缩短结实间隔期。开花授粉后,若在子房开始膨大期土壤水分缺乏,极易引起落花落果。值得注意的是,土壤中氮、磷和钾的供应比例状况常常与树木结实的早晚和结实量高低有关。土壤中氮营养元素供应相对多时,树木营养生长旺盛,会推迟树木开始结实的年龄,已结实的树木也会由于营养枝徒长而减少种实产量。而适当提高磷和钾元素的供应比例,则有利于提早结实,且能提高种实产量。当土壤贫瘠,树木处于胁迫环境状态时,虽然开花期较早,甚至结实量很多,但种实质量低劣。

5.生物因子

对于虫媒树种而言,昆虫有助于传粉,对开花结实有积极的作用。但病菌、昆虫、鸟、鼠及兽类等生物因素常对树木的开花结实产生危害作用。如稠李痂锈病危害云杉果实,豆科树木易遭受象鼻虫危害,鸟类喜欢啄食樟树、黄连木等多汁的果实,鼠类对松树和栎树等种子的取食,野猪和熊等盗食果实等等常造成种实减产。有些病虫害虽然不直接危害种实,但由于昆虫食叶或病害引起落叶,影响了树木的光合作用,而间接影响树木的结实。

二、种实的成熟与脱落

(一)种实的成熟过程

种子的成熟就是受精的卵细胞发育成具有胚根、胚轴、胚芽、子叶的完整的种胚过程。在种胚各个器官形成的同时,种子内部不断地积累营养物质,保证种胚生活及种子发芽所必需的贮存物质。种子成熟包括生理成熟和形态成熟两个过程。

1.生理成熟

当种胚发育完全,种实具有发芽能力时,可认为此时种子已成熟,并称此为种子的生理成熟。达到生理成熟的种子,虽然积累和贮藏了一定的营养物质,但仍具有较高的含水量,营养物质仍处于易溶状态,种子不饱满,种皮还不够致密,尚未完全具备发挥保护功能的特性。此时的种实还不宜保存。一是种子内部营养物质易渗出种皮而遭微生物为害,二是种子容易过度失水干瘪而丧失发芽能力。因而种子的采集多不在此时进行。但对于一些深休眠,即休眠期很长且不易打破休眠的树种,如椴树、山楂、水曲柳等,可采用生理成熟的种子,采后立即播种,这样可以缩短休眠期,提高发芽率。

2.形态成熟

当种子完成了种胚的生长发育过程,在种实的外部形态上显示出成熟的状态时称为形态成熟。这时营养物质由易溶状态转为难溶的脂肪、蛋白质、淀粉等。酶活性减弱,种胚处于休眠状态,种皮坚硬致密,抗性增加,耐贮藏,往往具有一定的外观特征特性,如变色、果实变软、具香味、开始脱落等。园林植物的种子多宜在此时采集。

大多数种子先生理成熟,经过一段时间才达到形态成熟,如松树、柏树、榆树种子。也有一些种子的生理成熟和形态成熟几乎一致,相差时间很短,如杨树、柳树等,当种子达到生理成熟后，种子就自行脱落，要注意及时采收。

3. 生理后熟

多数树种是在生理成熟之后进入形态成熟。但也有少数树种，如银杏、桂花、假槟榔、白蜡等，虽在形态上已表现出成熟的特征，但种胚还未发育完全，只有在采收后经过一段时间，种胚才发育完全，具有正常的发芽能力，这种现象称为生理后熟。生理后熟的种子，采种后不能立即播种，必须经过适当条件的贮藏，才能正常发芽。

种子的成熟期决定于树种的生物学特性、立地条件和结实年度的气候状况。不同树种，不同的地区和不同的气候条件，种子成熟期不同。即使同一树种，生长地区越往南，成熟期愈早；同一地区同一树种，生长在阳坡比生长在阴坡的树木种子成熟早；天气干旱的年度，种子成熟早，反之则晚。

种子成熟应该包括形态上的成熟和生理上的成熟两个方面的意义，只具备其中一个方面的条件时，则不能称为真正成熟的种子。完全成熟的种子应该具备以下几方面的特点：各种有机物质和矿物质从根、茎和叶向种子的输送已经停止，种子所含的干物质不再增加；种子含水量降低；种皮坚韧致密，并呈现特有的色泽，对不良环境的抗性增强；种子具有较高的活力和发芽率，发育的幼苗能够具有较强的生活力。

(二)种实成熟的鉴别方法

鉴别种子成熟程度是确定种实采集时期的基础。依据种子成熟度适时采收种实，获得的种实质量高，有利于种实贮藏、种子发芽及其幼苗生长。

1. 种实成熟的外部形态特征

绝大多数树种的种子成熟时，其种实形态、色泽和气味等常常呈现明显的特征。一般情况，未成熟的园林树木种实多为淡绿色，成熟过程中逐渐发生变化。其中球果类多变成黄褐色或黄绿色；干果类成熟后则多转变成棕色、褐色或灰褐色，如槭、白榆、白蜡和马褂木等树木的种实，成熟时由绿色变成棕色或灰黄色；肉质种实颜色变化较大，如黄波罗种实变成黑色，红瑞木种实变成白色，小檗和山茱萸种实变成红色，而银杏种实则变成黄色或橘黄色。

种实成熟过程中，果皮也有明显的变化。肉质果类在成熟时果皮含水量增高，果皮变软，肉质化；干果类及球果类在成熟时果皮水分蒸发，发生木质化，变得致密坚硬。种皮的色泽变化很大，且与种子成熟度有密切关系。多数情况下，成熟种子，种皮色深具较明显的光泽，未成熟种子，则色浅而缺少光泽。种子成熟时，多数树种的果实酸味减少，涩味消失，果实变甜。

2. 物理方法

确定种子成熟的方法除了由形态特征来区别外，还可以用简单的物理方法来检验，如小粒种子除去杂质进行压磨或火烧，若种粒饱满，压后无浆，出现白粉或用火烧时有爆破声即证明种子成熟；白粉末多，爆破声大说明种子的纯度高，成熟好。对较大粒种子，可用刀切开观察，如胚乳（或子叶）坚实，切时费力则已成熟；如胚乳（或子叶）呈液状或乳状则说明种子未成熟。

(三)种实的脱落

种实成熟后，其脱落方式和脱落期因树种而异。

1. 种实脱落方式

针叶树球果类种实的脱落方式：种子成熟后整个球果脱落，如红松；球果成熟后，果鳞开裂，种子脱落，如云杉、落叶松和樟子松等；球果果鳞与种子一起脱落，如雪松、冷杉和金钱松。

阔叶树种实的脱落方式：肉质果类和坚果类，整个果实脱落；蒴果和荚果类等多数种实，果皮开裂后，种子脱落或飞散。

2. 种实脱落期

(1)种实成熟后立即脱落。这类树木的种子成熟后立即从树体上脱落，如榆叶梅、山杏、山桃、核桃、板栗、橡栎类等的种子成熟后即落地，杨树、泡桐、榆树和桦木等的小粒种子，成熟后很快随风飞散。

(2)种实从成熟到脱落有一段时间，如侧柏、油松、落叶松等，脱落后不易从地面收集的，应该在成熟后种子脱落前尽早采收。

(3)种实悬挂在树上，较长时间不脱落，如樟子松、马尾松、杉木、侧柏、悬铃木、苦楝、刺槐、槐、紫穗槐、紫椴、臭椿、水曲柳、白蜡、女贞、槭树、桉树、樟树、楠木、檫木等。

三、种实的采集

(一)采种期的确定

适宜的种实采集期应该依据种实成熟期、种粒大小、脱落方式、脱落时期以及天气情况和土壤等其他环境因素确定。多数树种的种实采集期在秋季，如银杏、木兰、油茶、杉木和松树等。杨、榆、桑、台湾相思等树种的种实在夏季采集。有些树种的种实在冬季采集，如女贞和桧柏等。一般根据种实形态成熟的外部特征和种实的脱落特性确定采种期。

1. 立即采集

成熟后需立即采种的有两种情况。一是种粒小和易随风飞散的种子，如杨树、柳树、泡桐、木荷、木麻黄等成熟期与脱落期很相近，种子脱落后不易收集，应在成熟后脱落前立即采种；二是色泽鲜艳，易招引鸟类啄食的果实，如樟树、楠木、女贞等种子的脱落期虽较长，但因成熟的果实易招引鸟类啄食，应在形态成熟后及时从树上采种，不宜拖延。

立即采集的种子一般用高枝剪、采种钩、采种镰、采种梳等工具从树上采摘。树木较矮小，种子容易振落的，用摇落法采种。采种时用采种网或采种帆布等承接种子。

2. 推迟采集

成熟后需推迟采种的也有两种情况。一是大粒种子，如栎类、桂花、假槟榔等，一般在果实脱落后，及时从地面上收集，也可从树上采摘或敲落。二是成熟后挂果期较长，鸟不喜食的种实，如苦楝、槐树、马尾松等，可过些时日后再从树上采摘。

3. 提前采集

形态成熟后长期休眠的种子，如山楂和椴树，在生理成熟后形态成熟之前进行采集，并立即播种或层积催芽，可缩短其休眠期，提高发芽率。

(二)采种母树的鉴别与选择

园林植物种类繁多，为了正确选择采种母树，应根据该种植物的形态特征和生长发育习性，对采种母树进行分类识别，并经技术人员或有关专家鉴别后，做好标记，建立档案，以确保按计划采收到种性纯正、符合要求的优良种子。在种实采收之前，首先要对采种母树进行调查，熟悉采种母树的生存环境、生长势、树龄及结实情况，以保证按计划采到优良种子。

首先应考虑在种子园和母树林等良种繁育基地采集。可在树种的适生分布区域内，选择稳定结实的壮龄植株作为采集种实的母树，选择综合形状好的植株采集种实，可获得遗传品质优良的种实。采集种实的母树，应具有培育目标所要求的典型特征，且发育健壮，无机械损伤，未感染病虫害，如培育目标为行道树，母树应具有主干通直、树冠整齐匀称等特点；花灌木则应冠形饱满，叶、花、果等应具有的典型观赏特征。母树的年龄以壮龄最好，主要树种适宜采集种实的年龄见表2.1。

表2.1 主要树种适宜采集种实的母树年龄 年

树种	适宜采集年龄	树种	适宜采集年龄
红松	60～100	杉木	15－40
落叶松	20～80	水杉	40～60
冷杉	80～100	柳杉	15～60
云杉	60～100	马尾松	15～40
侧柏	20～60	福建柏	15～40
银杏	40～100	竹柏	20～30
华山松	30～60	麻栎	30～60
油松	20～50	樟树	20～50
樟子松	30～80	橡树	10～30
黄山松	30～60	榉树	20～80
水曲柳	20～60	楸树	15～30
杨树	10～25	皂荚	30～100
白榆	15～30	喜树	15～25
香椿	15～30	台湾相思	15～60
刺槐	10～25	木麻黄	10～12
枫杨	10～20	黄连木	20～40
臭椿	20～30	桑树	10～40

(三)种实采集的方法

1. 树上采集

可借助采种工具直接采摘或击落后收集，交通方便且有条件时，也可进行机械化采集。对于果实不易脱落的高大植株，如油松、白皮松，或一经脱落又不易从地面收集的树种，如臭椿、白蜡、香椿等，用高枝剪或采种钩采种；对于果实易落的高大植株，如山桃、枣等，可用竹竿击敲打果枝，使种实脱落采种；对于植株低矮的花灌木，如丁香、紫薇、海州常山、小檗等，可手摘或利用高枝剪、采种耙、采种镰等各种工具采摘。对植株特别高大的树种，以及种实脱落后易于飞散的小粒树种，如杨、柳、榆、桦木、落叶松等，可利用采种软梯、绳套、踏棒等上树采种实，也可用采种网，把网挂在树冠下部，将种实摇落在采种网中。常用的采种工具见图2.1。

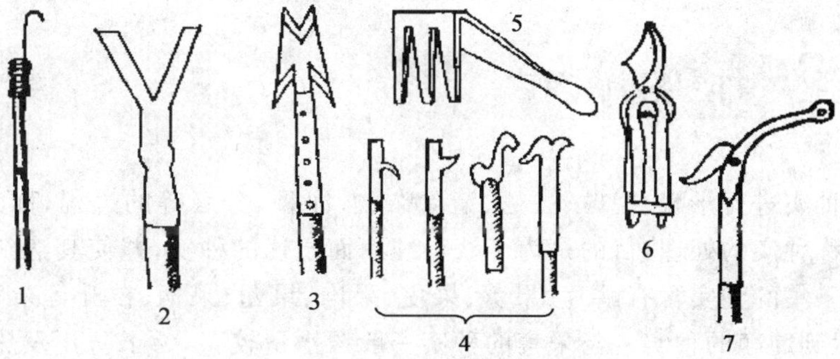

图 2.1　采种工具

1.采种钩　2.采种叉　3.采种刀　4.采种钩镰　5.球果梳　6.剪枝剪　7.高枝剪

2.地面收集

此法适用于一些种实粒大、在成熟后脱落过程中不易被风吹散的树种，如栎类、栗、胡桃楸等，待其脱落后在地面收集。为了便于收集，在种实脱落前宜对林内地表杂草和死地被物加以清除。还可以用震动树干的方法促使种实脱落在地面收集。

3.伐倒木上采集

在种实成熟期和采伐期相一致时，可结合采伐作业，从伐倒木上采集种实，简便且成本低。这种方法对于种实成熟后并不立即脱落的树种，如水曲柳、云杉和白蜡等，非常便利。

4.机械化采种

在交通便利、地势平坦的地区，可采用机械化采种，如高大的母树，可采用装在汽车上能够自动升降的折叠梯采集种实。使用震动机以动力震动树干，使种子散落后收集，如针叶树的球果可用振动式采种器采收球果。

(四)种实采收登记及采种注意事项

要建立种实采集登记制度，采集前制订详细的采集计划，确定采集的树种、采集数量，确定采集的母树林、种子园或采集母树的具体地点，准备好采集工具及有关的记录表格，计划好需要的劳动力，准备好临时存放场地，并做好预算。对每一批种实都要进行登记，并作详细记录，清楚地登记采集树种、地点、采集时间和方式，采集母树林、种子园或采集母树的状况，种实调制的方法和时间，种实贮藏的时间、方法和地点等等，为种实的合理使用提供依据。

注意事项如下。

(1)应在符合规定认可的采种母树上采集充分成熟的种实，严防在种实尚未成熟之前抢采掠青。

(2)采种不宜在大风、阴雨天作业。一些干果类种子最好在空气湿度较大的早上采集，使果实不至于一触即开裂而影响采收。

(3)采种时要注意人身安全，上树必须要有可靠的防护措施，系牢安全带，保障人身安全，树下人员要随时防止树上操作工具或树枝落下砸伤。

(4)尽量保护母树的树型，要求护果、护枝、护树，减少母树伤害。

(5)采集的种实应做好登记工作，并及时运往调制场所或送到临时堆放场地包装待运。

任务二 种实的调制

对采集的种实进行干燥、脱粒、去翅、清除杂物、净种、分级等的过程，称为种实的调制。种实的调制又称种实的处理，目的是为了获得纯净而质优的种实，并使其达到适于贮藏或播种的程度。新采集的种实含有鳞片、果荚、果皮、果肉、果翅、果柄、枝叶等杂物，必须及时调制处理，才能得到纯净的种实。新采集的种实一般含水量较高，为了防止发热、霉变，采集后要在最短的时间内完成种实调制。对于不同类别以及不同特性的种实，要采取相应的调制方法。

一、种实脱粒

(一)球果类的脱粒

球果类的脱粒是从球果中取出种子。在自然条件下，成熟的球果渐渐失去水分，果鳞反卷开裂，种子脱出。因此，要从球果中取种，关键是使果鳞干燥开裂。

(1)易开裂的球果，如油松、白皮松、雪松、侧柏、杉木、云杉等，采后在阳光下晾晒，每天翻动 2～3 次，果实逐渐干燥，果鳞自动开裂，用木棒敲打，种粒即可脱出。

(2)不易开裂的球果，如马尾松、樟子松等含松脂较多的球果，可将球果堆积起来，浇淋 2%～3%的石灰水或草木灰水，每隔 1～2 d 翻动一次，经 6～10 d 球果变黑褐色时，摊开暴晒，果鳞开裂，脱出种子。

(3)冷杉球果在高温下易分泌松脂，影响球果开裂，故应摊在通风背阴处阴干，每天翻动 2～3 次，几天后种子即可脱出。

(二)干果类的脱粒

干果的调制是使果实干燥，清除果皮、果翅取出种子，并清除各种碎枝、残叶、泥石等混杂物。含水量高的一般用阴干法干燥，含水量低的可用晒干法干燥。

1. 蒴果类

丁香、紫薇、木槿等含水率低的蒴果，可采用“阳干法”，采后直接摊开暴晒 3～5 d，翻动果实或轻轻敲打，使蒴果开裂脱粒。杨、柳等含水量较高的蒴果，一般不能暴晒，应放入室内阴干，当多数蒴果开裂后，再抽打蒴果使其脱粒；油桐、油茶等的果实含水量高，种粒大，不能晒，需在通风干燥处沤渍，然后脱去种皮；泡桐的果实含水量高，但种粒较小，可以适当日晒后脱粒。

2. 坚果类

坚果类果实一般含水量较高，如栎类、板栗和榛子等，在阳光下暴晒易失去发芽力，只能用阴干法，把果实平摊在通风阴凉处，堆铺厚度不超过 20～25 cm，经常翻动，数天后敲打脱粒。而椴树、梧桐等可日晒使果柄、苞片等与果实分离，或放在袋中揉搓后，用簸箕除去杂质，然后将果实收藏。

3. 翅果类

如五角槭、榆树、白蜡、水曲柳、臭椿、杜仲、枫杨等的种实采集后宜放在通风、庇荫的地方阴干,可不用除去果翅。

4. 荚果类

刺槐、合欢、紫荆、紫藤和相思树等荚果类,一般种皮保护性能较强,含水量较低,可通过阳光暴晒自行开裂或用木棒或连枷敲打,使种子脱出。

(三)肉质果的脱粒

肉质果类包括核果、仁果、浆果、聚合果等,含有较多的果胶及糖类,容易腐烂。因此采集后要及时调制,否则就会降低种子品质。调制过程包括软化果肉、弄碎果肉、用水淘出种子再干燥与净种。

1. 种粒细小的肉质果

如海棠、杜梨、山丁子等,果肉较厚,可将果实堆积变软后碾压破烂,再放到水中用木棍搅拌,种子下沉,果肉和杂质漂浮,将杂质捞出,沉底的种子捞出晾干过筛即可得净种。

2. 种粒较大的肉质果

如核桃、山桃、山杏、贴梗海棠、银杏等,可采用堆积使果肉变软,然后稍加碾压,将果肉及种子放入水中,搅拌便可使果肉与种子分开,种子沉底,果肉漂浮。也可用人工剥离的办法使果肉与种子分开。

3. 果肉黏稠的肉质果

如桑树、国槐、柿、黑枣等,必须水浸、捣烂、搅拌,然后用水漂洗多次可得净种。

4. 果肉为黏胶质的肉质果

如桧柏、女贞、三尖杉、榧树、紫杉等,因假种皮或果皮富含胶质,水洗不能使种子与果皮分离,可用石磙或木棒捣碎碾压,但不可太重,再将种子放入水中冲洗,或泡在水中5～7 d,并经常换水,再用棍棒捣烂果肉然后冲洗,直至种子干净为止。

5. 富含油脂的肉质果

如黄连木果实,其果肉中含有大量的油脂,使种子与果肉很难分离,捣烂后呈一团状,用水冲洗无效果,可用碱水浸泡冲洗,如用氢氧化钠、碳酸氢钠、各种洗衣粉等脱脂,即可使油脂浮出,捞出油脂果皮即得净种。

二、净种

净种就是清除在调制过程中混进种子中的混杂物,如果鳞、果皮、果柄、种翅、枝叶碎片、空粒、土块、破碎种子及异类种子等,以利于种子贮藏、运输和播种。

根据种子和夹杂物的比重或大小不同,分别采用风选、筛选、水选和粒选净种。

1. 风选

适用于中、小粒种子,由于饱满种子与夹杂物的重量不同,利用风力将它们分离。风选的工具有风车、簸箕等。

2. 筛选

利用种子与夹杂物的大小不同,选用各种孔径的筛子清除夹杂物。实际工作中,由于筛选不易分离与种子大小相似的夹杂物,还应配合风选、水选净种。

3. 水选

利用种粒与夹杂物比重不同,将待选种子倒入水中进行漂选的净种方法。如银杏、侧柏、栎类、花椒及豆科的树种,可将种子浸入水中,稍加搅拌后良种下沉,杂物及空粒、秕粒、虫蛀粒均上浮,很易分离。根据种子的比重不同,还可采用盐水、黄泥水和硫酸铜、硫酸铵等溶液选种。油脂含量高的种子不宜水选。水选的时间不可过久,以免种子吸收过多的水分和上浮的杂物吸水后下沉。经过水选的种子不能日晒,一般进行阴干后再贮藏。

4. 粒选

是从种子中挑选粒大、饱满、色泽正常、没有病虫害的种子。这种方法适用于核桃、板栗、油桐、油茶等大粒种子的净种。

三、种子干燥

一般新收获的种子水分高达25%~45%,不利于贮藏,还需晾晒,进行适当干燥,使种子的含水量控制在种子标准含水量范围之内,才能安全贮藏。种子干燥可采用自然干燥法和人工干燥法。

1. 自然干燥法

在自然条件下,利用阳光、风等条件,使种子的含水量降到安全贮藏所要求的水分标准。根据种子安全含水量的要求,可以将自然干燥分为晒干(阳干)和阴干。

(1)晒干　凡是种皮坚硬、安全含水量低,不会迅速降低发芽率的种子,如大部分针叶树、豆科、翅果类及含水量低的蒴果种子,均可采用晒干法。晒干要在晴天、气温高、光线充足的天气进行。晒种可以降低种子水分,杀死种子部分细菌,激活种子内酶的活性,但晒种不利于种子的后熟。在晒种过程中,应经常翻动,以保证受光均匀。

(2)阴干　适用于安全含水量高、易脱水和易丧失生命力的种子,如栎类、板栗、油茶等;种子小、种皮薄、成熟后代谢活动旺盛的种子,如杨树、柳树、榆树、桑树、白桦、杜仲等;含挥发性、油性物质的种子,如花椒等。

2. 人工干燥法

人工干燥指用人工加温干燥。人工干燥可以控制干燥条件,较自然干燥法迅速。常用的有干燥室法和烘箱法。干燥室法是利用特制的干燥室加温烘干球果,干燥室一般应配备加温、通风设备,使温度、湿度保持在规定的范围内。烘箱法是利用烘箱加温干燥球果,少量的球果可以在烘箱中进行干燥脱粒。

干燥球果的温度一般在36~60℃。树种不同,最适温度也不同。落叶松、云杉不能超过50℃,马尾松不能超过55℃。温度过高或高温持续时间过长会伤害种子,干燥时一般从20~25℃开始,逐渐提高到所需温度。

干燥时湿度要适当,高温高湿更易伤害种子。在不能确定最高温度时,应使用较低的温度,不要因温度过高伤害种子。处理种子过程中,相对湿度不宜超过50%;处理结束时,空气相对湿度以10%为宜。

3. 干燥剂干燥法

将种子与干燥剂按照一定比例封入密闭的容器内,利用干燥剂的吸湿能力,不断吸收种子扩散出来的水分,从而使种子失水干燥的方法。干燥剂具有安全、能人为控制干燥程度等优点,但不足之处是只能干燥少量种子。常用的干燥剂有变色硅胶、氯化锂、氯化钙、生石灰和五氧化二磷。

四、种粒分级

种粒分级是将某一树种的一批种子按种粒大小进行分类。种粒大小在一定程度上反映种子品质的优劣，通常大粒种子活力高，发芽率高，幼苗生长好。因此，种粒分级非常重要。分级时可利用筛孔大小不同的筛子进行筛选分级，也可利用风力进行风选分级，还可借助种子分级器进行种粒分级。种子分级器的设计原理：种粒通过分级器时，比重小的被气流吹向上层，比重大的留在底层，受振动后，分流出不同比重的种子。

五、种实调制注意事项

(1)自然干燥法晾晒球果时，要经常翻动果实，阴雨天和夜晚要堆积盖好。

(2)肉质果取种时，不能使果实堆沤过久，并要经常翻动或换水以免影响种子品质。

(3)种子取出后要根据需要进行适度晾晒，以免久晒使种仁干缩而失去发芽力或未晾干而发霉。

(4)油脂含量高的种子不宜水选。经水选后的种子不宜暴晒，只宜阴干。水选的时间不宜过长，以免上浮的杂物、空粒吸水后慢慢下沉。

任务三　种实的贮运

种子贮藏是种子经营管理中最重要的工作环节。种子贮藏目的是通过采用合理的贮藏设备和先进的技术，人为地控制贮藏条件，使种子劣变减小到最低程度，在一定时期内最有效地使种子保持较高的发芽力和活力，确保育苗时对种子的需要。大多数园林树木的种子在秋冬季节成熟，而播种却多在春季进行，所以采集种实后需要进行贮藏。虽然有些树种的种子在夏季成熟，且可随采随播，但是为了使新萌发的幼苗能在当年有更长的生长期，同时也便于生产安排，同样需进行种子贮藏，以备不同时期的播种需要。特别是许多园林树木具有结实周期性特征，各年结实有很大的不确定性，丰年应该尽量多采集种实进行较长时期的贮藏，以便在歉年仍能有充足的种实供应。种实贮藏期限的长短，视贮藏目的、种子本身的特性及贮藏条件而定。

一、影响种子贮藏的因素

(一)影响种子寿命的内在因素

1. 遗传因素

树木的遗传特性是影响种子寿命的主要内在因子。不同树木的种子由于其自身的遗传特性，寿命差异相当大。在适宜的条件下，种子寿命在一年以内的称为短寿种子，如白榆在夏季高温下 45 d 左右，便全部死亡；杨属种子在常温下 30 d 生活力就急剧下降；还有七叶树、枇杷、柑橘、荔枝、山核桃、板栗等均为短寿种子。寿命在 2～15 年之内的称为中寿种子，如大多数针叶树种。而寿命在15年以上的称为长寿种子，如刺槐、皂荚等。

2. 种子的内含物

不同树种，种子内含物的类型及生理活性不同，保存生活力的时间长短不同。一般认为，含脂肪、蛋白质多的种子寿命较长，如松科、豆科、蝶形花科树木种子；而含淀粉多的种子寿命短，如壳斗科树木种子。因为脂肪、蛋白质转化为可利用状态需要的时间长，放出的能量也比淀粉高，贮藏时，分解少量蛋白质或脂肪释放的能量，就能满足种子微弱呼吸的需要，因此，维持的寿命长。有些种子比较小，含营养物质较少，寿命相对较短。

3. 种皮的结构

凡种皮构造致密、坚硬或具有蜡质的种子寿命长，如刺槐、皂荚等豆科种子种皮致密，不易透水、透气，有利种子生活力的保存，硬粒的寿命可达几十年以上；漆树、黄连木、花椒和桧柏的种皮还具有蜡质，起着阻碍水分与氧气进入种子内部的作用，因而抑制了种子的呼吸作用与物质转化，对外界不良条件具有极强的抵御能力；而种皮膜质、易透水透气的种子，如杨、柳、桉等，寿命较短。

4. 种子的含水量

贮藏期间种子水分含量的高低，直接影响呼吸作用的强弱和性质，也影响种子表面微生物的活动，是决定种子耐贮性的重要因素。

种子含水量高，意味着种子中出现了大量游离水，酶的活性因而增高，种子的呼吸作用加强，呼吸需氧量增大。同时，放出的大量水和热又被种子吸收，更加强了呼吸作用，并为微生物的活动创造了有利条件，将导致种子生命力很快丧失，缩短种子的寿命。密封贮藏的杉木种子，贮藏1年后，含水量高的种子发芽率显著下降。

种子含水量低时，其水分处于与胶体结合的状态，称为胶体结合水。这种水基本上不移动，几乎不参与代谢活动。各种酶呈吸附状态，生理活性低，没有水解能力。因此，呼吸作用极其微弱，无微生物活动所需的水热条件，对外界不良环境条件的抵抗力强，有利于保存种子的生命力。一般种子含水量在4%～14%，含水量每降低1%，种子寿命可延长1倍。但种子含水量也不是越低越好，过分干燥或脱水过急也会降低某些种子的生活力。如钻天杨种子含水量在8.74%时可保存50 d，而含水量降低到5.5%时只能保持35 d。壳斗科树木和七叶树、银杏等种子则需较高的含水量才有利于贮藏。由此可见，适当干燥是保持种子生命力、延长种子寿命的重要措施。贮藏时，含水量应根据不同树种种子的安全含水量进行控制，并分别采用不同的贮藏方法。

安全含水量（又称标准含水量）是指维持种子生活力所必需的含水量。种子在安全含水量状态时最适宜贮藏，生命力保持时间最长。不同树种，其种子的安全含水量不同（表2.2）。

5. 种子的成熟度与后熟作用

充分成熟的种子含水量低，种皮致密发硬，种子内含物丰富又不易渗出，微生物不易寄生，呼吸作用微弱，内含物消耗少，有利于贮藏。反之则种子不耐贮藏。因此，采种时千万不要"掠青"。

在种子后熟阶段，同时进行着两个性质不同的生命活动过程：一是呼吸作用，是内部贮藏物质的消耗过程；二是生理后熟作用，在各种酶的参与下，一些较简单的可溶性有机物如氨基酸等继续缓慢地进行着合成过程，种子成熟度不断提高。在这一变化过程中，种子表面常出现水珠，贮藏时必须注意消除种子表面的水珠。随着生理后熟过程的完成，种子的呼吸作用减弱，代谢强度降低，内部含水量减少，从而使贮藏的稳定性增加。

表 2.2 主要树木种子安全含水量 %

树种	安全含水量	树种	安全含水量	树种	安全含水量
油松	7～9	杉木	10～12	白榆	7～8
红皮油松	7～8	椴树	10～12	椿树	9
马尾松	7～10	皂荚	5～6	白蜡	9～13
云南松	9～10	刺槐	7～8	元宝枫	9～11
华北落叶松	11	杜仲	13～14	复叶槭	10
侧柏	8～11	杨树	5～6	麻栎	30～40
柏木	11～12	桦树	8～9	水曲柳	7～10

6. 机械损伤程度和净度

受伤的种子，空气能自由进出种子，营养物质容易外渗，微生物容易侵入，种子呼吸作用加强，种子贮藏寿命短。净度低的种子容易从潮湿的空气中吸收水分，使种子呼吸增强，微生物容易滋生，种子贮藏寿命短。故调制时应减少种子损伤，提高种子净度。

(二)影响种子贮藏的外部条件

种子本身的特性是决定其寿命长短的内因，贮藏种子的环境因素，则是种子寿命长短的变化条件。而贮藏的环境条件，则能人为加以控制。短寿种子贮藏得好，可大大延长寿命；长寿种子贮藏不好，会大大缩短寿命。如杨树种子在一般条件下，最多能保存 30～40 d，而贮藏在用石蜡封口并放有氯化钙的瓶子里 3 年后的发芽率仍可达 90%。相反，如果把长寿种子存放在温度高、湿度大的条件下，也会很快地丧失发芽能力。因此，为了延长种子的寿命，应了解各种贮藏环境对种子生命活动的影响，通过人工控制和调节达到延长种子寿命的目的。

1. 温度

温度是影响种子寿命的主要环境条件之一。种子在贮藏期间，温度过高过低，对种子都有致命的危害。在一定温度范围内(0～55℃)种子的呼吸强度随温度升高而增加，这就加速了营养物质的消耗，从而缩短种子寿命。如温度继续上升至 60℃，则酶的活性降低，种子呼吸强度便开始下降，蛋白质开始凝固，引起种子死亡。研究证明，一般在 50～0℃之间，温度每降低 5℃，种子的寿命可增加 1 倍。温度过低也不利于种子的贮藏，对含水率高的种子来说，当温度降低到 0℃以下，种子内部自由水就会结冰，从而因生理上和机械作用的原因使种子死亡。

温度对种子的影响与含水量有密切的关系，种子含水量越低，细胞液浓度越大，则种子对高温及低温的抵抗力越强；相反，种子含水量越高，对高、低温的抵抗力越弱。实践证明，大多数树木种子贮藏期间最适宜的温度是 0～5℃，在这种温度条件下，种子生命活动很微弱，同时不会发生冻害，有利于种子生命力的保存。

贮藏过程中应经常检查种堆内部的温度状况，如果种子堆的温度没有随着温度的变化而变化，特别是如果空气温度显著下降而种子堆的温度却稳定不变，甚至反而上升，这就意味着种子堆中已经出现了自热现象，应立即采取散热措施。

2. 空气的相对湿度

种子有很强的吸湿性能，可直接从潮湿的空气中吸收水汽，改变种子的含水量，对种子的寿命产生很大的影响。相对湿度愈高，种子的含水量增加得愈快。相反，在相对湿度低时，种子的含水量就会下降。因此，经过干燥处理，入库状态良好的种子还必须贮藏在适宜的环境中，安全含水量低的种子应贮藏在干燥的环境，安全含水量高的种子则应贮藏在湿润的环境。种子贮藏过程中空气湿度一般应保持在25%～50%，长期贮藏的种子不超过25%。要保持适度稳定，不要忽高忽低。

3.通气条件

通气条件对种子生活力影响的程度同种子本身的含水量及贮藏温度有关。含水量低的种子，呼吸作用很微弱，需氧极少，在密封的条件下能长久地保持生命力；含水量高的种子，种子旺盛的呼吸作用释放出大量的水汽、二氧化碳和热量，如通气不良，水汽、二氧化碳和热量在种子堆中积累不散，氧气供给不足，最终将因窒息引起种子死亡。因此，贮藏含水量较高的种子，应适当通气，排除种堆中的水汽、二氧化碳和热量，避免无氧呼吸对种子的伤害。

4.生物因子

种子在贮藏期间，常遭受微生物、昆虫及鼠类等的危害，影响种子的寿命。种子表面生活着大量的微生物，即真菌与细菌，它们的繁殖发育和危害程度，与种子含水量和环境条件密切相关。其中降低种子含水量，是减少危害的重要手段。在常温下，种子含水量如超过18%，几小时内微生物就能繁殖起来使种子堆发热；如种子含水量低于12%，微生物就很少活动或不活动。昆虫及鼠类咬破种皮、蛀食胚乳及胚，直接损坏种子，生产中可捕捉或诱杀。

综上所述，影响种子寿命的因素是多方面的，各因子间相互影响，相互制约。贮藏前种子生产的各个工序必须保持种子具有良好入库状态，然后再给以良好的贮藏条件，就能延长种子的寿命。实践证明，在一般情况下，种子含水量是决定贮藏方法、影响贮藏效果的主导因素。因此，必须根据种子安全含水量的高低，综合地考虑适宜的贮藏条件。安全含水量较高的种子，宜贮藏在温度较低和适当通气的条件下；安全含水量低的种子，宜在干燥、低温、密封的条件下贮藏。

二、种子的贮藏方法

贮藏对于短命种子尤为重要，贮藏的基本原理是在低温、干燥的条件下，尽量降低种子的呼吸强度，减少营养消耗，从而保持种子的生命力。根据种子性质和安全含水量的不同，种子贮藏的方法有干藏及湿藏两大类。

（一）干藏法

将充分干燥过的种子贮藏于干燥的环境中并保持干燥状态的贮藏方法称为干藏。这种方法要求一定的低温和适当干燥的环境。凡是安全含水量低的种子都适于干藏。由于采用的具体措施不同，干藏法又分为普通干藏、密封干藏、低温干藏、低温密封干藏。

1.普通干藏

大多数树木种子短期贮藏都可用此法。将干燥过的种子装入袋、箱、桶、缸等容器中，放在干燥、通风、已消毒的室内。对富含脂肪有香味的种子，如松、柏等，最好装入加盖的容器中，以防鼠害。易遭虫害的种子，如刺槐、皂荚等，可拌入少量熟石灰粉。贮藏期间要定期对种子进行检查，若发现种子发热、发霉、虫蛀等，应立即采取干燥、通风、摊晾等措施。

2. 密封干藏

用普通干藏法易失去发芽力的种子和需长期贮存的珍贵种子，如杨、柳、桉等用密封干藏。方法是将干燥过的种子装入经过消毒的玻璃、金属、陶瓷、聚乙烯复合薄膜等密封的容器中，放在干燥、通风、已消毒的室内。这种方法由于种子与外界空气隔绝，能保持种子处于干燥状态，种子的生理活动微弱，因而能长期保持种子的发芽能力。注意容器内种子装得不宜过满，应留有一定空间。

近年来，有的地区在密封的容器中充以氮、氢、二氧化碳等气体以减少氧气的浓度，抑制呼吸作用；或在容器内加入木炭、草木灰或氧化钙等干燥剂，有利延长种子寿命。

3. 低温干藏

低温干藏是将种子放在 0～5℃条件下贮藏。在低温条件下，能更好地保持种子生命力，延长种子贮藏寿命，如紫荆、白蜡、冷杉、侧柏、铁杉等，采用低温贮藏种子的方法非常有效。通常要有专门的种子贮藏室或控温、控湿的种子库，才能达到低温贮藏标准。

4. 低温密封干藏

是使种子在贮藏期间与外界隔绝，外界温度、湿度变化对其影响不大，可在相当长的时间保持干燥状态。这种方法多用于需长期贮藏，或因普通干藏和低温干藏易丧失发芽力的种子。将种子装入能密封的容器，容器中放些吸水剂，容器口密封，放在 0～5℃条件下贮藏。

(二)湿藏法

湿藏是把种子贮藏在湿润、低温而通气的环境中。凡是安全含水量高的种子都适于湿藏，如银杏、栎属、栗属、核桃、樟树、黄杨、紫女贞、柿、梨、海棠、火棘、玉兰、鹅掌楸、大叶黄杨等种子，都适于湿藏。深休眠的种子经过湿藏可以逐渐解除种子休眠，播种后发芽迅速而整齐，既保存种子，又能起到催芽的作用。

湿藏的基本要求：保持湿润，防止种子干燥；通气良好，防止发热；适度的低温，控制霉菌并抑制发芽。湿藏的方法很多，常用的有露天埋藏、室内堆藏、窖藏。

1. 露天埋藏

在室外选择地势高燥、排水良好、土质疏松而又背风的地方，挖深、宽约 1 m 的贮藏坑。要求将种子贮放在土壤结冻层以下，地下水位以上。土坑挖好后，先在坑底铺一层小石子，再铺一层粗沙，然后在坑中央插一束高出坑面 20 cm 的秸秆或带孔的竹管，以便通气。把种子与湿沙按 1∶3 比例混拌均匀放入坑内或一层沙一层种子分层放置，堆到离地面 10～30 cm 时为止。用湿沙填满坑，再用土堆成屋脊形或龟背形，在坑的四周挖排水沟，在坑上方搭草棚遮阳挡雨(图 2.2)。坑上覆土厚度应根据各地气候条件而定，在北方应随气候变冷而加厚土层。

露天埋藏法贮藏种量大，无须专门设备，在我国北方采用较多。但露天埋藏法不易检查，在南方多雨和地温较高地区，或土壤黏重板结、排水不良的地方，种子容易过早发芽或腐烂。在南方更应特别注意坑址的选择和埋深。要注意防止种子干燥、发热、发霉和发芽。

2. 室内堆藏

选择干燥、通风、阳光直射不到的屋内、地下室或草棚。在地上铺上湿沙后，将种子与湿沙分层堆积或种沙混合后堆积。数量多可堆成垄，垄间留出通道，以便于检查和有利于通气。种子数量不多时，可在屋角用砖头砌一个池子，把种子与湿润沙子混合后放入池内贮藏。种子数量较少时，可把种子与湿润沙子混合后装于木箱或花盆、小缸等容器中，放于室

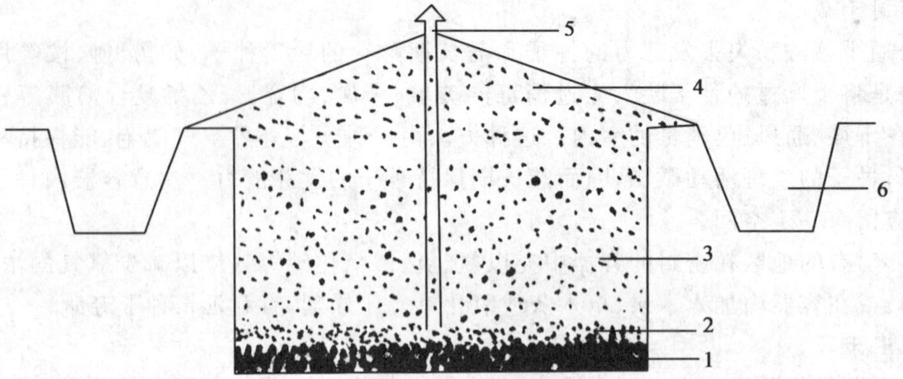

图 2.2 露天埋藏法

1.卵石 2.沙子 3.种沙混合物 4.覆土 5.通气竹管 6.排水沟

内阴凉处。种子堆积完毕后，在上面盖一层沙和草帘等覆盖物，是否设通气设备，根据种子和沙子的厚度决定。此法在我国高温多雨的南方采用较为普遍。要定期检查，适时、适量洒水，防止种子干燥、发热、发霉和发芽。

3.窖藏

适合贮藏含水量大的种子，河北一带采用地窖贮藏板栗效果良好。选地势干燥、阴凉、排水良好的地方挖地窖，将种子装入筐内放入地窖，或在窖底铺上竹席或草苫，再把种子倒在上面，窖口用石板盖严，再用土封好，四周挖排水沟。

此外，还可以用流水藏、雪藏、真空贮藏等方法贮藏种子。流水贮藏适合红松、橡栎类种子，将种子装入麻袋或竹篓中，沉于不结冰的流水中或井中贮藏。雪藏是露天沙藏的一种变化方法，在北方多雪地区应用较好，将种子与雪按 1∶2 的比例混拌，装入麻袋或木箱中，放入阴湿的地方贮藏，在层积催芽方面具有良好效果。

(三)其他种子贮藏技术

1.种子超低温贮藏

种子超低温贮藏指利用液态氮为冷源，将种子置于−196℃的超低温下，使其新陈代谢活动处于基本停止状态，不发生异常变异和裂变，从而达到长期保持种子寿命的贮藏方法。这种方法设备简单，贮藏容器是液氮罐。贮藏前种子常规干燥即可。贮藏过程中不需要监测活力动态。适合对稀有珍贵种子进行长期保存。目前，超低温贮藏种子的技术仍在发展中。许多研究发现，榛、李、胡桃等树种的种子，温度在−40℃以下易使种子活力受损。有些种子与液氮接触会发生爆裂现象等。因此，贮藏中包装材料的选择、适宜的种子含水量、适合的降温和解冻速度、解冻后的种子发芽方法等许多关键技术还需进一步完善。

2.种子超干贮藏

种子超干贮藏或称超低含水量贮藏，是将种子含水量降至5%以下，密封后在室温条下或稍微降温条件下贮存种子的一种方法。以往的理论认为，若种子含水量低于5%～7%的安全下限，大分子失去水膜保护，易受自由基等毒物的侵袭，同时，低水分不利于产生新的阻氧化的生育酚(维生素 E)。自 20 世纪 80 年代以来，对许多作物种子试验研究表明，种子超干含水量的临界值可降到5%以下。种子超干贮藏技术的关键是如何获得超低含水量的种子。一般干燥条件难以使种子含水量降到5%以下，若采取高温烘干，容易降低甚至丧失种子活力。目前主要应用冰冻真空干燥、鼓风硅胶干燥、干燥剂室温干燥等方法。此外，经超干贮藏的种子在萌发前必须采取有效措施，如PEG引发处理、逐级吸湿平衡水分等，防止直接浸水引起的吸胀损伤。目前来看，脂肪类种子有较强的耐干性，可进行超干贮藏。而淀粉类和蛋白类种子超干贮藏的适宜性还有待深入研究。

(四)种子贮藏注意事项

种子贮藏应注意以下事项：

(1)干藏种子入库前应预冷。由于种子热容量较高，导热率较低，晾晒好的种子应放在阴凉地方预冷，然后分装在各容器中。

(2)库内必须清扫及消毒。库壁、天花板用甲醛和高锰酸钾熏蒸，或用煤油石灰乳剂消毒。乳剂由5份水、2份生石灰、1份煤油配成。容器可用福尔马林或高温消毒。

(3)做好种子入库登记。写明贮藏的树种、数量、采集地、调制时间和方法、贮藏时间和方法及种子质量指标等。

(4)应有专人保管，定期检查，发现问题应及时处理。

三、种子的包衣

种子包衣技术是一种新型高效的种子处理技术，是我国20世纪90年代广泛推广的一项植物保护技术，它具有综合防治、低毒高效、省种省药、保护环境、投入产出比高的特点。

(一)包衣的概念与作用

所谓种子包衣是采取机械或手工方法，按一定比例将含有杀虫剂、杀菌剂、复合肥料、微量元素、植物生长调节剂、缓释剂和成膜剂等多种成分的种衣剂均匀包覆在种子表面，形成一层光滑、牢固的药膜。随着种子的萌动、发芽、出苗和生长，包衣中的有效成分逐渐被植株根系吸收并传导到幼苗植株各部位，使种子及幼苗对种子带菌、土壤带菌及地下、地上害虫起到防治作用。药膜中的微肥可在底肥借力之前充分发挥效力。因此，包衣种子苗期生长旺盛，叶色浓绿，根系发达，植株健壮。

包衣的优点如下：

(1)确保苗全、苗齐、苗壮。

(2)省种省药，降低生产成本。

(3)利于保护环境。

(4)提高种子商品性。

(5)对于籽粒小且不规则的种子，经丸化处理后，可使种子体积增大，形状、大小均匀一致，有利于机械化播种。

(二)包衣方法

主要有机械包衣法和人工包衣法两种。

1.机械包衣法

是用专用的种子包衣机进行包衣，适宜大的种子公司使用。

2.人工包衣法

(1)塑料袋包衣法　把备用的两个大小相同的塑料袋套在一起，取一定数量的种子和相应数量的种衣剂装在里层的塑料袋内，扎好袋口，然后用双手快速揉搓，直到拌匀为止，倒出即可备用。

(2)大瓶或小铁桶包衣　准备有盖的大玻璃瓶或小铁桶，如可装 2 000 g 的大瓶或小铁桶，应装入 1 000 g 种子和相应数量的种衣剂，立即快速摇动，拌匀为止，倒出即可备用。

(3)圆底大锅包衣　先将大锅固定，清洗晒干，然后称取一定数量种子倒入锅内，再把相应数量的种衣剂倒在种子上，用铁铲或木棒快速翻动拌匀，使种衣剂在种子表面均匀迅速地固化成膜后取出，装入聚丙烯双层编织袋内，妥善保管备用。

(三)包衣注意事项

不同型号的种衣剂适用不同的种子。尽管种衣剂低毒高效，但使用、操作不当也会造成环境污染或人身中毒事故，尽量不要自行购药包衣，而应到种子公司或农业站购买采用机械方法包衣的良种，在存放和使用包衣种子时仍要注意以下事项：

(1)存放、使用包衣种子的场所要远离粮食和食品。严禁儿童进入玩耍，更要防止畜、禽误食包衣种子。

(2)严禁徒手接触种衣剂或包衣种子。在搬运包衣种子和播种时，严禁吸烟、吃东西或喝水。

(3)装过包衣种子的口袋用后要及时烧掉，严防误装粮食和其他食物、饲料。

(4)盛过包衣种子的盆、篮等，必须用清水洗净后再做他用，严禁再盛食物。洗盆和篮的水严禁倒在河流、水塘、井池边，以防人、畜、禽、鱼中毒。可以将水倒在树根、田间。

(5)如发现接触种衣剂的人员出现面色苍白、呕吐、流涎、烦躁不安、口唇发紫、瞳孔缩小、抽搐、肌肉震颤等症状，即可视为种衣中毒，应立即脱离毒源，护送病人离开现场，用肥皂或清水清洗被种衣剂污染的部位，并请医生紧急救治。

四、种子的运输

种子运输可认为是一种短期的贮藏。如果包装和运输不当，则运输过程中很容易导致种子品质降低，甚至使种子丧失活力。种子运输之前要根据种实类型进行适当干燥或保持适宜的湿度。要预先做好包装工作，包装要安全可靠，并进行编号，填写种子登记卡，写明树种的名称和种子各项品质指标、采集地点和时间、每包重量、发运单位和时间等。卡片装入包装袋内备查。运输途中防止高温或受冻，防止种实过湿发霉或受机械损伤，确保种子的活力。大批运输必须指派专人押运。到达目的地要立即检查，发现问题及时处理。

一般含水量低且进行干藏的种实，如云杉、红松、落叶松、樟子松、马尾松、杉木、桉、椴、白蜡和刺槐等，可直接用麻袋或布袋装运。包装不宜太紧太满，以减少对种子的挤压，同时也便于搬运。对于樟、楠、檫等含水量较高且容易失水而影响活力的种子，可先用塑料或油纸包好，再放入箩筐中运输。对于栎类等需要保湿运输的种子，可用湿苔藓、湿锯末和泥炭等放入容器中保湿。对于杨树等极易丧失发芽力且需要密封贮藏的种子，在运输过程中可用塑料袋、瓶和桶等器具，使种子保持密封条件。有些树种如樟、玉兰和银杏的种子，虽然能耐短时间干运，但到达目的地后要立即进行湿沙埋藏。

部分树种的种实采集、调制、贮藏方法见表 2.3。

表 2.3 部分树种的采种期、种子调制和贮藏方法

树种	种子成熟期/月份	成熟特征	果实类型	调制方法	贮藏方式	播种时间
白玉兰	9～10	聚合果呈不规则圆柱形，开裂，种皮鲜红色	聚合果	去果皮	湿沙层积	即采即种
栾树	9～10	红褐色或橘黄色蒴果，种子成熟后呈黑色	蒴果	去果皮	湿沙层积	即采即种
紫薇	10～11	蒴果椭圆状球形，开裂为多瓣，种子带翅呈片状	蒴果	去果皮	干藏	翌年 4 月
紫荆	9～10	荚果狭披针形，扁平，种子扁圆形，近黑色	荚果	去果皮	干沙藏	翌年 3～4 月上旬
合欢	9～10	荚果，扁平，种子黄褐色	荚果	去果皮	干沙藏	翌年春天
枫杨	8～9	果翅狭，条形或扩条形，黄褐色	翅果	去翅	干藏	翌年春天
银杏	10～11	种子为橙黄色的核果	肉果	去种皮	干藏	翌年春天
柿树	9～10	浆果，扁圆形，橙黄色	肉果	去果皮	干藏	翌年春天
侧柏	10～11	球果阔卵形，成熟时蓝绿色被白粉，种子卵形，无翅	球果	晾干	干藏	随采随播
马尾松	10～12	球果长卵形，成熟时栗褐色，种鳞的鳞背扁平	球果	晾干，去除杂物	干藏	翌年春天

自测训练

一、概念题

结实间隔期　生理成熟　形态成熟　生理后熟　种实调制　种子含水量

二、填空题

1. 种实的类型包括(　　　)、(　　　)、(　　　)。
2. 种实的调制一般包括(　　　)、(　　　)、(　　　)、(　　　)四个环节。
3. 常见种子的采集方法有(　　　)、(　　　)、(　　　)。
4. 种子包衣的方法有(　　　)和(　　　)。
5. 影响种子贮藏的外部条件包括(　　　)、(　　　)、(　　　)、(　　　)。
6. 根据种子和夹杂物的比重或大小不同，分别采用(　　　)、(　　　)、(　　　)、(　　　)净种。
7. 常见的果实为蒴果的树种有(　　　)、(　　　)、(　　　)、(　　　)等，果实为翅果的树种有(　　　)、(　　　)、(　　　)等。
8. 影响树木结实的气候条件包括(　　　)、(　　　)、(　　　)、(　　　)、(　　　)。
9. 种子成熟包括(　　　)和(　　　)两个过程。
10. 影响种子寿命的内部因素有(　　　)、(　　　)、(　　　)、(　　　)。
11. 种子干燥的方法有阳干法和阴干法两种，适合阴干的种子有(　　　)、(　　　)、(　　　)、(　　　)。

12. 根据种子的特性，一般种子的贮藏方法分为干藏法和湿藏法两种，其中干藏法分为(　　　)、(　　　)、(　　　)三种，湿藏法适用于(　　　)和(　　　)的种子。

13. 为了延长种子的寿命，含水量高的种子适宜在(　　　)、(　　　)、(　　　)条件下贮藏。

三、判断题

1. 达到形态成熟的种子都具有发芽能力。(　　)

2. 降低种子含水量可以延长种子寿命。(　　)

3. 板栗、核桃等大粒种子适合采用粒选的方法净种。(　　)

4. 经水选的种子必须阴干处理。(　　)

5. 具有生理后熟现象的种子可以湿藏。(　　)

6. 鉴别种子成熟程度是确定种实采集时期的基础。(　　)

7. 一般脂肪、蛋白质含量高的种子寿命长，例如核桃。(　　)

四、问答题

1. 简述干果类种实调制的方法。

2. 简述如何延长种子的寿命。

3. 简述影响种子贮藏的因素。

4. 树木采种时应注意哪些问题？

5. 球果类种实调制时如何脱粒干燥？

6. 简述种子的室外层积贮藏的步骤。

技能训练二　园林树木种实的识别

一、目的要求

通过对当地主要园林树种的种实外形和剖面特征的观察，识别各种林木的种实，为种子经营和种子品质检验工作打下基础。

二、材料与用具

解剖刀、解剖针、放大镜、解剖镜、镊子、种子检验板(玻璃板)、测尺、玻璃皿、种子标本、本地区有代表性的主要园林种实10～20种。

三、方法步骤

(一)种子外部形态观察

1. 观察种实形状

取大小、颜色均匀供试林木种子若干粒，放在种子检验板上，用放大镜详细观察其外部形态、构造及种皮颜色，按各种树种种实外形差异，可分为球形、扁平形、卵形、卵圆形、椭圆形、针形、线形、肾形等，进行记载。

2. 测量种实大小

选择有代表性的种实，用测尺测量种粒的大小，找出其相似特点。

3. 观察种实其他特征

观察种实表面是否有绒毛、种翅、钩、刺、蜡质、疣瘤、条纹、斑点等，在进行外部形态观察时还可以看到种脐和种孔等。根据观察，简要绘出种实外部形态图。

4. 记录

每人最少观察 10 种，将观察和测量结果填入表 2.4 中。

表 2.4　种实形态记录

序号	树种	种子外部形态	长	宽	厚	色泽	果实类型	其他特征

(二)种实的识别

通过以上的观察、记载、绘图，基本掌握识别种实的方法，然后再进一步识别编号的各种种实标本。在识别的过程中应注意掌握其外形的主要特征，将形态相似的和不相似的种实分别放在一起比较识别，并写出各种种实的名称。

四、作业

1. 完成所指定的园林树木种实外部形态的记载。

2. 简绘出各个种实的外形图。

技能训练三　种实的采集与调制

一、目的要求

通过本实验使学生能够熟练掌握园林树木种子的采集方法；掌握园林苗圃中常用树种的种实调制方法。要求学生按老师实践教学的要求把握好实践教学的各环节，最终使每个学生都能独立操作完成园林树木采集和调制的整个过程，强化学生的实践动手能力。

二、材料与用具

用于播种繁殖的树木种实，主要有干果、肉质果、球果各两种；高枝剪、枝剪、桶、草帘、木棒、筛子、簸箕、量筒、天平、烧杯、培养器、玻璃棒、镊子、酒精、蒸馏水等。

三、方法步骤

(一)种实的采集

以小组为单位，分别选择常绿树种、树体高大的落叶树种和树体低矮的灌木类树种的种实进行采集。

1. 常绿树种种实采集

种实较大的油松、云杉、白皮松等，用竹竿击打果实，不脱落的则用采种钩或高枝剪采摘；果实较小的侧柏、桧柏等未开裂的，手摘或用采种钩将种实打落在树下铺好的采种布上收集，对已开裂的则在树下铺采种布，用竹竿震动果枝，使种子摇落在布上，集中收集。

2. 树体高大的落叶树种种实采集

种实较大的海棠、山桃、山楂、银杏、板栗、核桃等，可上树采集或竿击后地面采集；对大果穗或翅果的树种，如合欢、栾树、臭椿、国槐等可用高枝剪、采种钩剪下果穗。

3. 树体低矮的灌木类种实采集

采集贴梗海棠、小檗、紫薇、金银木等的种实,可用手摘或剪枝剪剪下果穗。

(二)种实调制

将采集的种实进行分类,采用适当的方法进行种实调制。

1. 干果类的调制

含水量低的种实放在清洁、干燥、通风处进行自然晾晒,在摊晒过程中要经常翻动,对不开裂的果实可用棍棒敲打或碾压等措施脱出种粒,清除种皮、碎枝残叶、土块和夹杂物,获取纯净种实,干燥至安全含水量。含水量高的种实在室内通风处阴干,经常翻动,防止发热。

2. 肉质果类的调制

种实采集后要及时调制,一般采用水浸、堆沤或碾压的方法,将肉质果的果皮捣烂、果肉软化,加水搅拌揉搓,使果肉与种子分开,放入水中淘洗,脱出种子,阴干至安全含水量。

3. 球果类的调制

易开裂的球果采后在阳光下晾晒,果鳞开裂后,用木棍敲打,脱出种子;不易开裂的肉质球果可用机械碾压,碾碎果皮果肉,脱出种子;不易开裂的含松脂较多的球果可采用石灰水或草木灰水堆沤,待球果变黑褐色后,暴晒使果鳞开裂,脱出种子。

四、作业

记录种实采集时期和采集方法、各类种实的调制方法,完成实训报告。

任务四　种子品质的检验

园林树木种子的品质检验,是指应用科学、先进和标准的方法对种子样品的质量(品质)进行正确的分析测定,判断其质量的优劣,评定其种用价值。种子品质是种子不同特性的综合,通常包括遗传品质和播种品质两个方面,遗传品质是种子固有的品质,种子品质检验主要是检验种子的播种品质。园林树木种子检验应执行中华人民共和国标准局颁布的《林木种子检验规程》(GB 2772—1999)的有关规定。在国际种子交流和贸易中,还应该执行国际种子检验协会(ISTA)的有关规程。

种子品质检验项目主要种子净度、发芽率、生活力、优良度、种子健康状况、含水量、重量(千粒重)等。

一、优质种子的特征

种子品质包括直观外表品质和内在品质两个方面,只有具备了优良品质的种子,才能培育出符合城市绿化要求的高产、优质的苗木。优良种子应具备以下特征:

(1)完整度高　无破损、虫蚀种粒。

(2)整齐度高　同一批种子的大小、形状、色泽等外观指标一致。

(3)成熟度高　具有本树种典型的成熟特征,充实饱满。

(4)纯净度高　品种一致性程度高,无杂质。

(5)发芽力高　发芽率高,发芽迅速、整齐。

(6)无病虫害　种子健全，不含病菌虫卵。

(7)耐贮藏　种子含水量在安全含水量范围之内，干燥贮藏。

二、抽样

种子品质检验结果是否正确，完全取决于抽样样品的代表性。首先应从种子批中按下列程序抽取有代表性、数量相当的供检样品。

种子批 —扦样→ 初次样品 —混合→ 混合样品 —分样→ 送检样品 —分离→ 测定样品

(一)有关抽样的几个概念

1.种批

又称种子批，指种源相同、采种年份相同、播种品质一致、种子重量不超过一定限额的同一树种的一批种子。

种批应满足以下条件：在一个县(林业局)、乡镇(林场)范围内的相似立地条件上，或同一处良种基地内采集的；采种期大致相同；种子调制和贮藏方法相同；种子经过充分混合，使组成种批的各成分均匀一致地随机分布；重量不超过规定限额。

2.样品

样品是从种批中抽取的小部分有整体代表性的、用作品质检验的种子。样品是按照一定的检验规程和手续抽取的，分为初次样品、混合样品、送检样品和测定样品。

(1)初次样品　从一个种批的不同部位或不同容器中分别抽样时，每次抽取的少量种子称为一个初次样品。

(2)混合样品　从一个种批中取出的全部初次样品，均匀地混合在一起称为混合样品。

(3)送检样品　按照国家规定的分样方法和数量，把整个混合样品或混合样品中分取一部分交检验机构做检验用的种子称为送检样品。

(4)测定样品　从送检样品中，分取一部分直接供做某项品质测定用的种子称为测定样品。

(二)抽样方法

1.扦取初次样品

被扦的种子批应在扦样前进行适当混合、掺匀，使其均匀一致。扦样的次数由种子批的大小及盛种容器数量而定。

(1)袋装的扦样法　根据种子批袋装(或容量相似而大小一致的其他容器)的数量确定扦样袋数，扦样袋数的最低要求见表2.5。单管扦样器适用于扦取中小粒种子样品，扦样时用扦样器的尖端先拨开包装物的线孔，再把凹槽向下，自袋角处尖端与水平呈30°向上倾斜地插入袋内，直至到达袋的中心，再把凹槽旋转向上，慢慢拔出，将样品装入容器中。双管扦样器适用于较大粒，使用时须对角插入袋内或容器中，在关闭状态插入，然后开启空口，轻轻摇动，使扦样器完全装满，轻轻关闭，拔出，将样品装入容器中。

(2)散装扦样法　根据种子批散装的数量确定扦样点数，扦样点数见表2.6。散装扦样时应随机从各部位及深度扦取初次样品。每个部位扦取的数量应大体相等。

表 2.5　袋装的扦样袋(容器)数

(孙新政.园艺植物种子生产.
中国农业出版社,2006)

种子批的袋数(容器数)	扦取的最低袋数(容器数)
1～5	每袋都扦取,至少扦取5个初次样品
6～14	不少于5袋
15～30	每3袋至少扦取1袋
31～49	不少于10袋
50～400	每5袋至少扦取1袋
401～560	不少于80袋
561以上	每7袋至少扦取1袋

表 2.6　散装的扦样点数

(孙新政.园艺植物种子生产.
中国农业出版社,2006)

种子批大小/kg	扦样点数
50以下	不少于3点
51～1 500	不少于5点
1 501～3 000	每300 kg至少扦取1点
3 001～5 000	不少于10点
5 001～20 000	每500 kg至少扦取1点
20 001～28 000	不少于40点
28 001～40 000	每700 kg至少扦取1点

2.配制混合样品

由种子批内扦取的全部初次样品混合均匀,组成混合样品。

3.分取送检样品

将混合样品用分样器或四分法缩小至送检样品规定的数量。小粒、极小粒种子不少于10 000粒,中粒种子3 000～5 000粒,大粒和特大粒种子至少300～500粒。

(1)分样器法　适用于种粒小、流动性大的种子。目前常用的是鼎钟式分样器,使用前先洗刷干净分样器,将种子通过分样器分成重量大约相等的两份。分样时把种子通过分样器3次,使种子充分混合,然后正式分取。每分取一次,都把种子一分为二,取其一半去掉一半,不断分取,直至剩下的种子达到送验样品规定质量为止。

(2)四分法　将混合样品种子倒在清洁的桌面上或玻璃板上,两手各拿一块分样板,先纵向混合3次,再横向混合3次,使种子混合均匀后摊平铺成正方形。大粒种子厚度不超过10 cm,中粒种子不超过5 cm,小粒种子不超过3 cm,然后用分样板在种堆上沿对角线把种子分成4个三角形,将两个对顶的三角形种堆留下拨到一起混合均匀,拨去剩下的另外两个三角形种堆,继续按上述方法反复分样直至达到送检样品所需的质量为止。拨到一边多余的种子要装回原容器,以备再用。

4.样品保存

送验样品验收合格并按规定要求登记后,应从速进行检验,如不能及时检验,须将样品放置在凉爽、干燥、通风的室内,使种子品质的变化降到最低限度。为了便于当发生质量纠纷时进行复检,应将一部分送检样品在适宜条件下保存一个生长周期或一年。

三、种子品质检验的方法

(一)净度测定

种子净度(纯度)是指测定样品中纯净种子重量占供检样品总重量的百分比。净度是种子播种品质的重要指标之一,是划分种子品质等级标准和确定播种量的主要根据。种子净度低,夹杂物多,吸湿性强,不耐贮存,对种子生活力的保存有较大的影响。因此在种实调制过程中，要认真做好脱粒、净种等工作，使净度达到应有的标准。

1.提取测定样品

用四分法或分样器从送检样品中分取 2 份全样品或 2 份半样品，并将所抽取的样品称重。称量精确度应达表 2.7 的要求。

表 2.7　净度测定称量精度

测定样品/g	称重至小数位数	测定样品/g	称重至小数位数
1.000 0 以下	4	100.0～999.9	1
1.000～9.999	3	1 000 及 1 000 以上	0
10.00～99.99	2		

2.区分各种成分

将测定样品倒在玻璃板上，把纯净种子、其他植物种子和夹杂物分开。

(1)纯净种子　完整、未受伤害、发育正常的种子；发育不完全的种子和不能识别出的空粒；虽已破口或发芽，但仍具发芽能力的种子；带翅种子中，种翅不易脱落的指带翅的种子，种翅易脱落的指去翅的种子；壳斗科种子中，壳斗不易脱落的指带壳斗的种子，壳斗易脱落的指去壳斗的种子；有 1 粒种的复粒种子。

(2)其他植物种子　异类种子。

(3)夹杂物　叶片、鳞片、苞片、果皮、种翅、种子碎片、土块、石砾、昆虫和其他杂质。

3.称重

分别称纯净种子、其他植物种子和夹杂物的重量，填入净度分析记录表 2.8。

表 2.8　净度测定记录表

树种：＿＿＿＿＿＿＿　　　　编号：＿＿＿＿＿＿＿

测定样品重/g		
纯净种子重/g		净度　　%
废种子重/g		%
夹杂物重/g		%
总重/g		
误差/g		
备注	夹杂物的种类、重量	

测定人：　　　　测定日期：　年　月　日

4.检验样品误差

纯净种子、其他植物种子和夹杂物之和与样品重之间的差值应不大于 5%，否则应重做。

5.计算测定结果

分别计算两个重复种子的净度，计算公式如下：

$$净度=\frac{纯净种子重}{纯净种子重+其他植物种子重+夹杂物重}\times 100\%$$

送检样品先行清理的,净度用下式计算:

$$净度=送检样品净度\times测定样品净度$$

$$送检样品净度=\frac{送检样品除去大杂质后的重量}{送检样品重}\times100\%$$

其他植物种子和夹杂物百分率计算方法与净度的计算方法相同。测定结果应计算到2位小数,各种成分的百分率总和必须为100%。填写检验证时,填写1位小数。

6.确定种批净度

检查2份样品净度之间的差异是否超过容许差距(表2.9)。若在容许差距范围内,检验的平均净度即为种批净度。若超过容许差距,则进行补充检验分析。

表2.9 测定样品的允许误差

测定样品重量/g	允许误差/g	测定样品重量/g	允许误差/g
<5.000	0.02	101.0~150.9	0.50
5.000~10.99	0.05	151.0~200.0	1.00
11.00~50.99	0.10	>200.0	1.50
51.00~100.9	0.20		

7.补充检验

在使用全样品分析的情况下,再检验一份样品。只要最高值和最低值的差异未超过容许差距的2倍,则三次分析的平均值即为种批净度。

在使用半样品分析的情况下,再检验一对半样品,直到有2份半样品的差距在容许差距范围内。将差距超过容许差距2倍的成对样品舍去不计,根据其余各对样品的净度计算种批净度。

用称量发芽法检验时,不必测定净度。

(二)发芽能力测定

1.发芽测定目的及有关概念

发芽测定的目的是测定种子批的最大发芽潜力,评价种子批的质量。种子发芽力是指种子在适宜条件下发芽并长成植株的能力。种子发芽力是种子播种品质最重要的指标,用发芽势和发芽率表示。

发芽势是种子发芽初期(规定日期内)正常发芽种子数占供试种子数的百分率。通常以发芽试验规定的期限的最初三分之一期间内的发芽数,占供试种子总数的百分比表示。发芽势高,表示种子活力强,发芽整齐,生产潜力大。

$$发芽势=\frac{种子发芽高峰时种子发芽粒数}{供检种子粒数}\times100\%$$

发芽率也称实验室发芽率,是指在发芽试验终期(规定日期内)正常发芽种子数占供试种子数的百分率。种子发芽率高,表示有生活力的种子多,播种后出苗多。

$$发芽率=\frac{发芽种子粒数}{供检种子粒数}\times100\%$$

2.发芽试验设备和用品

种子发芽试验中常用的设备有电热恒温发芽箱、变温发芽箱、光照发芽箱、人工气候箱、发芽室，以及活动数种板和真空数种器等设备。发芽床应具备保水性好、通气性好、无毒、无病菌等特性，且有一定强度。常用的发芽床材料有纱布、滤纸、脱脂棉、细沙和蛭石等。

3.发芽试验方法

(1)器具和种子灭菌　为了预防霉菌感染，发芽试验前要对准备使用的器具灭菌，发芽箱可在试验前用福尔马林喷射后密封 2～3 d，然后再使用。种子可用过氧化氢(35%，1 h)、福尔马林(0.15%，20 min)等进行灭菌。

(2)发芽促进处理　置床前通过低温预处理或用 GA_3，HNO_3，KNO_3，H_2O_2 等处理种子，可破除休眠。对种皮致密、透水性差的树种如皂荚、台湾相思、刺槐等，可用 45℃的温水浸种 24 h，或用开水短时间烫种(2 min)，促进发芽。

(3)种子置床　种子要均匀放置在发芽床上，使种子与水分良好接触，每粒之间要留有足够的间距，以防止种子受霉菌感染并蔓延，同时也为发芽苗提供足够的生长空间。

(4)贴标签　种子放置完后，必须在发芽皿或其他发芽容器上贴上标签，注明树种名称、测定样品号、置床日期、重复次数等，并将有关项目在种子发芽试验记录表上进行登记。

(5)发芽试验管理

①水分。发芽床要始终保持湿润，切忌断水，但不能使种子四周出现水膜。

②温度。调节好适宜的种子发芽温度，多数树种以 25℃为宜。榆和栎类为 20℃，白皮松、落叶松和华山松为 20～25℃，火炬松、银杏、乌桕、核桃、刺槐、杨和泡桐为 20～30℃，桑、喜树和臭椿为 30℃。变温有利于种子发芽。

③光照。多数种子可在光照或黑暗条件下发芽。但国际种子检验规程规定，对大多数种子，最好加光培养，目的是光照可抑制霉菌繁殖，同时有利于正常幼苗鉴定，区分黄化和白化等不正常苗。

④通气。用发芽皿发芽时，要常开盖，以利通气，保证种子发芽所需的氧气。

⑤处理发霉现象。发现轻微发霉的种子，应及时取出洗涤去霉。发霉种子超过 5%时，应调换发芽床。

(6)持续时间和观察记录

①种子放置发芽的当天，为发芽试验的第一天。各树种发芽试验需要持续的时间不一样。

②鉴定正常发芽粒、异状发芽粒和腐坏粒并计数。正常幼苗为：长出正常幼根，大、中粒种子，其幼根长度应该大于种粒长度的 1/2，小粒种子幼根长度应该大于种粒长度。异状发芽粒为：胚根形态不正常，畸形、残缺等；胚根不是从珠孔伸出，而是出自其他部位；胚根呈负向地性；子叶先出等。腐坏粒：内含物腐烂的种子，但发霉粒种子不能算作腐坏粒。

(7)计算发芽试验结果　发芽试验到规定结束的日期时，记录未发芽粒数，统计正常发芽粒数，计算发芽势和发芽率(表 2.10)。试验结果以粒数的百分数表示。

表 2.10　发芽测定 4 次重复间的最大允许差距　%

平均发芽率		最大差距	平均发芽率		最大差距
50%以上	50%以下		50%以上	50%以下	
99	2	5	87～88	13～14	13
98	3	6	84～86	15～17	14
97	4	7	81～83	18～20	15
96	5	8	78～80	21～23	16
95	6	9	73～77	24～28	17
93～94	7～8	10	67～72	29～34	18
91～92	9～10	11	56～66	35～45	19
89～90	11～12	12	51～55	46～50	20

(三)生活力测定

种子生活力是用染色法测得的种子潜在的发芽能力。当需要迅速判断种子的品质,对休眠期长和难以进行发芽试验或是因条件限制不能进行发芽试验,可采用染色法来检定种子。

1.测定原理

目前测定用药剂主要有四唑和靛蓝。

(1)四唑测定原理　四唑染色法应用 2,3,5-三苯基氯化(或溴化)四唑无色溶液作为检验试剂,以显示活细胞中所发生的还原过程。在活细胞中,2,3,5-三苯基氯化四唑经氢化作用,生成一种红色而稳定的不扩散的物质,活细胞被染成红色,死细胞不被染色。这样就能根据种胚和胚乳染色的多少和部位鉴别种子是否有生活力及种子生活力的强弱。

四唑测定试剂的浓度为 0.1%～1%的水溶液。浓度高,反应较快,但药剂消耗量大;浓度低,要求染色的时间较长。一般使用浓度为 0.5%的溶液。溶液随配随用,不宜久存。

(2)靛蓝测定原理　靛蓝是一种蓝色粉末,它能透过死细胞组织而染上颜色,但不能透过活细胞的原生质。因此,死细胞被染成蓝色,活细胞不被染色。这样就能根据种胚和胚乳染色的多少和部位鉴别种子是否有生活力。靛蓝的使用浓度为 0.05%～0.1%,如发现溶液有沉淀,可适当加量。溶液随配随用,不宜久存。

2.测定方法

(1)提取测定样品　将净度测定后的纯净种子铺在光滑的桌上,充分混合后用四分法分为 4 份,每份中随机抽取 25 粒组成 100 粒,共取 4 个 100 粒,即 4 个重复。或用数粒器提取 4 个 100 粒。

(2)种子催芽　为了软化种皮,便于剥取种仁,同时提高种子活力,检验前需进行催芽。首先,进行浸种处理。多数种子通常用始温 30～45℃的水浸 24～48 h,每天换水。硬粒种子和种皮致密的种子可用始温 80～85℃的水浸种,在自然冷却中浸种 24～72 h,每天换水。其次,将浸水后的种子置于温暖、湿润的环境下催芽 24～48 h,提高种子活力。豆科植物吸水后发芽速度较快,浸水后可不再催芽。

(3)剥取种仁或胚方　将种子纵向剖开,剥掉内外种皮,取出种仁。取种仁时既要露出种胚,又不能切伤种胚。大粒种子(如银杏、板栗)切取大约 1 cm^2 包括胚根、胚轴、子叶和部分胚乳的方块(胚方)。剥取种仁或胚方时,发现空粒、腐坏粒、病虫粒等均填入生活力测定记录表中。

(4)染色鉴定　剥取种仁或胚方时顺手将剥取的种仁或胚方放入染色液中，上浮者要压沉。四唑染色要置于黑暗环境。浸种过程温度控制在 30～35℃，浸种时间因树种而异。

达到染色时间后，仔细观察染色情况，根据种胚和胚乳染色的多少和部位鉴别种子是否有生活力。

(5)计算测定结果　根据记录的资料，4 个重复分别计算有生活力种子的百分率。

$$生活力=\frac{有生活力种子数}{供检种子数}\times 100\%$$

(6)确定种子生活力　检查各重复间的差异是否为随机误差，若各重复的最大值和最小值的差距没有超过容许差距范围(表 2.11)，则平均数为种批生活力。若各重复的最大值和最小值的差距超过容许差距范围，必须重新测定。

表 2.11　重新发芽测定容许差距(GB 2772—1999)　　%

两次测定的发芽平均数		最大容许误差	两次测定的发芽平均数		最大容许误差
98～99	2～3	2	77～84	17～24	6
95～97	4～6	3	60～76	25～41	7
91～94	7～10	4	51～59	42～50	8
85～90	11～16	5			

(7)重新测定与填报　各重复间的差距超过容许差距时，应按原用方法重新测定。若第一次和第二次的测定结果之差不超过容许差距，则以两次测定结果的平均数作为测定结果填报。若第一次和第二次的测定结果之差超过容许差距，应按原用方法进行第三次测定。以三次测定中相互一致的两次结果的平均数作为测定结果填报(表 2.12)。

表 2.12　生活力测定记录

树种		送检样品号				染色剂					
组号	测定种子粒数	种子解剖结果			染色粒数	染色结果				生活力/%	备注
		腐坏粒	病虫粒	空粒		无生活力		有生活力			
						粒数	%	粒数	%		
1											
2											
3											
4											
合计											
平均											
测定方法											

检验员：　　　　　　　　测定日期：　　　　　年　　月　　日

(四)千粒重测定

种子重量主要指千粒重。通常指气干状态下,1 000 粒种子的重量,以克为单位。千粒重能够反映种粒的大小和饱满程度,重量越大,说明种粒越大越饱满,内部含有的营养物质越多,发芽迅速整齐,出苗率高,幼苗健壮。种子千粒重测定有百粒法、千粒法和全量法。

1. 百粒法

通过手工或用数种器从待测样品随机数取 8 个重复,每个重复 100 粒,分别称重。根据 8 个组的称重读数,求算出 100 粒种子的平均重量,再换算成 1 000 粒种子的重量。

2. 千粒法

适用于种粒大小、轻重极不均匀的种子。通过手工或用数种器从待测样品随机数取两个重复,分别称重,计算平均值,求算千粒重。大粒种子,每个重复数 500 粒;小粒种子,每个重复数 1 000 粒。

3. 全量法

珍贵树种,种子数量少,可将全部种子称重,换算千粒重。多数情况下用重复计数法测定种子重量,方法如下:

(1)提取测定样品　将净度测定后的纯净种子铺在光滑的桌上,充分混合后用四分法分为 4 份,每份中随机抽取 25 粒组成 100 粒,共取 8 个 100 粒,即 8 个重复。或用数粒器提取 8 个 100 粒。

(2)称重　分别称 8 个重复的重量(精度要求与净度测定相同),填入重量测定记录表。

(3)计算测定结果　计算 8 组的平均重量 $\bar{x}=\frac{\sum_{i}^{n}x_i}{n}$、标准差 S、变异系数 C,公式为:

$$S=\sqrt{\frac{\sum_{i=1}^{n}x_i^2-n\bar{x}^2}{n-1}}$$

$$C=\frac{S}{\bar{x}}\times 100\%$$

4. 确定种子重量

若变异系数不超过 4(种粒大小悬殊的不超过 6),则 8 个组的平均重量乘以 10 即为种子的千粒重。若变异系数超过 4(种粒大小悬殊的超过 6),则重做。若仍超过,可计算 16 个组的平均重量及标准差,凡与平均重量之差超过 2 倍标准差的略去不计,未超过的各组的平均重量乘以 10 为种子的千粒重。

(五)含水量测定

种子含水量是指种子中所含水分的重量占种子重量的百分率。种子含水量的多少是影响种子寿命的重要因素之一。测定种子含水量的目的是为妥善贮存和调运种子时控制种子适宜含水量提供依据。种子含水量的测定方法常用的有烘干法、甲苯蒸馏法和水分速测仪测定法等,下面主要介绍烘干法。

1. 称样品盒重

分别称 2 个预先烘干过的样品盒的重量(V),精度要求达 3 位小数。将数据填入含水量测定记录表。

2. 提取测定样品

用四分法或分样器法从含水量送检样品中分取测定样品，放入样品盒。样品取 2 个重复，重量为直径＜8 cm 的容器 4～5 g，直径≥8 cm 的容器 10 g。

取样操作时，应将含水量送检样品在容器内充分混合，并尽量减少测定样品在空气中暴露的时间，以防失水。种粒大的种子（1 kg 种子少于 5 000 粒）和种皮坚硬的种子要切开或打碎，充分混合后，再采取测定样品。

3. 称样品湿重

分别称 2 个装有样品的样品盒的重量（W），精度要求达 3 位小数。

4. 烘干

(1)低恒温烘干法　本法适用于所有种子。将装有样品的容器置于烘箱中，打开盖子搭在盒旁，升温至（103±2）℃后烘（17±1）h。

(2)高恒温烘干法　将装有样品的容器置于烘箱中，打开盖子搭在盒旁，升温至 130～133℃后烘 1～4 h。

含有挥发性物质的种子可采用甲苯蒸馏法。这些种子在用高温烘干时，种子内容易挥发的物质也随水分一起被排除，而影响种子含水量测定的精度。用这种方法能使种子中的水分在低于 100℃的温度下全部沸腾气化出来，经过冷凝把蒸馏出来的水分承接在测量管中，便可以直接读取种子样品中的含水量。

如果测定样品的含水量高于 17%，可采用二次烘干法。即将要测定的样品放入 70℃的烘箱内，预烘 2～5 h，取出后置于干燥器内冷却、称重。再以（103±2）℃进行二次烘干，测得其含水量。

5. 称样品干重

种子烘干后迅速盖好样品盒盖，并将放入干燥器中冷却 30～45 min，然后分别称重（U），精度要求达 3 位小数。

6. 计算测定结果

计算两个重复的含水量，计算到 1 位小数。计算公式如下：

$$含水量=\frac{W-U}{W-V}\times 100\%$$

若两个重复的差距不超过表 2.13 的规定，则平均含水量为种批的含水量。如超过须重做。

表 2.13　含水量测定两次重复间的容许差距　%

种子大小	平均原始水分		
	12	12～25	＞25
小种子①	0.3	0.5	0.5
大种子②	0.4	0.8	2.5

注：①小种子是指每千克超过 5 000 粒的种子。

②大种子是指每千克最多为 5 000 粒的种子。

(六)优良度测定

优良度是指优良种子数占供检种子总数的百分比，是表示种子品质最简易的方法，适用于在种实采收、脱粒、收购现场确定种子品质。通过直接观察，从种子的形态、色泽、气味、硬度等来判断种子的质量，简单易行，可迅速得出结果。发芽测定结束时对未发芽粒的补充鉴定及休眠期长而又不能用染色法测定的种子也可应用。

优良度常用的测定方法有解剖法、挤压法。测定方法如下。

1. 提取测定样品

将净度测定后的纯净种子铺在光滑的桌上，充分混合后用四分法分为 4 份，每份中随机抽取 25 粒组成 100 粒，共取 4 个 100 粒，即 4 个重复。或用数粒器提取 4 个 100 粒。大粒种子可取 50 粒或 25 粒。

2. 浸种处理

种皮较坚硬难以解剖的种子，或用挤压法鉴定的小粒种子需进行浸种。多数种子通常用始温 30～45℃的水浸种 24～48 h，每天换水。硬粒种子和种皮致密的种子可用始温 80～85℃的水浸种，在自然冷却中浸种 24～72 h，每天换水。

3. 鉴定

(1)解剖法　将种子纵向剖开，仔细观察种胚、胚乳和子叶的大小、色泽、气味以及健康状况等区分优良种子及劣质种子。各重复优良粒、空粒、腐坏粒、病虫粒等记入优良度测定记录表中。

(2)挤压法(压油法)　适用于含油质多的种子和小粒种子的检验。松类树种的种子含有油质，可将种子放在两张白纸间，用瓶子滚压，使种粒破碎，凡油点明显者为好种子，油点不明显或无油点的为空粒或劣种。桦木、泡桐等小粒种子，可将种子用水煮 10 min，取出后放在两块玻璃片中间挤压，能压出颜色正常种仁(白浆)的为好种子，无种仁(出水或气泡)或种仁为黑色等不正常颜色的为劣质种子。

4. 计算测定结果

根据记录的资料，分别计算 4 个重复优良种子的百分率。

$$优良度=\frac{优良种子数}{供检种子数}\times 100\%$$

5. 确定种子优良度

检查各重复间的差异是否为随机误差，若各重复的最大值和最小值的差距没有超过容许差距范围，则平均数为种批优良度。若各重复的最大值和最小值的差距超过容许差距范围，必须重新测定。

(七)健康度测定

种子健康状况是指种子是否携带病原菌(真菌、细菌、病毒)和害虫。种子健康状况测定是检验样品中是否存在送检人指明的病原菌和害虫。感染病害的种子不仅不耐贮藏，而且播种后发芽率低，影响产苗数量，还会将病菌传播到幼苗上，危害苗木的正常生长发育，从而影响苗木质量，增加育苗投资。因此，贮藏或播种前应检验种子的病虫感染程度。

1. 抽取测定样品

从送检样品中随机抽取 200 粒或 100 粒种子。

2. 鉴定

(1)直观检查　将样品放在白纸或白瓷盘、玻璃板上，用放大镜观察，挑出有菌核、霉粒、虫瘿、活虫及病虫伤害的种子。

(2)种子中隐蔽害虫的检查　将样品切开检查有虫和被虫蛀粒数。

(3)种子病原检查　将种子放在温暖湿润的环境条件下培养一段时间，再用适当倍数的显微镜直接检查。有条件的，可进行洗涤检查和分离检查。

3.计算测定结果

$$病害感染度=\frac{霉粒数+病害粒数}{供检种子数}\times 100\%$$

$$虫害感染度=\frac{虫害粒数}{供检种子数}\times 100\%$$

$$病虫感染度=\frac{病虫感染粒数}{供检种子数}\times 100\%$$

如挑选出来的菌核、虫瘿、活虫等数量多时，应分别统计百分率。

以上是常规的种子品质检验方法，此外可用X射线摄影检验。使用即显软片，射线照射后15 s，即可得到一张X射线的正片。优点是操作简便，速度快，结果比较可靠，可检查种子饱满粒、损伤粒、空粒和虫害粒的百分率。

四、发芽实用值的计算

发芽实用值是指种子实际发芽的百分率，是反映种子播种质量最重要的指标，是确定播种量的主要依据，也是直接用于科学指导，安排生产的重要依据。

$$发芽实用值=种子纯净度\times 发芽势$$

五、种子品质检验登记

完成种子质量的各项测定工作后，要填写种子质量检验结果单。完整的结果报告单应该包括：签发站名称；扦样及封缄单位名称；种子批的正式登记号和印章；来样数量、代表数量；扦样日期；送检日期；样品编号；检验项目，检验日期(表2.14)。

评价树木种子质量时，主要依据种子净度分析、发芽试验、生活力测定、含水量测定和优良度测定等结果，进行树木种子质量分级。中华人民共和国种子法规定，国务院农业、林业行政主管部门分别负责全国农作物和林木种子质量监督管理工作。县级以上地方人民政府农业、林业行政主管部门分别负责本行政区域内的农作物和林木种子质量监督管理工作。种子的生产、加工、包装、检验、贮藏等质量管理办法和标准，由国务院农业、林业行政主管部门制定。

承担种子质量检验的机构应当具备相应的检测条件和能力，并经省级以上农业、林业行政主管部门考核合格。处理种子质量争议，以省级以上种子质量检验机构出具的检验结果为准。种子质量检验机构应当配备种子检验员。种子检验员应当经省级以上农业、林业行政主管部门培训，考核合格，取得《种子检验员证》。

表 2.14　园林植物种子质量检验证

<table>
<tr><td>树种</td><td></td><td>本批种质量</td><td></td><td>送检样品重</td><td></td><td>送检日期</td><td></td></tr>
<tr><td colspan="2">种子采收登记表编号</td><td colspan="2"></td><td colspan="2">送检申请表编号</td><td colspan="2"></td></tr>
<tr><td colspan="8">检验结果</td></tr>
<tr><td colspan="4">检验项目</td><td colspan="4">备注</td></tr>
<tr><td colspan="4">1.净度：　　　　%</td><td colspan="4"></td></tr>
<tr><td colspan="4">2.千粒重　　　　g</td><td colspan="4"></td></tr>
<tr><td colspan="4">3.发芽势：　　　　%</td><td colspan="4"></td></tr>
<tr><td colspan="4">4.发芽率：　　　　%</td><td colspan="4"></td></tr>
<tr><td colspan="4">5.生活力：　　　　%</td><td colspan="4"></td></tr>
<tr><td colspan="4">6.含水量：　　　　%</td><td colspan="4"></td></tr>
<tr><td colspan="4">7.优良度：　　　　%</td><td colspan="4"></td></tr>
<tr><td colspan="4">8.病害感染程度：　　　　%</td><td colspan="4"></td></tr>
<tr><td colspan="4">9.虫害感染程度：　　　　%</td><td colspan="4"></td></tr>
<tr><td colspan="8">种子质量等级：</td></tr>
<tr><td colspan="8">检验证有效期：　　　年　　月　　日 至　　　年　　月　　日</td></tr>
<tr><td colspan="4">检验单位：</td><td colspan="4">（盖章）　　年　　月　　日</td></tr>
<tr><td colspan="4">检验员：</td><td colspan="4">（盖章）　　年　　月　　日</td></tr>
</table>

六、种子品质检验操作注意事项

(1)填写种子质量检验结果单。

(2)检验合格的种子有检验部门签发合格证明书。

(3)根据种子分级标准定出种子等级。

(4)对不合格者应根据具体情况,提出处理意见。

自测训练

一、概念题

种批　净度　千粒重　种子生活力　发芽势

二、填空题

1.从混合样品中,通过(　　　)取样和(　　　)取样,分取出符合规定数量的送检样品。

2.种子含水量的测定方法常用的有(　　　)、(　　　)和(　　　)三种。

3.种子千粒重测定有方法有(　　　)、(　　　)和(　　　)三种。

4.测定种子的生活力可采用染色法来检定种子，目前测定用药剂主要有(　　　　)和(　　　　)。

5.种子发芽力是种子播种品质最重要的指标，用(　　　　)和(　　　　)表示。

三、问答题

1.怎样利用四分法取样?

2.简述优质种子具备的特征。

3.简述种子含水量的测定方法。

技能训练四　种子优良度的测定

一、目的要求

通过直接观察种子的形态、色泽、气味、硬度等，来判断种子的质量，使学生掌握种子品质检验的最简易方法。

二、材料与用具

大粒种子、中粒种子、小粒种子、微粒种子、松杉类和栎类种子各100粒，白纸板、解剖针、瓶子、温水、种子瓶等。

三、方法步骤

1.直接观察法

直接观察种子的大小、形状、色泽、气味、硬度，凭经验判断种子的品质，一般优良种子具有种粒饱满，种子表面光亮，颜色新鲜，呈现该树种特有的色泽，或具有一些特殊气味等感官表现。许多林木种子都具有一种特殊的气味，如松类、柏树种子常带有松脂和松节油的气味，若发出糜烂气味，说明种子已烂，不宜选作种用。

2.解剖法

解剖法适用于大中粒种子，用刀沿腹缝线切开种子，观看种胚、胚乳和子叶的颜色、形态、液汁及气味是否正常。发育正常的种子，种胚和胚乳丰满并呈乳白色，如马尾松的种子为淡白色且油分多，杉木种子胚为淡红白色；发育不良和陈旧种子的种胚多为黄、黑色，油分不足、质硬、腐烂发霉或呈粉状。

3.挤压法

适用于小粒及极小粒的种子或松类含油质多的种子。可将种子放在两张白纸间，用瓶子滚压，使种粒破碎，凡油点明显者为好种子，油点不明显或无油点的为空粒或劣种。桦木、泡桐等小粒种子，先将种子浸在水中10～12 h，再用玻片挤压，挤压出白浆者是良种，如压挤只出水或气泡的，则是质量差的种子。

4.沉浮法

将种子放入不同溶液中浸泡，沉入水底的为好种子，腐烂的种子及空瘪的种子浮在水面。

四、作业

计算种子优良度，将测定结果填入种子优良度测定记录表2.15中。

表 2.15　种子优良度测定记录

树种		送检样品号			测定方法		
组号	测定粒数	优良种子粒数	低劣种子粒数				优良度/%
			空粒	腐坏粒	病虫粒	胚不健全粒	
1							
2							
3							
4							
合计							
平均							

测定人：　　　　　　　　　　　　　测定日期：　　年　　月　　日

Project 3

实生苗培育技术

知识目标：

- 掌握播种前种子处理基本知识，掌握净种、消毒、催芽等处理方法及原理。
- 掌握播种繁殖基本知识，明确播种繁殖和营养繁殖的区别及其优缺点。
- 掌握播种后管理基本知识。

技能目标：

- 能够正确完成播种前的种子处理，能够进行净种、消毒、催芽。
- 能够独立完成各类园林苗木的播种繁殖，会进行育苗地的处理、种子的处理，能够合理确定播种量、播种时期和播种方法。
- 能够正确完成播种后的栽培管理，会进行浇水、蹲苗、覆盖、除草、间苗。

任务一　育苗地的准备

一、整地与施肥

整地是育苗的基础工作，要注意抓住各种土壤的适耕期及时进行，整地要平整、全面，不要漏耕。疏松的沙地不要在刮大风时翻耕，避免大风刮走细土。在春季干旱而播种较晚的地区，春季解冻后要视土表硬结情况进行整地。在深耕过程中要贯彻"保持熟土在上，生土在下，不乱土层，土肥相融"的原则。

(一)整地的作用

整地是为了创造适合苗木生长的土壤条件，是育苗工作中的基础工作。具有以下几方面的作用：

(1)整地使土层翻动，有利于深层土壤熟化，加深土壤的耕作层。

(2)改善土壤结构和理化性质，从而增加土壤通透性，提高土壤保水性和抗旱性。

(3)通过整地使土壤疏松，从而氧化了一些对苗木根系有害的还原性物质，也增强了土壤微生物的活动，可以减轻杂草和病虫害的危害。

(二)清理圃地

耕作前要清出圃地上的树枝、杂草等杂物，填平起苗后的坑穴，使耕作区达到基本平整，为翻耕打好基础。

(三)浅耕灭茬

浅耕灭茬是耕地前的一项表土耕作措施，实际上是以消灭农作物、绿肥、杂草茬口，疏松表土，减少耕地阻力为目的的表土耕作。浅耕深度一般为 5～10 cm。

(四)施肥

播种前施入有机肥有利于土壤改良和苗木的生长，一般在整地做床的同时施入基肥。有机肥要求彻底腐熟和细碎，均匀散开。

(五)耕翻土壤

耕翻土壤是整地中最主要的环节。耕地多在春、秋两季进行。北方一般在秋季浅耕灭茬后半个月内进行。早春风蚀严重的地方，在秋季进行耕作。春耕常在土壤解冻后立即进行。南方冬季土壤不冻结，可在冬季或早春耕作。耕地的深度应考虑育苗要求和苗圃条件，播种苗区一般为 20～25 cm。耕地过浅，不利于苗木根系伸长及土壤改良；耕地过深，易破坏土壤结构，也不利于出苗。

(六)耙地

耙地是在耕地后进行的表土耕作措施。耙地的目的是耙碎土块、混合肥料、平整土地、清除杂草、保蓄土壤水分。耙地一般在耕地后立即进行，但有时为了改良土壤和增加冬季积雪，也可在早春耙地。

(七)镇压

镇压是在耙地后或播种前后进行的一项整地措施。镇压的作用是破碎土块、压实松土层、促进耕作层毛细管作用等。镇压主要适用于土壤孔隙度大、盐碱地、早春风大地区及小粒种子育苗等。黏重的土地或土壤含水量较大时，一般不镇压，否则造成土壤板结，影响出苗。

二、做床与做垄

园林苗圃的育苗方式可分为苗床育苗和大田育苗。苗床育苗在生产上应用广泛，尤其适用于生长缓慢或种子量少且很珍贵以及种粒小需要精细管理养护的树种，如金钱松、红豆杉、紫薇、山梅花等。

(一)做床

苗床是在经过整地耕作后的圃地上，以步道作界限修作而成的。根据床面与步道间的高度差异，可分为高床和低床两种。

1. 高床

床面高于地面的苗床称为高床(图 3.1)。一般床面高 15～25 cm，床面宽度不超过 1 m，步道宽 40～50 cm，如果需要遮阴或埋土防寒，步道还可稍微加宽。苗床长度根据圃地的实际地形和机械化程度而定，一般以 10～15 m 为宜，苗床太长，不平整而易积水。做苗床时，可将步道的土掘起，覆于床面，床缘呈 45°斜坡。高床具有排水良好的优点，也增加了土壤土层厚度，可提高土温，便于采用侧方灌水，床面不易板结，对保持土壤空气流通有利，适合于我国南方多雨的地区，地势低、排水条件差或易积水的黏性土壤也适合于做高床。另外，有些对土壤水分较敏感的树种，如落叶松、樟子松、雪松、马尾松、白皮松、玉兰、梅花等，宜选用高床。但高床的建立及以后的管理比较费工，前期会增加育苗成本。

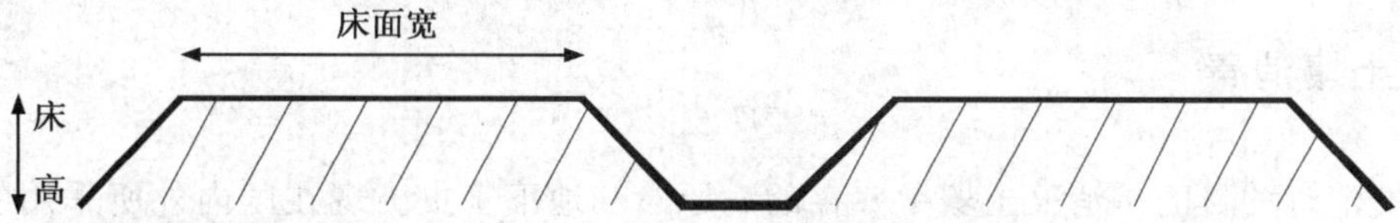

图 3.1　高床示意图

2. 低床

床面低于步道的苗床称为低床(图 3.2)。一般床面低于步道 15～25 cm，床面宽为 1～1.2 m，步道宽为 30～40 cm，长度为 10～15 m。做低床时，先将表土集合在中央，以底土构筑步道，然后将表土刮平。低床的优点是便于灌溉，保墒条件好，灌溉省水，但灌溉易使土壤板结，增加松土的工作量，适宜气候干旱、水源不足的地方应用。一些对土壤水分要求不严的中、小粒树种，如红豆杉、黑松、侧柏、水杉等多采用低床育苗。

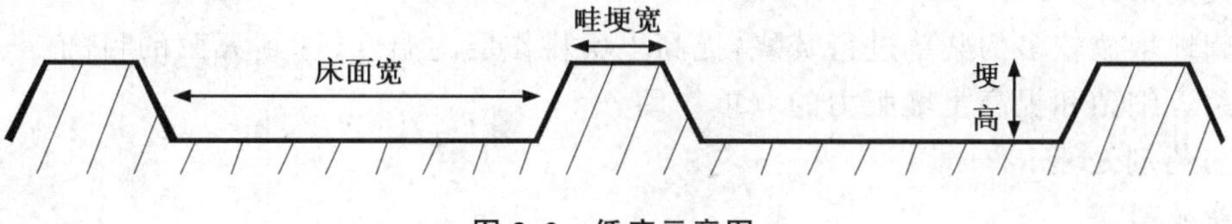

图 3.2　低床示意图

(二)做垄

由于垄作育苗方法与大田的管理方法相似,因此又称作大田育苗。对于生长快、管理技术要求不高的树种一般均可采用。垄作育苗可以加厚肥土层,提高土温,有利于土壤养分的转化,苗木光照充足,通风良好,生长健壮。垄作育苗还便于机械化作业,提高劳动生产率,降低育苗成本。但垄作育苗的管理不如苗床育苗细致,苗木产量也较苗床育苗低。做垄分为高垄、低垄和平作。

1. 高垄

垄底宽度一般为 60～80 cm,垄面宽度为 30～40 cm,垄的宽度对垄内土壤水分影响很大,在干旱地区宜用宽垄,在湿润地区可用窄垄。垄高 15～20 cm,高燥地可稍低些,水湿地可根据情况稍高些。垄长可根据苗圃的地形、地势或耕作方式而定。做高垄时可先按规定的垄距画线,然后沿线往两侧翻土培成垄背,再用木板刮平垄顶,使垄高矮一致,垄顶宽度一致,便于播种。高垄适用于中粒及大粒种子、幼苗生长势较强、播后不需精细管理的树种。

2. 低垄

即垄面低于地面的垄作方式。一般垄面低于地面 10～15 cm,类似于低床,只是床面窄小,垄背较床埂稍宽。低垄灌水方便,节约用水,利于抗旱,垄背又可防风,保护幼苗。适用于干旱、多风而水源不足的地区,以及幼苗需水较多的树种。

3. 平作

即将苗圃地整平后直接进行播种的育苗方法,平作适合多行式带播,能提高土地利用率和单位面积的苗木产量,同时也便于机械化作业。适用于大粒种子和发芽力较强的中粒种子。

三、土壤消毒

土壤消毒的目的是消灭土壤中残存的病原菌和地下害虫。现在国内外所采用的方法有高温处理与药剂处理。

(一)高温处理

常用的高温处理方法有蒸汽消毒和火烧消毒两种。

1. 蒸汽消毒

温室土壤消毒可用带孔铁管埋入土中 30 cm 深,通入蒸汽,土壤需潮润而不过湿,一般以 82℃维持 30 min,可杀死绝大部分细菌、真菌、线虫、昆虫以及大部分杂草种子。蒸汽消毒应避免温度过高,防止使土壤有机物分解,释放出过多的氨、亚硝酸盐及锰等有害物质而毒害植物。

2. 火烧消毒

在圃地堆放较多的柴草进行焚烧,提高土壤耕作层的温度,达到灭菌的目的。这种方法能起到杀灭细菌和提高土壤肥力的双重作用。

(二)药剂处理

1. 辛硫磷

辛硫磷乳油可用于防治蛴螬、蝼蛄、金针虫等地下害虫。可用 50%辛硫磷乳油 0.5 kg,

兑水 0.5 kg，再与 125～150 kg 细沙土混拌均匀，制成毒土，每亩（667 m^2）施用 15 kg 左右。毒土可撒在育苗地上，结合翻地、施肥或做床、做垄时翻入土中。不使种子接触毒土为宜。避光，对人、畜无害。

2. 五氯硝基苯混合剂

以五氯硝基苯为主加代森锰锌（或敌克松）的混合剂。比例一般为：五氯硝基苯 75%，其他药剂 25%。施用量为 4～6 g/m^2。将药配好后与细沙土混匀做成药土，播种前把药土撒于沟底，厚度约 1 cm，把种子撒在药土上，并用药土覆盖种子。五氯硝基苯对人、畜无害。

3. 硫酸亚铁（黑矾）

一般用浓度为 2%～3%的水溶液，均匀喷洒于苗床，用量 4～5 kg/m^2。雨天可用细干土再加入 2%～3%的硫酸亚铁粉制成药土，每公顷施药土 1 500～2 250 kg。硫酸亚铁除具有杀菌的作用外，还可以改良碱性土壤，供给苗木可溶性铁离子。

4. 福尔马林

用浓度 40%的福尔马林 50 mL/m^2，加水 6～12 L，在播种前 10～20 d 喷洒在苗床上，用塑料薄膜或草袋覆盖，在播种前 7d 揭开塑料薄膜，待药味散尽后播种。福尔马林除了能消灭病原菌外，对于堆肥的肥效还有相当的增效作用。

5. 高锰酸钾

苗床整地后，用 400～600 倍高锰酸钾溶液喷洒，再用塑料薄膜覆盖密封，暴晒 1 周左右，即可接膜播种。

任务二　播前种子处理

一、种子精选

也称净种，播种前对种子进行精选，就是将种子中的夹杂物如小石子、杂草、土粒、碎片、瘪粒、病粒等拣出去，以提高种子的纯度，再把种粒按大小进行分级，以便分别播种，保证发芽迅速，出苗整齐。一般可以根据种子的特性和夹杂物的情况进行筛选、风选、水选或粒选。

1. 筛选

用不同大小孔径的筛子将粒径不同的种子与夹杂物分开，筛选可以清除一部分小粒的杂质。

2. 风选

利用簸箕、簸扬机等工具借助风力将饱满种子与夹杂物及秕种分开。利用簸箕还可以滤去比种子质量大的砂石。

3. 水选

将种子浸入 2 倍以上体积的水中，受到水的浮力，质量大的饱满种子沉入水底，质量小的各种杂质及秕种、虫蚀种浮在水面，容易清除。一般用于大而重的种子，如海棠、杜梨、樱桃、栾树、银杏、侧柏等的种子常用此法。水选时，浸种时间不能太长。

4. 粒选

逐粒挑选符合要求的种子。此法适用于种粒较大或小量珍贵的种子，如核桃、银杏等。

二、种子消毒

种子消毒，不仅杀死种子本身带来的各种病害，而且可以使种子在土壤中免遭病虫为害，起到消毒和防护的双重作用。种子消毒一般在播种前或催芽前进行。

(一)浸种消毒

1. 福尔马林消毒

在播种前 1～2 d 将 40%福尔马林(甲醛)稀释成 0.15%的溶液，把种子放入溶液中浸 15～20 min，取出后密闭 2 h，再将种子摊开，阴干后即可播种。1 kg 浓度 40%的福尔马林溶液可消毒 10 kg 种子。用福尔马林消过毒的种子应马上播种，如果消毒后长期不播种，会使种子发芽率下降。因此，用于长期沙藏的种子，不要用福尔马林消毒。

2. 高锰酸钾消毒

用 0.5%高锰酸钾溶液浸种 2 h 或 3%高锰酸钾溶液浸种 30 min，取出后密闭 30 min，用水冲洗种子，阴干后播种。高锰酸钾对种皮能产生刺激作用，所以能促进发芽。但催过芽的、胚根已突破种皮的种子，不宜使用高锰酸钾消毒。

3. 石灰水消毒

用 1%～2%的石灰水浸种 24 h 左右，对落叶松等有较好的灭菌作用。利用石灰水进行浸种消毒时，种子浸没深度为 10～15 cm。种子倒入后，应充分搅拌，然后静置浸种，使石灰水表层形成一层碳酸钙膜，提高隔绝空气的效果，达到杀菌目的。

4. 硫酸铜消毒

用 0.3%～1.0%的硫酸铜溶液浸种 4～6 h，取出后晾干即播。

(二)拌种消毒

1. 敌克松拌种

用敌克松粉剂拌种，用量为种子重量的 0.2%～0.5%，先用药剂与 10 倍的细土配成药土后进行拌种。这种方法对预防立枯病有很好的效果。

2. 甲基托布津拌种

用甲基托布津 50%或 70%的可湿性粉剂拌种，用量为种子量的 0.7%，拌种时可用 200 倍液聚乙烯醇黏着剂。此方法可防治苗期病害，如白粉病、黑斑病。

3. 辛硫磷拌种

防治地下害虫，可用 50%的辛硫磷乳油拌种，用量为种子量的 0.1%～0.15%。

4. 赛力散(过磷酸乙基汞)拌种

用量为每千克种子拌赛力散 2 g，在播种前 20 d 进行，拌种后密封贮藏，有消毒和防护作用，适用于针叶树。

种子消毒剂很多，使用药剂的浓度和时间的长短因树种不同而不同，最好先试验后再使用，以便取得良好效果。

三、种子催芽

(一)种子休眠

种子休眠是植物生长发育过程中的一个正常生理现象,是植物对环境条件即季节性变化的生物适应性。种子休眠是植物为了物种的生存,在长期适应环境中形成的一种特性,是植物进化的一种稳定对策,有利于种族的生存和繁衍。种子休眠依其休眠程度可分为被迫休眠和自然休眠。

1.被迫休眠

一些树木的种子成熟后已具有发芽的能力,但由于得不到发芽所必需的水分、温度、氧气等环境条件而引起的休眠,称为被迫休眠。一旦具备适宜的外界条件,处于休眠的种子就能很好地发芽,这类休眠为浅休眠或短期休眠,如杨、榆、桦、栓皮栎、落叶松、侧柏等。

2.自然休眠

又称生理休眠、长期休眠或深休眠。具有自然休眠的种子,在休眠期间即使给予适宜的萌发条件也不能萌芽生长,必须经过一段时间的休眠或人工打破休眠后才能萌芽。形成自然休眠的原因比较复杂,总的来说主要有以下原因:

(1)种皮(果皮)的限制　很多植物种子的种皮厚,或附有致密的蜡质和角质,以及核果有坚硬的内果皮,种皮不易透气、透水,导致胚得不到水分和氧气的供应而成为休眠的主要原因,如豆科、锦葵科、百合科植物的硬实。或者由于种皮、果皮的机械压制而阻碍胚的生长,使种子呈现休眠状态,如白蜡、核桃、杏、桃、李、椰子等植物,此类种子,用物理或化学方法破坏其种皮的障碍就能发芽,用低温层积催芽也能取得良好效果。

(2)种胚后熟　又称生理后熟。有些树种种实形态成熟时,种胚未发育成熟而影响发芽,需要一段时间种胚发育成熟后,种子才能发芽。如银杏、红松、水曲柳、七叶树、椴树、冬青、油棕等。银杏在种实脱落后,种胚还很小,在贮藏过程中,种胚不断地发育生长,经4～5个月后,种胚发育完全,完成后熟作用之后,再给以适宜的环境条件才能发芽。具有生理后熟的种子,一般经过贮藏或采用低温层积、潮湿、晒种和化学药剂等方法,加速后熟。

(3)含有抑制物质　由于种子本身(果皮或种皮、胚、胚乳等)含有发芽抑制物质,它们抑制胚的代谢活动,使种子处于休眠状态。只有当这些抑制物质在外界环境条件作用下,通过种子自身的生理、生化变化过程,改变性质,解除抑制作用,种子才能发芽。此类种子,可以采用浸水冲洗、低温沙藏和化学药剂处理等方法来解除休眠。

(二)种子催芽的意义

种子催芽即人为调节和控制种子萌动所必需的条件,采用物理或化学处理方法,来打破种子的休眠,促使种子萌发。通过催芽,可以提高种子的发芽率,减少播种量,节约种子,出苗整齐,有利于播种圃地的管理。

(三)生产中常用的催芽方法

1.水浸催芽

水浸目的是使种子充分吸水膨胀,种皮软化,加速酶的活动,促进贮藏物质水解,提早发芽。这种方法适用于多数园林树木的种子。浸种的关键应掌握水温的高低和浸种时间的长短。可分为高温浸种、中温浸种和常温浸种(表3.1)。

表 3.1 常用浸种方法与要点

浸种方法	浸种水温/℃	适用树种
高温浸种	一般为 70～90,甚至高达 100	种皮特别坚硬而致密、透水性差的种子,如刺槐、合欢、山桃、山杏、椴树、栾树、漆树等
中温浸种	40～60,一般 60 左右	种皮较厚的种子,如元宝槭、枫杨、楝树、紫穗槐等
常温浸种	20～30	中小粒和种皮薄的种子,如杨、柳、泡桐、榆等

浸种催芽操作的注意事项:

(1)浸种时种子和水的体积比一般以 1∶3 为宜。

(2)热水浸种应边倒水边搅拌,降至室温后使其自然冷却。

(3)对一些硬粒种子,可采用逐批水浸方法。如刺槐种子热水浸泡自然冷却一昼夜后,把已经膨胀漂浮的种子捞出进行催芽,将剩余的硬籽用相同方法再浸泡 1～2 次,分批催芽,既节约了种子,又可出苗整齐。

(4)对浸泡时间较长的种子应每天换水,水温保持在 20～30℃。

(5)浸种时间因树种而异,一般 1～3 d,种皮薄的较短(几小时),种皮厚、透水性差的种子可 5～7 d(表 3.2)。

(6)浸泡过的种子已经吸水膨胀,应不间断地保持其环境湿度、温度、透气,进行催芽。环境条件的保证,可用沙藏法,也可用麻袋、草袋分层覆盖法。无论采用哪种方法,在催芽过程中都要注意温度应保持在 20～25℃。保证种子有足够的水分,有较好的通气条件,经常检查种子的发芽情况,当种子有 30%出芽时即可播种。

表 3.2 常见树种浸种水温和时间

树种	水温/℃	时间/h
杨、柳、榆、桦、梓、泡桐	常温	12
悬铃木、桑树、臭椿	30	24
油松、落叶松、樟、楠、山茶	35	24
文冠果、柏木、侧柏、杉木、马尾松、柳杉	40～50	24～48
槐树、苦楝、软枣、紫穗槐、紫荆	60～70	24～72
刺槐、合欢、相思、紫藤、山皂荚	80～90	24

2.层积催芽

(1)概念　把种子与湿润物混合或分层放置,控制好一定的温度、湿度和通气条件,促进种子达到发芽程度的方法称为层积催芽(图 3.3)。可分为低温层积催芽、变温层积催芽、高温层积催芽等。园林苗圃中常用的方法为低温层积催芽法,广泛适用于休眠期较长、内含抑制物、种皮坚硬和需生理后熟的种子。

(2)作用　促进种皮软化,增加通透性和吸胀能力;使种子内脱落酸、酸化物等抑制剂逐渐分解,赤霉素、细胞分裂素等生长激素逐渐增加,促进种子发芽,还能增加苗木的生长量。因此经低温层积催芽的种子发芽率高,苗木生长好。

(3)条件　种子催芽必须创造良好的条件,使其顺利地通过萌芽前的准备阶段,其中温度、湿度、通气条件最重要。因树种的生物学特性不同,对温度的要求也不同。低温层积催芽的适

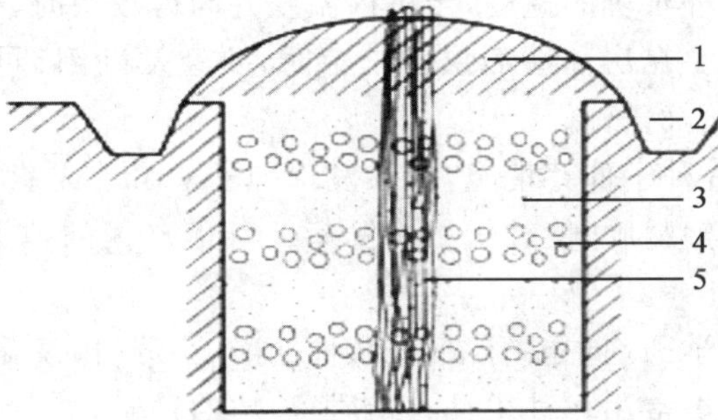

图 3.3 层积催芽

1.土层 2.排水沟 3.沙子 4.种子 5.排风管

宜温度，多数树种为 0～5℃，极少数树种为 6～10℃。温度过高，种子易霉变，效果不好。

层积催芽时，要用间层物和种子混合起来（或分层放置），间层物一般为湿沙、泥炭等，湿度为持水量的 60%，即以手用力握湿沙成团，但不滴水，手松即散为宜。

层积催芽还必须有通气设备，种子数量少时，可用花盆，上面盖草，也可以用秸秆作通气孔；种子数量多时可设置专用的通气孔。

(4)方法 处理种子多时可在室外挖坑。一般选择地势高燥、排水良好的地方，坑的宽度以 1 m 为好，不要太宽。长度随种子的多少而定，深度一般应在地下水位以上、冻土层以下。坑底铺一些鹅卵石或碎石，其上铺 10 cm 的湿河沙，或直接铺 10～20 cm 的湿河沙，干种子要浸种、消毒，然后将种子与沙子按 1∶3 的比例混合放入坑内，或者一层种子、一层沙子放入坑内，放至距坑沿 20 cm 左右时为止，然后盖上湿沙，最后用土培成屋脊形。坑的两侧各挖一条排水沟。在坑中央按一定距离埋入成捆的秸秆或通气管，以流通空气。如果种子多，种坑很长，可增加通气管的设置，以便检查种子坑的温度。

(5)层积催芽的天数及管理 低温层积催芽所需的天数因树种的不同而不同，应根据具体情况来确定适宜的天数（表 3.3）。

表 3.3 部分树种低温层积催芽的时间

树种	所需时间/个月
油松、落叶松	1
侧柏、樟子松、云杉、冷杉	1～2
黄檗、女贞、榉树、杜梨	2
白蜡、复叶槭、山桃、山杏、榆叶梅、君迁子	2.5～3
山定子、海棠、花椒、银杏	2～3
榛子、黄栌、栾树	4
核桃楸	5
椴树	5(变温)
水曲柳	6(变温)
红松、桧柏	6～7(变温)
山楂、山樱桃	7～8

层积期间，要定期检查种子坑的温度，当坑内温度升高得较快时，要注意观察，一旦发现种子霉烂，应立即取种换坑。在房前屋后层积催芽时，要经常翻倒，同时注意在湿度不足的情况下，增加水分，并注意通气条件。

在播种前1～2周，检查种子催芽情况，如果发现种子未萌动或萌动得不好时，要将种子移到温暖的地方，上面加盖塑料膜，使种子尽快发芽。当有30%的种子出芽时即可播种。

3. 药剂催芽

(1)化学药剂催芽　化学药剂主要有浓硫酸、稀盐酸、小苏打、溴化钾、高锰酸钾、硫酸铜等，其中以浓硫酸和小苏打最常用。种皮具有蜡质、油质的种子，如黄连木、乌桕、花椒、车梁木等，常用1%的碱水或1%的苏打水浸种脱蜡去脂，催芽效果较好。种皮坚硬的种子，如凤凰木、皂荚、相思树、胡枝子等，可用60%以上的浓硫酸浸种0.5 h，然后用清水冲洗；漆树种子可用95%的浓硫酸浸种1 h，再用冷水浸种2 d左右，干燥后即可播种。

(2)植物生长激素催芽　对于受激素抑制造成休眠的种子，可以采用GA、NAA、IAA、IBA、2,4-D等处理，解除种子休眠，促进发芽。使用浓度一般0.001%～0.1%。

(3)微量元素催芽　用钙、镁、铁、铜、锰、铝、锌等微量元素浸种，如0.01%锌、0.01%铜或0.1%的高锰酸钾溶液处理种子24 h，出苗后一年生的幼苗保存率可提高21.5%～50.0%。

4. 机械损伤催芽

通过机械动力擦伤种皮，增强种皮的透性，促进种子吸水萌发。这种方法主要用于种皮厚而坚硬的种子，如山楂、紫穗槐、油橄榄、厚朴、铅笔柏、银杏等。小粒种子可用3～4倍的沙子混合后轻捣轻碾；大粒种子可混合石子摩擦或用搅拌机搅拌。少量种子可以用砂纸打磨种子，用锉刀锉种子，用铁锤砸破种皮，或用钳夹开种皮。进行破皮时注意不要使胚外的种皮受到损伤。机械处理后一般还需水浸或沙藏才能达到催芽的目的。

5. 其他物理方法处理

用超声波、放射性物质、激光照射、微波处理、低频电流和高频电磁波处理种子，对种子萌发均有显著效果。

自测训练

一、概念题

种子休眠　生理休眠　种子的催芽　层积催芽

二、填空题

1. 根据床面与步道间的高度，苗床分为(　　　　)和(　　　　)两种。

2. 净种的方法有(　　　　)、(　　　　)、(　　　　)、(　　　　)。

3. 种子消毒的方法有(　　　　)消毒和(　　　　)消毒。

4. 种子休眠依其休眠程度可分为(　　　　)休眠和(　　　　)休眠。

5. 种子的催芽方法有(　　　　)、(　　　　)、(　　　　)(　　　　)、(　　　　)。

6. 层积催芽方法可分为(　　　　)、(　　　　)和(　　　　)

三、选择题

1. 借助风力将不同质量的饱满种子与夹杂物分开的方法是(　　)。

A. 风选　　B. 筛选　　C. 水选　　D. 粒选

2.催芽过程中注意温度应保持在(　　)之间。

A.10～15℃　　B.15～20℃　　C.20～25℃　　D.25～30℃

3.催芽时当种子有(　　)咧嘴露白时即可播种。

A.10%　　B.30%　　C.50%　　D.70%

4.多数树种低温层积催芽的适宜温度是(　　)。

A.－10～－5℃　　B.－5～0℃　　C.0～5℃　　D.5～10℃

5.低温层积催芽时湿沙的湿度为(　　)。

A.40%　　B.50%　　C.60%　　D.70%

6.高温浸种的温度范围是(　　)。

A.5～10℃　　B.20～30℃　　C.45～70℃　　D.80～100℃

7.浸种时种子和水的体积比一般以(　　)为宜。

A.1∶1　　B.1∶3　　C.1∶5　　D.1∶10

8.蒸汽消毒一般以(　　),可杀死绝大部分细菌、真菌、线虫、昆虫以及大部分杂草种子。

A.60℃维持30 min　B.82℃维持30 min　C.60℃维持60 min　D.82℃维持60 min

四、判断题

1.由于种胚得不到它发芽所必需的水分、温度、氧气等环境条件而引起的休眠,属于自然休眠。(　　)

2.自然休眠的种子必须经过一段时间的休眠或人工打破休眠后才能萌芽。(　　)

3.园林苗圃中常用的方法为变温层积催芽法,广泛适用于休眠期较长、内含抑制物、种皮坚硬和需生理后熟的种子。(　　)

4.种子催芽必须创造良好的条件,使其顺利地通过萌芽前的准备阶段,其中温度、湿度、通气条件最重要。(　　)

5.福尔马林喷洒苗床上,在播种前7 d揭开塑料薄膜,待药味散尽后播种。(　　)

6.硫酸亚铁除具有杀菌作用外,还可以改良碱性土壤。(　　)

五、问答题

1.种子自然休眠的原因有哪些?

2.种子催芽有何意义?

3.整地的作用是什么?

4.用辛硫磷消毒土壤如何进行?

5.福尔马林浸种消毒如何操作?

6.高垄和低垄各适用于什么样的树种?

技能训练五　种子催芽处理

一、目的要求

熟悉园林植物种子催芽的原理、目的及意义,能够针对不同园林树木的种子采取合适的催芽方法。以层积催芽为主作为技能训练项目。

二、材料与用具

本地常见乔木、花灌木和绿篱树种的种子。水、温度计、沙子、秸秆、浓硫酸、小苏打、稀盐酸、高锰酸钾、硫酸铜、植物生长激素等,记录簿、皮尺等。

三、方法步骤

以山桃层积催芽为例,操作如下。

(1)入冬前土壤结冻前进行层积贮藏。将保存的山桃桃核取出,放入清水中浸泡 ld,将种子取出,与含水 60%的湿沙按 1∶3 的比例均匀混合。

(2)选择地势高燥、排水良好、土层深厚的地方挖一个贮藏坑,最好靠近房屋,以便于管理。坑的宽度约 lm,长度随种子的多少而定,深度一般应在地下水位以上、冻土层以下,保证冬季坑内的温度在 0～5℃。

(3)坑底铺一些碎石,其上铺 10 cm 的湿河沙,将混沙的种子放入坑内,放至距坑沿 20 cm 左右时为止,在坑中央直通到种子底层放一小捆秸秆以流通空气。如果种子多,种坑很长,可隔一定距离放一个通气管。

(4)种子上盖上 10 cm 湿沙,最后用土培成屋脊形,土的厚度 30～50 cm,坑的两侧各挖一条排水沟。

(5)保证层积催芽时间 2.5～3 个月。翌年春季土壤解冻后将种子取出,稍微加温种子就会破核萌发。

【注意事项】

(1)水浸催芽时,水浸时间超过 12 h,必须换水,以保证水中有足够的氧气,种子才能适时萌发。将水浸后的种子堆积在温暖处,其上加盖塑料薄膜,既可提高种子的温度,又能保持其湿度。

(2)层积催芽时一定要控制沙子 60%的湿度,并注意通气。

(3)做好安全防范措施。在使用药剂时一定要注意人身安全,并注意节约种子。

(4)混雪催芽切记不要用洒过融雪剂的雪,要使用干净的雪。

四、作业

列表描述各类树木种子催芽的方法。

任务三　播种育苗操作规程

一、播种期的确定

播种时期是育苗工作的重要环节之一。适宜的播种时间能使种子顺利发芽,提高发芽率,出苗整齐,使生产的苗木健壮,抗逆性增强。播种时期的确定,应根据苗木的生物学特性和各地的气候条件、土壤条件而定。我国南方大部分地区气候温暖,雨量充沛,一年四季均可播种,北方地区播种以春、秋两季为主,大部分的树种主要是春季播种。

1. 春季播种

春季是主要的播种育苗季节。春季土壤水分充足,种子在土壤里的时间短,受害机会少。除了少数树种的种子在夏季成熟播种外,其他大多数树种的种子都可在春季播种育苗。春播的时间因地区和气候条件而异,北方一般在 3～5 月份,南方在 2～3 月份。在土壤解冻之后，在幼苗出土后不致遭受低温为害的情况下，以早为宜。在土壤温度达到种子发芽最低温时即可播种。

2. 秋季播种

一般适用于种皮坚硬、休眠期长的种子，如山桃、山杏、白蜡、油茶、板栗、文冠果等。其优点：一是秋播时间长，便于劳动力安排；二是休眠期长的种子，冬季在苗圃地完成催芽过程，翌春发芽早；三是种皮厚的种子通过冬冻、春化促使种皮开裂，便于种子吸水发芽。因此，秋播的种子，翌春幼苗出土早而整齐，苗木生长健壮，抗性强，成苗率高。

在北方寒冷或风害严重的地区，秋播的苗圃翌春土壤容易板结，或遭风蚀、土压、圃地冻裂等自然灾害，常使场圃发芽率低，出现严重缺苗现象，影响苗木产量，浪费种子；秋播后种子在土壤中的时间长，鸟兽为害的机会多；翌年春出苗早，幼苗受晚霜的威胁大。所以，对于需要催芽的种子，用低温层积催芽可取得很好的效果，故一般可以不用秋播。

秋播要以当年种子不发芽为原则，以防幼苗越冬遭受冻害，一般在土壤结冻前越晚播种越好。

3. 夏季播种

夏播主要适宜于春、夏成熟而又不宜贮藏的种子或生活力较差的种子，如杨、柳、榆、桑、桦木等。夏播宜早不宜迟，一般种子成熟后随采随播，使苗木的生长期延长，以保证苗木在越冬前能充分木质化。夏播应于雨后或灌溉后播种，并采取遮阳等降温保湿措施，以保持幼苗出土前后土壤湿润。

4. 冬季播种

冬季气候温暖湿润、土壤不冻结、雨量较充沛的地方可以冬播。冬播是秋播的延续和春播的提前。如杉木、马尾松等种子，在初冬种子成熟后随采随播，可早发芽，提高苗木的生长量和成活率，幼苗抗逆性增强，有较好的质量。

二、播种量的确定

(一)苗木的密度

1. 苗木密度的概念

苗木密度是指单位面积(或单位长度)上苗木的数量。在圃地育苗，要求有合理的种植密度，实际上是合理安排苗木群体之间的相互关系，使其保证在每株苗木生长发育健壮的基础上，获得最大限度的单位面积上的产苗量。

2. 确定苗木密度的原则

合理密度是相对的，它因苗木种类、环境条件不同而异。育苗技术水平不同，育苗密度也不一样。在确定某一树种的苗木密度时，应考虑以下原则，结合本地区的具体情况而定。

(1)苗木的生物学特性　生长快、冠幅大的密度应稀，反之应密些。一般针叶树较阔叶树密一些。

(2)苗龄　苗木年龄不同，其密度也不同，年龄越大密度越小。

(3)苗圃地的环境条件　土壤、气候和水肥条件好的密度大，条件差的密度小。

(4)育苗方式及耕作机具　苗床育苗的密度比垄作育苗的密度大，产量比垄作高。另外，确定密度还必须考虑苗期管理所使用的机械、机具，以便确定合适的行(带)距。

(5)育苗技术水平　育苗技术水平高、管理精细的密度可大些；反之，育苗技术水平较低、管理条件较差的，密度宜稍小。

(二)播种量的计算

播种量是指单位面积上播种的数量，一般按照kg/亩计算，每亩为667 m^2。播种量确定的原则是用最少的种子，达到最大的产苗量。播种量一定要适中，偏多会造成出苗过密，种子浪费，费时费工，增加育苗成本；播种量太少，产苗量低，浪费土地资源。确定播种量，一是根据生产实践经验；二是通过一定的方法进行科学计算。

播种量的计算依据为：

①单位面积(或单位长度)的产苗量；

②种子品质指标：种子纯度(净度)、千粒重、发芽势；

③种苗的损耗系数。

播种量可按下列公式计算：

$$X=\frac{CAW}{PG1\,000^2}$$

式中：X——单位长度(或单位面积)实际所需的播种量，kg；

A——单位长度(或单位面积)的产苗量，株；

W——种子千粒重，g；

P——种子净度，%；

G——种子发芽势，%；

C——种苗损耗系数；

$1\,000^2$——常数。

C值因树种、圃地的环境条件、育苗技术水平等而异，同一树种，在不同条件下的具体数值可能不同。C值得一般变化范围如下：

a. 大粒种子(千粒重在700 g以上)，$1<C<1.5$；

b. 中、小粒种子(千粒重为3～700 g)，$1.5<C<5$，如油松种子；

c. 极小粒种子(千粒重在3 g以下)，$C>5$，如杨树种子$C=10\sim20$。

注：播种量按苗床净面积(有效面积)计算，苗床净面积按照国家标准(GB 600—85)规定，即每公顷有效作业面积为6 000 m^2，每亩有效作业面积为400 m^2。

例题：生产1年生油松播种苗1 hm^2，每平方米(m^2)计划产苗量500株，种子纯度为95%，发芽率为90%，千粒重为37 g，损耗系数(C)为1.5，其所需种子量为：

$$每平方米播种量=\frac{1.5\times500\times37}{0.95\times0.90\times1\,000^2}=0.032\,4(kg)$$

采用床播1 hm^2的有效作业面积约为6 000 m^2，则1 hm^2地的播种量为：

$$0.032\,4\times6\,000=194.4(kg)$$

部分常见树种种子的千粒重参见表3.4。

表 3.4 部分常见树种种子的千粒重

树种	千粒重/g	树种	千粒重/g	树种	千粒重/g
圆柏	46～51	悬铃木	3.5～4	栾树	152
侧柏	21～23	海棠	18	七叶树	12 500
白皮松	140～155	山杏	1 000～1 100	元宝枫	170～180
黄杨	13～15	山桃	1 900～2 100	大叶椴	145～155
小叶女贞	25	合欢	48～55	小叶椴	44～48
云杉	6	刺槐	17～21	青桐	152
银杏	1 600～3 500	国槐	100～120	白蜡	30
枫杨	70～90	香椿	13	溲疏	0.15
火炬树	8～9	臭椿	20	榆叶梅	460～490
白榆	8	红豆杉	800～1150	紫荆	28
杜仲	70～110	伯乐	590～750	紫薇	0.35
连翘	5～5.5	金钱松	35～50	香樟	120～130
紫丁香	8	福建柏	5～7	红楠	320～330
紫珠	1～1.2	竹柏	450～520	刨花楠	280～320
金银花	4～5	大叶榉	10～20	华东楠	450～510
紫藤	450	鹅掌楸	83～111	闽楠	250～350
地锦	29	厚朴	210	紫楠	300～350
银鹊树	40～55	天女花	63～71	南酸枣	1600
杜英	220～230	乳源木莲	60～80	大叶冬青	6
蓝果树	180～220	深山含笑	50～75	小果冬青	4.5
四照花	58	铁冬青	26～33	朱砂根	170～200

部分树木的播种量与产苗量参见表 3.5。

表 3.5 部分树木的播种量与产苗量

树种	播种量/(g/m²)	产苗量/(株/m²)	播种方式
油松	100～125	100～150	高床撒播或垄播
白皮松	175～200	80～100	高床撒播或垄播
侧柏、桧柏	25～30	30～50	高垄或低床条播
云衫	20～30	150～200	高床撒播
银杏	75	15～20	低床条播或点播
黄杨	40～50	50～80	低床撒播
小叶椴	50～100	12～15	高垄或低床条播
榆叶梅	25～50	12～15	高垄或低床条播
国槐	25～50	12～15	高垄条播

续表 3.5

树种	播种量/(g/m^2)	产苗量/(株/m^2)	播种方式
刺槐	15～25	8～10	高垄条播
合欢	20～25	10～12	高垄条播
元宝枫	25～30	12～15	高垄条播
小叶白蜡	15～20	12～15	高垄条播
臭椿	15～25	6～8	高垄条播
香椿	5～10	12～15	高垄条播
茶条槭	15～20	12～15	高垄条播
皂角	5～10	15～20	高垄条播
栾树	50～75	10～12	高垄条播
青桐	30～50	12～15	高垄条播
山桃	100～125	12～15	高垄条播
海棠	15～20	15～20	高垄或低床条播
贴梗海棠	15～20	12～15	高垄或低床条播
核桃	20～25	10～12	高垄点播
卫矛	15～25	12～15	高垄或低床条播
文冠果	50～75	12～15	高垄或低床条播
紫藤	50～75	12～15	高垄或低床条播
紫荆	20～30	12～15	高垄或低床条播
小叶女贞	25～30	15～20	高垄或低床条播
紫穗槐	10～20	15～20	平垄或高垄条播
丁香	20～25	15～25	低床或高垄条播
紫薇	15～20	15～20	高垄或低床条播
杜仲	20～25	12～15	高垄或低床条播
山楂	20～25	15～20	高垄或低床条播
花椒	40～50	12～15	高垄或低床条播
枫杨	15～25	12～15	高垄条播

三、播种方法

播种方法因种子大小、树种特性、育苗技术和自然条件等不同而异。目前常用的播种方法有点播、条播和撒播。

1. 点播

在育苗地上按一定的株、行距挖穴播种，或按行距开沟后再按株距将种子播于沟内的方法。主要适用于大粒种子或种子稀少、珍贵的树种，如银杏、七叶树、雪松、牡丹、天女木兰等。常用于垄播。点播节省种子，苗木间距大，通风良好，便于抚育管理，成苗率高。但由于种子间的个体差异，发育不均匀，单位面积产苗量较低，比较费工。

点播的株行距应根据树种特性和苗木的培育年限来决定，株距一般 6～15 cm，行距 20～35 cm。播种时，特大粒种子如板栗，注意种脐方位，使种脐向下或向两侧横放，便于胚根向下伸入土中，有利于出芽。为了保证出苗质量，每穴可放 2～3 粒种子，出苗后去劣存优，每穴 1 苗。

2. 条播

在育苗地上按一定的行距开沟，将种子均匀地撒在播种沟内的播种方法。条播是育苗生产上应用最广泛的播种方法，适用于中、小粒种子。可用垄播或床播。条播一般行距 10～25 cm，播幅 2～5 cm，播种行可采用纵向或横向。有些生长较慢的针叶树种，小粒种子可采用宽幅条播的方法，将播幅加宽到 10～15 cm。由于条播苗木集中成条或成带，便于抚育管理，工作效率高。条播比撒播省种子，苗木通风良好。但由于条播苗木集中成条，发育欠均匀，单位面积产苗量也较低。

3. 撒播

将种子均匀地撒播在苗床上或垄上。撒播主要适用于小粒种子，如杨、泡桐、桑、马尾松等。撒播可以充分利用土地，苗木分布均匀，单位面积产苗量较条播高，生长整齐。但撒播用种量大，苗木密度大，通风透光条件不好，使苗木生长细弱，抗性差，苗木抚育管理不便。

为了克服条播和撒播的不足，生产上可采用宽幅条播。2～5 行分为 1 幅，缩小行间距离，加大幅间距离。行距一般为 10～15 cm，带距 30～50 cm，这样既便于抚育管理，又提高了苗木的品质和产量，克服了撒播和条播的缺点。

四、播种工序

播种过程包括播种、覆土、镇压等环节。播种分人工播种和机械播种。人工播种，播种作业环节分别进行；机械播种，这些环节连续进行。几个环节工作质量的好坏及配合，对育苗品质和苗木生长有直接的影响。

(一)人工播种

1. 播种

为了做到均匀播种、计划用种，在播种前将种子按每床用量等量分开，进行播种。条播或点播时，先在苗床上画线，然后在线上开沟，使播种行通直，便于管理。开沟的深度要根据土壤的性质、种子的大小而定，土壤疏松、含水量少时，开沟深些；土壤黏重、含水量多时，开沟浅些。开沟深度一般超过种子直径的 2～3 倍。开沟后应立即播种，不要使播种沟较长时间暴晒于阳光下。极小粒种子可用沙子或细泥土拌和后再播，以提高均匀度。

2. 覆土

播种后应立即覆土，以免播种沟内的土壤和种子干燥而影响发芽。覆土要均匀，厚度适当，而且覆土速度要快。覆土的厚度对土壤水分、种子发芽率、出苗早晚和整齐度都有很大影响，覆土过薄，种子容易暴露，受风吹日晒，得不到发芽所必需的水分，而且容易遭受鸟、兽、虫的为害；覆土过厚，透气不良，土温较低，幼芽顶土困难，影响种子萌发。一般覆土厚度应为种子直径的 2～3 倍。苗圃地土壤质地较好、较疏松的，可以直接用土覆盖。若土壤为黏重土质，则使用过筛的细沙土覆盖，也可用腐殖土或锯木覆盖。为了减少杂草和病害的影响,还可用心土(未耕作种植过的深层土)或火烧土进行覆盖。部分树种播种覆土厚度参见表 3.6。

表 3.6 部分树种播种覆土厚度

树种	覆土厚度/cm
杨、柳、桦、桉、泡桐等极小粒种子	以隐见种子为度
落叶松、杉木、柳杉、樟子松、榆树、黄檗、黄栌、马尾松、云杉等及种粒大小相似的种子	0.5～1.0
油松、侧柏、梨、卫矛、紫穗槐及种粒大小相似的种子	1.0～2.0
刺槐、白蜡、水曲柳、臭椿、复叶槭、椴树、元宝枫、槐树、红松、华山松、枫杨、梧桐、女贞、皂角、樱桃、李子及种粒大小相似的种子	2.0～3.0
胡桃、板栗、栓皮栎、油茶、油桐、山桃、山杏、银杏及种粒大小相似的种子	3.0～8.0

3. 镇压

为了使种子与土壤紧密接触,使种子能顺利地从土壤中吸取水分,在干旱地区或土壤疏松、土壤水分不足的情况下,覆土后要进行镇压。但对于较新或较湿的土壤不宜镇压,以防土壤板结,不利于幼苗出土。

(二)机械播种

使用机械播种,工作效率高,下种均匀,覆土厚度一致。并且开沟、播种、覆土及镇压一次完成,既节省劳动力,又能使幼苗出土整齐一致,所以机械播种是大规模苗圃育苗的发展趋势。

采用机械播种,选用的播种机具播种时应能调节播种量,而且播下的种子在行内应均匀分布;排种器不能打碎或损伤种子;应选择开沟、播种、覆土、镇压能一次完成的机械。另外,还应注意播种机的工作幅度要与育苗地管理用的机具的工作幅度相一致。

五、播种苗的生长发育

(一)一年生播种苗的年生长

播种苗从种子发芽到当年停止生长进入休眠期为止是其第一个生长周期。在此周期内,由于外界环境影响和自身各发育期的要求不同而表现出不同的特点。因此,可将播种苗的第一个生长周期划分出苗期、生长初期、速生期和生长后期四个时期。了解和掌握苗木的年生长发育特点和对外界环境条件的要求,才能采取切实有效的抚育措施,培育出优质壮苗。

1. 出苗期

从播种开始到长出真叶、出现侧根为出苗期。此期长短因树种、播种期、催芽情况和当年气候等情况而不同。春播者需 3～7 周,夏播者需 1～2 周,秋播则需几个月。播种后种子在土壤中先吸水膨胀,酶的活性增强,贮藏物质被分解成能被种胚利用的简单有机物。接着胚根伸长,突破种皮,形成幼根扎入土壤。最后胚芽随着胚轴的伸长,破土而出,成为幼苗。此时幼苗生长所需的营养物质全部来源于种子本身。由于此期幼苗十分娇嫩,环境稍有不利都会严重影响其正常生长。此期主要的影响因子有土壤水分、温度、通透性和覆土厚度等。

育苗工作要点:采取有效措施,为种子发芽和幼苗出土创造良好的环境条件,满足种子发芽所需的水分、温度、通气等条件,促进种子迅速萌发,出苗整齐,生长健壮。要做到适期播种,提高播种技术,覆土厚度要适宜而均匀,保持土壤水分,防止土壤板结,覆盖增温保墒,加强播种地的管理等。

2.生长初期(幼苗期)

从幼苗出土后能够利用自己的侧根吸收营养和利用真叶进行光合作用维持生长,到苗木开始加速生长为止的时期为生长初期。一般情况下,春播需5~7周,夏播需3~5周。这一时期幼苗地上部分出现真叶或初生叶,地下部分出现侧根,这时幼苗的营养来源全靠自行制造的营养物质。幼苗地上部分的茎叶生长缓慢,而地下的根系生长较快。但是,由于幼根分布仍较浅,对炎热、低温、干旱、水涝、病虫等抵抗力较弱,易受害而死亡。

育苗工作要点:采取一切有利于幼苗生长的措施,提高幼苗保存率。水分是决定幼苗成活的关键因子,要保持土壤湿润,但又不能太湿,以免引起腐烂或徒长。要注意遮阳,避免温度过高或光照过强而引起烧苗伤害。同时还要加强间苗、蹲苗、松土除草、施肥、病虫防治等工作,为将来苗木快速生长打下良好基础。

3.速生期

从幼苗加速生长开始到生长速度下降为止的时期为速生期。大多数园林植物的速生期是从6月中旬开始到9月初结束,持续时间70~90 d。此期幼苗的生长速度最快,生长量最大,表现为苗高增长,茎粗增加,叶子的面积和数量迅速增加,根系加粗、加深和延长等。有的树种出现两个速生阶段,一个在盛夏之前,一个在盛夏之后。盛夏期间,因高温和干旱,光合作用受抑制,生长速度下降,出现生长暂缓现象。幼苗在速生期的生长发育状况基本上决定了苗木的质量。

育苗工作要点:在前期加强施肥、灌水,及时松土除草,防治病虫害,并运用新技术,如生长调节剂、抗蒸腾剂等,促进幼苗迅速而健壮地生长。在速生期的末期,应停止施肥和灌溉,防止贪青徒长,使苗木充分木质化,以利于越冬。

4.生长后期

从幼苗速生期结束到入冬落叶休眠为止称为生长后期,又叫苗木硬化期或成熟期。此期一般持续1~2个月的时间。这一时期幼苗生长渐慢,地上部分生长量不大,但地下部分根系又出现一次生长高峰。形态上表现为叶片逐渐变红、变黄后脱落,枝条逐渐木质化,顶芽形成,营养物质转化为贮藏状态,越冬能力增强。

育苗工作要点:停止一切促进幼苗生长的管理措施,如不要追氮肥,可适当施些钾肥,减少灌水等,以控制生长,防止徒长,促进木质化,提高御寒能力。

(二)留床苗的年生长

留床苗又称留圃苗,是指在去年育苗地上继续培育的播种苗、营养繁殖苗和移栽苗。留床苗一般都是2年生以上的苗木,完全表现出两种生长型苗木的生长特点。

1.苗木的高生长类型

根据苗木高生长的长短可以分为春季生长类型和全期生长类型。

(1)春季生长类型　又称前期生长类型,苗木的高生长期及侧枝延长生长期很短,多数为1~3个月,而且每个生长期只有1次,一般到5~6月高生长即结束。这类树种有松属、云杉属、冷杉属、银杏、白蜡、栓皮栎、槲栎、麻栎、臭椿、核桃、板栗、漆树和梨树等。春季生长型树种应早追肥，追肥期如果拖到5月至6月以后，高生长已结束，追肥对高生长已不起作用。为了防止二次生长，速生期后要适时停止灌溉和施氮肥。

(2)全期生长类型　全期生长型苗木的生长特点是高生长在整个生长期里都在进行，到秋季达到充分木质化。北方树种的高生长期为3～6个月。南方树种可达6～8个月，有的达9个月以上(热带地区除外)。这类苗木高生长速度在年生长周期中不是直线上升，一般要出现1次生长暂缓期。此类树种有杨树、柳树、榆树、槐树、悬铃木、泡桐、山桃、山杏、桉树、杜仲、油橄榄、落叶松、侧柏、杉木、圆柏、杜松、湿地松、雪松等。

2.留床苗的生长阶段

留床苗在生长发育过程中，根据地上部分和地下部分的生长特点，可分为生长初期、速生期和苗木硬化期3个时期。

(1)生长初期　一般从冬芽膨大时起，到高生长量大幅度上升时为止。

生长特点：苗木高生长缓慢，根系生长较快。前期生长型苗木这个时期的持续时间很短，2～3周，而全期生长型苗木的持续期较长，1～2个月。

育苗工作任务：生长初期苗木对水肥敏感，要求充足的光照。北方早春土壤中的氨态氮常不足，故应早追氮肥，磷肥一次追够。第一次追肥应在生长初期的前半期进行，并追肥后及时进行灌水和中耕除草，并注意防治病虫害。

(2)速生期　是从苗木高生长量大幅度上升开始，到高生长量大幅度下降时为止。

生长特点：与播种苗速生期相同，这个时期地上和地下部分生长量都很大。但两种生长型苗木的高生长期相差悬殊。前期生长型苗木速生期的持续期，北方树种一般为3～6周，南方树种可达1～2个月；全期生长型苗木速生期的持续期，北方树种为1个月以上至两个半月左右，南方的树木可达3～4个月。全期生长型苗木在这一时期中，北方树种的高生长一般出现一次，南方树种有1～2次生长暂缓期，故形成2～3个高生长高峰。

育苗工作任务：速生期苗木对环境条件的要求与一年生播种苗相同，育苗技术措施可参考施行。但不同点是：前期生长型苗木的速生期短，施肥宜早；全期生长型苗木速生期的后期不要施氮肥。

(3)苗木硬化期(生长后期)　从苗木的高生长大幅度下降开始，到苗木直径和根系生长结束为止。苗木硬化期的起止期与一年生播种苗相同。

生长特点：两种生长类型苗木完全表现各自的生长特点。前期生长型苗木的高生长停止后，地径和根系的生长高峰尚未到来，当地径生长第二个高峰过后，即进入硬化期；以后主要是叶面积加大，数量增多，新生部分逐步木质化，出现冬芽；直径和根系出现最后一次生长高峰，不断充实冬芽和积累营养物质；到后期苗木体内水分含量降低，干物质量增加，充分木质化，抗性提高，进入休眠期。全期生长型苗木硬化期的生长特点与一年生播种苗相同。

育苗工作任务：前期生长型苗木，在硬化期直径和根系生长期较长。为了促进直径和根系生长，在硬化期前期可以施用速效氮肥和钾肥。但氮肥施用量不宜过多，时间不宜过晚，以免造成秋季二次生长，降低苗木抗性。全期生长型苗木硬化期的育苗工作任务同一年生播种苗。

自测训练

一、概念题

苗木密度　播种量　撒播　点播　条播　留床苗

二、填空题

1. 大部分地区的播种以(　　　　)、(　　　　)两季为主。

2. 播种量的计算公式为(　　　　　　　　　　)。

3. 目前常用的播种方法有(　　　　)、(　　　　)和(　　　　)。

4. 播种苗的第一个年生长过程,可分为(　　　　)、(　　　　)、(　　　　)、(　　　　)。

5. 留床苗在生长发育过程中,根据地上部分和地下部分的生长特点,可分为(　　　　)、(　　　　)和(　　　　)3个时期。

三、选择题

1. 杨、柳、榆、桑等种子,适合(　　)播种。

A. 春季　　B. 夏季　　C. 秋季　　D. 冬季

2. 种皮坚硬、休眠期长的种子,如山桃、山杏、文冠果等,适合(　　)播种。

A. 春季　　B. 夏季　　C. 秋季　　D. 冬季

3. 一般播种覆土厚度应为种子直径的(　　)倍。

A. 1～2　　B. 2～3　　C. 3～4　　D. 4～5

四、判断题

1. 如苗床土壤黏重时,可采用细沙或腐殖质土、锯屑等进行播种后的覆盖。(　　)

2. 播种前对播种沟的沟底进行镇压,其作用是接通沟底毛细管。(　　)

3. 点播主要适用于大粒种子或种子稀少、珍贵的树种。(　　)

4. 人工播种为了做到均匀播种、计划用种,在播种前应将种子按每床用量等量分开,进行播种。(　　)

5. 播种后由于气候条件的影响或出苗时间较长,易造成床面干燥,妨碍种子发芽,应适当地补充水分。(　　)

五、计算题

某苗木生产企业春季计划播种667 m^2 银杏,这批种子的千粒重1 600～3 500 g,种子净度98%,发芽率90%,损耗系数(C)为1.5,银杏每1 m^2 出苗12～15株,土地的利用率为60%,试计算用种量(kg)。

六、问答题

1. 播种有哪些方法,各适合于哪些条件?

2. 适时播种有何意义?

3. 秋季播种有什么特点?

4. 确定苗木密度的原则有哪些?

技能训练六　整地、做床及播种

一、目的要求

熟悉整地、做床的目的和意义,掌握高床、低床、平床、高垄、低垄的做法,能够根据不同的园林树木种子选择适宜的播种时期,采取正确的播种方法,播种后并进行覆土。

二、材料与用具

本地常见乔木、花灌木和绿篱树种的种子，铁锨、皮尺、耙子等。

三、方法步骤

1.整地

用铁锨将犁过的土地整平，并用耙子将其耙平，捡去其中的石粒、杂草等。

2.做床

以高床为例，床面宽 1 m，步道宽度为 30 cm。床的方向为南北向。先用铁锨根据量好的宽度，从两面往中间壅土，床高 20 cm，然后将床面整平。留足步道的宽度，以此类推。

3.播种流程(以山桃种子点播为例)

(1)在床面开沟南北开沟，沟距 20～30 cm，沟深 10 cm。

(2)按株距 10～15 cm 逐粒点播，覆土 4～6 cm，无须镇压。

四、作业

完成播种育苗技术报告。

任务四　播种苗的管理

一、出苗前的管理

(一)覆盖

1.覆盖的作用

播种后为防止表土干燥、板结，减少浇水次数，减少幼苗出土的阻力，并防止鸟害，对播种地要进行覆盖，特别对小粒种子，覆土厚度在 1 cm 左右的树种都应该加以覆盖。水分条件较好、管理较精细的苗圃，播种后可以不需要覆盖，以减少育苗的费用。

2.覆盖材料

覆盖材料应就地取材，经济适用，以不妨碍幼苗出土、不给播种地带来杂草种子和病虫害为前提。采用的覆盖材料有塑料薄膜、河沙、稻草、秸秆、草帘、苔藓、树木枝条以及腐殖土等。用暗色覆盖物，春天能提高土壤温度，加速种子发芽，缩短出苗期。

3.覆盖方法

(1)塑料薄膜覆盖　用塑料薄膜覆盖播种地可以防止土壤水分蒸发，保持土壤湿润、疏松，增加地面温度，促进发芽。使用塑料薄膜覆盖时，应使薄膜紧贴床面，并用土将周围压实。应注意经常检查床面的温度，当苗床温度达到 28℃以上时，要打开薄膜的两端，让其通风降温，也可以在薄膜上遮以草帘降温。不同的塑料薄膜效果不同，透明薄膜阳光可以透过薄膜照射到地面，地温相对高，但杂草容易滋生，应用时需要加喷除草剂；黑色薄膜不透光，不易滋生杂草，但地温相对低，早春土壤湿度大、气温低的地区酌情使用。

(2)河沙覆盖　主要适用于床内播种。播种前灌足底水，播种后在覆盖的表土上盖一层河沙，可以有效地防止床面板结、干裂，减少水分蒸发。

(3)其他覆盖物覆盖　用草、秸秆类覆盖，虽然能达到保水目的，但过薄保水效果不好，过厚则播种地的温度低，使种子发芽晚。覆盖的适宜厚度决定于所采用的覆盖材料和当地的气候条件，不可过薄或过厚。一般用草覆盖厚度以不见地面即可，用腐殖土覆盖厚度为1～1.5 cm。

(4)撤覆盖物　当幼苗大量出土60%～70%时，要及时将覆盖物分期、分次撤除，如塑料薄膜、草、秸秆等。河沙和腐殖土可以不去除。

(二)灌溉

播种后由于气候条件的影响或出苗时间较长，易造成床面干燥，土表开裂，妨碍种子发芽，此时在播种后出苗前，应适当补充水分。不同的覆盖方法补水的方法不同。塑料薄膜覆盖，补水时取下薄膜，补水后再还原，其他覆盖方法可直接补水。补水时应注意土壤水分要适宜，水分过多易使种子腐烂；灌溉用细雾喷水，切忌大水漫灌，以防冲走覆土、种子或冲倒幼苗。

(三)调整覆土厚度

种子开始陆续出土时要经常检查，遇到局部板结、萌芽出土困难，及时喷水软化土块，帮助种子萌芽出土。覆土较厚、幼苗很难突破土面的，要适当清除部分表土。

(四)病虫害防治

种子开始陆续出土时，要经常检查病虫害情况，及时防治和灭除，发现干扰病害的幼苗可以拔出，以免传染。发现湿度大时要喷一些广谱性的杀菌剂。

二、苗期管理

苗期管理是从播种后幼苗出土，一直到冬季苗木生长结束，对苗木及土壤进行管理，如遮阳、间苗、截根、灌溉、施肥、中耕、除草、病虫害防治等。

(一)遮阳

遮阳可使日光不直接照射地面，降低育苗地的地表温度，以免幼苗遭受日灼为害，减少土壤水分的蒸发，在某种程度上也能防止幼苗的霜冻害。遮阳一般采用苇帘、竹帘、黑色遮阳网等作材料，搭设遮阳棚。遮阳透光率的大小和遮阳时间的长短，对苗木品质有明显的影响。为了防止苗木徒长，保证苗木品质，遮阳材料透光率宜大，一般为1/2～2/3；遮阳的时间树种或地区的气候条件而异，北方在雨季或稍早停止遮阳，南方有的地方遮阳可持续到秋季。可在每天10时开始遮阳，至16时以后撤去遮阳棚。

(二)松土除草

1.松土

松土是在苗木生长期内对表层土壤采用的一项耕作措施。松土具有增加土壤通气、提高土温、减少水分蒸发、促进根系生长发育的作用。灌溉或雨后1～2 d，土壤板结，天气干旱，水源不足时，均应进行松土。松土除草可结合进行。苗木间距小(如苗床育苗)可以不必松土。苗木间距大时，每次降雨或灌溉后，表土稍干时可进行松土。松土深度一般为1～5 cm，不要伤及苗木根系，可随苗木生长而逐步增加深度。松土时要细碎土块，防止土壤板结。不要在土面上留下太多的脚印，以保持水分。

2.除草

苗木生长期间及时控制和清除杂草，减少杂草与苗木的竞争，促进苗木发育良好。及时松土可以控制杂草种子的萌发。杂草出苗后应在开花结实前及时清除，除早、除小。多年生杂草除不使其结实外，还应及时清除地上部分及地下繁殖根系。二年生、多年生杂草不使其越冬。除草可以采用人工除草、机械除草和化学除草等方法。人工防除杂草可以及时准确地清除杂草，但费工费时。化学除草指使用化学药剂（除草剂或除锈剂）防除杂草的方法。化学防除杂草可以达到事半功倍的效果，使用前要先进行试验，观察是否对苗木有药害，再进行大面积推广。封闭性除草剂施用后，在土壤表面形成一层药膜，一旦药膜破裂，杂草就会钻出来，所以施药后避免土壤耕作。灭生性除草剂可杀死所有植物，小苗区禁用。选择性除草剂具有一定的适应范围，可根据不同环境的杂草种类选择使用。

（三）间苗和补苗

1. 间苗

间苗又叫疏苗，即将部分苗木除掉。苗木过密，通风透光不良，会使苗木徒长，大小苗差异加大，易发生病虫害。通过间苗，使苗木密度趋于合理，生长良好，提高苗木质量。

（1）间苗的时间与次数　当苗木之间表现出大小差异时就可以开始间苗，间苗的次数一般以 1～2 次为宜。具体时间要以幼苗的长势、密度等情况而定，阔叶树种第一次间苗的时间，可掌握在幼苗期的前期，当幼苗展开 3～4 片（对）真叶、互相遮阳时进行；第二次间苗在第一次后 20 d 左右进行。针叶树种幼苗适于较密集的环境，间苗时间比阔叶树种晚。

（2）间苗的强度和对象　间苗前应先按计划的单位面积产苗数，计算出每株苗木之间的间距，在定留苗数时，要比计划产苗量多 5%～10%，作为损伤系数，以保证产量计划。间苗时主要间除有病虫害的苗、受机械损伤的苗、发育不正常或生长弱小的劣苗，以及并株苗、过密苗等。出苗不齐的苗圃，应在保证产苗量的基础上调节留苗的疏密度。

（3）间苗的方法　间苗前，应先灌水，使土壤松软，不伤害保留下来的苗木，提高间苗效率。间苗时手捏住苗木根茎部清除苗木。间苗后，要及时灌溉，以沉实松动的土壤。

2. 补苗

补苗工作是补救缺苗断垄的一项措施。当种子发芽出土不齐或遇到严重的病虫害，造成缺株断垄，影响产苗量的完成时，可用补苗来弥补。补苗时间宜早不宜迟，早补苗苗木地上部分消耗少，根系生长旺盛，成活率高，而且后期生长与原生苗差异小。补苗时由于幼苗主根不长，侧根尚未长出，可以带土也可以不带土。在补苗前将苗床灌足水，然后用小铲或手将密集的幼苗轻轻掘出，补种于缺苗处。补苗工作最好选择阴雨天或傍晚进行，避免高温强日照时段，放置萎蔫，提高成活率。补苗后进行 2～3 d 的遮阴，以保证成活。

（四）截根和幼苗移植

1. 截根

又称断根，是将生长在圃地中的幼苗或苗木的主根切断。截根的目的是切断主根，促发侧根和须根，扩大根系的吸收面积，利于苗木后期生长，还可以减少起苗时根系的损伤，提高苗木移植的成活率。

截根的时间一般选择在秋季苗木地上部分停止生长以后或春季根系开始活动之前，即苗木的速生期到来之前，可用截根锹或起苗犁进行截根，深度一般为 10～15 cm。对于主根发达、侧根发育不良的树种，如樟树、核桃、栎类、梧桐等，应在幼苗期幼苗展开 2 片真叶时进行，用小铲等倾斜 45°切断主根。

2. 幼苗移植

一般用于幼苗生长快的树种，如泡桐、桉树，或采用二段式育苗方式的珍贵树种或小粒种子树种。二段式育苗时，第一段采用苗床或室内小面积播种，待幼苗长出2～3片真叶后，将苗木移栽到大面积的育苗地上。生长缓慢的树种培养较大规格的苗木也可以结合间苗进行移植。起苗时，根系发育好、易于成活的苗木可以不带土；根系发育不好、不易成活的苗木则需带土。起苗前将苗床灌足水，将密集的幼苗轻轻掘出，立即栽植。对于苗木较大、主根较长的种类，移苗时需对枝叶和根系进行适当修剪。移植应选择在阴雨天或傍晚进行，移植后要及时灌水，并适当遮阴。

(五)灌溉与排水

1. 灌溉

出土后的幼苗组织嫩弱，对水分要求严格，稍有缺水即易发生萎蔫现象；水分过多又会造成土壤通气不良，发生烂根涝害，影响苗木的产量和质量。因此应根据幼苗特性、幼苗所处的生长期、土壤特点和气候条件等因素，适时灌水。

灌溉方法一般采用漫灌、喷灌、滴灌等方法。灌水应注意以下事项：灌溉时间最好在早晨和傍晚，不要在气温最高的中午进行；不宜用水质太硬或含盐类的水灌溉，水温不宜过低；灌溉要保持持续性，不宜中断，否则会造成旱害；灌溉的结束期因树种不同而异，对多数苗木而言，在霜冻到来之前6～8周为宜。停灌过早，苗木营养生长受抑制；停灌过晚，苗木营养生长过旺，会降低苗木抗旱抗寒性。

2. 排水

排水在育苗工作中与灌水同样重要，不容忽视。排水主要是排除因大雨或暴雨造成的苗区积水。在地下水位偏高、盐碱严重地区，排水工作还有降低地下水位、减轻盐碱含量或抑制盐碱上升的作用。

排水工作应注意以下问题：苗圃必须建立完整的排水系统，在安排灌水系统的同时，应考虑安排排水系统，在地下水位高及盐碱地区，排水沟渠更为重要；对不耐湿的树种，如臭椿、合欢、刺槐等，可采用高床或垄作作业，在排水不畅的地块应增加田间排水沟；雨季到来之前应整修、清理排水沟，使水流畅通，雨季应有专人负责排水，及时疏通圃内积水，做到雨后田间外水不流进、内水不积存。

(六)合理施肥

凡是施入土壤中或喷洒于苗木的地上部分(根外追肥)，能直接或间接供给植物养分、提高花木质量、改良花木土壤的理化性状和肥力的物质，都称肥料。苗圃使用的肥料是多种多样的，概括起来分为3类：有机肥料、无机肥料和生物肥料。

1. 有机肥料

有机肥料分为人粪尿类、厩肥、堆肥、饼肥类(各种饼肥和糟渣肥)、绿肥类、草炭类(草炭、腐殖酸肥料)、杂肥类(骨粉、毛发、蹄角类)。有机肥料能提供苗木所必需的营养元素，属于完全肥料。有机肥的肥效持续时间长，能改善土壤的理化性质，促进土壤微生物的活动，发挥土壤的潜在肥力。多数有机肥要在施用前经过腐熟，才能施入土中。

2. 无机肥料

凡是用化学方法合成的或者是开采矿石经加工精制而成的肥料，称化学肥料，又称无机肥料，简称化肥。常用的无机肥主要以氮肥、磷肥、钾肥为主，此外还有铁、硼、锰、硫、镁等微量元素。无机肥易溶于水，肥效快，施入土壤后很快被植物吸收利用，但肥效不如有机肥持久。无机肥料的成分单一，长期使用化肥使土壤板结，造成土壤盐渍化，破坏土壤结构。因此，应配合施用有机肥，提可以取长补短，充分发挥肥效，提高土壤肥力。

无机肥料按所含营养元素种类，分为单一肥料、复合肥料和缓释肥料三类。

(1)单一肥料　只含有氮、磷、钾等单一元素的化学肥料称为单一肥料。氮肥主要有硫酸铵、硝酸铵、尿素等，以铵态氮、硝态氮、酰胺态氮的形式被植物吸收。磷肥主要有过磷酸钙、磷矿粉等，以 P_2O_5 的形式被植物吸收。钾肥主要有硫酸钾、氯化钾，以 K^+ 的形式被植物吸收。

(2)复合肥料　含有氮、磷、钾等营养元素中 2 种以上成分的化学肥料称为复合肥料。复合肥料的优点有：含多种营养元素，有效成分高，施用方便；养分分布均匀，每株植物都可吸收均匀浓度的养分；无用的副成分含量很少，减少对植物和土壤的不良影响；生产成本降低，施用时节省劳力。

(3)缓释肥料　目前，在国内外都发展应用长效复合肥料。就是在粒状水溶性复合肥料表面涂覆半透水性或不透水性物质，形成包膜层，而使其中的有效养分通过包膜的微孔慢慢释放出来，为植物吸收利用，从而减少养分损失，提高肥料利用率。美国、日本、荷兰等园林发达国家，化肥多是专用缓释肥料。特性是可以控制其释放速度，在施入土壤后逐渐分解，逐渐为植物吸收利用，使肥料中养分能满足植物整个生长期中各个生长阶段的不同需要。一次施用后，肥效可维持数月至 5 年以上。缓释肥料均为酸性肥料，可改良北方碱性土壤。

3. 生物肥料

在土壤中存在着一些对植物生长有益的微生物，将其从土壤中分离出来，制成生物肥料，如细菌肥料(根瘤菌剂、固氮细菌)、真菌肥料(菌根菌)以及能刺激植物生长并能增强抗病力的抗生菌等。

4. 合理施肥的原则

(1)有机肥与无机肥配合施用，因有机肥所含元素比较全面，可做底肥(基肥)，肥效稳而长。但因各种有机肥所含氮、磷、钾各要素或多或少，应根据某种苗木的要求及土壤中各元素的含量施化肥加以补充(追肥)。

(2)不同苗木种类施肥不同，如观叶类需氮较多，观果类需磷较多。

(3)同一苗木不同生长期施肥不同，营养生长期需氮肥稍多，生殖生长期需磷、钾较多。

(4)看苗木生长势施肥，苗木生长旺盛多施肥，生长势弱少施肥。苗木休眠期控制施肥量或不施。移植苗前期根系尚未完善吸收功能，只宜施有机肥作基肥，不宜过早施化肥。遭遇病虫害或旱涝灾害，根系受到严重损害时，应适当缓苗，不急于施重肥。

5. 施肥方式和时间

施肥主要采用基肥和追肥两种方式。

(1)基肥　基肥也称基础性肥料，以有机肥为主，无机肥料为辅，一般在播种前或春秋季破土施入，肥效可持续一个生长季，施肥量占全年总需肥量的 60% 左右。

(2)追肥　追肥也称阶段性肥料，是指在苗木生长期间使用的肥料，以无机肥为主，也有生物肥料等。追肥可根据苗木生长发育的不同阶段对营养元素需求的不同，有选择地施用，施肥量占全年总需肥量的 40% 左右。追肥分为土壤追肥和根外追肥两种。

①土壤追肥。有干施和湿施两种，干施是把肥料均匀撒入苗床，然后浅耕入土或在苗木行间开沟施肥，最后封沟；湿施是将可溶解的肥料溶入水中，以溶液洒入苗床或随水灌入苗床，每次追肥后要立即浇水。一般苗木生长期可追肥2～6次。

②根外追肥。是利用植物的叶片能吸收营养元素的特点，将肥料配成水溶液，加压喷雾的施肥方法。根外追肥肥料吸收快，施肥效果明显，肥料流失少，利用率高，在苗木需肥紧迫时施用。在根外追肥时，应注意选择适当的浓度，浓度不当，容易灼伤苗木。一般微量元素浓度0.1%～0.2%，化肥浓度0.2%～0.5%。根外追肥以早、晚空气湿润或阴天时喷洒为宜。喷洒时，要使叶的正反两面均喷上肥液，特别是叶的反面气孔多，吸收能力更强。喷后2 d内遇雨会降低效果，需补喷。

（七）病虫害防治

防治苗木病虫害是苗圃多育苗、育好苗的一项重要工作。要按照“预防为主、综合防治”的原则，做好病虫害调查和预测预报，创造有利于苗木生长、抑制病虫害发生的环境条件。治早、治小、治了，及时防治，加强对进圃苗木的植物检疫。具体防治措施见项目七。

（八）防寒越冬

防寒越冬是对耐寒能力较弱的苗木实行的一项保护措施，使其能抵抗低温危害，保证成活。

1.苗木遭受冻害的原因

（1）低温　苗木组织含水量较多，其保护组织又较差，当气温下降到一定程度时，细胞原生质就会脱水而冻结，破坏了细胞组织，导致死亡，如木香、木槿等。有些苗木在冬季或早春出现烂根、枝干脱皮、溃烂等，也属此类。

（2）生理干旱　冬春多寒风，致使苗木水分大量蒸发，而根系又因土温较低而未能从土壤中吸收水分，导致苗木的水分供不应求，出现干梢以至枯死现象。这种因生理干旱而造成的冻害较普遍。

（3）土壤冻结　潮湿黏重的土壤常因冬季结冻而开裂，将苗木根拉出土面或拉断，冻拔后的苗木再经风吹日晒，就会干枯而死。

2.苗木的防寒措施

（1）增加苗木的抗寒能力　适时早播，延长生长季，在生长季后期多施磷、钾肥，减少灌水，促使苗本生长健壮，枝条充分木质化，提高抗寒能力。也可进行夏秋苗木摘心等措施，促进苗木停止生长，使组织充实，抗寒能力增加。

（2）埋土防寒　埋土可以防止苗木生理干旱。分为全埋土和培土两种情况。全埋土防寒适用于规格较小且茎干有弹性的苗木，在土壤封冻前顺行向将小苗放倒并固定，先用无纺布或秸秆等覆盖，从两侧培土将苗木盖严，埋土厚度一般10 cm左右。如土壤干燥，应提前1周进行灌水。培土防寒适于较大规格或茎干不易弯曲的苗木，在土壤封冻前向苗木根际四周培土，培土高30～50 cm，然后整理拍平。

（3）涂白防寒　涂白防寒应在土壤封冻前或翌年早春进行。涂白剂随用随配，配方为：石灰10 kg，硫黄1 kg，水40 kg。用涂白剂涂刷冬季树冠遮挡不住的主干，分枝点低的涂刷主干至分枝点，分枝点高的涂刷自地面1～1.5 m的主干。涂刷均匀，不留间隙。

（4）灌封冻水防寒　在土壤封冻前将苗木灌足大水，水渗透深度达30～50 cm。树木浇灌冻水有三个作用：一是可以增加土壤湿度，使树苗在过冬前吸足水分，可相对增加抗风、抗

干旱能力，减少抽条的可能性；二是增加土壤的热容量，地温最低时灌水的地块地温

相对较高，可以保护根系不受冻害；三是早春气温回暖时，灌封冻水的地块地温相对较低，园林苗木生长发育推迟，防止倒春寒造成冻害。应掌握浇灌冻水的时机，过早、过晚效果都不好，灌水后立刻封冻最好，冻水量要大。

(5)设覆盖物防寒　覆盖物防寒的作用是阻挡冷空气的侵袭，保持土壤的温度和湿度，减少冻层的厚度，从而起到保护树苗安全越冬的目的。覆盖物的材料和形式有如下几种。

①缠绕包扎树干。乔木类用草绳缠绕树干或保温材料包裹树干，从苗木的根茎起直到主干上第一分枝点止。

②包裹树体。对于树体紧凑的乔灌木类，先用草绳等将树冠拢起，缩小冠幅，用草帘等保温材料包裹树体。

③搭设框架覆盖。对于密集、矮小的苗木，可在苗木栽植范围的四周搭设框架，外围覆盖草帘、无纺布等材料保温。

(6)熏烟防寒　主要用于防御晚霜为害。地势低洼、背风处早春易受晚霜为害。在早霜来临前一天的傍晚，在苗圃内每隔 50m 设一个发烟堆，发烟堆的核心堆放干柴用于形成内膛的高温，发烟堆的外面覆盖稍潮湿的柴草用于发烟，发烟堆点燃后发生的烟尘在苗圃的上空形成一层烟雾层，可有效地阻止冷空气的下沉，降低晚霜为害。

(7)设风障防寒　华北、东北等地区普遍采用风障防寒。风障可以营造局部背风向阳的小环境，降低风速，增加局部环境温度、湿度，防止冬、春季干风直吹树冠造成失水。风障应架设在苗区冬季的主风方向，材料可用玉米秸、高粱秸，现在大多使用聚丙烯彩条编织布，但成本较高。架设高度以保护对象高度进行设计，有效控制距离为风障高的 10 倍。设支柱、纤绳，保持其牢固性。

(8)假植防寒　多用于幼苗期抗寒性较差的一些树种，如悬铃木、紫薇、紫荆、大叶黄杨、雪松小苗等。结合翌年春季移植，入冬前掘苗，分级入沟、入窖进行假植。这种方法安全可靠，又为翌年春季施工提前做好了准备工作。

(9)喷布蒸腾抑制剂防寒　一般选在冬末、春初阶段应用，可有效地预防生理干旱的发生。利用喷雾器喷布原粉(液)的 200 倍稀释液，高脂膜可附着枝、叶表面 10 d 左右，可连续喷二三次。遇雨雪天气过后应重喷。新移植的、抗寒性较差的常绿树雪松、龙柏，冬季容易抽条的法国梧桐、金叶女贞等落叶树可用此法。

(九)苗木防暑

1.调整播种期

有些树种，为了使其初生幼苗安全度夏，预防立枯病发生，可采取催芽措施，提早播种出土。在盛夏高温到来之前，已经提高了幼苗的木质化程度，增强了幼苗的抗热性及抗病能力，如白皮松、华山松、油松等。

2.锻炼抗逆性

移植前进行抗性锻炼，保护地中的苗木，在移栽前加强抗高温锻炼，逐渐疏开树冠和增加光照，以便适应新环境。

3.保护根系

保持移植苗较完整的根系，移栽前圃地灌水，增加土壤湿度，减少根系的损伤，按根幅规格要求起挖苗木，移栽使土壤与根系密接，以便顺利吸水。

4. 保护树体

移植苗上方或侧方遮阳，降低树体温度。一般用苇帘、遮阳网等。将易日灼的苗木栽植于大苗行间，可减轻日灼危害，促进苗木生长。移植后圃地灌水1～3次，提高土壤水分含量，大苗和常绿种类可向树体淋水，降低苗木体的温度，增加空气湿度。

5. 整理受害苗木

对于已经遭受伤害的苗木应进行适当的修剪，去掉受害枯死的枝叶。适时灌溉和合理施肥，特别是增施钾肥，有助于苗木生活力的恢复。

（十）轮作

轮作是指同一块圃地上有计划地按顺序轮种不同类型的苗木和不同类型的复种形式。同一块地上长期连年种植一种作物或一种复种形式称为连作，又叫重茬，重茬的危害，经常胜过连作；两年连作称为迎茬。

1. 轮作的作用

(1)轮作能均衡地利用土壤养分。

(2)轮作可以改善土壤理化性状，调节土壤肥力。

(3)轮作能减轻病虫危害。

(4)轮作能减少田间杂草危害。

2. 轮作的方法

常用轮作方法主要有三种：

(1)树与树轮作　要做到树种间合理轮作，应了解各种苗木对土壤水分和养分的需求，各种苗木易感染病虫害的种类，树种互利与不利作用。常用的树种轮作有：油松与杨树、紫穗槐轮作，苗木生长良好，而且病虫害少；油松、白皮松与复叶槭、皂荚轮作，可减少立枯病。轮作最好是在豆科树种与非豆科树种、深根树种与浅根树种、喜肥树种与耐贫瘠树种、针叶树与阔叶树、乔木与灌木之间进行。在进行轮作时，不要选择有共同病虫害的树种进行轮作。如为了预防锈病就不要用落叶松与杨树、桦木轮作；云杉不要与稠李属轮作；桧柏不要与苹果、梨等轮作。

(2)树与农作物轮作　由于农作物收割后有大量的根系遗留在土壤中，增加了土壤的有机质，因此，苗木与农作物轮作不仅可以增加粮食收入，还可以补偿起苗时土壤中消耗的大量营养元素，这是目前最切实可行的方法。生产上用来轮作的农作物最好的是豆类，其次是小麦、高粱、玉米等。但必须注意，苗木与农作物轮作一定要防止引起病虫害，如在育苗地种植蔬菜或马铃薯等易感染猝倒病和招引虫害，所以不要选用这类作物与苗木轮作，也不易间种和套种。

(3)树与绿肥轮作　这种轮作方式能增加土壤中的有机质，促进土壤形成团粒结构，调整土壤中的水、肥、气、热等状况，从而改善土壤的肥力，对苗木生长极为有利。目前生产上应用较多的绿肥植物有苜蓿、三叶草、草木樨等，这些植物同时还是很好的牧草。在土地面积较大，气候干旱、土壤贫瘠地区的苗圃地，应采用这种方式轮作。

自测训练

一、概念题

无机肥料　有机肥料　缓释肥料　间苗　截根

二、填空题

1.灌溉方法一般采用(　　　　)、(　　　　)、(　　　　)等方法。

2.无机肥料按所含营养元素种类,可分为(　　　　)、(　　　　)、(　　　　)三类。

3.施肥主要采用(　　　　)和(　　　　)两种方式。

4.追肥方法主要有(　　　　)和(　　　　)两种。

5.轮作的方式主要有(　　　　)、(　　　　)、(　　　　)三种。

三、选择题

1.根外追肥时无机肥料的浓度一般为(　　)。

A.0.2%~0.5%　　B.0.5%~1%　　C.2%~5%　　D.5%~10%

2.松土深度一般为(　　),不易伤及苗木根系。

A.1~5 cm　　B.5~10 cm　　C.10~15 cm　　D.15~20 cm

3.苗木间苗的主要时期是(　　)。

A.出苗期　　B.幼苗期　　C.速生期　　D.生长后期

4.下列追肥方法中肥效最快的是(　　)。

A.沟施　　B.撒施　　C.浇施　　D.叶面施

5.为了防止苗木徒长,保证苗木品质,遮阳材料透光率宜大,一般为(　　)。

A.1/2~2/3　　B.1/3~1/2　　C.1/3~2/3　　D.1/2~3/4

四、判断题

1.针叶树种幼苗适于较松散的环境,间苗时间比阔叶树种晚。(　　)

2.间苗前圃地不宜灌水,会使土壤松软,影响起苗。(　　)

3.截根一般在秋季苗木地上部分停止生长以后或春季根系开始活动之前进行。(　　)

4.移植应选择在晴天或早晨进行,移植后要及时灌水,并适当遮阴。(　　)

5.灌水停止过晚,苗木营养生长旺盛,会降低苗木抗旱抗寒性。(　　)

6.排水具有降低地下水位、减轻盐碱含量或抑制盐碱上升的作用。(　　)

7.氮肥主要有硫酸铵、硝酸铵、尿素等,以铵态氮、硝态氮、酰胺态氮的形式被植物吸收。(　　)

8.缓释肥料均为碱性肥料,可改良酸性土壤。(　　)

9.饼肥中的氮、磷为有机态,不能直接供给植物利用,只有经过腐熟被微生物分解后才能使植物吸收。(　　)

10.基肥也称基础性肥料,以无机肥为主,有机肥料为辅。(　　)

11.适时早播,在生长季后期多施氮肥,减少灌水,能提高苗木的抗寒能力。(　　)

12.苗圃熏烟主要用于防御早霜为害。(　　)

13.塑料薄膜覆盖可以防止土壤水分蒸发,增加地面温度。(　　)

五、问答题

1.覆盖作用是什么?

2.间苗的对象有哪些?

3.截根有什么意义?

4.合理施肥的原则是什么?

5.复合肥的优点有哪些?

6. 松土的作用是什么？

7. 苗木遭受冻害的原因有哪些？

技能训练七　播种苗的抚育管理

一、目的要求

能够根据气候、土壤、苗木的种类进行播种秒的抚育管理，包括覆盖、补水、降温、除草与松土、间苗与补苗、截根、移栽、灌水与排水、施肥、苗木防寒越冬等措施。

二、材料与用具

苗圃地的播种苗、肥料、覆盖材料、手铲、铁锹、杀虫剂、杀菌剂、喷雾器、打药机等。

三、方法步骤

(1)根据苗木种类，土壤的墒情确定覆盖的材料、时间及撤出覆盖物的时间。

(2)春季或夏季播种后气温升高，应当搭阴棚进行遮阴。

(3)当幼苗长出 3～4 片真叶时可以进行第一次间苗，20 d 后进行第二次间苗。缺苗的地方可以用间苗的苗木进行补苗。

(4)在秋季停止生长后进行截根处理。

(5)一般为了培育大苗或者提高苗木的质量，在苗木生长期间扩大苗木的株行距进行移植。

(6)根据播种苗不同时期对水分的要求及苗圃地的自然和经营状况采取合适的灌溉方法及灌溉时间，降水过多后要及时进行排水。

(7)根据苗木的种类、生长期、气候、土壤合理施肥。

(8)入冬前根据苗木种类合理进行防寒越冬。

(9)在播种苗出土后根据病虫害的种类，选择合适的病虫害防治方法及药剂，控制苗木立枯病、根癌病。

四、作业

完成播种苗抚育管理报告。

Project 4

营养繁殖育苗技术

知识目标：

- 理解营养繁殖的原理以及扦插、嫁接、分株、压条、埋条繁殖等基本概念。
- 熟悉内外因素对扦插和嫁接成活的影响机制及调控。
- 掌握扦插繁殖的方法和扦插苗的管理技术；掌握嫁接繁殖技术及压条繁殖的方法及应用情况。

技能目标：

- 能够进行插穗的采集、贮藏及处理，掌握各种扦插技术，会进行扦插苗的管理。
- 掌握各类嫁接技术，会进行嫁接苗的管理。
- 能够进行压条繁殖和分株繁殖的操作。
- 能够制定提高营养繁殖的成苗率和苗木质量的措施，提高实际工作中分析问题和解决问题的能力。

任务一　扦插繁殖育苗技术

一、扦插繁殖概述

扦插繁殖是利用植物器官的再生能力，剪取植物根、茎、叶等营养器官的一部分，在适宜的条件下，插入相应的基质（土、沙等）中，经过人工培育使之发育成一株完整新个体的育苗方法。用于扦插繁殖的植物材料称为插穗，通过扦插法培育的苗木称为扦插苗。

扦插繁殖优点众多，如扦插繁殖材料易获得，繁殖技术简单易掌握；扦插苗栽植成活高且苗木生长快，开花结实早；能保持品种的优良性状等。因此扦插繁殖法已成为花卉、园林树木，尤其是不结实或结实稀少的名贵园林树木的主要繁殖方法之一。但是扦插繁殖也伴随有插穗未生根便与母体分离，吸收水分与养分较困难等缺点，因此扦插苗必须给予适宜的温度、光照、湿度等环境条件，精细管理才能提高插穗的成活率和成苗率。

二、扦插繁殖的原理

扦插繁殖主要是利用植物器官的再生能力，即扦插材料在脱离母体后，在适宜条件下，能够产生不定根及不定芽而发育成一个独立的新个体的能力。因此，扦插繁殖成功的关键在于扦插枝段及根段材料上不定根与不定芽的形成。

（一）不定根的形成

利用枝段进行扦插时，成活的关键是茎上能否形成不定根，按枝段产生不定根的部位可将不定根的形成分为三种类型：一是愈伤组织生根类型，二是皮部生根类型，三是复合生根类型。

1. 愈伤组织生根类型

这种类型的植物，其不定根的形成要通过愈伤组织的分化来完成，故称为愈伤组织生根类型。扦插后，首先在插穗下切口的表面形成半透明、具有明显细胞核的薄壁细胞群，即初生愈伤组织。初生愈伤组织的细胞继续分裂分化，逐渐形成和插穗相应组织发生联系的木质部、韧皮部和形成层等组织。然后，在适宜的温度、湿度条件下萌发形成不定根。由于愈伤组织分化出不定根需要较长的时间，所以与后两种生根类型相比，愈伤组织生根类型的植物，生根缓慢，扦插成活较难。如银杏、雪松、金钱松、水杉、悬铃木、黑松、桧柏等，要求较高的环境条件、激素水平与扦插技术。

2. 皮部生根类型

这种类型的植物，主要从插穗皮部的皮孔、节（芽）等处发出很多不定根。属于这种生根类型的植物插穗皆具有根原始体，即随着枝条的生长发育，形成层细胞进行分裂分化，在髓射线与形成层交叉点上形成一些钝圆锥形的薄壁细胞群，即根原始体。根原始体向内通过髓射线与髓部相连，从髓部细胞中吸取营养，其外端通向皮孔。当枝条的根原始体形成后，在适宜的环境条件下剪制插穗进行扦插，较短时间内就可从皮孔中萌发出不定根。这种类型的植物插穗生根较快，生根面广，如杨、柏类、紫穗槐、金银花、红瑞木等属于此种生根类型。

3.复合生根类型

这类植物不仅能从愈伤组织长出不定根，也能从皮部产生不定根，同时具有两种或两种以上的生根类型，如木槿、葡萄、黑杨、柳等，这样的植物更易生根。而只具一种生根类型的植物，尤其是愈伤组织生根类型，生根的局限性较大。

以上是硬枝扦插的主要生根类型，而以嫩枝作插穗时，由于扦插前还没有形成根原始体，故其形成不定根的过程与硬枝插穗有所不同。主要以叶片的光合产物作为营养，伤口附近的细胞分裂分化形成愈伤组织，并进一步分化出输导组织和形成层，再逐渐分化出生长点并形成根系。

(二)不定芽的形成

不定芽的发生无一定位置，如根、茎、叶上都可分化发生，但多发生在根上。许多植物在根受伤的情况下，容易发生不定芽，利用这一特性可进行根插繁殖。

(三)植物体的极性生长

在扦插繁殖的再生作用中，器官的生长发育均有一定的极性现象。即枝条总是在其形态学顶端(与芽的方向一致)抽生新梢，下端(与芽相反的方向)产生新根。然而根的形态学上下端与枝条的形态学上下端相反，因此用根段扦插时，在根段的形态学上端形成根，而在其形态学的下端产生新梢。因而扦插时要注意不能倒插。

三、影响扦插成活的因素

插穗的生根过程，是一个复杂的生理过程，除受本身的内在因素影响外，还与外界环境因素有着密切的关系。

(一)影响插穗生根的内在因素

1.植物的遗传性状

插穗生根的难易程度与植物的遗传性状有关。依据不同园林植物插穗生根的难易程度，可将其分为四类。

(1)极难生根的种类　如核桃、樟树、柿树、板栗、栎树、广玉兰、鹅掌楸、木兰、碧桃、槭树、榆、马尾松、黑松、赤松等。

(2)难生根的种类　如侧柏、龙柏、圆柏、雪松、金钱松、枣树、梧桐、君迁子、臭椿、苦楝、米兰等。

(3)易生根的种类　如罗汉松、花柏、扁柏、铅笔柏、毛白杨、山杨、新疆杨、国槐、刺槐、山茶、茶、野蔷薇、樱桃、水蜡树、珍珠梅、石楠、棣棠、白蜡、小叶女贞、夹竹桃、金缕梅、悬铃木、接骨木、花椒、猕猴桃等。

(4)极易生根的种类　如旱柳、白柳、沙柳、黑杨派、北京杨、青杨派、柽柳、柳杉、池杉、水杉、沙地柏、珊瑚树、连翘、木槿、常春藤、南天竹、大叶黄杨、卫矛、金银花、金银木、月季、紫薇、爬山虎、葡萄、无花果、迎春花、石榴等。

2. 母树和插穗的年龄

一般随着母树年龄的增长，树体的新陈代谢活动下降，细胞的分生能力降低，枝条内所含的激素和养分发生变化，抑制物质的含量也不断增加，致使插穗的生根能力降低。因此，在选取插穗时，最好选处于幼年期的母树。

同理，枝条的年龄越大，生根率越低。一般以一年生枝与当年生枝的生根能力较强，二年生枝次之，多年生枝的生根能力较弱，但具体年龄也因植物种类而异。例如，葡萄、杨树类等用一年生枝条扦插繁殖成活率较高，但罗汉柏则2～3年生的枝条扦插繁殖成活率较高。

3. 枝条的着生方位和发育状况

同一株母树上不同着生方位的枝条生长发育状况不同，故生根能力也不同。一般情况下，向阳面枝条因受光较好，枝条生长健壮，组织充实，内含营养物质较多；反之，阴面的枝条则发育较差，因此向阳的枝条生根能力较强。同理，树冠外围壮枝的生根能力强于内膛弱枝。

4. 扦插的部位

同一枝条不同部位枝段的根原基数量和贮存营养物质的量不同，其生根能力也不同。但具体哪一个部位较好，还要考虑植物的生根类型、扦插繁殖时期和方法、枝条的成熟度等。如落叶树种硬枝扦插时一般以中下部外围枝条较好，因其发育充实，贮藏养分多。落叶树种嫩枝扦插时，则以生长较旺盛的中上部新梢较好，因其生长素含量高，细胞分裂旺盛。常绿树种中上部枝条生长健壮，营养充足，代谢旺盛，因而对生根有利。

5. 插穗的长度、粗度与带叶数量

在扦插繁殖中，插穗的长短，直径大小对其成活率均有一定影响。对于硬枝扦插来说，一般长插穗贮存的营养多，有利于生根和成活，但采用长插穗时需用的繁殖材料较多，同时也加大了扦插操作的难度。对于嫩枝扦插，插穗太长，叶片过多，反而加大了水分的蒸发量，对成活不利。一般落叶树种硬枝扦插时的插穗长度为15～20 cm，嫩枝扦插的长度为10～15 cm；常绿树种长度为10～35 cm。

对不同直径的插穗来说，粗插穗所含的营养物质多，更有利生根。一般在生产中，选用适当长度和直径的插穗，阔叶树种直径0.5～2 cm，针叶树种直径为0.3～1 cm，遵循"粗枝短截，细枝长留"的原则。

嫩枝扦插时，插穗上应带适量叶片，这样插穗能进行光合作用，为其生根提供营养物质和激素，但在插穗未生根前，若带叶片过多，则蒸腾量过大，致使插穗失水而枯死。因此要依据植物的种类，适量限制插穗上保留叶片的数量。一般阔叶植物保留2～3片(对)叶，叶片大的可将先端半片叶剪掉。

6. 插穗的含水量

插穗从母树上剪下后容易失水，尤其生长季的嫩枝条更易失水。因此，在扦插前要注意采取措施，如插穗基部浸水、喷水、湿沙埋藏等，避免枝条散失水分。

(二)影响插穗生根的外在因素

1. 温度

温度对插穗的生根有关键作用，但温度过高或过低均不利于插穗生根。多数树种生根的最适温度为15～25℃，不同树种之间有差异。一般在一个地区内，春季萌芽早的树种扦插生根需要的温度低，常绿树种及萌芽晚的树种则需要的温度高。如杨、柳在7℃左右即开始生根，而毛白杨则在12℃以上才开始生根。

另外，不同时期扦插育苗对生根温度的要求也有所差异。休眠期的硬枝扦插要求的温度偏低。如春季的硬枝扦插，一般只需地温高于气温3～5℃就有利于插穗不定根的形成。生产上，可采用电热温床、酿热温床等方法，增加地温，提高插穗的生根率。

但对于生长季的嫩枝扦插，其生根所需要的激素和营养物质主要来自叶片光合作用的产物及其转化物，因此嫩枝扦插要求的温度较高，但若温度高于30℃则抑制光合作用，加剧蒸腾作用，反而对生根不利。

2. 湿度

包括基质湿度和空气湿度。适宜的基质含水量和空气相对湿度对保持插穗水分平衡至关重要。

(1)基质湿度　扦插基质的湿度对扦插苗的成活有很大影响。基质湿度过大，易使插穗基部腐烂，甚至死亡。反之，基质干燥缺水则插穗吸水受限制，影响成活。一般基质的相对湿度以60%～70%为宜。

(2)空气湿度　空气干燥能加速插穗内水分的蒸发，使插穗失水，由于扦插初期新根还没形成，无法吸水，则易造成插穗水分失衡，不利于扦插成活。一般空气相对湿度应保持90%左右，硬枝扦插可稍低些，嫩枝扦插应在90%以上，才能保证插穗水分平衡。生产上可采用喷水、间隔喷雾、遮阴等方法来增加空气湿度。

3. 通气状况

插穗形成愈伤组织及生根的过程中，一直进行着呼吸作用，这一过程需要充足的氧气。扦插基质的通气状况良好，则呼吸作用所需要的氧气能得到充足供应，有利于生根；反之，则插穗基部组织细胞易窒息死亡腐烂，影响生根。不同植物对氧气的要求不同，如常春藤、蔷薇等生根要求较多的氧气，需要插得浅一些或扦插在疏松的基质上，才有利于生根；而杨、柳则对氧气的需求量较低，可插得深些。

4. 光照

扦插生根需要一定的光照条件，特别是嫩枝扦插，充足的光照可促进叶片制造光合产物，促进生根，尤其是在扦插后期，插条生根后更需要光照条件。但在扦插前期，要注意避免直射强光照，防止插条水分蒸发过多，造成叶片灼伤或萎蔫，影响发根。扦插根系大量生出后，应陆续给予光照。嫩枝扦插，可采用全光照喷雾扦插育苗，以加速生根，提高成活率。

5. 扦插基质

扦插基质对插穗生根的影响主要表现在基质的透气性和保水性两方面。基质内的氧气和水分相互影响和制约，好的基质应具有良好的透气性及较好的保水性。一般苗圃地扦插最好选用疏松透气的沙壤土，苗床扦插较好的基质有河沙、蛭石、珍珠岩等。

四、促进插条生根的方法

(一)机械处理

1. 纵划伤

用利刀或手锯在插条基部1～2节的节间沿纵向划伤数道,深达木质部,然后再进行扦插,可促使插条在节间部位发根,增加生根数量。

2. 剥皮

有些树种的枝条表皮木栓组织较发达,影响枝条吸水和生根。这类树种的枝条,扦插前先将表皮木栓层剥掉,可促进发根,如葡萄。

3. 环割、环剥

在生长季节,将枝条基部进行环割或环剥等处理,可阻止枝条上部的碳水化合物和生长素向下运输,促使养分在其上部积累,休眠期再将枝条剪下进行扦插,能显著促进其生根。

(二)增温催根处理

早春扦插时因地温低而导致插穗不易生根,故可采用增温催根处理,促进生根。常用的加温设施有电热温床法、酿热温床法或火炕增温法等。

但无论哪一种增温设施,在进行催根时均以保持基质的湿度60%～70%,温度20～25℃为适宜。

(三)药物处理

1. 植物生长调节剂处理

常用的植物生长素类调节剂有萘乙酸(NAA)、2,4-D、吲哚乙酸(IAA)、吲哚丁酸(IBA)等。主要有3种使用方法:

(1)蘸粉法　一般用滑石粉或黏土粉作稀释填充剂,配合量为500～2 000 mg/kg,混合2～3 h后即可使用。先将插穗基部用清水浸湿,然后蘸粉即可扦插。

(2)低浓度浸渍法　使用前先将调节剂用少量酒精溶解,再配成一定浓度的药液。嫩枝扦插时,一般用5～25 mg/L的药液浸泡插穗基部12～24 h;硬枝扦插时,可用25～100 mg/L的药液浸泡12～24 h。

(3)高浓度速蘸法　一般可用500～2 000 mg/L的药液处理插穗基部3～5 s。

2. 其他化学药剂处理

处理用药剂有维生素B_1、维生素C、蔗糖、硼素、高锰酸钾、醋酸等。如用0.05%～0.1%高锰酸钾溶液浸泡插穗基部12 h,不但可以活化细胞,促进插穗生根,还能起到消毒灭菌作用。另外,用0.1%的醋酸水溶液浸渍丁香、卫矛等的插条,也能显著促进其生根。

(四)洗脱处理

洗脱处理不仅能降低枝条内抑制物质的含量,同时还能增加枝条内的含水量,激活细胞,一般可采用以下3种方法:

1. 酒精洗脱

一般使用浓度为1%～3%的酒精,或用1%的酒精与1%的乙醚混合液,浸泡插条6 h左右。此法可有效降低插穗中的抑制生根物质含量,提高生根率。

2. 温水洗脱

将插穗下端置于30～35℃的温水中浸泡几个小时或更长时间(因植物种类而异),可起到很好的脱脂作用,有利于切口愈合和生根。如落叶松、松树、云杉等树种,可采用此方法。

3. 流水洗脱

将插穗放入流动的水中,浸泡12～24 h或更长时间(因树种而异),也能提高其生根率。

(五)黄化处理

对于不易生根的枝条,在新梢生长初期用黑色塑料薄膜条或黑纸、黑布等材料包裹起枝条的下部,使其黄化,皮层增厚,薄壁细胞增多,有利于根原始体的分化,起到促进生根的作用。黄化处理3周后即可将枝条剪下用于扦插育苗。

五、硬枝扦插技术

用已经充分木质化的1～2年生枝条作插穗进行扦插育苗的方法称为硬枝扦插,此法多用于易生根的树种,如杨树、柳树、月季、悬铃木、木槿、连翘、女贞、无花果、桑、紫藤、石榴等。

(一)插条的采集和贮藏

从生长健壮的优良母树上选择发育充实、无病虫害、已经充分木质化的一年生枝条作插穗,有些树种也可选用二年生枝条。落叶树种应在秋季落叶后至翌春芽萌动前采集枝条,以保证插条发育充实,利于生根。

采条后如不能立即扦插,应立刻将插条进行贮藏。大量的枝条一般采用露地沟藏,如果插条数量较少可采用室内湿沙埋藏。露地沟藏的方法如下:选择地势较高、排水良好而又背风的地方挖沟,沟深一般为60～80 cm(依据不同地区的气候条件,插条须埋在冻土层以下),宽一般为80～100 cm。然后将枝条剪成长度为50～60 cm的枝段,每50～100根捆成一捆,挂上标明树种或品种名称的标牌,竖放或平放于沟内,枝条间填满湿度为50%～60%湿沙,将沟填平并在其上部用土封成屋脊形,四周挖好排水沟。若贮藏沟较深,应在中间插入竹竿或秸秆,以利通气。以后每月检查1～2次,以保持合适的温湿度。室内贮藏时,插条堆放的层数一般为2～3层,不宜过多,同时还应注意贮藏期间的检查。

(二)插条处理

扦插前,先将插条剪成长15～20 cm并带有2～3个发育充实的芽的插穗。当材料紧缺时也可进行单芽扦插,插穗长度一般为3～5 cm。剪切时,上剪口距顶芽约1 cm并剪成平剪口,下剪口最好紧靠节下,在节附近贮藏营养丰富,薄壁细胞多,易于形成愈伤组织,有利生根。下剪口有平剪、斜剪、双面剪等几种剪法(图4.1)。一般平剪口生根分布均匀,多用于易生根的树种,缺点是扦插时较费力气;斜剪口扦插较省力,插穗与基质的接触面大,利于吸收水分和养分,缺点是生根多偏向一侧;双面剪与基质的接触面积更大,适用于较难生根的树种;踵状剪和槌形剪是在插穗下端带一小段2～3年生的枝段,需进行开沟(穴)埋插,常用于松、柏类等难生根的树种(图4.2)。

另外,为促使插穗尽快生根,剪制好插穗后,应进行催根处理,方法见本任务"四、促进插条生根的方法"。

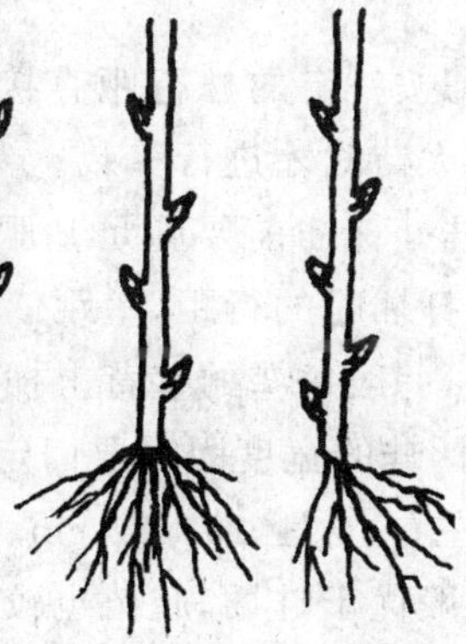

图 4.1　插条下剪口形状与生根(苏金乐.园林苗圃学.2003)

1.平剪　2.斜剪　3.双面剪　4.平剪口生根状　5.斜剪口生根状

图 4.2　踵形剪口和槌形剪口(苏金乐.园林苗圃学.2003)

1.踵形剪口　2、3.槌形剪口

(三)扦插时期

落叶树种在春秋两季均可进行硬枝扦插,一般以春季扦插为主,最佳扦插时间为土壤解冻后至芽萌动前。秋季扦插宜早,此时地温和气温较高,有利于插穗生根,一般插穗应选用发育充实,生长已停止但未进入休眠的枝条。在北方为保证秋季扦插苗的安全越冬,一般还要配合阳畦、小拱棚等保温设施育苗。

(四)扦插技术

1.苗床扦插

苗床扦插是将插穗密插于育苗床中,待生根发芽后再移植于大田苗圃地的育苗方法。这种方法有利于扦插苗的集中精细管理。苗床扦插最好以河沙、蛭石、沙壤土或透气性好的沙土等作基质材料。插穗多选用长度为 15～20 cm 的长插穗。扦插角度以垂直插为好。一般落叶树种扦插时将插穗的顶芽稍露出基质即可,常绿树种则将插穗 1/3～1/2 插入基质。

另外,北方落叶树种如在冬季进行扦插育苗,可将苗床扦插与塑料大棚、温室等设施结合起来以提高扦插温度。

2. 大田扦插

大田扦插是指将插穗按一定的株行距直接扦插于大田中，在田间至少完成一年的生长周期，只是在需要培育成大苗时才进行移栽。

(1)整地、做垄及做畦　扦插前要施足基肥，然后整地做垄或做畦。垄可分为单行垄和双行垄，单行垄的垄距即扦插时的行距，垄距依树种而定，一般 50 cm 左右，插穗插于垄背的中央；双行垄较单行垄宽，一般每垄的垄背上插 2 行，垄距一般为 80～100 cm。扦插株距一般为 15～20 cm。畦插时，畦的宽度因需要而定，一般每畦插 2～4 行，按照宽窄行扦插，宽行 50～60 cm，窄行 30 cm 左右，株距 15～20 cm。采用垄插法方便早春覆盖地膜，利于增温和保墒，插穗的生根情况一般优于畦插，起苗也较畦插苗省工。

(2)扦插方法　扦插方法有直插和斜插两种。一般短穗插在土壤疏松的情况下应直插，长插穗在土壤黏重的情况下应斜插，斜插的倾斜角度应为 45°～60°。落叶树种扦插的深度一般以顶芽微露出地面为宜，在风多、干旱的寒冷地区插条应全部插入土中，上端与地面持平，并在扦插后覆土约 2 cm。常绿树种的插穗的 1/3～1/2 一般插入土壤。扦插时还要注意插条的极性，防止倒插。

(五)扦插后的管理

1. 灌水

扦插后立即浇透水一次。以后要注意保持大田或苗床的空气湿度和基质湿度。对于大田扦插，土壤干旱时应适当灌水，但不宜频繁大量灌水，以免降低早春的地温和造成通气不良，影响生根。灌溉后，应及时中耕除草和松土，有利于保墒并防止土壤板结。对于苗床扦插，要经常注意洒水保湿。

2. 抹芽

插穗未生根时，若地上部分已展叶，应及时摘除部分叶片，以防营养消耗；生根后，插条上若有花芽应及时抹除，叶芽萌发多个新梢时，选留一个健壮梢，其余抹除。

3. 移栽

苗床内的扦插苗，当根系半木质化时要及时移栽于大田中。但移栽前 10～15 d，为了使扦插苗逐渐适应大田环境，要炼苗一段时间。

4. 追肥

大田生长期内一般应进行 2 次追肥，第一次在苗木开始明显生长后，每亩施 10～15 kg 尿素；第二次与第一次间隔 3～4 周，每亩施入 15～20 kg 复合肥。南方生长季节较长的地区，可追肥 3 次。除土壤追肥外，为防止微量元素缺乏症，还要注意及时进行叶面喷肥。

5. 病虫害防治

主要防治一些危害叶片和幼苗的病害和虫害。

六、嫩枝扦插技术

生长季采用木质化的新梢作插穗进行扦插育苗的方法，即为嫩枝扦插，也叫绿枝扦插。由于嫩梢的薄壁细胞多，生长素及可溶性糖、氨基酸含量高，酶的活性高，再生能力强，容易生根。因而，对生根较难且硬枝扦插不易成活的树种，如松、柏、枣树、桑树等，可采用嫩枝扦插的方法。嫩枝扦插蒸腾量较大，对环境条件要求较高，需精细管理，最好进行苗床扦插，生根后再移栽于大田苗圃。

(一)扦插时间

在北方主要在夏季(6 月下旬之前)进行。在南方则春、夏、秋三季均可进行嫩枝扦插，常绿树种的大面积扦插多在梅雨季节进行。

(二)扦插设施

1. 全光照弥雾苗床

全光照弥雾扦插是在自然光照条件下，将插穗插于苗床内，通过间歇式弥雾，使插穗的叶片表面一直保持一层水膜，进而防止插穗失水萎蔫的扦插育苗方法。

2. 阴棚苗床

即在地面上用砖垒成苗床，长度依育苗量而定，宽度一般为 1.5 m 左右。苗床的床底可用砖铺成，床中间略高，四周侧面的底部留一定数量的排水孔，以便多余水分的排出。床内铺蛭石、河沙等透气性较好的基质，再在苗床上方架设遮阳网，或采用其他遮光材料搭成阴棚。这种设施简便易行，成本低廉。

(三)插条的采集与剪截

采集插穗应在阴天、晴天的清晨或下午 5:00 以后进行，以避开高温与强光。采集的嫩枝应在阴凉处迅速剪制插穗，以剪取新梢中上部半木质化的梢段为好。插穗的长度一般 10～15 cm，叶片较小的保留上部 2～4 片叶，叶片较大的留 1～2 片半叶(剪去先端半片)。一般上剪口在芽上方 1～1.5 cm 处，下剪口在芽下方 0.5 cm。插条剪制后，及时采用生长调节剂进行催根处理(方法见本任务)。

(四)扦插

一般在人工控制环境的苗床内进行密插。密度以插穗之间的叶片不相互重叠挡光为度。扦插深度一般为插穗长度的 1/3～1/2，直插为主。多汁液植物要待切口稍干燥后再扦插，以防染病腐烂。

(五)扦插后的管理

扦插后应立即浇一次透水，以后经常喷水或洒水以保持基质及空气湿度。

对于阴棚苗床，晴天时每天上午 9:30 以后至下午 4:30 以前遮阴降温，同时每天注意喷水，将阴棚温度控制在 18～28℃，并保持插壤与空气的湿度。当插穗生根后可逐渐缩短每天的遮阴时间，直至过渡到全光照条件。

全光照弥雾苗床扦插，因其叶片表面一直保持有一层薄的水膜，不会萎蔫，不必遮阴，遮阴反而会降低光合作用，延迟生根。生根后，要逐渐延长弥雾的间隔时间，经过一段时间的炼苗，在阴天或多云天气，就可将小苗移栽于大田。

七、根插

对于一些枝条不易生根，但根上易形成不定芽的树种，可用根插法进行无性繁殖，如火炬树、泡桐、毛白杨、香椿、楸树、刺槐、枣树、山楂、核桃、柿、牡丹、凌霄、紫藤等。

(一)采集根穗

一般将生长健壮的幼龄树或青壮年树选为采根母树，也可利用苗木出圃时修剪下来的根段。根穗的直径以 0.5～2.0 cm 为好，年龄以一年生最好，南方最好在早春采根，随即扦插。北方采根时间一般在树木的休眠期，采后及时用湿沙埋藏。采根穗时还应注意单株采根量不宜过多，勿伤根皮。

(二)根穗的剪截

一般将根穗剪成 15 cm 左右的长度，上端剪成平口，下端剪成斜口，以防倒插。

(三)扦插方法

根插育苗时多采用低畦，也可用垄。通常将根穗倾斜或垂直埋入土中，上端覆土厚度约 2 cm，插时注意观察上下端剪口，不要将根穗倒插。插后适当镇压。黏质土若土壤湿润可暂不浇水，以免因水分过多或地温降低而造成根穗腐烂，在其发芽生根后可立即灌水。沙土或沙壤土在插后应立即浇水。

八、叶芽插

选择叶芽或着生叶芽的一小段枝条作插穗进行扦插育苗的方法称为芽插。插穗上仅有一片叶和一个叶芽，附带一小段枝或盾形茎部一片(图 4.3)。扦插时，将插穗插入基质中，叶片露出基质，芽尖微露或隐没于基质中，插后注意经常喷水保湿。叶插不易产生不定芽的种类，宜采用此法，如桂花、橡皮树、菊花、山茶、天竺葵等。

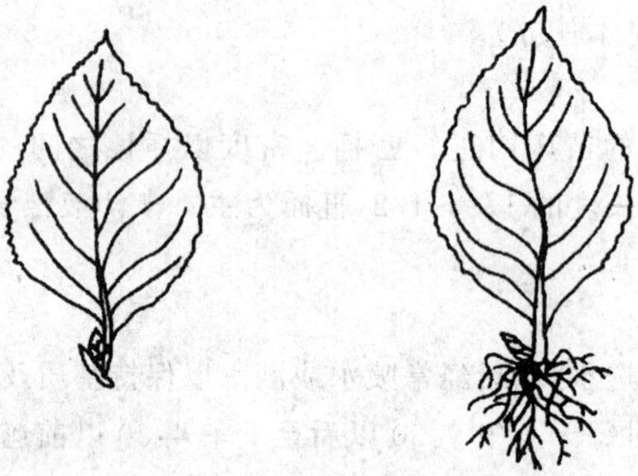

图 4.3　叶芽插(魏岩. 园林植物栽培与养护. 2003)

九、叶插

利用叶片作为繁殖材料进行扦插育苗的方法称为叶插。此方法适用于易在叶上产生不定芽及不定根的植物。叶插主要应用于各种花卉，如虎尾兰、秋海棠、大岩桐、蟆叶海棠、落地生根等(图 4.4)。扦插后要注意保湿。

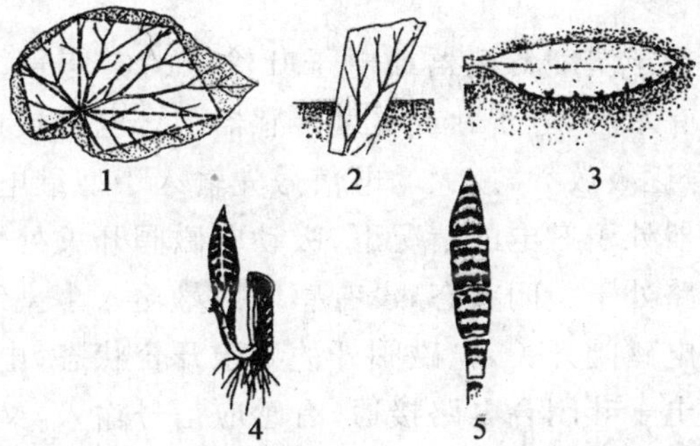

图 4.4　叶插法及叶插苗生根情况(魏岩.园林植物栽培与养护.2003)

1.蟆叶秋海棠叶片切法　2.蟆叶秋海棠片叶插　3.落地生根全叶插

4.虎尾兰片叶插成活情况　5.虎尾兰片叶切法

十、扦插育苗常用技术

扦插育苗的常用技术有全光照自动喷雾技术、基质电热温床催根育苗技术、雾插技术三种方法。

(一)全光照自动喷雾技术

1.全光自动喷雾装置

(1)湿度自控仪　接收和放大电子叶或传感器输入的信号,控制继电器开关,继电器开关与电磁阀同步,从而控制是否喷雾。湿度自控仪内有信号放大电路和继电器。

(2)湿度传感器和电子叶　湿度传感器和电子叶是发生信号的装置。湿度传感器是利用干湿球温差变化产生信号,输入湿度自控仪,从而控制喷雾。电子叶是在一块绝缘板上安装上低压电源的两个极,两极通过导线与湿度自控仪相连,并形成闭合路线。

(3)电磁阀　电磁阀即电磁水阀开关,控制水的开关,当电磁阀接受了湿度自控仪的电信号时,电磁阀打开喷头喷水。当无电信号时,电磁阀关闭,不喷水。

(4)高压水源　全光自动喷雾对水源的压力要求为 1.5～3 kg/cm^2,供水量要与喷头喷水量相匹配,供水不间断。小于这个水的压力与流量,喷出的水不能雾化,必须有足够的压力和流量。全光自动喷雾装置见图 4.5。

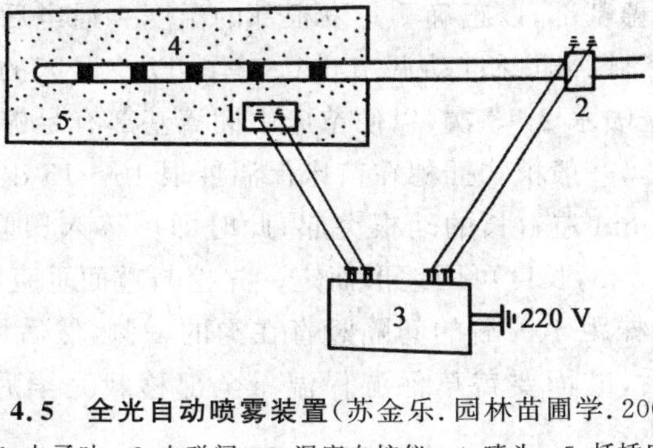

图 4.5　全光自动喷雾装置(苏金乐.园林苗圃学.2003)

1.电子叶　2.电磁阀　3.湿度自控仪　4.喷头　5.扦插床

2. 工作原理

喷头能否喷雾，首先在于湿度传感器或电子叶输入的电信号。湿度传感器和电子叶上有两个电极，当电子叶上有水时，电子叶或湿度传感器闭合电路接通，有感应信号输入，微弱电信号通过无线电路信号逐级放大，放大的电信号先输入小型继电器，小型继电器再带动一个大型继电器，大型继电器处于有电的情况下，吸动电磁阀开关处于关闭状态。当电子叶上水膜蒸发干了时，感应电路处于关闭状态，没有感应信号输入小型继电器和大型继电器。大型继电器无电，不能吸下电磁阀开关，电磁阀开关处于开合状态，电磁阀打开，喷头喷水。水雾达到一定程度时，又使电子叶闭合电路接通，有感应信号输入，又经上述信号放大，继电器联动、吸动电磁阀开关关闭。这样周而复始地进行工作。

3. 全光自动喷雾扦插注意事项

全光自动喷雾扦插的基质必须是排水良好、疏松通气、防止床内积水使枝条腐烂，但又保持插床湿润。

一般来讲，全光自动喷雾扦插的插穗所带叶片越大，插条越长，生根率就随之提高，成活后苗木生长健壮。但插穗过长，浪费插穗，增加成本。因此一般以 15 cm 左右为宜。另外，插条下部插入基质中的小枝、叶片要剪掉。

全光自动喷雾扦插若采用生根激素处理，则更能促进插穗生根，尤其是难生根的树种采用激素处理能提高生根率，增加生根量。自动喷雾扦插容易引起枝条内养分溶脱掉。使用激素处理可增加枝条养分，并提前生根，因此采用喷雾扦插加激素处理就显得更为重要。

(二)基质电热温床催根育苗技术

电热温床育苗技术是利用植物生根的温差效应，创造植物愈伤及生根的最适温度而设计的。它利用电加温线增加苗床地温，促进插穗发根，是一种现代化的育苗方法。因其利用电热加温，目标温度可以通过植物生长模拟计算机人工控制，又能使温度稳定，有利于插穗生根。在林木扦插、果树扦插等方面已广泛应用。

先在温棚内或室内选一块高燥的平地，用砖作沿砌 1.5 m 宽的苗床，底层铺一层珍珠岩或黄沙。在床的两端和中间，放置 7 cm×7 cm 的方木条各 1 根，再在木条上每隔 6 cm 钉上小铁钉，钉入深度为小铁钉长度的 1/2，电加温线即在小铁钉间回绕，电加温线的两端引出温床外，接入育苗控制器中。其后再在电加温线上辅以珍珠岩或湿沙，将插穗基部向下插入在温床中，再在插穗间填铺湿沙(或珍珠岩)，以盖没插穗顶部为宜。苗床中要插入温度传感探头，探头上部要靠近插穗基部，以正确测量发根部的温度。通电后，电加温线开始发热，当温度升为 28℃时，育苗控制器即可自动调节进行工作，以使温床的温度稳定在 28℃左右。温床每天应开启弥雾系统喷水 2～3 次，以便苗床中插穗基部有足够的湿度。但水分也不宜过多，防止引起皮层腐烂。一般植物插穗在苗床保温催根 10～15 d，插穗基部的愈伤组织开始膨大，根原体生长出 1 mm 左右长的幼根突起，此时即可移入田间苗圃栽植。移栽时，苗床要筑成高畦，畦面宽 1.3 m，长度可因地形而定。先挖与畦面垂直的深 15 cm 的扦插沟，沟内浇足底水，先将插穗以株距 10 cm 的间隔竖直在沟的一侧，然后用细土将插穗壅土压实，顶芽露在畦面上。栽植后，畦面要盖草保湿保温。全部移栽完毕后，在畦间浇足一次定根水。电热温床扦插见图 4.6。

该技术特别适用于冬季落叶的乔灌木枝条。如水杉、杨树、石榴、桑树、桃、葡萄、李、猕猴桃、银杏等植物，都可利用落叶后的光秃硬枝进行催根育苗。该育苗技术具有占地面积小，高密度的优点（1 m^2 可排放插穗 5 000～10 000 株）。

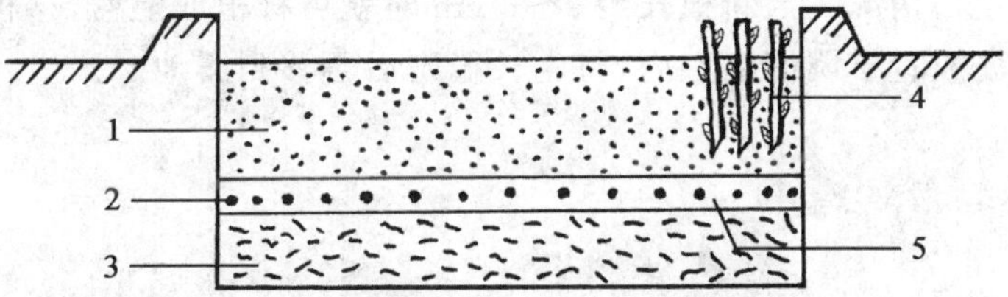

图 4.6　电热温床催根横剖面示意图

1.河沙　2.电热线　3.隔热层　4.插穗　5.散热层

(三)雾插技术

雾插是在塑料棚或温室内进行的一种育苗方法。即先将当年生半木质化插穗使用固定架进行固定，再通过喷雾、加湿，使插穗保持在高湿、适温及一定光照条件下，便于其愈合生根。雾插因为插穗处于比土壤更适合的湿度、温度及一定光照条件下，所以愈合生根快，成活率高，育苗时间短。如枣树插穗用雾插法 5 d 生根率就达 80%，珍珠梅雾插后 10 d 就能生根，若土插就需 1 个多月。

雾插法节省土地，可充分利用地面和立体空间进行多层扦插。其操作简便，不必进行掘苗等操作，根系不受损伤，移植成活率高。它不受外界环境条件的限制，运用植物生长模拟计算机自动调节温度、湿度，适于苗木工厂化生产。

1.雾插的设施与方法

(1)雾插室　一般为塑料棚或温室，室内要安装喷雾装置及扦插固定架。

(2)插床　为了充分利用室内空间，在地面用砖砌床，一般床宽为 1～1.5 m，深 20～25 cm，床底铺厚 3～5 cm 的炉渣或碎石，以利渗水，上面铺上厚 15～20 cm 的蛭石或沙作基质，两床之间及四周留出步道，另在其一侧再挖 10 cm 深的水沟，以利排水。

(3)插条固定架　在插床上设立分层扦插固定架。一种是在距床面高 2～3 cm 处，用 8 号铅丝制成平行排列的支架，行距 8～10 cm，每号铅丝上弯成 U 字形孔口，株距 6～8 cm，使插条垂直卡在孔内；另一种是空中分层固定架，这种架多用三角铁制作，架上放塑料板，板两边刻挖等距的 U 形孔，插条垂直固定在孔内，孔旁设活动挡板，防止插条脱落。

(4)喷雾加温设备　为了使雾插室内具备适宜穗条生根的环境，棚架上方要安装人工喷雾管道，根据喷雾距离安装好喷头，最好用弥雾，通过植物生长模拟计算机使室内相对湿度控制在 90%以上，光照强度控制在 600～800 lx，温度保持 25～30℃。

2.雾插繁殖的管理

(1)插前消毒　因气插室一直处于高湿环境下，有利病菌的生长与繁殖。所以必须随时注意消毒，插前通常用 0.4%～0.5%的高锰酸钾溶液喷洒雾插室全面消毒，插后每隔 10 d 左右再用 1:100 的波尔多液进行全面喷洒，防止菌类发生，如出现霉菌感染可用 800 倍退菌特喷洒病株，防止蔓延，严重时可以拔掉销毁。

(2)控制雾插室的温度、湿度及光照　插穗所在环境要适宜稳定，如突然停电，为防止插条萎蔫导致回芽和干枯，应及时人工喷水。冬季，白天利用阳光增温，夜间则用加热线保温，或用热风炉等增温。夏季高温季节，室内温度常一旦超过 30℃，要及时喷水降温，并打开窗户通风换气，调节温度。

(3)检查插穗生根情况　当新根长到 2～3 cm 时就可移植或上盆，移植前幼苗要经过适当的炼苗，一般可先放置于阴棚温室内，待生长稳定后再移到露地。

自测训练

一、概念题

扦插育苗　硬枝扦插　嫩枝扦插　皮部生根型　愈伤组织生根型　营养繁殖　根插

二、填空题

1.营养繁殖是利用植物的营养器官(　　　　)、(　　　　)、(　　　　)、(　　　　)进行繁殖育苗的方法。

2.无性繁殖常用的方法有(　　　　)、(　　　　)、(　　　　)、(　　　　)。

3.扦插育苗插穗有(　　　　)、(　　　　)、(　　　　)三种生根类型。

4.有些树种，如(　　　　)、(　　　　)、(　　　　)、(　　　　)，用其枝扦插不易生根，而用其根扦插则易成活。

5.扦插的方法主要有(　　　　)、(　　　　)、(　　　　)三种。

6.一般来说，幼年母树的枝条生根能力(　　　　)于老龄母树；同一母树上的枝条中，枝条的年龄越大，其生根能力越(　　　　)；树冠阳面枝条的生根能力比阴面枝条(　　　　)，健壮枝条的生根能力比弱枝(　　　　)；在同一个硬枝插条上，以枝条的(　　　　)枝段生根能力较强。

7.在进行扦插时，插条总是在其形态的顶端抽生(　　　　)，而在其下端发生(　　　　)，因此，扦插时插穗不能倒插。

8.一般落叶树种硬枝扦插的插穗长度以(　　　　) cm 为宜，嫩枝扦插以(　　　　) cm 为宜，且应保留(　　　　)片叶(或半叶)；常绿树种的插穗长度以(　　　　) cm 为宜。

9.在进行嫩枝扦插时，应保留适当的叶片，因其能进行(　　　　)，为生根提供(　　　　)。

10.多数树种扦插生根适宜的温度是(　　　　)，适宜的空气湿度是(　　　　)，适宜的基质湿度是(　　　　)，基质中的空气应(　　　　)。

11.扦插生根对基质的要求主要体现在基质的(　　　　)性和(　　　　)性两方面。

12.促进插条生根的方法主要有 6 种，即(　　　　)、(　　　　)、(　　　　)、(　　　　)、(　　　　)和(　　　　)。

13.生长调节剂催根的方法主要有(　　　　)、(　　　　)和(　　　　)三种。

14.用生长调节剂对插条进行低浓度催根处理时，对硬枝插条使用的浓度一般为(　　　　)，处理时间为(　　　　)；对嫩枝插条使用的浓度一般为(　　　　)，处理的时间为(　　　　)。

15.高浓度速蘸法催根时，生长调节剂的使用浓度一般为(　　　　)，处理时间为(　　　　)。

16.蘸粉法处理插穗时，常用(　　　　)作为稀释剂，稀释浓度为(　　　　)。

17.加温催根的方法一般有(　　　　)、(　　　　)和(　　　　)。其中，(　　　　)

法要求插穗倒置或倒插。加温处理的基质湿度一般应保持(　　　　)，温度一般为(　　　　)℃。

18.洗脱处理的方法有(　　　　)、(　　　　)和(　　　　)。

19.硬枝插条的长度一度为(　　　　)cm，扦插的时间一般以(　　　　)季为主，具体时间应为(　　　　)。

20.常绿树种的嫩枝扦插多在(　　　　)季节进行，落叶树种的嫩枝扦插主要在(　　　　)季节进行。

21.为提高嫩枝扦插的成活率，采用的主要设施有(　　　　)和(　　　　)。

22.根插时，根穗的粗度以直径(　　　　)cm为宜，长度一般为(　　　　)cm。

23.对于根上可形成不定芽的树种，可进行(　　　　)。

24.凡是叶上能形成(　　　　)和(　　　　)的植物，都可进行叶插。

三、选择题

1.剪插穗时，上剪口距上芽(　　)。

A. 0.2 cm　B. 0.4 cm　C. 1.5～2 cm　D. 0.5～1 cm

2.硬枝扦插多在(　　)进行。

A.春季　B.夏季　C.秋季　D.冬季

3.嫩枝扦插时基质的温度比空气温度高出(　　)，有利于插穗生根。

A. 5～6℃　B. 2～3℃　C. 7～8℃　D. 9～10℃

4.嫩枝扦插的适宜时期是(　　)。

A.春季　B.秋季　C.夏季　D.生长季

5.扦插时基质温度应(　　)空气温度。

A.高于　B.低于　C.同于

6.母树年龄影响插穗生根，扦插成活率最高的采条母树是(　　)。

A.苗木　B.幼树　C.青年时期　D.成年时期

7.扦插难生根树种最好用(　　)。

A.硬枝扦插　B.嫩枝扦插　C.根插　D. A+B

8.难生根树种插穗的年龄一般为(　　)。

A. 0.5年生　B. 1年生　C. 2年生　D. 3年生

9.扦插育苗插穗的长度一般是(　　)。

A. 5～10 cm　B. 15～20 cm　C. 20～30 cm　D. 30～40 cm

四、判断题

1.嫩枝扦插时适宜深度为接穗长的1/3～1/2。(　　)

2.扦插时基质的温度应稍低于空气温度，才易成活。(　　)

3.用化学药剂处理插穗时应严格把握药剂温度和处理时间。(　　)

4.硬枝扦插多在春季进行。(　　)

5.制穗时下剪口一般在芽的下方0.3～0.5 cm处。(　　)

6.嫩枝扦插多在夏季进行。(　　)

7.配制生长激素溶液通常用水直接溶解。(　　)

8.嫩枝扦插时，所带叶片越多越好。(　　)

9.同一母树，同一枝龄的插条，细的比粗的容易生根。（　　）

10.一般树冠阴面的枝条比树冠阳面的枝条容易生根。（　　）

五、问答题

1.扦插繁殖有何优点和不足？

2.试述影响插条成活的内在因素和外在条件。

3.促进插穗生根的方法有哪些？

4.如何采集和贮藏硬枝插条材料？

5.如何剪制硬枝和绿枝插条？

6.硬枝扦插应把握哪些技术要点？

7.嫩枝扦插应把握哪些技术要点？

8.如何提高硬枝扦插的成活率？

9.如何提高嫩枝扦插的成活率？

技能训练八　扦插繁殖

一、目的要求

理解硬枝扦插和嫩枝扦插的含义、优缺点以及二者区别，工作程序；掌握插穗选择与剪制、扦插方法及插后管理的技术。

二、材料与用具

本地常见园林绿化树种(如紫藤、紫荆、木槿、大叶黄杨、紫叶小檗、金叶女贞等)。铁锹、平耙、修枝剪、钢卷尺、盛条器、喷水壶、盆、桶、塑料薄膜、遮阳网、生根粉或萘乙酸、酒精、天平、量筒、量杯。

三、方法步骤

1.硬枝扦插

(1)整地做插床　一般在沙壤土苗圃地进行。先翻耕，深度为 30 cm 左右，再整地做插床，北方用低床，南方可用高床，床宽 1～1.2 cm。再用 0.5%的高锰酸钾对土壤进行消毒。

(2)选插条　选择生长健壮、品种优良的幼龄母树，取组织充分木质化的 1～2 年生枝条作插穗。常绿树插条，应于春季萌芽前采取，随采随插；落叶树种在秋季后到翌春发芽前剪枝。

(3)制插穗　将插条剪成 15～20 cm 的插穗。每个插穗上具 2～3 个发育充实的芽，上切口距顶芽 0.5～1 cm，平剪；下切口靠近下芽，切口斜剪。

(4)插穗的处理　将 1 kg 包装的 1 号生根粉用 6～8 mL 酒精溶解，再加水稀释成 1 000～1 500 mg/L 溶液，把插穗基部在溶液中速蘸，或把剪好的插穗捆成 50 或 100 根一捆(注意上、下切口方向一致)，竖立放入已配好的 50～200 mg/L 生根粉溶液中浸泡。一般插穗基部浸入溶液中 2～3 cm，时间为 8～24 h。

(5)扦插　将插穗按一定的株行距扦插在插床上，短插穗一般直插，长插穗一般斜插。土壤湿润时插穗入土深度为插穗长度的 1/2～2/3，土壤干旱时插穗上露 1～2 个芽即可。株距 5～10 cm，行距 20～25 cm。

(6)扦插后的管理　插后立即浇一次透水，以保持插床湿润。再用地膜覆盖、遮阳网遮阳、喷水、通风等措施来保持基质和空气的湿度及温度，促进生根。当新苗长至15～30 cm，应选取一个健壮的直立芽保留，其余除去。另外，还应适当施入低浓度的速效性化学肥料，以保证苗木营养供给。

2.嫩枝扦插

(1)插床消毒　对全光喷雾扦插苗床基质进行翻耕，并用0.5%的高锰酸钾进行消毒。

(2)选条　在生长季，选取无病虫害及机械损伤、生长健壮的当年生半木质化嫩枝作插穗。

(3)制穗　插穗剪成长8～10 cm，上剪口在顶芽上部1～1.5 cm处，下剪口在芽下0.5 cm处，剪成马耳形。

(4)生根粉处理　一般用速蘸法处理，生根粉浓度比硬枝扦插要低一些。

(5)扦插　采用湿插法直插，扦插深度为插穗长度的1/3～1/2。密度以插后叶片互不覆盖为度。

(6)插后管理　插后开通电子叶自动喷雾装置，即可自动间歇喷雾，保持基质和插床空气湿度。当插穗发根后，每隔一周喷洒一次浓度为0.1%～0.3%的氮磷钾复合肥。

【注意事项】

(1)大田扦插基质用沙壤土较好。

(2)插穗最好随采随插；嫩枝扦插在采穗、制穗期间，注意用湿润物覆盖嫩枝，以免失水萎蔫。

(3)扦插要在阴天或早晨和傍晚进行。

(4)粗细不同应分级扦插，以达生长整齐，减少分化。

(5)扦插时注意保护上切口处的芽，同时防止倒插。

(6)插后立即灌水使插穗与土壤密接。

(7)常绿树插穗应搭棚遮阴；阔叶树插穗应注意遮阴抹芽。

(8)插后要经常保持土壤湿润并进行精细化管理。

四、作业

记录扦插过程、插穗生根情况等，完成扦插实习报告。

任务二　嫁接繁殖育苗技术

嫁接是指将一种植物的枝或芽接在另一种植物的茎(枝)或根上，形成一个独立新植株的繁殖方法。供嫁接用的枝段或芽称为接穗或接芽；承受接穗或接芽的植株、根或枝称为砧木；通过嫁接繁殖所得的苗木称为嫁接苗。

嫁接繁殖优点众多，如保持植物品种的优良特性，提高观赏价值；可使观花果植物提早开花结果，因接穗一般是成龄树上的枝或芽；增强植物抗逆性和适应性，因砧木大多采用的是野生种、半野生种或当地乡土树种；可克服一些园林植物不易繁殖的现象，如没有种子或结种子少、扦插不易生根的树种。因此，嫁接繁殖已广泛应用于园林树木、果树及花卉等方面的育苗。

一、嫁接成活原理

嫁接能否成活，主要决定于砧木和接穗形成层能否产生愈伤组织、愈合成为一体并分化产生输导组织。嫁接后首先由嫁接口处形成层的薄壁细胞进行分裂，形成愈伤组织，双方的愈伤组织联通后，形成新的形成层，向内分化出新的木质部，向外分化出新的韧皮部，以后继续生长和分化，将砧木、接穗双方的导管和筛管联通起来，最终达到全面愈合，成为新的独立植株。

二、影响嫁接成活的因素

（一）砧木和接穗的亲和力

亲和力是指砧木和接穗经过嫁接能否愈合成活和正常生长发育的能力。具体地说，就是指接穗和砧木在形态、组织结构、生理和遗传特性等方面的相近程度。嫁接亲和力是嫁接成活的基本条件。亲和力强，则嫁接成活率高；反之，则成活率低。亲和力的强弱与植物亲缘关系的远近有关。一般亲缘关系越近，亲和力越强，品种之间嫁接最易成活，种间次之，属间次于种间，科间嫁接较难成活。

通常可将嫁接亲和力分为以下几种情况：

（1）亲和良好　砧穗生长一致，接合部愈合良好，生长发育正常。

（2）亲和力差　砧木与接穗生长速度不一致，表现为“大脚”或“小脚”现象，结合部膨大或呈瘤状；或短期亲和，即嫁接成活后植株的寿命明显缩短，甚至几年后枯死；或嫁接成活后，开花结果的品质下降等。

（3）不亲和　嫁接后接穗和砧木不能愈合为一体，很快干枯死亡。

（二）砧木和接穗的质量及生理状态

一般来说，砧木、接穗生长健壮，枝条发育充实，体内营养物质含量高，才有利于双方形成层细胞正常分裂、形成愈伤组织和成活。接穗的含水量对嫁接成活影响很大，失水越多嫁接越难成活。因此嫁接时要从生长健壮的母树上选取发育充实的枝条作接穗，并注意防止接穗失水，砧木也应生长健壮。

不同时期的嫁接对砧木和接穗的生理状态有不同的要求。一般生长季嫁接要求砧木和接穗均处于活跃状态，但接芽应处于未萌发状态。春季的枝接则以接穗处于休眠状态，砧木处于开始解除休眠或刚萌芽状态为好；相反，若接穗的芽已萌动，而砧木的树液尚未开始流动，接穗得不到水分和养分的供应就会干枯死亡。此外，有些树种如核桃、柿树体内有单宁，伤口面易形成单宁氧化隔离层，应选择单宁含量低的时期嫁接；还有些树种如葡萄，若在伤流期嫁接，接穗易被“淹死”。

（三）嫁接技术

嫁接技术高低也是直接影响嫁接成活的重要因素。嫁接技术主要包括：嫁接的熟练程度；接穗的削面是否平滑、长度是否适宜、倾斜度是否恰当；砧木、接穗的形成层是否对准、切口和削面是否吻合；伤口包扎是否严密；嫁接部位是否合适等。

(四)环境因素

主要是温度、湿度和光照的影响。

1. 温度

各种植物愈伤组织的形成所要求的温度不同。在适宜的温度下，愈伤组织形成快，温度过高或过低都不利于愈伤组织的形成。如桃、杏在20～25℃最适宜，苹果在22℃左右，大多数植物以25℃左右最适宜。所以，春季嫁接过早，温度偏低，愈伤组织形成缓慢，影响成活率。

2. 湿度

湿度对嫁接成活的影响包括两个方面。一方面是指空气湿度。接口部位需要较高的空气湿度（相对湿度95%～100%）才有利于愈伤组织的形成和生长。接穗保持活力也需要一定的空气湿度。若空气干燥，就会影响愈伤组织的形成和造成接穗失水干枯。另一方面是指土壤水分。若土壤干旱缺水，就会影响砧木对接穗的水分供应，因此在干旱的季节进行嫁接繁殖，要在嫁接前先对砧木灌水。

3. 光照

光照对愈伤组织的形成和生长有明显的抑制作用。在黑暗条件下，愈伤组织形成及生长快，因此嫁接后最好对接口部位遮光，如高接时用黑膜包扎，低接时用土埋等措施，既保湿又遮光。

三、嫁接前的准备

(一)用具用品的准备

1. 嫁接工具的准备

嫁接繁殖育苗的主要工具有修枝剪、芽接刀、枝接刀、剪刀、高枝剪、手锯、磨刀石、铁锹、湿布等。

2. 涂抹材料的准备

嫁接时用来涂抹接合部和接穗剪口的材料一般为石蜡，有液体和固体两种，此种材料对砧木、接穗切口有保湿作用，并能防止微生物及雨水的侵入，减少伤口腐烂，促使愈伤组织的形成，从而提高嫁接成活率。

3. 包绑材料的准备

目前，生产中广泛使用的是塑料薄膜。此种材料具有薄、弹性好、保水且绑扎方便等优点，缺点是不易自然腐烂，嫁接成活后需要解绑。嫁接时，一般将应选择厚薄适宜的塑料薄膜，并将其剪制成长度及宽窄适宜的薄膜条进行绑扎。

(二)砧木的选择与培育

1. 砧木的选择

砧木除影响嫁接成活率之外，还对嫁接苗以后的生长发育、株型大小、开花结果的早晚、花果产量及品质等有重要影响。

砧木的选择一般应考虑以下几个方面：与接穗的亲和力强，对接穗的生长、开花、结果、寿命等有良好影响；能适应当地的环境条件，本身生长健壮、根系发达、具有较强的抗逆性和抗病虫害能力；繁殖技术简单，繁殖材料资源丰富；具有特殊的功能，如使植株矮化或乔化等。

2. 砧木苗的培育

砧木苗可通过播种、扦插等方法培育见本书项目三"实生苗培育技术"和本项目任务一"扦插繁殖育苗技术"。生产中大多以实生苗作砧木，春季播种时期宜早不宜晚，并做好施肥灌水、中耕除草、病虫害防治等养护管理工作，以尽早达到嫁接的粗度。一些矮化砧木、特殊抗性(如抗根结线虫、耐盐碱等)的砧木往往通过扦插或压条的方法培育。在天气干旱时，应提前 1 周对砧木苗灌水，提高砧木的离皮程度，便于进行嫁接，提高成活率。

不同嫁接方法对砧木规格的要求是：地面嫁接通常以 1～2 年生、地径 1.0～2.0 cm 的砧木为宜。高接培育大苗时，如龙爪榆、龙爪槐、龙爪柳、红花刺槐等的高接，一般以砧木干高 2.2 m 以上、胸径 3.0～5.0 cm 最合适。总之，不同的嫁接方法、不同的植物种类对砧木规格有不同的要求，但均要求生长健壮、无病虫害。

(三)采穗母本的培育

采穗母树的培育一般用一年生插条苗，定植株行距树种可选择 0.8 m×0.8 m，1 m×1 m，1 m×1.2 m。定植后截干留 3～4 个芽。萌条高达 10 cm 时定条，去弱留壮。第一年留两个萌条；第二年留 3～5 个；第三年留 5～7 个，第四年以后留 7～10 个。为了提高种条质量和利用率，在生长期对萌条叶腋萌发的嫩枝要及时从基部抹去。

落叶树种当年落叶进入休眠期后即可采条，剪口应高度适中，每年逐步上移 3～5 cm，每一个母条基部要留 3～5 个冬芽，采穗母树经 4～5 年后要进行更新，重新建圃。常绿树种一般前两年以培养营养体为主，过早采穗条会影响质量。

(四)接穗的采集与贮藏

1. 接穗的采集

采集接穗时，应从生长健壮、性状优良、无病虫害的母株上选取发育充实的 1～2 年生枝条，以生长健壮、发育充实、节间短、芽体饱满、无病虫害的 1 年生枝最好。但有些树种采用 2 年生以上的枝条也能取得较好的效果，如油橄榄、无花果等。

生长季嫁接时，一般选用当年新梢，随采随接，采后剪掉枝条梢端的过嫩部分，并去除叶片留叶柄，按极性方向插于盛有少量水的桶中或用湿毛巾包裹，置于较阴凉处，随用随取。休眠期的接穗可结合冬季修剪采集，采集后打捆，并挂上标牌，写明树种、品种、数量、采集日期等，而后挖坑埋藏。

2. 接穗的贮藏

生长季的接穗一般不进行贮藏，但有时可进行短时间的保存，用湿毛巾将接穗包严置于冰箱的冷藏室内，或用湿布(湿麻袋)包严悬吊于井内，不能淹没于水中。若从外地远距离批量采集接穗，要用湿麻袋包严，用冷藏车运输。

休眠期的接穗采集后一般要进行贮藏，待翌春砧木发芽前再取出使用。一般采用湿沙埋藏法：挖深 60～80 cm 的坑或沟，底部铺厚 10～15 cm 的湿沙，再将捆好的接穗平铺于沟内，用湿沙填埋时，接穗捆的高度最好低于当地冻土层，地面封土呈丘状或屋脊形即可。一般要求贮藏温度为 0～7℃，湿度为 80%～90%，这样才能达到较好的贮藏效果。

四、嫁接的方法

嫁接方法可分为枝接、芽接和根接三类。

(一)枝接

用枝段作接穗进行的嫁接称为枝接。依据其操作方法又可分为劈接、切接、靠接、腹接、皮下接、舌接、髓心形成层对接等。依据嫁接的部位,可分为根接、地面嫁接、高接等。依据接穗材料的木质化程度,可分为硬枝嫁接和嫩枝嫁接。硬枝嫁接是以完全木质化的枝段作为接穗进行的嫁接,其嫁接时间一般是在春季树液开始流动至砧木发芽前后(接穗未发芽),但龙柏、偃柏、翠柏等以夏季新梢刚停止生长时嫁接为宜,单宁含量高的柿、核桃、板栗等,以砧木发芽展叶后嫁接为好。嫩枝嫁接是在生长季节以半木质化的新梢作为接穗进行的嫁接,如葡萄常在生长季进行嫩枝嫁接。硬枝嫁接时,在嫁接前常先把接穗剪成3~5芽、长约10 cm的枝段,再用水浴加热法融化石蜡,然后倒拿接穗快速在熔化的石蜡中点蘸接穗的形态学上端,使接穗的上端封上一薄层石蜡,可大大减少接穗内部的水分蒸发,提高嫁接成活率。

枝接多用于大树的高接换头,也可用于培育嫁接苗木。

1.劈接

通常在砧木较粗、接穗较细时使用(图4.7),是最常用的枝接方法之一。

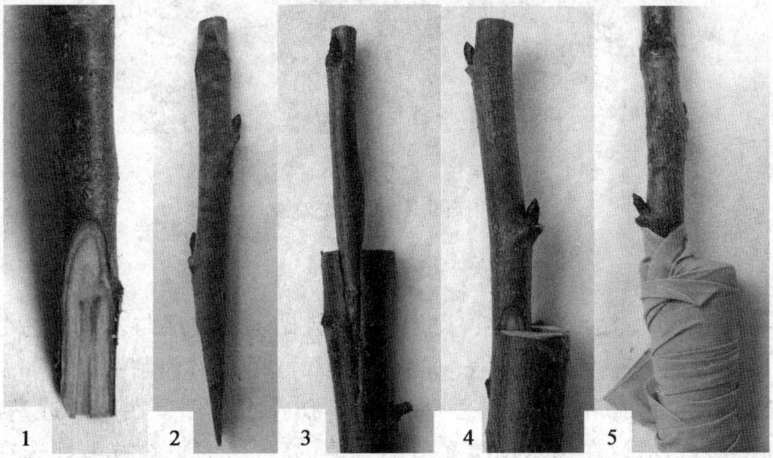

图4.7 劈接法(王秀娟.园林苗圃.2009)

1.接穗削面的正面 2.接穗削面的侧面 3~4.对接时形成层对齐和露白 5.包扎

(1)削接穗 将接穗下端削成两个对称的等长平滑削面,长度约3 cm,呈楔形,从侧面看,一侧较厚,另一侧较薄,使较厚的一侧与顶芽处于同侧。

(2)劈砧木 将砧木在离地面5~10 cm的较光滑部位处剪断,高接时在距离枝基部约5 cm处剪断,断面修平整,从断面中央均匀用力向下劈一垂直切口,深度与接穗的削面长度相当。

(3)插接穗 将接穗侧面较厚的一侧朝外,薄的一侧朝里插入砧木切口,使接穗厚面一侧与砧木的形成层对准。插入接穗时,要使接穗削面露出约0.3 cm(俗称露白),以利于伤口的愈合。砧木较粗时可在砧木切口两侧各插入一个接穗。

(4)捆绑 用塑料薄膜条将接口捆紧包严。接穗没有进行蜡封的,也要将接穗顶端包严,或用土将接穗全部封埋。

2. 切接

切接法一般用于直径 2 cm 左右的砧木，也是枝接中最常用的方法之一(图 4.8)。在接穗下端先削一个长约 3 cm 的长削面，约削掉木质部近 1/2，再在长削面的对面削一个 1 cm 左右的短削面。将砧木距地面 5～10 cm 处剪断，修平断面，选择较光滑的一侧，用切接刀垂直向下切一切口，切口距边缘为直径的 1/4～1/3，深度与接穗长削面的长度匹配。将接穗的长削面向里，短削面向外，插入砧木切口，对准双方的形成层(至少对准一边)，注意使接穗的长削面露白。最后，用塑料薄膜条缠紧包严接口。

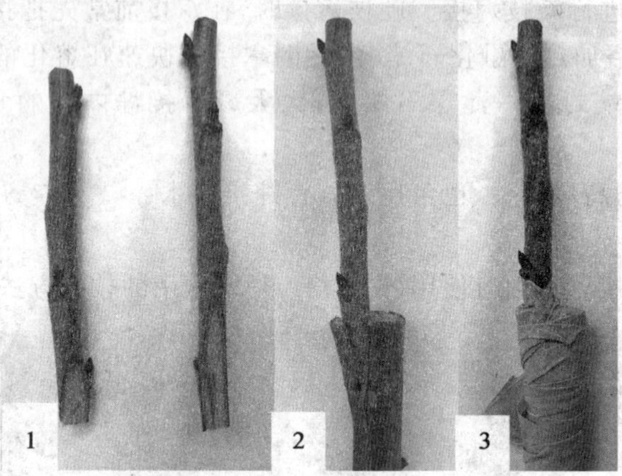

图 4.8　切接法(王秀娟. 园林苗圃. 2009)

1. 接穗的短削面和长削面　2. 对接　3. 包扎

3. 皮下接

又叫插皮接(图 4.9)。在砧木较粗，皮层较厚，且砧木的皮层与木质部易分离时使用，多用于高接。在接穗下端削一个长 3～4 cm 的长削面，再在其对面削一个长 0.5～1.0 cm 的短削面，并将长削面背后两侧的皮层削去少量，但不伤及木质部。在砧木近基部选光滑部位剪断或锯断，削平伤口，然后在砧木皮层光滑的一侧(高接时的平斜枝最好选在上侧或两侧)纵切一刀，长度约 3 cm。用刀尖将砧木皮层挑开，将接穗长削面向里，紧贴木质部插入，露白 0.3～0.5 cm。砧木较粗时可插入 2～3 个接穗。最后，用塑料薄膜条缠紧包严接口。

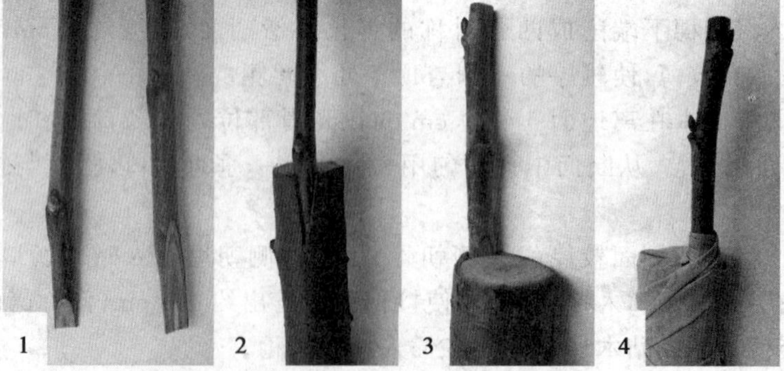

图 4.9　皮下接法(王秀娟. 园林苗圃. 2009)

1. 接穗的短削面和长削面　2. 接穗插入砧木皮层内　3. 插穗露白　4. 包扎

4.腹接

又分为普通腹接和皮下腹接法(图 4.10、图 4.11)。

(1)普通腹接法　又叫切腹接。在接穗下端先削一个长为 3 cm 的长削面,再在其对面削一个 2.0～2.5 cm 的短削面。在砧木适当高度的光滑部位自上而下斜切一切口,切口深入木质部但不超过髓心,深度与接穗长削面的长度相当。将接穗长削面向里插入切口,对准形成层,注意露白。最后用塑料薄膜条将接口包扎严密。

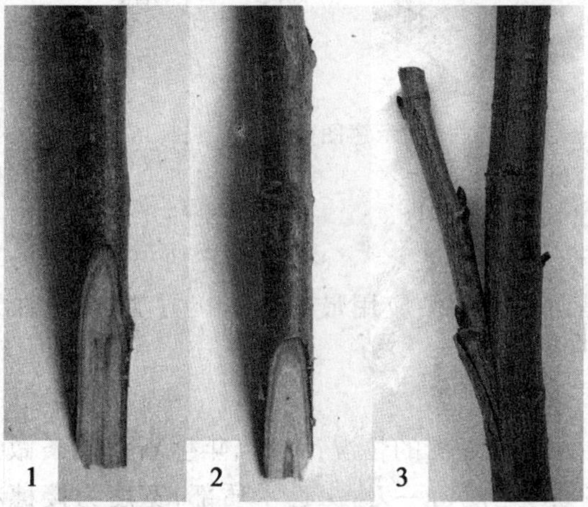

图 4.10　切腹接法(王秀娟.园林苗圃.2009)

1.接穗的长削面　2.接穗的短削面　3.接合

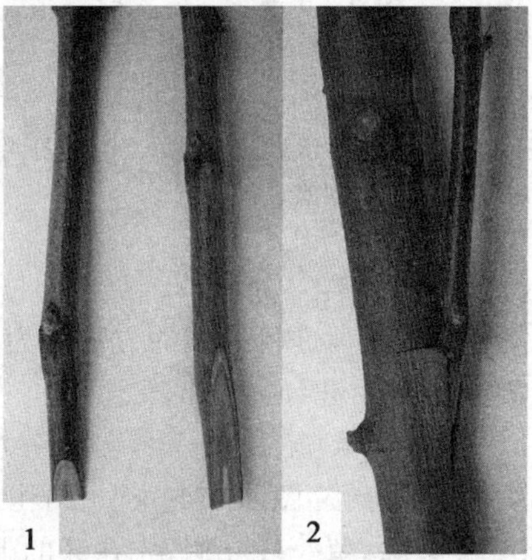

图 4.11　皮下腹接法(王秀娟.园林苗圃.2009)

1.接穗的短削面和长削面　2.接穗插入砧木皮层内

(2)皮下腹接　接穗的削法同皮下接。在砧木上适宜的位置将皮层切一“T”形切口,撬开皮层,将接穗长削面向里插入其中,注意露白。最后用塑料薄膜条包严。

其他枝接方法还有靠接、舌接、髓心形成层对接等(图 4.12 至图 4.14)。

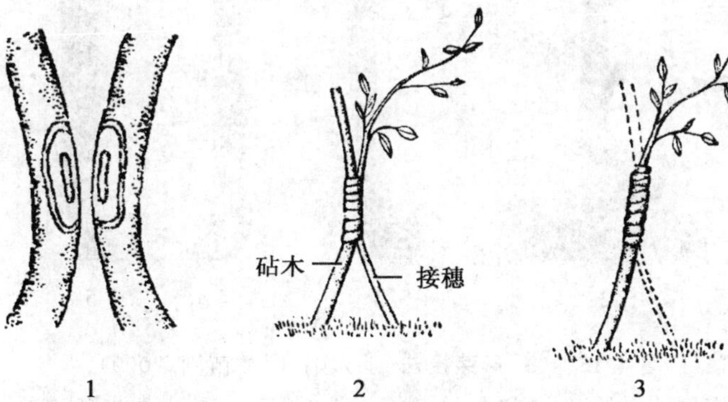

1　2　3

图 4.12　靠接法示意图(魏岩.园林植物栽培与养护.2003)

1.砧、穗切削　2.结合绑扎　3.成活后剪砧木和接穗

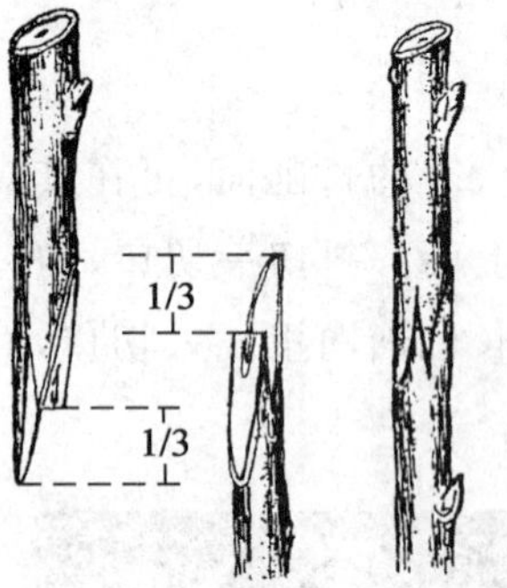

1　　2

图 4.13　舌接法示意图

1.砧穗切削　2.砧穗结合

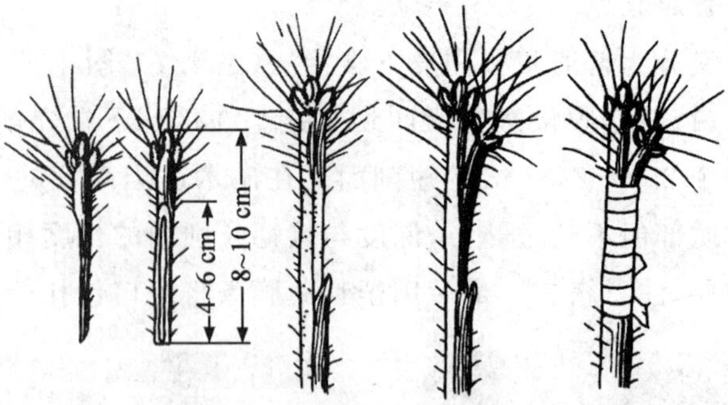

1　　2　　3　　4

图 4.14　髓心形成层对接法示意图(苏金乐.园林苗圃学.2003)

1.削接穗　2.削砧木　3.接后状况　4.绑扎

(二)芽接

以芽作为接穗进行嫁接的方法称为芽接,是苗木繁殖中应用最广的嫁接方法,一般在夏秋季(6~9 月份)进行。

1."T"形芽接

又叫盾形芽接(图 4.15)。适用于接穗和砧木均易离皮的情况。取当年生新鲜枝条做接穗,将叶片去除,留一段叶柄,先在芽的上方 0.5 cm 处横切一刀,深达木质部,宽度为接穗粗度的 1/3~1/2,再在芽的下方约 1.5 cm 处用刀向上斜切入木质部,长度至横刀口即可,用手取下盾形芽片。选用 1~2 年生小苗做砧木,在其基部 5~10 cm 处光滑部位切一"T"形切口,切口的宽度和长度与芽片相适应,深度以切透皮层而不伤及木质部为宜。用芽接刀将切口轻轻撬开,把接穗芽片插入切口中,使芽片的上边与砧木"T"形切口的横切口对齐。然后用塑料条将接口自下而上绑扎好。

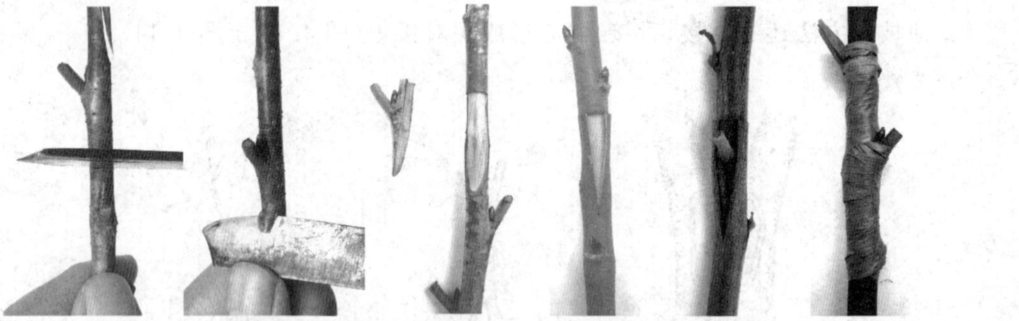

1　　2　　3　　4　　5　　6

图 4.15　"T"形芽接法(王秀娟.园林苗圃.2009)

1~2.芽片的取法　3.取下的芽片　4.砧木切口　5.嵌入芽片　6.包扎

2.嵌芽接

在砧木与接穗不易离皮或春季芽接时可使用此法(图 4.16),该方法适用于大面积育苗。取芽时先在接穗芽的上方 1.0~1.5 cm 处稍带木质部向下斜切一刀,再在芽的下方 1.0~1.5 cm 处斜切(约呈 30°角)一刀,使两刀口相交,即可取下一个长 2~3 cm 的芽片。在砧木上适宜的位置切一个与芽片相适应的切口，切口应比芽片长 2～3 mm，宽度与芽片相当。将芽片嵌入切口，对准形成层。若砧木切口过宽，至少保证一侧的形成层对齐。接好后用塑料条将芽片和接口包裹严密。

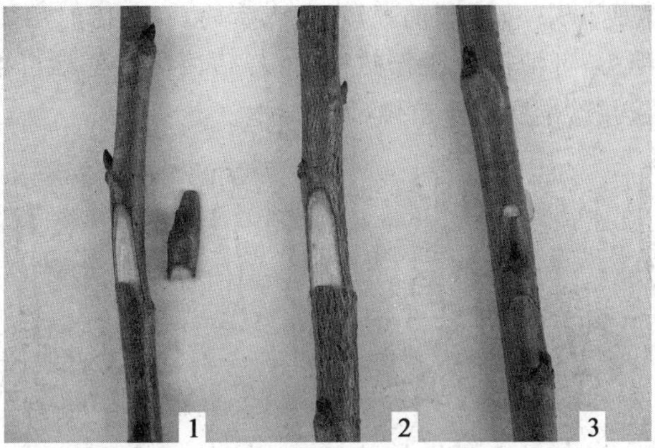

图 4.16　嵌芽接(王秀娟.园林苗圃.2009)

1.芽片的取法　2.砧木切口　3.芽片嵌入

3.方块形芽接

方块形芽接所取的芽片大，与砧木形成层接触面大，成活率高。一般用于一些较难嫁接成活的树种，如核桃、柿树等。但其操作较复杂，采用普通的芽接刀操作时工效较低。生产中一般采用"工"字形芽接刀，可大大提高工效。

用"工"字形芽接刀在接穗上取下一饱满芽的芽片，再在砧木上适当位置切两个横向切口，在两横切口的中间(双开门)或一侧(单开门)纵切一刀，每一刀口深度均以切透皮层而不伤木质部为宜。将砧木切口的皮层向两侧(双开门)或一侧(单开门)挑起，把方块形的芽片嵌入，用塑料条绑紧扎严(图 4.17)。

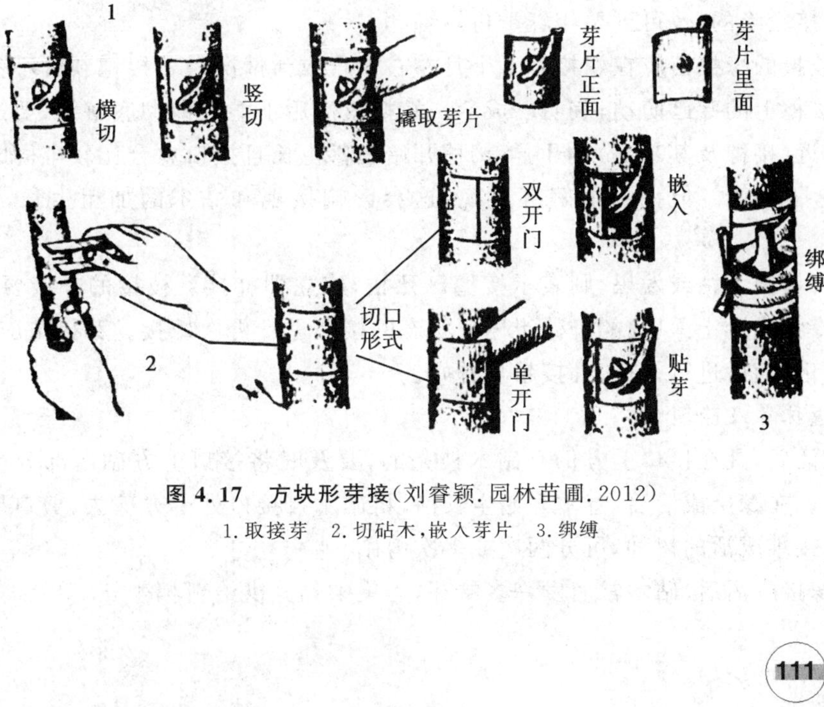

图 4.17　方块形芽接(刘睿颖.园林苗圃.2012)

1.取接芽　2.切砧木，嵌入芽片　3.绑缚

(三)根接

以根系作砧木、枝条为接穗的嫁接方法。砧木是一完整的根系，也可以是一段根。如果是露地嫁接，可选生长粗壮的根在平滑处间断，用劈接法、插皮接法等方法嫁接；也可选粗度0.5 cm以上的根系，截成8～10 cm长的根段，移入室内，在冬闲时用切接、劈接、插皮接等方法嫁接。若砧根比接穗粗，可把接穗插入砧根中；若砧根比接穗细可把砧根插入接穗中，接好绑缚后，用湿沙分层沟藏，早春植于苗圃(图4.18)。

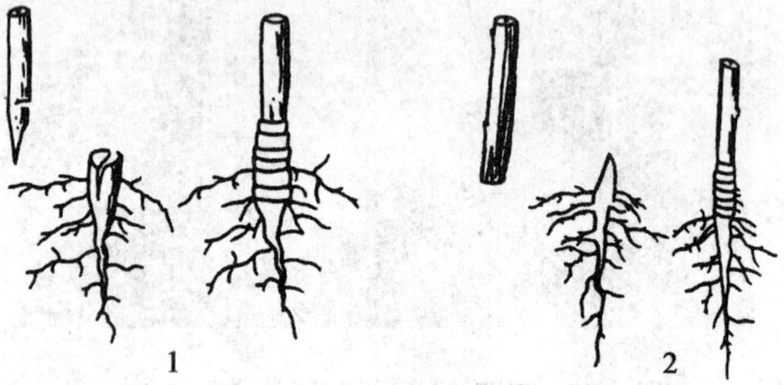

图4.18 根接法(石进朝.园林苗圃.2版.2013)

1.劈接 2.倒劈接

五、嫁接苗的管理

1.检查成活、解绑及补接

一般芽接后10～15 d即可检查成活。凡接芽新鲜，叶柄一触即落者，表明已成活。反之，如果芽片干枯且颜色发黑，叶柄干枯不易脱落，则表明未成活。对"T"形芽接来说，一般嫁接后15～20 d应解除捆绑物，否则愈伤组织生长过快，会把接活的芽片包埋，影响接芽萌发。秋季芽接较晚的，也可到翌年春季再解绑。

根接、枝接的嫁接苗应在嫁接后1个月左右检查成活情况。若接穗新鲜不失水，嫁接口愈合良好，接穗上的芽已萌动，表明已成活。嫁接成活后不能立即彻底解绑，要逐步进行，可先将接口附近(接穗及其基部)松开，待接穗开始旺盛生长且接口愈合比较牢固时，再完全解除砧木上的捆绑物。但也不能解绑过晚，这会影响接穗和砧木的加粗生长，造成缢伤易折断。

反之，若接穗干枯或发黑，则表示接穗已死亡，应立即补接。枝接的补接要利用提前贮存(一般为冷藏或沙土深埋)的仍处于休眠状态的接穗进行再次嫁接。芽接苗应在检查成活时即做出标记，随后进行补接，补接越早越好。

2.剪砧、抹芽及除萌蘖

嫁接成活后，凡在接口上方仍有砧木枝条的，要及时将接口上方砧木部分剪去，以促进接穗的生长。在嫁接成活后，春季开始生长前，将砧木自接口处上方剪去，剪口要平，以利愈合。对于嫁接难成活的树种，可分两次或多次剪砧。

另外，嫁接成活后，砧木常萌发许多蘖芽，为集中养分供给新梢生长，要及时抹除砧木上的萌芽和根蘖，一般需要去蘖 2～3 次。但对于枝接的小苗，若接穗上同时发出几个新梢，应选一个生长健壮、方位较好的培养，其余抹除；对于高接的大树，若接头较少时，应保留部分距离接穗较远、不易与接穗竞争生长的萌蘖，并及时采取扭梢、摘心等措施控制其旺长，以保留砧木适当的营养枝数量。

3. 立支柱

嫁接苗长出新梢后，易被大风损伤，影响成活或正常生长。因此，一般在新梢长到一定高度时，紧贴砧木立一支柱，将新梢绑在支柱上，以增强抗风能力。

嫁接苗的其他管理措施参照实生苗的抚育管理。

自测训练

一、概念题

嫁接　接穗　砧木　嫁接亲和力　枝接　芽接　根接

二、填空题

1. 影响嫁接成活的外界因素有(　　　　)、(　　　　)、(　　　　)。

2. 大多数植物愈伤组织的形成以(　　　　)℃左右为宜；光照对愈伤组织的形成和生长有明显的(　　　　)作用。

3. 湿度对嫁接成活的影响表现在嫁接口的湿度、(　　　　)的湿度和(　　　　)的湿度三个方面，有利于嫁接成活的外部条件是较高的(　　　　)湿度。

4. 木本植物嫁接成活的关键是(　　　　)。

5. 硬枝嫁接的时间一般是在(　　　　)，有些单宁含量高的树种，如柿树、核桃树，应在(　　　　)时嫁接。

6. 枝接最常用的方法有(　　　　)、(　　　　)、(　　　　)等，其中(　　　　)法要求砧木必须离皮。

7. 枝接时，接穗露白的目的是(　　　　)。

8. 芽接的方法主要有(　　　　)、(　　　　)、(　　　　)、(　　　　)。芽接多在(　　　　)季节进行。

9. "T"形芽接和方块形芽接对砧木和接穗生理状态的要求是(　　　　)，接穗或砧木不离皮时可采用(　　　　)法。

10. 检查芽接成活与否，用手指碰叶柄后即能自行脱落，表示嫁接(　　　　)。

11. 嫁接操作要掌握 5 字技术要领：(　　　　)、(　　　　)、(　　　　)、(　　　　)、(　　　　)。

三、选择题

1. 劈接时，砧木的劈口应在(　　)。

A. 髓心处　　B. 直径的 1/4　　C. 靠近形成层

2. 草本植物嫁接通常采用(　　)。

A. 切接　　B. 劈接　　C. 插皮接

3.“T”形芽接适宜在(　　)时进行。

A. 树离皮时　　B. 树不离皮时

4. 切接时砧木的劈口应在(　　)。

A. 髓心处　　B. 直径的 1/4 处　C. 靠近形成层的木质部处

5. 以下情况亲和力最强的是(　　)。

A. 同种不同个体间 B. 同属不同树种间 C. 属与属树种间

6. 枝接最佳的季节是(　　)。

A. 春季　　B. 夏季　　C. 秋季　　D. 冬季

7. 下列树种中,最适用嫁接法培育的一组是(　　)。

A. 杨、柳　　B. 苹果、柿树　　C. 刺槐、合欢　　D. 油松、华山松

8. 在砧木和接穗皮层不易剥离时进行芽接应选(　　)。

A.“T”形芽接　　B. 方块形芽接　　C. 套芽接　　D. 带木质部嵌芽接

9. 下列哪一部位不是植物形成愈伤组织的主要部分(　　)。

A. 木质部　　B. 形成层　　C. 髓射线　　D. 髓

10. 检查枝接成活率的时间一般应在嫁接后(　　)。

A. 0.5 个月　　B. 1 个月　　C. 1.5 个月　　D. 2 个月

四、判断题

1. 带木质部嵌芽接一般不受接穗离皮与否的季节限制。(　　)

2. 枝接时间一般以春季树液开始流动时最为理想。(　　)

3. 贮藏接穗时,检查接穗是否有生命力,如枝梢皮层有皱缩变色现象说明接穗有生命力。(　　)

4. 嫁接成活的关键是形成层对接。(　　)

5.“T”形芽接应在树不离皮时进行。(　　)

6. 芽接应先断砧再嫁接。(　　)

7. 嫁接育苗时砧木最好选用嫁接苗。(　　)

8. 采集接穗应以生长健壮、发育充实、节间短、芽体饱满、无病虫害的 1 年生枝最好。(　　)

9. 劈接时,接穗两侧都削成长 3～4 cm 的楔形。(　　)

10. 劈接通常在砧木较粗、接穗较细时使用。(　　)

五、问答题

1. 嫁接繁殖有何优缺点?

2. 嫁接亲和力差的表现主要有哪些情况?

3. 如何采集和保存接穗?

4. 嫁接育苗选择砧木应考虑哪些条件?

5. 为何核桃、柿、松树等嫁接比其他树种成活困难?

6. 试述影响嫁接成活的因子。

7. 试述砧木和接穗间的相互影响。

8. 枝接的主要方法有哪些? 怎么嫁接?

技能训练九　嫁接繁殖

一、目的要求

掌握嫁接育苗的生产过程和提高嫁接成活率的关键技术，了解嫁接砧木培育、接穗选取的方法，学会枝接、芽接等嫁接方法及接后管理等技能。

二、材料与用具

各种规格砧木、各种类型接穗及接芽、修枝剪、芽接刀、枝接刀、剪刀、高枝剪、手锯、盛穗容器、湿布、塑料绑扎条、石蜡等。

三、方法步骤

1. 芽接

(1)接穗的采集与剪制　北方一般在8月下旬至9月底、南方在6月中旬至7月下旬，选择无病虫害、生长健壮、发育充实的植株进行接穗的采集。剪取采穗母本树冠外围中上部向阳面的当年生枝作接穗。采穗后要立即去掉叶片(带0.5 cm左右的叶柄)，用湿布包裹保湿。

(2)嫁接方法与技术　主要进行嵌芽接及"T"形芽接实习。注意按技术要领正确切削接穗和砧木，注意切削面要平滑，大小要吻合，并使砧穗形成层完全对接。另外，接口绑扎要紧松适度。

(3)嫁接苗的管理　接后2周要检查成活率，成活后，距接口约1 cm处剪断砧木，1个月后解绑。并进行除萌及水肥、病虫害防治等管理。对于嫁接未成活的苗木要及时补接。

2. 枝接

(1)接穗的采集与剪制　枝接采穗要求用生长健壮、无病虫害、木质化程度高的1～2年生枝条，穗可以不离皮。采穗后要立即去掉叶片，仅带0.5 cm左右的叶柄。

(2)嫁接方法与技术　主要进行劈接、切接、靠接、插皮接等方法的操作。要求按技术要领切削接穗与砧木，切削面要平滑，大小要吻合，并使砧木和接穗的形成层对齐，绑扎松紧适度。接后要封蜡或套袋保湿。

(3)嫁接后的管理　嫁接后2～3周检查成活率。若接穗芽膨大萌发，则嫁接成活；若接穗芽变黑，则嫁接失败。嫁接成活后，距接口约1 cm处剪断砧木，1个月后解绑，并做好除萌、立支柱、水肥、病虫害防治等管理工作。对于嫁接未成活的苗木要及时补接。

【注意事项】

(1)嫁接操作技术要领：齐、平、快、紧、净。

(2)嫁接刀具锋利。

(3)切削砧、穗时，不撕皮，不破损木质部。

(4)砧木切口平滑，深度及位置正确。

(5)砧穗形成层对接紧密，结合处无缝隙。

(6)绑条绑扎紧密无缝，牢固。

(7)及时剪砧、抹芽、除萌蘖。

(8)做好嫁接后的肥水、除草、病虫害防治等田间管理。

四、作业

记录嫁接过程及嫁接后的管理要点，完成实训报告。

任务三　分株、压条及埋条繁殖育苗技术

一、分株繁殖育苗技术

分株繁殖育苗是利用一些植物容易形成茎蘖、根蘖等器官的习性，在它们生根后，将其切离母体培育成独立新植株的一种繁殖方法。与扦插、嫁接繁殖育苗方法相比，分株繁殖育苗方法是有根植株的分离，成活率较高，但繁殖系数较低，常用于石榴、贴梗海棠、竹类等园林树木的繁殖中。

(一)分株繁殖育苗的时期

分株繁殖育苗的时期一般在春季和秋季，由于分株繁殖育苗法常用于观花树种的繁育，故要首先考虑分株时期对开花的影响。一般春季开花的树种，如牡丹、贴梗海棠等，应在秋季落叶后分株繁殖育苗，夏秋季开花的树种，如石榴、黄刺玫等，应在春季萌芽前分株繁殖育苗。

(二)分株繁殖育苗的方法

分株繁殖育苗的方法主要有茎蘖分株和根蘖分株两种。

1. 茎蘖分株(灌丛分株)

有些树种的茎基部芽易萌发形成茎蘖枝，呈灌木状丛生，可进行茎蘖分株育苗(图 4.19)，如迎春、连翘、棣棠、黄刺玫、珍珠梅等。在休眠期，连同母株全部挖出，用利刀或铁锹将植株从根部分割成数丛，使每丛上有 1～3 个枝干，下部保留一部分根系，再分别进行栽植；或不将母株挖出，而在其一侧将丛生的茎蘖与母株切离(对母株损伤要尽可能小)，另行栽植。

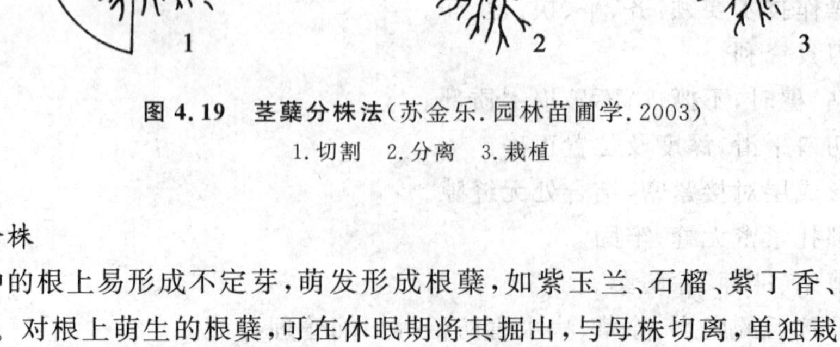

图 4.19　茎蘖分株法(苏金乐. 园林苗圃学. 2003)

1. 切割　2. 分离　3. 栽植

2. 根蘖分株

有些树种的根上易形成不定芽，萌发形成根蘖，如紫玉兰、石榴、紫丁香、刺槐、火炬树、枣树、臭椿等。对根上萌生的根蘖，可在休眠期将其掘出，与母株切离，单独栽植成为独立植株(图 4.20)。利用根蘖繁殖苗木时，应注意不要对母树根系损伤太大，以免影响其正常生长。

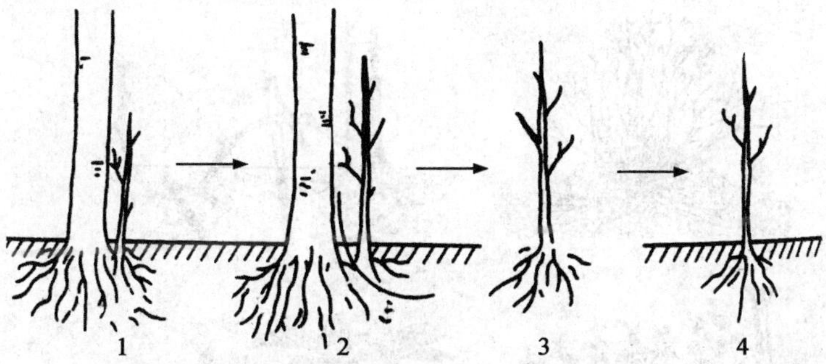

图 4.20 根蘖分株法(苏金乐.园林苗圃学.2003)

1.长出的根蘖 2.切割 3.分离 4.栽植

(三)分株繁殖育苗的管理技术

分株苗的管理技术较简单,主要包括浇水、施肥、中耕除草和病虫防治等内容。如在分株苗木栽植初期,根系的吸收功能还不强,易失水死亡。此阶段要及时灌水,必要时采取遮阳措施,保证苗木成活。此后再进行施肥、中耕松土、除草及病虫防治后期养护管理,促进苗木快速生长。

二、压条繁殖育苗技术

压条繁殖育苗是将未脱离母体的枝条压埋入土中或包埋于湿润的生根基质中,待生根后将其切离母体,使之成为独立新植株的育苗方法。此法多用于扦插较难生根的树种,如蔷薇、樱桃、玉兰、桂花等。

(一)压条方法

压条的方法可分为直立压条、普通压条、水平压条、波状压条及空中压条。

1.直立压条法

也叫堆土压条(图 4.21-1)。适用于枝条硬度较大、丛生性较强的树种,如贴梗海棠、石榴、杜鹃、木兰、八仙花、无花果等。方法是:在春季萌芽前,对母株进行截干或平茬,促其萌发多个新梢,当新梢长至 30 cm 以上时进行第一次培土,培土厚度为新梢高度的 1/2,培土前可将新梢的基部刻伤,以促进新梢早生根。以后随新梢的增高再进行第二次培土,两次培土的总高度约为 30 cm。另外,每次培土前要视土壤墒情灌水,保证土壤湿润。过一段时间即可在每个新梢的基部产生不定根。秋季落叶后或第二年春季萌芽前,扒开土堆,将已经生根的枝条切离母体另行栽植,即形成独立的新植株。

2.普通压条法

也叫曲枝压条(图 4.21-2),是最常用的一种压条方法,适用于枝条离地面较近,并易于弯曲的树种,如迎春、木兰、大叶黄杨、石榴等。早春发芽前或秋季落叶后,选择离地面较近的 1～2 年生枝条引入沟内进行覆土压条。方法是:先在地面上适宜的位置,挖一个深、宽各 20～25 cm 的穴或沟,然后将枝条轻轻弯曲压入穴中,在弯曲处进行刻伤或环剥,并用 100～200 mg/kg 的萘乙酸涂抹伤口处,以促进生根。再用钩状的枝杈固定枝条,使枝条的先端部分露出地面,然后压土填平。切记在将枝条压入穴中时,应做到“缓入急出”,即枝条入穴的角度较缓,出穴的角度较陡,这样有利于养分在拐弯处积累,生根效果更好。待压入土中的

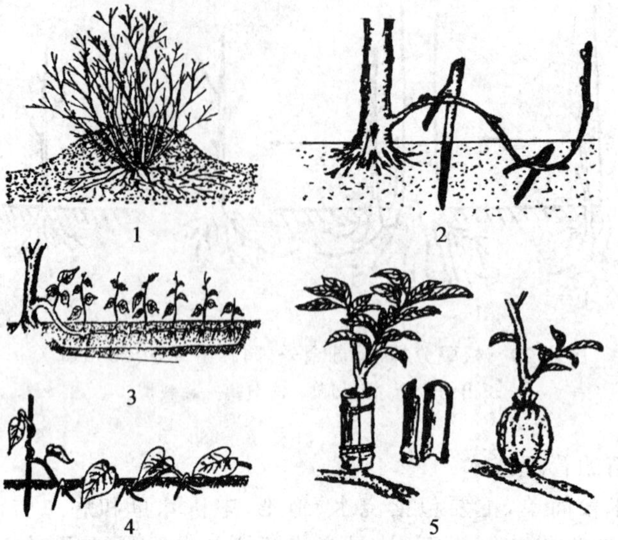

图 4.21　压条的各种形式(郭淑英.园林苗圃.2 版,2015)

1.直立压条　2.普通压条　3.水平压条　4.波状压条　5.空中压条

枝条生根后,将枝条从母株上切离。对于移植较难成活或珍贵的树种,可将枝条压入盆中,待其生根后切离母体。另外,在生长季常用当年生的枝条进行普通压条繁殖。

3.水平压条法和波状压条法

此两种压条方法均适用于枝条柔韧、较长且易生根的树种,如连翘、迎春、紫藤、金银花、葡萄等。

水平压条法通常在早春进行。选择母株上近地面的枝条,顺该枝的着生方向挖一个深为 5～10 cm 的浅沟,再将枝条呈水平状压入沟中,用枝杈固定。待枝条各节萌芽后,随新梢的增高,分 2～3 次进行培土,使压入枝条的每一节位在萌生新梢的同时发根,切忌不能一次培土过厚,以免影响新梢的生长。秋季落叶后,被压枝条的各节基本均已生根,将其起出,分节剪开,即成为多个独立新植株(图 4.21-3)。

波状压条是指将整个枝条呈波浪状压条,枝条弯曲的波谷刻伤后压入土中,波峰露出地面。促使压入土中的部分生根,而露出地面的芽抽生新梢,待其生根成活后分别与母株切离,即成为数个独立的新植株(图 4.21-4)。

水平压条和波状压条比普通压条繁殖的株数多,但苗木质量相对较差。

4.空中压条法

也称高压法(图 4.21-5),适用于枝条较硬且部位较高不能压至地面的枝条,以及扦插较难生根的珍稀树种的繁殖。高压法一般在生长季的 4～5 月份进行最适宜。方法是:选择健壮直立的 1～3 年生枝,在其基部 5～6 cm 处环剥或纵刻伤,在伤口处涂抹生根粉,再用对开的竹筒或厚塑料膜卷成筒状套在刻伤部位,将对开的竹筒绑牢(塑膜袋的下端绑紧),把肥沃、疏松的土壤或蛭石、苔藓等保湿材料装入竹筒或塑膜袋内,适量浇水,再将竹筒或塑膜袋的上端也绑紧。后期注意经常检查,适时浇水,保持筒或袋内湿度适宜,一般 2～3 个月即可长出大量新根。生根成活后即可剪离母体,进行移栽。一些观赏花木,如桂花、玉兰等常用此法繁殖。

(二)压条后管理

压条后主要是保持土壤或基质材料的适宜湿度，适时浇水施肥，并及时中耕除草，保持土壤疏松透气，促使压条及早生根。压条初期，在浇水后还要注意埋入土中的枝条是否有弹出地面，若发现此种情况要及时埋入土中。另外，为保证压条生根良好，一般于第二年春切离较好。初分离的新植株尤其应注意灌水、遮阳等管理工作。

三、埋条繁殖育苗技术

(一)埋条方法

埋条繁殖育苗是将剪下的1年生健壮的发育枝全部横埋于土壤中，使其生根发芽，形成多个新植株，待秋季落叶后将其逐一切断，成为独立新植株的育苗方法。此法适用于扦插成活率不高的落叶树种，如毛白杨、楸树、悬铃木等。

埋条一般在早春进行，具体时间因植物种类而异，一般应掌握在枝条上的芽膨大之前进行。若埋条过早，气温低，不易生根，会造成枝条在田间失水，影响成活率；过晚，则芽体膨大，易被碰掉，同时发芽的枝条营养已被消耗一部分，影响生根。

埋条所用的繁殖材料以发育充实的一年生枝条为好。采条时间以秋季叶片刚落完为宜。采条过早，枝条成熟度较差，养分含量较低；过晚，则一年生枝内的部分养分已回流到多年生枝和根系，因而对生根成活较为不利。枝条采回后，应尽快平置于贮藏沟内，用湿沙填埋，以后定期检查贮藏沟内的湿度和通气状况。

埋条繁殖育苗的具体方法有平埋法和点埋法。

1. 平埋法

在做好的苗床上，按行距50～80 cm开沟，沟深3～4 cm，宽6 cm左右，将种条平放于沟内。摆放种条时要依据种条的长短、粗细、芽着生的情况等合理搭配，尽量使多数芽朝上或位于两侧，以利出苗。为了防止因枝条上缺芽等原因造成的缺苗断垄，最好采取双条并埋的办法，即将两根种条梢对梢平放，梢端稍有重合，并尽可能使种条上有芽和无芽的地方错开(图4.22)。种条摆放好后，覆细土1 cm，而后踩实、浇水。浇水时，水的流速不可过快，以免冲出种条。浇水后，及时检查，露出的种条要及时埋上。

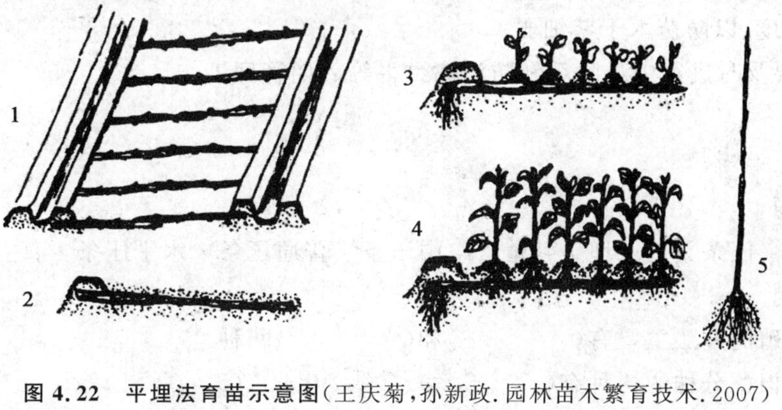

图4.22　平埋法育苗示意图(王庆菊，孙新政. 园林苗木繁育技术. 2007)

1. 枝条在畦中横埋　2. 下剪口埋在水渠埂中　3. 枝条基部生根和新梢生长情况

4. 新梢基部埋土后生根　5. 秋后植株生长情况

2. 点埋法

与平埋法的不同之处是埋土方法有所不同，即在种条发芽处不埋土，使芽暴露，其他地方埋成土堆(图 4.23)。土堆横跨种条呈长圆形，间距 40 cm，高 10 cm 左右，两土堆之间应露出 2～3 个芽，将土堆踏实。

点埋法的优点是避免了平埋法过浅易干，覆土过厚影响出芽的缺点，出苗快而整齐，新生苗分布较均匀。缺点是种条生根处一般不出苗，而形成新苗处往往无根。

图 4.23　点埋法育苗示意图(王庆菊，孙新政. 园林苗木繁育技术，2007)

(二)埋条后的管理

1. 灌水和覆土

埋条后要立即灌水，以后也应经常浇水(尤其是平埋法)，保持土壤湿润，前期要浇缓流水，以防种条被流水冲出。在生根成活之前，每次浇水后均要检查种条的暴露情况，并及时覆土。

2. 培土和间苗

由于植物的极性原因，埋条法育苗时往往在种条的基端易生根，而梢端生根较少但易发芽抽枝，因而容易出现根上无苗、苗下无根的偏根现象。生产中，当幼苗长到 10～15 cm 高时，在幼苗基部培土一次，促使幼苗茎基部生根。待苗高达 30 cm 左右时，进行间苗，可分两次进行，第一次主要间除过密苗和病虫弱苗，第二次按计划的株距定苗。

3. 追肥和培土

一般当幼苗长到 40 cm 高度时即开始进入快速生长阶段，此时要进行追肥，并结合进行第二次培土，以后每间隔 20～25 d 追肥一次。7 月中旬以后一般不再追肥，以使苗木生长充实，增强越冬性能。

4. 除蘖枝及其他管理

当幼苗大量发生萌蘖以后，应及时剪除萌蘖，以节约养分。一般除蘖高度为 1.2～1.5 m，不可过度，以防苗木干茎细弱。

另外，还要及时进行中耕除草和防治病虫害等后期管理工作。

自测训练

一、概念题

分株繁殖　压条繁殖　埋条繁殖　空中压条　普通压条　水平压条　直立压条

二、填空题

1. 分株繁殖的方法主要有(　　　　)和(　　　　)两种。
2. 适用于根蘖分株的树种有(　　　　)、(　　　　)、(　　　　)等。
3. 适用于茎蘖分株的树种有(　　　　)、(　　　　)、(　　　　)等。
4. 压条的方法可分为(　　　　)、(　　　　)、(　　　　)和(　　　　)等。

5. 普通压条法要求枝条“缓入急出”，其目的是(　　　　)。
6. 水平压条适用于(　　　　)的树种。
7. 直立压条适用于(　　　　)的树种。
8. 空中压条适用于(　　　　)的树种。
9. 埋条的方法有(　　　　)和(　　　　)。

三、选择题

1. 桂花一般适用压条繁殖中的(　　)方法繁殖。
A. 水平压条　B. 空中压条　C. 普通压条　D. 堆土压条
2. 玉兰一般适用压条繁殖中的(　　)方法繁殖。
A. 水平压条　B. 空中压条　C. 普通压条　D. 堆土压条
3. 贴梗海棠一般适用压条繁殖中的(　　)方法繁殖。
A. 水平压条　B. 空中压条　C. 普通压条　D. 堆土压条
4. 玫瑰一般适用压条繁殖中的(　　)方法繁殖。
A. 水平压条　B. 空中压条　C. 普通压条　D. 堆土压条
5. 黄刺玫一般适用压条繁殖中的(　　)方法繁殖。
A. 水平压条　B. 空中压条　C. 普通压条　D. 堆土压条
6. 牡丹一般常用(　　)方法繁殖育苗。
A. 压条　B. 分株　C. 埋条
7. 火炬树一般适用(　　)方法繁殖育苗。
A. 压条　B. 分株　C. 埋条
8. 香椿一般适用(　　)方法繁殖育苗。
A. 压条　B. 分株　C. 埋条

四、判断题

1. 压条繁殖时枝条必须生根后才能剪离母株。(　　)
2. 桂花一般采用压条繁殖中的水平压条法繁殖育苗。(　　)
3. 石榴一般应在夏季进行分株繁殖育苗。(　　)
4. 毛白杨、悬铃木等扦插不宜成活的树种可以采用埋条法育苗。(　　)
5. 枝条硬度较大、丛生性较强的树种，可采用水平压条法育苗。(　　)
6. 牡丹一般应在春季进行分株繁殖育苗。(　　)
7. 枝条较长、柔软的树种可采用波状压条法育苗。(　　)

五、问答题

1. 压条苗如何管理？
2. 哪些树种适宜于压条育苗？
3. 压条育苗有哪些方法？如何操作？
4. 如何进行埋条繁殖？
5. 分株育苗适用于什么树种？如何进行根蘖分株繁殖？
6. 如何进行茎蘖分株繁殖？

技能训练十　压条与分株繁殖育苗

一、目的要求

使学生掌握压条繁殖育苗、分株繁殖育苗等无性繁殖的意义及其育苗方法。

二、材料与用具

贴梗海棠、连翘、爬山虎、玉兰、香椿、火炬树等园林树木若干株；铁锹、修枝剪、铲、锄、绑带、嫁接刀、喷壶或喷雾器等。

三、方法步骤

（一）压条繁殖

（1）压条时期　波状压条法、水平压条法、直立压条法及普通压条法一般在休眠期进行，而高空压条法一般在生长季节的4～5月份进行。

（2）促根处理　为使压条快速生根，可采用刻伤法、环剥法、生长素涂抹法等刺激不定根的形成。

（3）压条繁殖操作方法　根据植物特性分别采用波状压条法、水平压条法、直立压条法、普通压条法或高空压条法，生根后与母树分离，另行栽植。

（4）压条苗的管理　主要是灌溉、施肥、除草及检查压条是否露出地面等管理工作。

（二）分株繁殖

（1）分株时期　主要在春、秋两季进行。

（2）分株繁殖操作方法　根据植物特性分别采用茎蘖分株法及根蘖分株法进行分株育苗，与母株分离后另行栽植。

（3）分株苗的管理　主要是成活阶段加强水分管理，必要时采取遮阳措施。成活后进行松土除草、施肥等管理工作，检查成活、移栽要及时。

【注意事项】

（1）不同树种压条和分株繁殖的时间要适宜。

（2）确保压条与分株繁殖的方法正确，压枝、埋土、切根、挖掘等操作规范。

四、作业

记录压条与分株繁殖操作，完成实训报告。

Project 5

设施育苗技术

知识目标：

- 掌握容器育苗的概念及特点，熟悉常用育苗容器的种类和规格，掌握容器育苗基质的配制和容器育苗的操作规程。
- 掌握组织培养育苗的概念和原理，掌握培养基的制备方法，外植体的选择、消毒和接种，组培苗的培养与炼苗。
- 掌握无土栽培的概念，无土栽培基质的种类和特性，营养液的配制方法，无土育苗的主要形式。

技能目标：

- 掌握容器育苗技术，能够进行育苗基质的配制，会进行容器苗的抚育管理。
- 掌握组织培养育苗技术，会制备培养基，能够进行外植体的接种操作和组培苗的培养。
- 能够进行无土栽培基质的配制，会进行无土栽培育苗。

任务一　容器育苗技术

一、容器育苗的概念及特点

(一)容器育苗的概念

容器育苗是利用各种容器装入培养基质培育苗木的方式。它是当今世界苗木生产上一项先进的育苗技术。用育苗容器培育的苗木称为容器苗。所谓容器是指盛苗木和基质的载体;基质是指苗木根系生长和贮藏的场所或固定苗木的材料。在育苗过程中使用容器,使苗木的根系在限定的范围或基质内生长,是容器苗与裸根苗的不同之处。

容器和基质是容器育苗的重要组成部分,它们的理化特性直接影响到根的分布和形态,以及地上部分的生长,选择适当容器和基质是容器育苗的物质基础。因此容器育苗过程是容器、基质和相适应栽培技术的有机结合。

(二)容器苗的培育方式与途径

容器苗的培育主要有3种方式:一是播种育苗,直接将种子播种到容器内的基质上进行苗木培育,主要用于培育容器小苗;二是移植育苗,将已经长根的苗木,包括裸根苗(组培苗、芽苗)和容器苗,移栽到合适的容器内进行苗木再培育,主要用于苗木类型的转换或培育更大规格的容器苗;三是扦插育苗,通过嫩枝或硬枝扦插方法,培育容器小苗。

容器苗的培育途径主要有两种:一是露地培育,不借助育苗设施,直接在大田进行苗木培育;二是设施育苗,在现代化温室、日光温室、大棚等育苗设施内进行容器苗的培育,是目前主要的容器育苗途径。

(三)容器育苗的优点及缺点

1.容器育苗的优点

(1)提高苗木栽植成活率　苗木根系在容器内形成,根系与基质紧密结合在一起,形成发育良好的根团,起苗时不伤根,不散坨,移植后植株不进行修剪,没有缓苗期,栽植成活率高,能快速达到绿化景观效果。

(2)育苗成苗率高　育苗所用容器和营养基质经过消毒杀菌,病虫害和杂草少,育苗条件可控性强,管理集中和精细,成苗率高。

(3)缩短育苗周期　容器育苗利用一定的育苗设施和技术手段,苗木的生长环境经人为调控后更适合其生长发育,不受季节限制,可以周年生产,因而缩短了育苗年限。如苗床育苗一般需要8～12个月才能移植,而用容器育苗则仅需3～4个月或更短时间即可移植。

(4)不受土壤条件限制　容器育苗对土地要求不严,不占用耕地,不破坏土壤表层,盐碱地、低洼地等不宜地栽的土地资源均可进行容器苗的培育,故可降低土地使用成本。

(5)降低育苗及绿化成本　容器的装土、播种、覆土等育苗过程均可使用自动化机械进行流水操作,极大地提高了劳动生产率;同时容器育苗节省种子,降低育苗成本。此外,容器育苗移栽不需要起苗、包装、假植及修剪,提高了栽植成活率,养护管理费用低,降低了绿化成本。

2. 容器育苗的缺点

(1)育苗成本高　因容器育苗需要大量的培养土和特制的容器等，故运输费用及育苗成本比裸根育苗要高。

(2)育苗技术复杂　容器育苗对各种规格容器的使用、培养土的配制、幼苗病虫害防治及施肥等方面要求比较严格，育苗技术比较复杂。

(3)根系生长受限　容器苗的根系局限在较小的容器内，不能舒展，生长受限，易形成密集根团，甚至畸形根系，影响苗木质量。

二、育苗容器的种类

根据育苗容器的制作材料、硬度和降解性的不同，可分别对容器进行分类。

(一)按容器制作材料分类

1. 塑料容器

塑料容器是用聚乙烯、聚氯乙烯、聚丙烯、聚苯乙烯等材料制成的容器(图 5.1)，按质地不同又可分为硬质型和薄膜型。培养苗木时如果使用硬质型的容器，容器苗移栽时一般将容器脱掉，将苗木与基质一起栽入土中，容器可多次使用；薄膜型的容器底部或周围有孔，根系可从孔口伸出，容器苗移栽时既可将容器脱掉，也可将容器连同基质和苗木一起栽入土中。

图 5.1　塑料容器

2. 泥容器

以泥炭、牛粪、苗圃土、塘泥等为主要原料加上腐熟的有机肥料和无机肥料配制而成，或者用土、秸秆、腐殖质、木屑、畜禽肥料等为原料制成的各种容器，称为泥容器，也称环保型育苗容器。如黄黏土杯是用黄黏土(70%)和营养土(30%)捣碎混合，加水搅拌均匀后，用压力机和模具等机械制成的杯状体，晾干后使用。

3. 纸容器

有以纸浆和合成纤维为原料，如以泥炭纤维和木质纸浆制作的育苗容器；以泥炭、蛭石和纸浆为原料加上肥料按比例混合而成的可分解育苗营养块；用牛皮纸、旧报纸制作的营养钵、蜂窝式纸容器等。纸容器制成后可折叠，便于贮运，且容器在基质中可自行分解，移栽时可带容器定植，提高育苗成活率。

(二)按容器的硬度分类

1.硬质容器

(1)硬质塑料容器　用硬质塑料制成,通常为六角形、方形或圆锥形,底部有排水孔。如硬塑料杯,包括单杯式和连体多杯式;硬质塑料花盆和塑料营养钵;穴式育苗盘和平顶式育苗盘等。育苗穴盘见图5.2。

a.32穴育苗盘

b.105穴育苗盘

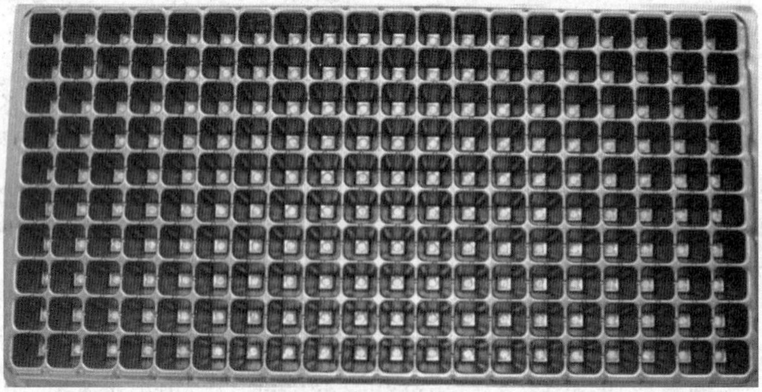

c.200穴育苗盘

图5.2　各种规格塑料育苗盘

(2)泥质容器　包括营养砖和营养钵。制作营养砖时，以壤土和轻黏土、有机肥和适量的无机肥为原料，加水搅拌成泥浆，在苗床上铺平成床，待泥浆适当干涸后进行砌砖、打孔。营养钵通常以具有一定黏性的土壤为主要原料添加适量的沙土和磷肥配制而成。

2. 软质容器

(1)塑料薄膜容器　一般用厚度为0.02～0.06 mm的无毒塑料薄膜加工而成，简称为营养袋或塑料袋。又可分为有底容器和无底容器两种。有底容器的下半部需要打6～12个直径为0.4～0.6 cm的小孔，小孔间距为2～3 cm。无底容器又可分为单筒式和联筒式两种，其中连筒式便于机械化育苗。

(2)网袋容器　由可降解纤维材料配以轻型基质制成的新型育苗容器，是目前国内外发展较快的一种新式育苗容器(图5.3)。网袋容器装上轻型基质后呈圆筒状。网袋容器透气、透根，不妨碍根系生长、不窝根。移栽时容器不必脱掉，连同苗木一起栽入土壤中，能促使苗木成活生长。

a. 网袋

b. 网袋装上基质后

图5.3　育苗网袋

(三)按容器材料的可降解性分类

1. 可降解容器

主要为用泥炭、稻草、纸张、黄泥、生物塑料等可降解材料制作而成的容器，制作材料在土壤中能被微生物分解或被水分、植物根系等分散，种植时不必将苗木从容器中取出，与苗木一起植入育苗地。生产中常用的可降解容器有泥炭杯、营养砖、草炭容器、网袋等。

2. 不可降解容器

用聚乙烯、聚氯乙烯、聚丙烯、聚苯乙烯等材料制成的容器。此种容器在土壤中不易被微生物及植物根系分解，种树时要把苗木从容器中取出。生产中常用的不可降解容器有塑料薄膜袋、蜂窝塑料薄膜容器、纸杯等。

三、育苗容器的规格

根据育苗容器行业技术标准，育苗容器的规格有以下几种：

1. 圆筒状容器

该类容器的规格用装填基质后容器的直径表示。如规格为 6 cm×15 cm 的容器，表示填装基质后，容器的直径为 6 cm，高度为 15 cm。

2. 长方体营养砖

其规格用营养砖的长×宽×高表示。一般的规格有 6 cm×6 cm×12 cm，8 cm×8 cm×15 cm，10 cm×10 cm×20 cm 等几种。

3. 圆台体营养钵

其规格用圆台体的上底直径×下底直径×高度表示。一般的规格有 5 cm×3 cm×7 cm，5 cm×5 cm×6 cm 等。

4. 蜂窝状六角形容器

其规格用六角形外接圆直径×高度表示，如规格为 5 cm×10 cm 的该类容器，表示六角形外接圆直径为 5 cm，高度为 10 cm。

育苗时，容器种类、规格的选择取决于树种种类、育苗期限、苗木大小、绿化栽培成本、运输条件等多种因素，选择时要考虑容器的体积和相同体积不同的尺寸。在一定的体积范围内，适当降低容器的高度，增大容器的直径，有助于促进苗木的生长。

四、容器育苗基质的配制

育苗基质是容器育苗的重要条件，其质量的高低直接影响育苗的质量。育苗基质一般由多种材料按一定比例混合而成，是容器育苗的关键环节之一。

(一)育苗基质应具备的条件

(1)成本低廉，易于就地取材。

(2)保水保肥，排水性和通气性能好，总孔隙度一般在 60%～80%。

(3)不会因水分或温度的变化发生板结或变形、变质，理化性质稳定。

(4)具有一定的肥力，含盐量低。

(5)使用前应进行熏蒸或高温消毒，消灭害虫及病原体、杂草种子，减少育苗过程中的病虫害防治、除草工作。

(6)重量轻，便于搬运，容重以 0.7 左右为宜。

(二)育苗基质原材料的选择

选择配制培养基质的材料一般应遵照就地取材的原则，主要有腐殖质土、火烧土、黄心土、塘泥、菌根土、圃地土、山坡土、完全腐熟的堆肥(或厩肥)、珍珠岩、蛭石等。其中以腐殖质土育苗效果最好。但在大量育苗的情况下，育苗基质需求量大，材料来源可能不足，因此常用山坡土或黄心土再加一定量的有机肥或化肥混合配制成育苗基质。按照基质的成分、质地和单位体积的重量，育苗基质可以分为以下几种：

1. 重型基质

质地致密，单位体积的重量较重的基质，以各种营养土为主要成分，常见的有红心土、黄心土、河沙、菌根土等。

2. 轻型基质

质地疏松，单位体积的重量较轻的基质，以各种有机质或其他轻体材料为主要成分，常见的原料有以下几种：

(1)农林废弃物类　各种秸秆，如麦秸、木薯秸、玉米秸、棉秸、茅草茎等；各种种子或果实的外壳，如花生壳、水稻壳、葵花子壳、蓖麻子壳、板栗皮等；其他废弃物，如树木枯枝落叶、木屑、树皮等。

(2)工矿企业膨化的轻体废料　如珍珠岩、蛭石、泥炭、火烧土、煤渣、硅藻土、火山灰、酚醛泡沫、炉渣、燃烧后的稻壳灰等。

(3)工业固体生物质废料类　如食品厂、纺织厂、棉麻厂废料，造纸厂废料，木材加工厂废料，食用菌废渣，中药厂药渣，发酵工业废料，发酵后的农家肥，处理后的城市垃圾废料等。

3. 半轻型基质

质地和重量介于重型基质和轻型基质之间的基质，由营养土和各种有机质按一定比例配制而成。目前在苗木培育中轻型基质和半轻型基质的应用越来越广泛。

(三)配制育苗基质的注意事项

(1)为减少带菌及避免发热烧苗，有机肥必须充分腐熟后使用。

(2)基质中加入的肥料要适量，避免烧苗。化学肥料一般控制在1%～2%。

(3)各种基质成分应混合均匀并堆放一段时间再使用，以免烧苗。人工操作应翻倒5次以上。此外，加入有机肥的基质应至少堆沤1个月后再使用。

(4)育苗基质的酸碱度应依据所培育树种的特性进行调节。一般阔叶树种要求酸碱度pH为5.7～6.5，针叶树种要求酸碱度pH为4.5～5.5。

一些苗木培育容器苗的基质成分及比例见表5.1。

表5.1　培育容器苗的基质成分及其比例

(刘睿颖. 园林苗圃. 2012)

容器	基质成分及其比例	树种
塑料薄膜容器	火烧土30%～50%，黄心土40%～60%，菌根土10%～20%，过磷酸钙1%～2%	马尾松、湿地松、火炬松、黑荆树
塑料薄膜容器	火烧土或腐殖质土或圃地土30%～40%，黄心土40%～50%，腐熟厩肥10%～20%，过磷酸钙1%～2%	木麻黄、大叶相思、台湾相思
营养砖	火烧土30%～40%，圃地土40%～50%，腐熟厩肥10%～20%，过磷酸钙2%	桉树
塑料薄膜容器	黄心土50%～60%，火烧土20%～30%，菌根土10%～20%，过磷酸钙2%	松树
塑料薄膜容器	腐殖质土50%，黄心土30%，土杂肥20%，过磷酸钙2%	桉树
塑料薄膜容器	黄心土50%～70%，腐殖质土30%～50%，过磷酸钙2%，黏性土加沙5%～10%	侧柏、油松、樟子松、冷杉
塑料薄膜容器	圃地土80%，土杂肥20%，过磷酸钙2%	侧柏、油松、樟子松、冷杉
塑料薄膜容器	腐殖质土60%，黄心土20%～25%，土杂肥15%～20%	油松、侧柏、樟子松、落叶松
营养钵	黄心土或林地表土(黏性土加沙1%～2%)，外加过磷酸钙3%	侧柏、油松

五、容器育苗的操作规程

(一)单容器育苗

1.育苗地选择

容器育苗应选择地势平坦、排水良好的地方,要有充足水源和电源,便于灌溉和育苗机械化操作。

2.育苗容器的基质填装与排列

填装育苗基质前,必须对基质进行消毒及充分混合,防止幼苗生长不均匀及病虫害的大量发生。基质充分混匀后还要堆放一段时间,以防烧苗。为防止灌水时水分溢出,容器中填装基质不宜过多,以灌水后的土面低于容器口 1～2 cm 为宜。

容器排列一般长度不限,宽度 1 m 即可。为防止苗木根系穿透容器长入土中,容器的下部应垫上砖块或水泥板等。容器排列密度应以苗木枝叶伸展情况而定,以有利苗木生长,便于操作管理,节省土地为原则。

3.容器苗的播种

容器育苗所用的种子要经仔细筛选,播前认真进行消毒及催芽工作。播种时,首先用清水将基质喷湿,然后点播。种子要播于容器中央,经过催芽的种子只播 1 粒即可,未催芽种子可播 1～2 粒。播后要及时覆土并覆盖塑料薄膜,以保持基质湿润。

(二)双容器育苗

双容器育苗是指将栽有苗木的容器种植在埋在地下的容器中。所谓双容器,是有一个放在土壤中的外容器,也叫支持容器。另一个是栽有苗木的内容器,内容器放置于埋在地下的外容器(支持容器)中。内容器内壁涂有含 Cu 或 Zn 物质,起到防止根系缠绕老化的作用。与单容器育苗相同,双容器育苗结合采用无土基质、自动灌溉与施肥设施,人为创造苗木生长的环境条件,保证了苗木的品质。不同之处在于双容器育苗的容器有两个,支持容器套在栽培容器的外边,并埋入土壤中。在外界土壤的保护下,容器基质的温度变化较小,因此双容器栽培的苗木比单容器的苗木有更强的抗逆性,能够避免夏季根部热害,冬季苗木根系冻害、苦梢的发生。此外,双容器育苗很好地解决了单容器育苗为防止苗木倒伏需要耗费大量人力对其进行绑扎的问题。

(三)控根网袋容器育苗

控根网袋容器是一种新型材料编制而成的网袋,即束根容器。相比传统的育苗方式,网袋容器育苗是一种快速培育技术,主要通过对苗木的控根技术,使其育苗周期短、苗木生根量大、苗木移栽方便、移栽成活率高、可反季节全冠移植等。使用控根网袋容器栽植种苗后,再放到土壤中栽培,容器内部与周边土壤的水分、养分及空气可以自由交换,种苗生长与大田苗木栽培相同,不受容器的影响。而根系从网袋容器孔隙长出后,随着根系生长加粗,受到容器孔隙纤维的束缚限制,根系失去顶端优势,促使根系向两侧分枝,多数根系主要限制在容器内部,使根系实质上得到修剪。网袋容器育苗不像普通容器苗生产时根系遇到坚硬的容器壁会产生缠绕,生长在网袋容器的植物根系致密,一旦植物从网袋内取出栽入容器或绿地中,新的根系会很快生长和扩展。网袋容器底部一般是无孔的,这样可以防止根系向下扎入底部土壤，便于起苗。在大规格苗木生产中，一般情况下不使用底盘。底盘为筛状构造，独特的设计形式对防止根腐病和主根的盘绕有利。侧壁为凹凸相间状，外侧顶端有小孔。当苗木根系向外生长时，由于“空气修剪”作用，促使根尖后部萌发更多新根继续向外向下生长，极大地增加了侧根数量。

控根网袋规格有很多种，应根据苗木销售时的规格选择网袋的规格。一般生产5～7.5 cm的苗木，其网袋规格应为45 cm。栽植时网袋容器不宜埋得过深，要求栽植后容器稍微高出地面一点即可。日常养护中要及时供给植物需要的养分，有机肥和无机肥要相互结合。在使用化肥的同时，使用一些腐熟的有机肥，不仅能平衡营养，还可提高土壤的肥力和疏松度。对于长势差的苗木，可适当施用叶面肥；对于名优苗木也可适量补充一些微量元素。此外需要注意的是育苗期若发现容器内基质下沉，须及时补填，以防根系外露及积水。控根容器苗木不要长时间放在土地上，以免根系从容器长出至地下，失去控根作用。

控根网袋容器苗在苗木休眠期间任何时间均可起苗。某些种类的苗木要在春季芽萌动后起苗。控根容器苗尽量不要在炎热的夏季起挖，以减少胁迫。控根容器苗在栽植前要把网袋取下来，栽植后要及时灌溉，确保生长需要的水分。由于土球小于一般大田苗，栽植后需要仔细固定。

六、容器苗的抚育管理

容器苗的抚育管理措施主要有灌溉、间苗与补苗、遮阳与盖膜、施肥、病虫害防治等。

(一)灌溉

灌水是容器育苗的关键环节之一。容器苗灌水一般采用喷灌形式。在苗木出土期，应保持营养土湿润；幼苗期为促进幼苗生根，应保持水分充足；苗木速生期的后期，要适当控制灌水量。灌水可有一定干湿交替过程，抑制苗木高生长，促进苗木充分木质化，多生侧根，并使苗木生长健壮，增强其抗逆性。灌水时注意不宜过急，以免水从容器表面溢出而不能浇透容器底部。灌水时间应控制在9时前或16时后进行，避免在中午气温最高时浇水。

(二)间苗与补苗

当幼苗长至1～2片真叶后，即可进行间苗。针叶树每个容器最后可留1～2株壮苗，阔叶树每个容器最后只留一株壮苗，多余的幼苗分1～2次间去。对于缺苗的容器结合间苗要进行补苗。间苗及补苗后要及时浇水。

(三)遮阳与盖膜

移苗初期及扦插生根前，如无自动间隔喷雾装置，需要采取遮阳与盖膜相结合的措施，以减少水分消耗，保持小环境的湿润，提高苗木成活率。

(四)施肥

容器育苗一般采用基肥为主、追肥为辅的方式施肥。基肥是在配制基质时添加适量的有机肥，以此增加土壤中的有机质含量及改善土壤的理化性质。追肥应依据不同树种在不同时期的需肥量来确定施肥量和次数，一般常结合灌水施用速效肥料。在速生期以前，如果底肥不足，需要补施肥料，以追施氮肥和磷肥为主，每隔1个月左右追肥一次，每次施肥量要少；在速生期，追肥以氮肥为主，间隔30～45 d追施一次，施肥量可适当多一些；到了速生期后期，即8月中下旬最后追施一次磷肥以后，要停止追肥，以利苗木在越冬前能充分木质化。一些微量元素也可采用叶面喷施的方法施用。

(五)病虫害防治

容器苗在高温高湿的条件下易发生灰霉病，要加强通风，及早预防。其他病虫害可用常规方法进行防治。

自测训练

一、概念题

容器育苗　营养砖　基质　双容器育苗

二、填空题

1.容器苗的培育方式主要有(　　　　)、(　　　　)和(　　　　)3种。

2.(　　　　)和(　　　　)是容器育苗的重要组成部分。

3.容器苗的培育途径主要有两种：一是(　　　　)，二是(　　　　)。

4.按容器制作材料分类，育苗容器分为(　　　　)、(　　　　)和(　　　　)。

5.常用的可降解的容器有(　　　　)、(　　　　)、(　　　　)等。

6.常用的不可降解的容器有(　　　　)、(　　　　)、(　　　　)等。

7.按照基质的成分、质地和单位面积的重量，育苗基质可以分为(　　　　)、(　　　　)、(　　　　)。

三、选择题

1.下列育苗容器属于不可回收的容器是(　　)。

A.营养砖　　B.塑料钵　　C.纸杯　　D.草炭容器

2.下列不是容器育苗特点的是(　　)。

A.苗木移栽成活率高

B.培育的苗木均匀整齐，适合于机械化作业

C.容器育苗可以延长绿化植树的时间，不受植树季节的限制

D.单位面积产苗量高

3.针叶树种容器育苗对营养土的pH有一定要求，以(　　)为宜。

A.5.5～7.0　　B.6.0～8.0　　C.7.0～8.0　　D.7.5～8.0

4.阔叶树种容器育苗对营养土的pH有一定要求，以(　　)为宜。

A.5.5～7.0　　B.6.0～8.0　　C.7.0～8.0　　D.7.5～8.0

5.容器苗在填装营养土时不宜过多，一般以灌水后土面低于容器边口(　　)为宜。

A.1～2 cm　　B.3～4 cm　　C.2～3 cm　　D.2.5～3.5 cm

四、判断题

1.工厂化育苗的特点是繁殖快，整齐一致，无病虫害，周期短，周年生产。(　　)

2.容器苗的优点是移栽不受季节限制，成活率高，种植后能保证正常生长。(　　)

3.容器育苗只能用于播种。(　　)

4.穴盘育苗和容器育苗本质上的区别在于育苗器具不同。(　　)

5. 容器育苗的营养土混匀后可直接用于育苗。(　　)

6. 塑料薄膜型的容器底部或周围有孔,容器苗移栽时可将容器连同基质和苗木一起栽入土中。(　　)

7. 控根网袋容器苗在苗木休眠期间任何时间均可起苗。(　　)

五、问答题

1. 容器育苗的优缺点有哪些?

2. 容器育苗的基质应具备哪些的条件?

3. 配制容器育苗的基质时有哪些注意事项?

4. 容器苗的抚育管理措施有哪些?

技能训练十一　容器育苗

一、目的要求

熟悉常用育苗容器的种类和规格,育苗基质配制的要求,掌握容器育苗的操作技术。

二、材料与用具

本地区常见园林苗木 5～6 种、肥料、肥沃表土、种子(或苗木)、稻草或薄膜、蒸馏水等。常用育苗容器、喷水壶、遮阳网、桶、钢卷尺、铲子、拱条、铁锹、平耙等。

三、方法与步骤

1. 育苗基质的配制

各成分比例合理,尤其要控制好肥料的用量。充分混合后堆沤一段时间,并调节好 pH 备用。

2. 装土与置床

将堆沤好的基质装入容器,并将基质填压结实。然后将容器挨个整齐排列在成苗床。容器育苗要做到床面平、播面平、覆土平。

3. 基质消毒

育苗前 1～2 d 用多菌灵或其他杀菌剂对育苗基质进行灭菌处理。在基质灭菌过程中,要掌握好药剂的浓度和剂量,以防影响幼苗生长。

4. 播种

容器育苗所用的种子要经仔细筛选,播前认真进行消毒及催芽工作。播种时,首先用清水将基质喷湿,然后点播。种子要播于容器中央,经过催芽的种子只播 1 粒即可,未催芽种子可播 1～2 粒。播后要及时覆土并覆盖塑料薄膜,以保持基质湿润。

5. 管理

播种后,要做好间苗与补苗、灌溉、遮阳与盖膜、施肥、病虫害防治等管理工作。

四、作业

每个小组的学生应完成一个苗床的容器育苗操作,按操作步骤记录容器育苗的方法步骤和技术要求。

任务二 组织培养育苗技术

一、组织培养育苗的基本知识

(一)植物组织培养的概念

植物组织培养也称离体培养或试管培养,是指在无菌条件下,将离体的植物器官(根、茎、叶、花、果实、种子等)、组织(形成层、胚珠、花药、皮层、胚乳等)、细胞(生殖细胞和体细胞)以及原生质体,接种在人工配制的培养基上,使其生长、分化并再生为完整植株的过程。在园林植物繁殖方面,国际上已广泛采用植物组织培养技术来解决生产中存在的问题。根据外植体的来源不同,植物组织培养可分为植株培养、器官培养、胚胎培养、组织培养、细胞培养和原生质体培养。

(二)组织培养在园林植物繁育上的应用

1. 无性系快速繁殖

无性系繁殖是植物组织培养应用的主要方面,利用茎尖组织进行组织培养育苗,可在短期内繁殖大量幼苗,且得到的组培苗无性系比传统无性系的性状更加整齐一致。目前世界上采用组织培养技术投入工厂化育苗的花卉种类很多,如兰科植物、蕨类植物及许多观叶植物等,也有不少木本植物已通过组织培养获得完整植株。同时,该技术对于新育成品种、新引进品种、稀缺品种、濒危植物及优良单株等可扩大繁殖。

2. 植物新品种培育

通过花药和花粉培养可获得单倍体植株,迅速获得纯的品系,还有利于对隐性突变的分离,较常规育种大大缩短了育种年限。在远缘杂交中,杂交后形成的胚珠往往早期败育,不能形成有生活力的种子,导致远缘杂交不成功。采用胚培养可以使杂交胚正常发育,产生远缘杂交后代,从而育成植物新品种。利用胚乳培养可获得三倍体植株,再经过染色体加倍获得六倍体,进而培育出生长势旺、果实大的多倍体植株。

3. 脱毒苗的培育

利用植物茎尖上病毒分布少甚至没有的特点,进行培养、增殖。使用无病毒种苗,可以减少直至杜绝病毒病的传播。植物感染病毒后,造成植株长势变弱、花少、花小、色泽暗淡等。去除病毒后,植株生长势强,花朵大,色泽鲜艳,抗逆性增强。自 20 世纪 50 年代发现采用茎尖培养方法可除去植物体内的病毒以来,脱毒培养就成为解决病毒病危害的主要方法。

4. 种质资源的保存

常规的植物种质资源保存方法耗资巨大,而且容易流失。通过抑制生长和超低温贮存的方法离体保存植物种质,避免外界不利气候条件及昆虫、病毒等的影响,可节约大量的人力、物力及土地。如在一个 0.28 m^3 的普通冰箱内可存放 2 000 支试管苗,而保存相同数量的苹果植株则要占用 2 hm^2 左右的土地,并且管理费用很高。离体保存的种质资源还便于远距离的交换及交流。

(三)组织培养的优点及存在问题

1.组织培养的优点

(1)繁殖系数高　组织培养的繁殖系数比扦插和分株等无性繁殖方法高得多,可以在1 m^2 的培养面积上每年生产数以万计株苗,可实现工厂化育苗。

(2)提高产量和品质　组培苗不受病毒和有害病原菌的感染,或只带有微量的病毒或病原菌,一般移栽后生长旺盛,其产量和品质比普通苗显著提高。

(3)不受季节和环境限制　可以人为控制培养条件,不受季节及气候变化影响,组培苗生长周期短,繁殖速度快,可周年进行生产。

(4)空间利用率高　组培苗繁殖材料需要量小,且来源广泛,管理方便,利于实现工厂化生产。

2.组织培养存在的问题

(1)对培养条件要求较高。

(2)操作技术繁杂,对操作人员素质要求较高。

(3)试验阶段的成本较高。

二、组织培养实训室

(一)组织培养实训室的生产设施

在进行组织培养以前,首先要建立实训室。实训室的生产设施主要包括准备室、缓冲室、接种室、培养室、驯化室及温室。

1.准备室(化学实验室)

用于植物组织培养时所需器具的洗涤、干燥及保存;药品的称量、溶解及配制;培养基的配制、分装及高压灭菌;蒸馏水的制备;植物材料的预处理,以及进行生理、生化的分析等各种操作,同时兼顾试管苗出瓶、清洗与整理工作。

准备室要求明亮、通风,具有相应的设备和用品,如工作台、柜橱、水管水池、仪器、天平、冰箱、烘箱、药品、各种试剂及容量瓶等。

2.缓冲室(更衣室)

在接种室外应设面积 3～5 m^2 的缓冲室。工作人员进入接种室前需在缓冲室里换上经过灭菌的工作服、拖鞋并戴上帽子和口罩。另外,缓冲室应安装一盏紫外光灯,用以灭菌。

3.接种室(无菌操作室)

接种室主要用于植物材料的灭菌和接种,试管苗的继代、增殖等无菌操作。接种室的面积视生产规模和超净工作台的数量而定,一般 10～20 m^2。要求室内光滑平整、墙壁及地面平坦无缝,便于消毒和清洗,一般均采用耐药耐水的材料装修。采用滑动门,并与缓冲室的门错开,以减少开关门时与外界空气的流通。在室内适当的位置安装 1～2 台紫外线灭菌灯,用于照射灭菌。主要的仪器设备有超净工作台(或接种箱)和其他用于接种的器具及药品等。

4.培养室

培养室是在人工控制条件下培养接种物及试管苗的场所。要求室内整洁,设有培养架、通风、控湿、控温及照明设备。其面积应根据培养架的大小及数目而定。

5. 驯化室

驯化室主要用于组培苗的驯化培养。要求清洁无菌，并配备空调、喷雾器、加湿器、恒温恒湿控制仪器、光照调节装置、通风口等。

6. 温室

温室主要用于组培苗的四季生产。一般也应配备空调、喷雾器、加湿器、恒温恒湿控制仪器、光照调节装置、通风口及必要的杀虫杀菌装置等。

(二)组织培养的仪器设备

1. 超净工作台

主要用于培养材料的消毒、分离及转接，是植物组织培养中最普及、最常用的无菌操作设备。

2. 冰箱

主要用于在常温下易失效或变性的试剂与母液的贮藏，还可用于保存试验材料及一些材料的低温处理等。

3. 烘箱与除湿机

烘箱主要用于烘干洗净后的玻璃器皿，还可用于测定干物重及干热灭菌。除湿机主要用于降低培养室的空气湿度。

4. 空调机

主要用于培养室和接种室的温度调节。

5. 培养箱

有光照培养箱与普通恒温培养箱两种。普通恒温箱可用于植物原生质体和酶制剂的保温，也可用于组织培养的暗培养。光照培养箱可根据需要设定培养温度和光照时间。

6. 摇床和转床

用于液体培养。用摇床(或转床)来振动(或旋转)培养容器，可改善液体培养基和培养材料的通气状况。

7. 高压灭菌锅、天平及蒸馏水发生器

高压灭菌锅用于耐热培养基、培养器具、无菌水等的高压灭菌。

实训室应备有精确度为 0.1～0.01 g 的天平，用于称量大量元素、蔗糖与琼脂等；精确度为 0.001～0.000 1 g 的分析天平，用于称取微量元素、植物激素、维生素等。

蒸馏水发生器用以制备蒸馏水。

8. 细菌过滤器

培养基中有些生长调节物质及有机附加物，如赤霉素(GA)、吲哚乙酸(IAA)等，在高温条件下灭菌易被分解，需用细菌过滤器。

9. 解剖镜与酸度计

解剖镜用于分离茎尖等较小的组织，便于观察和操作，一般可放大 5～80 倍。

酸度计用于测定培养基的 pH。若仅用于生产，也可用精密的 pH 4～7 试纸代替。

10. 紫外线杀菌灯

主要用于缓冲室、接种室、培养室等的消毒。

除上述大件仪器设备外，组织培养实训室还应必备的器皿和用具有培养器皿、烧杯、试剂瓶、量筒、容量瓶、吸管(移液管)、不锈钢锅、搪瓷锅、解剖刀、镊子、剪刀、接种针、纱布、酒精灯、牛皮纸、电炉、pH 试纸等。

三、培养基的制备

(一)培养基的组成

植物组织培养所用的培养基,主要包括无机盐类、有机化合物和植物生长调节剂三大基本成分。

1.无机盐类

无机盐类是植物在生长发育时所必需的各种化学元素,可分为大量元素和微量元素。大量元素是指培养基中浓度大于 0.5 mmol/L 的元素,包括氮、磷、钾、钙、镁、硫等;微量元素是指培养基中浓度小于 0.5 mmol/L 的元素,包括铁、锰、铜、锌、钴、钼、硼、碘、氯、钠等。

2.有机化合物

为使植物更好地生长,或为满足不同的培养需要,培养基中还需要添加有机化合物。常用的有机化合物包括糖类、氨基酸、维生素、琼脂、有机附加物等。

(1)糖类　是植物不可缺少的碳源及能源,还可维持一定的渗透压,主要有蔗糖、葡萄糖、麦芽糖、果糖、甘露醇等,多用蔗糖,浓度一般为 10～50 g/L。

(2)氨基酸　是蛋白质的组成成分,可直接被细胞吸收利用,对外植体的芽、根及胚状体的生长、分化都有良好的促进作用。常用的有甘氨酸、精氨酸、丝氨酸、丙氨酸、谷氨酸、半胱氨酸以及多种氨基酸的混合物,如水解酪蛋白、水解乳蛋白等。

(3)维生素　维生素直接参与酶的形成,还参与植物蛋白质、脂肪等物质的代谢活动,对细胞的生长、分化等有很好的促进作用。主要有硫胺素(维生素 B_1)、烟酸(维生素 PP)、泛酸(维生素 B_5)、吡多醇(维生素 B_6)、钴胺素(维生素 B_{12})、叶酸(维生素 B_{11})、抗坏血酸(维生素 C)、生物素(维生素 H)等。

(4)琼脂　是凝固剂和支持物,以色白、透明、洁净的为好,浓度一般为 6～10 g/L。

(5)有机附加物　包括一些成分尚不清楚的天然提取物,如香蕉汁、椰乳、黄瓜汁、番茄汁、酵母提取液等。

3.植物生长调节剂

它能以极微小的量影响植物细胞分化、分裂及发育,影响植物的开花、结实、衰老等许多生理生化活动。常用的植物生长调节剂主要有三大类,它们分别是生长素类、赤霉素类及细胞分裂素类。生长素类主要包括吲哚乙酸(IAA)、萘乙酸(NAA)、吲哚丁酸(IBA)、2,4 二氯苯氧乙酸(2,4-D)等。它们能促进不定根分化,低浓度 2,4-D 有利于胚状体的分化;赤霉素类主要是赤霉酸(GA_3),它能促进已分化芽的伸长,但不利于不定芽、不定根的分化;细胞分裂素类包括玉米素(ZT)、6-苄基腺嘌呤(6-BA)、激动素(KT)等。它们具有促进细胞分裂、延缓组织衰老、诱导不定芽分化等作用。

(二)培养基的种类

(1)依据培养基的态相,可将其分为固体培养基和液体培养基。在培养基中加入一定量的凝固剂即为固体培养基,不加入凝固剂的培养基即为液体培养基,具体应用时根据培养的目的要求不同而选用。

(2)依据其营养水平不同,培养基又分为基本培养基与完全培养基。基本培养基主要有 MS、改良 MS、N6、Whit、B5 、Miller、Heller 等。完全培养基则是在基本培养基的基础上,依据试验的不同需要，附加一些物质，如植物生长调节物质等。

(3)依据培养物的培养过程，培养基分为初代培养基和继代培养基。第一次接种外植体的培养基称为初代培养基。用来接种初代培养之后的培养物的培养基称为继代培养基。

(4)依据其作用不同，培养基分为生根培养基、诱导培养基及增殖培养基。

(三)培养基的配制

1. 母液的配制与保存

为减少工作量，对于经常使用的培养基，可先将各种药品配成浓缩一定倍数的母液。配制母液时要根据药剂的化学性质分别配制，一般配成大量元素、微量元素、维生素、铁盐、氨基酸等母液。配制母液时药品应选用纯度较高的分析纯或化学纯，定容要用蒸馏水或重蒸馏水。母液配好后分别贴上标签，暂放入冰箱内保存，使用时再按所需要的比例稀释。

2. 培养基的配制

首先根据培养基配方，计算好母液吸取量，并将配制好的各种母液按加入的顺序排列好。先取少量蒸馏水放入容器，然后按顺序与计算的量吸取各种母液和生长调节剂原液加入容器中，再将蔗糖与琼脂加入其中，溶解均匀后，用蒸馏水定容，然后用 0.1 mol/L 的 HCl 或 NaOH 调整至所需 pH。最后用分装器迅速分装到培养瓶里，盖上瓶盖或扎好瓶口，准备灭菌。

3. 培养基的灭菌

培养基在制备过程中可能混入各种杂菌，分装后应立即灭菌。灭菌的方法主要有高压蒸汽灭菌和过滤除菌。高压蒸汽灭菌一般是当压力升到 108 kPa 且温度为 121℃时，维持 15～20 min 即可。如灭菌时间太长，将致使培养基中的某些成分变性失效。

某些生长调节剂物质如 GA_3、IAA、ABA 等以及一些维生素类遇热不稳定，不能进行高压灭菌，需进行过滤除菌。

四、组织培养的途径

1. 植株培养

以幼苗或植株等具备完整植物形态的材料为外植体的无菌培养。

2. 器官培养

以根尖、茎尖、叶片、叶柄、花瓣、花药、果实、种子等植物器官为材料进行无菌培养，发育成新植株。

3. 组织培养

以诱导出的愈伤组织或分离出的植物组织(如形成层、木质部、韧皮部、皮层、胚乳组织、薄壁细胞等)为外植体的无菌培养。

4. 胚胎培养

是指通过对幼胚及子房的培养，使之发育不完全的胚胎部分，最终形成完整植株的过程。它又分为原胚培养、胚珠培养、胚乳培养及种胚培养等。

5. 原生质体培养

对去掉细胞壁后获得的原生质体进行离体培养，一般分为融合培养、非融合培养等。

6. 细胞培养

对较小细胞团或单个离体细胞的培养。

五、组织培养育苗技术

(一)外植体的选择与培养

1. 外植体的选择

外植体是植物组织培养中的各种接种材料。包括植物体的各种器官、组织细胞及原生质体。

(1)选择优良的种质、植株及取材部位　只有选取优良的种质和基因型,离体快繁才有意义。从无病虫害、生长健壮的植株上选取代谢旺盛的组织与器官,因其再生能力强,培养更易成功。依据植物种类与培养目的不同,取材的部位也不同,主要有茎尖、茎段、叶片、叶柄、根、块根、花瓣、花药及胚珠等。

(2)选择适当的时期　在适宜的生长季节与生长发育阶段选取材料,此时外植体内源激素含量高,容易分化,组织培养的成活率高。如花药培养应在花粉发育到单核期时取材,比较容易形成愈伤组织。

(3)选取适宜的大小　一般快速繁殖花瓣、叶片等面积为 5 mm^2,其他培养材料的大小为 0.5~1.0 cm。若是脱毒培养或胚态培养,则材料应更小一些。

2. 外植体的消毒

消毒前先用自来水冲洗干净并用无菌纱布擦干,再进行消毒。一般是将材料浸泡在消毒液里,到达消毒时间时取出,用无菌水多次冲洗,再用无菌纱布吸干接种材料外部的水分。常用的消毒剂及使用方法见表 5.2。

表 5.2　常用消毒剂的使用方法及效果

(陈世昌.植物组织培养.2006)

消毒剂	使用浓度/%	消毒时间/min	去除的难易	消毒效果	对植物毒害
次氯酸钠	2~5	5~30	易	很好	无
次氯酸钙	9~10	5~30	易	好	无
漂白粉	9~10	5~30	易	很好	低毒
氯化汞	0.1~0.2	2~10	较难	最好	剧毒
过氧化氢	10~12	5~15	最易	好	无
酒精	70~75	0.1~1	易	好	有
硝酸银	1	5~30	较难	好	低毒

3. 外植体的接种

外植体的接种是把经过表面灭菌后的植物材料剪碎或分离出组织、器官及细胞,最后转放到培养基上的全部操作过程。整个操作过程均需在无菌条件下完成。因此,接种过程中必须注意以下事项:

(1)提前打开接种室和超净工作台的紫外灯灭菌，剪、刀、镊等工具在使用前均要进行消毒。

(2)工作人员需穿戴经过灭菌的工作服、拖鞋、口罩，并且双手需先用肥皂水洗干净，操作前再用70%的酒精擦洗。

(3)打开培养瓶口前先用酒精灯火焰烧瓶口灭菌，且接种时培养瓶口不要离开酒精灯火焰附近的无菌区。

(4)操作过程中要及时更换无菌纸，且为避免交叉污染，接种工具每使用一次后均要消毒。

(5)操作时尽量不谈话，减少走动。

4.外植体培养的环境要求

接种后的外植体应送到培养室进行培养。培养室的环境要清洁卫生，温、湿、光、气条件根据植物对环境条件的需求来调控。

(1)温度　不同植物生长发育的最适温度不同，大多数在20～30℃。培养室的温度一般可设定为(25±2)℃，高于35℃或低于15℃均会抑制正常生长和发育。

(2)湿度　主要指培养室内的湿度与培养容器内的湿度两方面。培养室内的空气湿度一般保持在70%～80%，可通过喷水或除湿机进行调节。湿度过高易造成杂菌滋生，导致大量污染。湿度过低则会造成培养基失水干枯，或渗透压升高，影响培养物的生长与分化。培养容器内的空气湿度可保持100%，由于随着时间的推移，瓶内的湿度也会有所下降，因此选择适宜的封口材料极为重要。

(3)光照　普通培养室要求每天光照时间12～16 h，光照强度1 000～5 000 lx。

(4)氧气　外植体的呼吸需要氧气。在固体培养时，注意接种时不要把培养物全部埋在培养基中，此外，最好用通气性好的瓶塞或瓶盖；在液体培养时，可通过振荡解决通气问题。

(二)组培苗的炼苗与移栽

1.组培苗的特点

由于组培苗长期生长在一个恒温、弱光、高湿及无菌的生态环境中，故形成了与外界植物明显不同的特点：

(1)组培苗生长细弱，叶、茎表面角质层不发达；

(2)光合作用能力比较弱；

(3)叶片气孔数目少，活性较差；

(4)根系的吸收功能较差；

(5)组培苗抗逆性较差。

2.组培苗的炼苗

由于组培苗存在以上特点，为提高移栽的成活率，在移栽于大田之前，必须经过一个逐步适应外界环境的过程，即为组培苗的炼苗或叫驯化。

炼苗的方法是：先将带封口材料的组培苗容器移至温室，最初保持与培养室相近的环境条件，以后逐渐调整温室环境条件，降低湿度，增加光照，使之适应一段时间，然后除去封口材料，使组培苗进一步适应外界环境条件。炼苗时间为1～2周。炼苗驯化成功的标准是组培苗茎叶颜色加深，根系由原来的黄白色变为黄褐色并伸长。

3. 组培苗的移栽

(1)常规移栽法　将驯化好的小苗从培养瓶中取出，用清水洗掉附着于根部的培养基，然后移栽到无菌的沙性土壤中并浇一次透水，以后保持一定的与温度，并适当遮阴。当幼小苗长出2～3片新叶时，即可移栽到田间或盆钵中。

(2)嫁接移栽法　即选取生长良好的同一植物的实生苗作砧木，用试管苗作接穗进行嫁接的方法。嫁接移栽法与常规移栽法相比，具有以下优点：移栽成活率高、适用范围广、利于植株的生长发育等。

4. 移栽后的管理

组培苗移栽后，根系有一个恢复阶段。移栽后要注意控制光照、温度、湿度等条件，为组培苗的生长发育创造优良的环境条件。

(1)光照　移栽后的初期宜适当遮阴，以漫射光照射较好，以后根据植株的生长情况逐渐增强光照。

(2)温度　喜冷凉的植物一般以18～20℃为宜，喜温植物25℃左右较好。

(3)湿度　移栽后的最初几天，空气相对湿度应保持90%以上。为防止病害的发生，后期应逐渐降低空气湿度。

自测训练

一、概念题

植物组织培养　外植体　器官培养

二、填空题

1. 根据外植体的来源不同，植物组织培养可分为(　　　　)培养、(　　　　)培养、(　　　　)培养、(　　　　)培养、(　　　　)培养和(　　　　)培养。

2. 植物组织培养所用的培养基，主要包括(　　　　)、(　　　　)和(　　　　)三大基本成分。

3. 培养基中常用的有机化合物包括(　　　　)、(　　　　)、(　　　　)、(　　　　)和(　　　　)等。

4. 依据培养基的态相，可将其分为(　　　　)培养基和(　　　　)培养基。

5. 外植体包括植物体的(　　　　)、(　　　　)和(　　　　)。

6. 外植体培养时培养室的温度一般可设定为(　　　　)℃，高于(　　　　)℃或低于(　　　　)℃均会抑制正常生长和发育。

7. 常用的植物生长调节剂主要有三大类，它们分别是(　　　　)、(　　　　)和(　　　　)。

三、选择题

1. 利用植物(　　　　)上病毒分布少甚至没有的特点，进行培养、增殖，培育脱毒苗。

A. 花粉　　B. 花药　　C. 茎尖　　D. 叶片

2. (　　　　)是蛋白质的组成成分，可直接被细胞吸收利用，对外植体的芽、根及胚状体的生长、分化都有良好的促进作用。

A. 糖类　　B. 氨基酸类　　C. 维生素　　D. 琼脂

3. 外植体培养时，培养室的空气湿度一般保持(　　　　)。

A. 60%～70%　　B. 70%～80%　　C. 80%～90%　　D. 90%～100%

4. 外植体培养时，培养容器内的空气湿度可保持(　　　　)。

A. 70%　　B. 80%　　C. 90%　　D. 100%

四、问答题

1. 组织培养的途径有哪些？

2. 如何选择外植体？

3. 外植体如何进行消毒？

4. 组培苗如何进行炼苗？

5. 如何进行培养基的灭菌？

任务三　无土栽培育苗技术

一、无土栽培的概念及特点

无土栽培又称水培或营养液栽培，是指不用自然土壤，而是在蛭石、泥炭、珍珠岩、岩棉等基质或营养液中培养植物的栽培方式。

无土育苗具有苗木质量好、产量高、节省肥水、病虫害少、劳动用工少、能工厂化生产等特点，同时无土育苗所用的基质疏松，移苗方便，苗木成活率高。有利于实现林木、花卉等工厂化生产，提高劳动生产率。

二、无土育苗的基质

植物生长发育所需要的各种营养物质都是从基质中获得的，并且基质还具有很好的固定作用，故基质对无土育苗至关重要。

(一)基质的种类及特性

根据基质的组成来分，可分为无机基质(沙、蛭石、石砾、岩棉、珍珠岩、炉渣等)和有机基质(泥炭、花生壳、稻壳、蔗渣、锯木屑等)。

1. 沙

来源广，价格便宜。沙容重较大，为 1.5～1.8 g/cm^3，搬运较费力。沙的宜用粒径为 0.5～3.0 mm，过细，则易滞水，通气不良；过粗，持水力差。

2. 蛭石

蛭石为云母类硅质矿物。孔隙度为 95%，容重为 0.09～0.16 g/cm^3，酸碱度一般为中性至微碱性，或碱性。蛭石含有较多的钙、钾、镁等营养元素，可以被植物吸收。无土栽培用的蛭石粒径应在 3 mm 以上，但用作育苗时应稍细些(粒径 0.75～1.00 mm)。蛭石一般使用 1～2 次后，其结构就会变差，应进行更换。

3.岩棉

岩棉是人工合成的基质，在生产过程中经过了高温炉熔化，故不带病菌，容重为0.08～0.10 g/cm^3，物理性能稳定，不含营养。目前世界上许多国家已广泛应用岩棉栽培技术。

4.珍珠岩

珍珠岩的主要成分为二氧化硅（SiO_2）、氧化钙（CaO）、三氧化二铝（Al_2O_3）、氧化锰（MnO）、三氧化二铁（Fe_2O_3）等，其中的养分多不能为植物吸收利用。珍珠岩的容重为0.03～0.16 g/cm^3，孔隙度为93%，其中空气容积为53%，持水容积为40%。珍珠岩的pH为7.0～7.5。

5.炭化稻壳

容重为0.5 g/cm^3，总孔隙度为82.5%，含氮0.54%、速效磷66 mg/kg、速效钾0.66%，pH为6.5。因其含K_2CO_3，呈碱性，在使用前需进行水洗。炭化稻壳经过高温炭化，不含病菌，通透性好，且营养丰富，但持水力差，使用时需经常浇水。

6.泥炭

又称草炭。根据泥炭形成的地理条件、植物种类和分解程度，可分为高位泥炭、低位泥炭及中位泥炭。高位泥炭分布于地形的高处，以水藓植物为主，分解程度低，氮含量较少，酸性较强，容重较小，吸水、透气性好，可用作合成基质的原料。低位泥炭分布于低洼积水的沼泽地带，以芦苇、苔藓等植物为主，分解程度高，氮含量较多，酸性不强，肥分有效性高，但容重较大，吸水、透气性较差，不宜作无土育苗的基质，常用作肥料。中位泥炭的特性介于低位泥炭和高位泥炭之间，也可用于无土栽培。

生产上，泥炭常与沙、蛭石、炉渣等基质混合使用，以增加容重，改善结构。

7.锯木屑

不同树种的锯木屑化学成分差异较大。一般为：碳48%～54%、纤维素44%～45%、木质素16%～22%、聚糖14%、树脂1%～7%、灰分0.4%～2%、氮0.18%，pH为4.2～6.0。锯木屑含有树脂、松节油等植物生长的有害物质，且C/N较高，因此在使用前应堆沤3个月以上，堆沤前用加入一些氮肥。

8.煤渣

又称炉渣。煤渣的容重为0.70 g/cm^3，总孔隙度为55.0%，持水孔隙容积为33.0%，含氮0.183%、速效钾203.9 mg/kg、速效磷23 mg/kg，pH为6.8。煤渣不带病菌，且含有较多的微量元素，可与其他基质混合使用。

（二）基质的选用

选用基质应从基质的物理性质和化学性质两方面考虑。物理性质包括容重、总孔隙度、持水量、颗粒大小及大小孔隙比等；化学性质包括酸碱性、化学稳定性、阳离子代换量、电导率与缓冲能力等。

一般来说，优良的基质应具备以下条件：容重0.5左右、大小孔隙比0.5左右、总孔隙度60%左右、酸碱度接近中性、化学稳定性强（不易分解出影响苗木生长发育的物质）、不含有毒物质、缓冲能力强等。此外，还应来源广、价格便宜。

生产上常将2～3种基质混合使用，以提高基质的理化性能。常用的基质混合比例有：蛭石∶草炭＝1∶1、草炭∶蛭石∶珍珠岩＝1∶1∶1、草炭∶蛭石∶锯末＝1∶1∶1、炉渣∶草炭＝6∶4等。

三、无土育苗的营养液

(一)营养液的原料

营养液的主要原料为营养盐及水。一般生产中营养液的用水,可使用自来水或井水,不能用硬水或工业废水。城市自来水中含有较多的氯化物及碳酸盐,妨碍根系对铁的吸收,要用乙二胺四乙酸二钠进行调节,使铁转化为 Fe^{2+},便于吸收。

营养液中的营养盐含植物生长所必需的大量元素及微量元素,如氮、磷、钾、钙、镁、硫、铁、铜、锰、锌、硼、钼等,其中大量元素的浓度一般不超过 0.2%~0.3%,总盐浓度不超过 0.4%。营养盐的种类及浓度应依据植物种类及其不同的生长发育阶段对营养的需求而定,同时还要考虑环境因素的影响,如光照、温度、湿度等。营养液的 pH 一般为 6.5 左右,不同植物种类的要求不同。在无土育苗过程中,由于植物的根系不断向营养液中分泌有机酸等物质,经常会导致营养液的 pH 发生变化,因此经常要用碳酸钾、磷酸等调节营养液的 pH。

(二)营养液的配制管理

在配制营养液时,要先看清各种药剂的商标和说明,仔细核对其化学名称和分子式,了解其纯度、是否含结晶水等,然后根据选定的配方,准确称出所需的肥料并加以溶解。

1. 无机盐类的溶解

溶解无机盐类时,可先用 50℃的少量温水将其分别溶解,然后按配方开列的顺序,逐个倒入装有相当于所定容量 75%的水中,边倒边搅拌,最后用水定容到所需的量。

2. 调节 pH

调节 pH 时,应先把强酸强碱加水稀释或溶化,然后逐滴加入到营养液中,并不断用调节 pH 精密试纸或酸度计进行测定,调节至所需的 pH 为止。

3. 添加微量元素

在配制营养液时,对微量元素要严格控制,因为在营养液中微量元素使用不当,即使只有很少剂量,也能引起中毒。在选择微量元素肥料时,要注意调节营养液的 pH,因为其中某些元素,如铁在碱性环境中易生成沉淀,不能被植物吸收。

(三)常见营养液配方

常用的营养液配方见表 5.3、表 5.4。

表 5.3 希勒尔(Hiller)营养液配方

(杨玉贵,王洪军.园林苗圃.2007) mg/L

化合物	用量	化合物	用量
$NH_4H_2PO_4$	800	$FeSO_4$	15
KNO_3	1 800	$NaB_4O_7\cdot 10H_2O$	2
NH_4NO_3	150	$MnSO_4\cdot 4H_2O$	2
$Ca(H_2PO_4)_2$	200	$CuSO_4$	1
$CaSO_4$	2	$ZnSO_4$	1
$MgSO_4\cdot 7H_2O$	120		

表 5.4 观叶花卉营养液配方

（杨玉贵，王洪军.园林苗圃.2007） mg/L

化合物	用量	化合物	用量
KNO_3	505	H_3BO_3	1.240
NH_4NO_3	80	$MnSO_4 \cdot 4H_2O$	2.230
KH_2PO_4	136	$ZnSO_4 \cdot 7H_2O$	0.864
$MgSO_4 \cdot 7H_2O$	246	$CuSO_4 \cdot 5H_2O$	0.125
$CaCl_2$	333	$H_2MoO_4 \cdot 4H_2O$	0.117
EDTA 二钠铁（$Na_2FeEDTA$）	24	pH 5.5～5.6	

四、无土育苗的主要形式

无土栽培种类繁多，形式多样，在生产中最常用的是水培和基质培。

（一）水培育苗

水培是无土栽培中最早的栽培方式。水培植物的根系生长于营养液中而不是生长于基质中，其设施必须满足 4 个基本条件：能装住营养液不致漏掉；能锚定植株并使根系浸润到营养液中；根系和营养液处于黑暗中；根系能获得足够的氧。

1.水培槽育苗

水培槽是一种较简易的水培育苗设备。水培槽的大小可依生产规模而定，为便于操作管理，一般槽宽为 1.5 m，长度 10 m 左右，水培槽深 15 cm。槽的上方放置苗床，床内基质厚度约 10 cm，苗床与营养液间留约 2 cm 的空气隔层（图 5.4）。

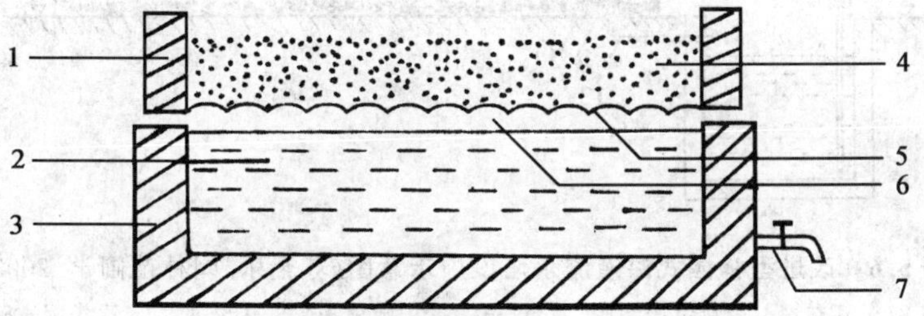

图 5.4 水培槽结构示意图

1.苗床框架 2.营养液 3.营养液槽 4.基质 5.栅栏 6.空气层 7.排液管

2.营养液膜育苗系统（NFT）

将植物种植于浅的流动营养液中，根系呈悬浮状态以提高其氧气的吸收量。营养液膜育苗系统的基本装置包括供液池、供液管道、水泵和栽培床（图 5.5）。供液池一般设在地面以下，用于贮存和循环营养液。栽培床是在具有一定坡降的平整地面上铺一层黑色聚乙烯薄膜做成的，使营养液在床面呈薄层液流（厚度 0.5～1.0 cm）。供液装置将营养液输入各栽培床，并使其循环流动。

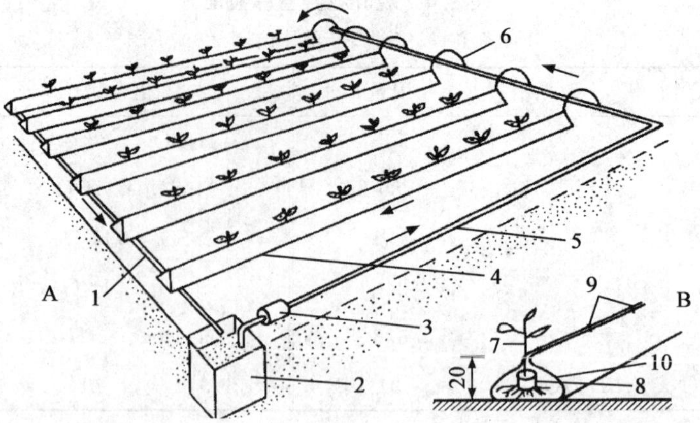

图 5.5 营养液膜育苗系统结构示意图(李志强.设施园艺.2006)

A.营养液膜法系统示意图 B.大型植株种植槽示意图

1.回流管道 2.贮液池 3.水泵 4.种植槽 5.供液主管 6.供液毛管

7.带有育苗钵的幼苗 8.育苗钵 9.夹子 10.塑料薄膜

3.深液流水培育苗系统(DFT)

深液流水培育苗系统是一种水泥砖砌成的种植槽为主体的种植系统,具有较好解决根系对氧的需要等特点。深液流水培系统由贮液池、种植槽、水泵和营养液循环系统等部分组成(图 5.6)。这种设施与营养液膜育苗系统较相似,不同之处是流动的营养液层较深,一般达 10 cm 左右,植株的大部分根系浸在营养液中,根系的通气靠向营养液中加氧来解决。

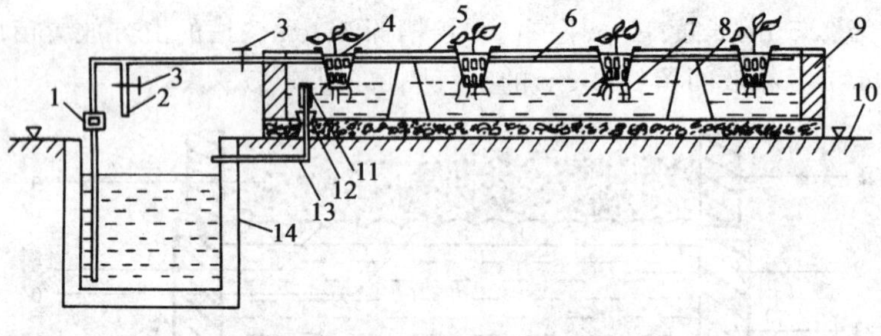

图 5.6 改进型神园式深液流水培设施示意图(苏金乐.园林苗圃学.2003)

1.水泵 2.充氧支管 3.流量控制阀 4.定植杯 5.定植板 6.供液管 7.营养液 8.支撑墩

9.种植槽 10.地面 11.液层控制管 12.橡皮塞 13.回流管 14.贮液池

(二)固体基质育苗

1.钵培法

钵培法是先在营养钵、花盆、木桶、塑料桶等容器中填充基质,再进行播种或扦插育苗的方法。从容器的上部供水和营养液,下部设排液孔,以防容器内积液。

2.槽培法

槽培法是将基质装入一定容积的栽培槽中,再进行播种或扦插育苗的方法。栽培槽可用砖和水泥做成,也可用木板钉制。

3. 袋培法

袋培法是用塑料薄膜袋装填基质，在袋上打直径 8～10 cm 的种植孔进行播种育苗，用滴灌进行供水或营养液。

4. 轻基质网袋育苗

轻基质网袋容器是一种新式的无土基质育苗容器，是在网袋材料（半分解无纺布）内填充轻型基质做成的，不仅透气、透水、透根，而且侧壁可以全面空气修根。

自测训练

一、概念题

无土栽培

二、填空题

1. 无土栽培种类繁多，形式多样，在生产中最常用的是（　　　　）和（　　　　）。

2. 根据无土栽培基质的组成来分，可分为（　　　　）基质和（　　　　）基质。

3. 营养液的主要原料为（　　　　）及（　　　　）。

4. 水培育苗方法主要有（　　　　）育苗、（　　　　）育苗和（　　　　）育苗。

5. 固体基质育苗方法主要有（　　　　）法、（　　　　）法和（　　　　）法等。

三、问答题

1. 无土栽培的基质有哪些？

2. 如何配制无土栽培营养液？

Project 6

大苗培育技术

知识目标：

- 掌握苗木的移植时间、次数和密度。
- 理解苗木移植成活及整形修剪的基本理论。
- 掌握当地主要绿化大苗的生长发育特性，为苗木移植成活及整形修剪提供依据。

技能目标：

- 掌握园林苗木的移植技术。
- 掌握园林苗木的整形修剪技术。
- 掌握园林苗木的抚育管理技术。

任务一 苗木移植技术

一、苗木移植的作用

1. 培育树形良好,规格一致的苗木

栽植过密的苗木,落叶树主干过高,冠形偏窄;而常绿树则下部枝叶过少,冠形不良。通过移植,可对根系和树冠进行合理的修剪,同时结合分级,合理安排密度,可培育出规格整齐、冠形优美、干形通直的高质量园林苗木,苗木具有了优美的树形才能达到美化绿地的要求,具备较高的经济效益。

2. 利于苗木的生长,改善苗木生长的营养条件

随着苗木的不断生长,株高、冠幅迅速增加和扩张,枝叶稠密,日显拥挤,如不及时移植,常因营养面积小,生存空间狭窄,苗木之间互相争夺水、肥、光照、空气等,导致苗木细长,枝叶稀疏,株形变差,易感病虫害。因此必须扩大苗木的株行距。扩大株行距的方法有间苗和移植两种。但间苗会浪费大部分苗木,留下的苗木也不便对其根系进行剪截,因此常使用移植的方法来扩大苗木的株行距。

3. 培育根系发达的优质苗木

在移植过程中,栽培人员会切断苗木的主根和部分侧根,从而起到控制主根生长,刺激根部产生大量的侧根和须根,形成完整而发达且分布于土壤浅层的根系,便于起苗,可提前达到出圃规格,有利于提高苗木定植的成活率。

4. 提高土地利用率,节约成本

苗木生长的不同时期,树体大小不同,对土地面积的需求不同。对于园林绿化所需的大苗,在各个龄期,根据苗木体量大小、树种生长特点及群体特点合理安排密度,这样才能最大限度地利用土地,在有限的土地上尽可能多地培育出大规格优质的绿化苗木,使土地效益最大化。

二、苗木移植时期

我国地域辽阔,树种繁多,从南到北、从东到西,自然条件相差悬殊,各地最适宜的移植季节和具体时间有较大的差异。根据树木成活的原理,最适宜的移植季节和时间,应有适合于树木保湿和愈合生根的温度和水分条件。因此,生产上一般在春季苗木萌芽时或在秋季苗木停止生长后进行,有时也在雨季移植。但随着科学技术的不断发展,只要条件许可,可以在任何时候进行移植。

1. 春季移植

春季是主要的移植季节,北方地区早春土壤解冻后,苗木开始打破休眠恢复生长,立即进行移植较为适宜。移植的具体时间,还应根据树种发芽的早晚来安排。北方地区最好的移植时期是新芽开始萌动前 2 周或数周,此时移植土壤湿度较好,苗木蒸腾作用很弱,体内

水分得以保持平衡，从而提高了移植的成活率；当苗木地上部分发芽时，根系已开始恢复，满足了地上部分生长对水分和养分的需要，利于移植苗的生长。

一般而言，发芽早者先移，晚者后移；落叶苗木先移，常绿苗木后移；大苗先移，小苗后移。移植后及时灌溉，使苗木吸收充足的水分，保证苗木有更高的成活率。但有的地方春季干旱大风，为了能保证移植后充分供水，应推迟移植时间或加强保水措施。

2. 秋季移植

秋季移植一般应在冬季气温不太低、无冻害和春旱现象发生的地区；若冬季土壤冻结严重，则不适合秋季移植。秋季移植应在秋季苗木地上部分生长缓慢或停止生长后，根系还在生长时进行，即落叶树开始落叶，常绿树生长高峰过后进行。此时地温尚高，移植后立即灌水，根系可以恢复生长，苗木成活率高。秋季移植成活的关键是保证苗木不能失水。越冬前需要采取覆土等保护措施，防止苗木受冻害。

3. 雨季移植（夏季移植）

夏季温度高，一般移植危险性最大。但在春旱严重、夏季又恰逢雨季的地区，如华北、西北等地区，抓住雨水多的有利时机移植，移植时要起大土球并包装，保护好根系，可获得较高的成活率。

常绿苗木也可以在夏初进行移植。因为这时土壤水分充足，空气湿度大，易保持苗木体内的水分平衡，成活率较高。

阔叶树夏季移植时，最好在阴天进行，不宜在晴天和雨天移植。对树冠要进行修剪，防止水分消耗过多，影响苗木生长和成活。移植后喷水保湿、遮阳防晒，有助于提高成活率。

4. 冬季移植

南方地区冬季比较温暖，冬天土壤不结冻或结冻时间短，可冬季移植。冬季苗木处于休眠状态，比春季移植更为有利。所以，凡是能够将春季移植提前到冬季进行的地区和树种，应尽可能提前移植。北方冬季也可带冰坨移植。冬季移植需用石材切割机来切开苗木周围冻土层，切成正方体的冻土球，若深处不冻，还可稍放一夜，让其冻成一块即可搬运移植，但冬季移植成本较高。

三、苗木移植次数和密度

1. 移植的次数

苗圃中培育大苗所需移植的次数主要取决于树种的生长速度、树种的根系特点和园林绿化对苗木规格的要求。

一般情况下，阔叶树种在播种或扦插苗龄满一年时即可以进行第一次移植，以后就要根据特定树种的生长速度快慢和株行距大小，对于生长速度快的树种，每隔 2～3 年移植一次，并且相应地扩大株行距。但是对于慢生的树种可适当延长移植年限。

对于根系不发达而且移植后较难成活的树种，如栎类、椴树、七叶树和白皮松等，可在播种后第三个年头（苗龄两年），进行第一次移植，在此以后每隔 3～5 年移植一次，可能要到苗龄 8～10 年，才会有一些苗木可以出圃。

2. 移植的密度

移植苗的株行距取决于苗木生长速度、气候条件、土壤肥力、苗木年龄、培育的年限以及机械化水平。在保证苗木有足够营养面积的前提下必须合理密植，以充分利用土地，提高单位面积产苗量。一般针叶树种的株行距比阔叶树种的小；速生树种株行距大，慢生树种株行距小；侧根发达，树冠开展的树种株行距要大些；进行机械化管理的苗圃株行距要大些。各类苗木移植的株行距可参考表 6.1。

表 6.1　各类苗木移植株行距

cm

项目	第一次移植	第二次移植	说明
常绿树小苗	30×40	40×70 或 50×80	绿篱用苗移植 1～2 次，白皮松用苗移植 2～3 次
常绿树大苗	150×150	300×300	第一次移植可培养苗高 3～4 m 第二次移植可培养苗高 5～8 m
落叶速生树苗	90×110 或 80×120	150×150	如杨树、刺槐等
落叶慢生树苗	50×80	80×120	如槐树、五角枫等
花灌木树苗	80×80 或 50×80		如丁香、榆叶梅等
攀缘类树苗	50×80 或 40×60		如紫藤、地锦等

四、苗木移植的方法及技术要求

1. 裸根移植

主要用于落叶阔叶树苗木在休眠时的移植。移植起苗前几天对苗木生长的地块要浇水，使土壤相对疏松，便于起苗，同时，使苗木充分吸水，增加苗木的含水量，提高其移植后的抗旱能力。起苗时，依苗木的大小，保留好苗木根系，一般 2～3 年生苗木保留根幅直径为 30～40 cm。在此范围之外下锹，切断周围根系，再切断主根，提苗干。起苗时使用的工具要锋利，防止主根劈裂或撕裂。苗木起苗后，抖去根部宿土，并尽量保留好须根。

起苗后栽植前，要对苗木进行修枝、修根、浸水、截干、埋土、贮存等处理。一般对落叶阔叶树进行修枝以减少蒸腾面积，同时疏去生长位置不合适且影响树形的枝条。裸根苗起苗后要进行剪根，剪短过长的根系，剪去病虫根或根系受伤的部分，把起苗时断根后不整齐的伤口剪齐，利于愈合，发出新根。主根过长时适当剪短主根。针叶树的地上部分一般不进行修剪。萌芽较强的树种也可将地上部分截去，以使移植后可以发出更强的主干。修根、修枝后应马上进行栽植。不能及时栽植的苗木，应将其根系泡入水中或埋入土中保存。对一些生根成活较难的苗木，栽植前还可用根宝、生根粉、保水剂等化学药剂处理根系，使移植后能更快成活生长。

苗木经过修枝、修根、浸水等处理后就可以进行栽植了。目前，生产上常用的栽植方法有穴植法、沟植法、孔植法、缝植法。

穴植法一般用人工挖穴栽植，成活率高，生长恢复较快，但工作效率低，适用于大苗移植。在土壤条件允许的情况下，采用挖穴机挖穴可大大提高工作效率，栽植穴的直径和深度应大于苗木的根系幅度。挖穴时应根据苗木的大小和设计好的行株距，拉线定点，然后挖穴。挖穴时将表土与心土分别放置，穴挖好后可在穴底施入适量的有机肥作底肥，再将表土回填做成圆丘状，然后放入苗木，使苗木的根系舒展并使苗木位于穴的正中。填土时，先用细土将根系覆盖至穴深的 1/3～1/2 时，轻轻提一下苗木，进一步使其根系舒展，再填土，边填土边踩实，填土到地表为止，浇足水。苗木栽植的深度应等于或略深于原来栽植地径痕迹的深度为宜，一般可略深 1～3 cm。较大苗木栽植后应立支柱，以防苗木被风吹歪或吹倒。

沟植法是先按行距开沟，将苗木按株距排列于沟中，扶直、填土、踩实。填土时要让土渗到根系中去，浇水时要顺行向浇。此法一般适用于移植小苗。

孔植法是先按株行距画线定点，然后在点上用打孔器打孔，深度与原栽植相同，或稍深一点，把苗放入孔中，覆土。孔植法要有专用的打孔机，可提高工作效率。

缝植法是用铁锹或栽植铲开缝，随即把苗木放在缝中适当位置，然后压实土壤。此法适用于小苗或主根长而侧根不发达苗木的移植。

2. 带土坨移植

常绿树及移植不易成活树种的苗木，移植时带土坨。方法是铲除苗木根系周围表土，然后按一定的土坨规格，顺次挖去规格范围以外的土壤。根据苗木特性和土壤特征确定是否需要包扎。只带宿土不需包扎的苗木，保留根部护心土及根毛集中处的土块；需包扎的苗木，在四周挖好后，用草绳进行包扎。包好后再把主根铲断，将带土球的苗木提出坑外。2～3 年生苗木一般土球直径为 30～40 cm。规格较大的苗木则要求较大的土球。

带土坨移植的苗木，起苗后栽植前，根据苗木生长特性和气候特征，对地上部分可进行剪叶、修枝、截干等不同程度的修剪；对地下部分，土坨外边露出的较大根段的伤口剪齐，过长须根要剪短。修根、修枝后马上进行栽植。不能及时栽植的苗木，宜将土坨用湿草帘覆盖或将包扎过的土球用土堆围住保存。

带土坨的苗木栽植一般用穴植法。栽植时，先将穴底填上一层疏松的肥土，再将带土坨的苗木放入穴中，经包扎过的苗木要将包扎物拆下取出，然后在土球外围填土，土壤要打碎填实，直到土球上方为止。栽植的深度与原深度一致或比原来略深。栽植时，要注意不损伤树干。

3. 软容器育苗，反季节移植

容器育苗过去大多使用瓦盆、塑料盆、玻璃制品等容器。这些容器往往制作成本高，而且像塑料薄膜、泡沫塑料等材料不易分解，污染土壤，影响土壤的通透性。于是，软容器育苗受到人们的重视。软容器一般指用可降解的材料制作的容器，如无纺布容器、纸容器等。软容器育苗不仅具有传统容器育苗的所有优点，而且具有成本低、制作材料易分解等特点，特别适合应用于大面积的反季节移栽工程，对促进城市园林绿化建设有重要作用。

(1)大木箱囤苗　适合培育特大规格乔木，如胸径超过 20 cm 的香樟、桂花、鹅掌楸、银杏等。春季发芽前按绿化施工用苗计划，将苗木按绿化施工计划和规范的规格打箱板，然后原地或异地囤苗，及时灌水进行养护。囤苗要在展叶前进行，及时疏枝 1/4～1/5，以保证木箱苗正常展叶，生长季随时夹带青枝绿叶进入施工现场。

(2)软包装囤苗　主要针对较大规格落叶乔木，如胸径 20 cm 以下的乔木、灌木。春季展叶前按绿化施工计划掘土球，土球形状、规格大小按绿化施工规范进行。包装绑扎材料要用可溶性无纺布和聚丙烯绳，按规范要求打包，保证土球不散不裂，可原地也可异地进行栽植囤苗，囤苗时土场略高于地面，囤苗地必须便于灌水、排水，交通、吊装方便。囤后及时进行疏剪，进行常规水肥养护。反季节绿化施工时掘出即可栽植。

(3)花灌木软容器育苗　软容器苗技术一般适用于当年，即春天制作软容器苗，囤苗后，夏、秋季进行施工。其间苗木根系发育一般在容器范围内，只有极少部分突出容器。容器重新出土后，这部分根系虽会受到一些损伤，但对植株成活影响不大。如当年不能出圃，囤苗超过一年，应重新制作软容器，于休眠期将花灌木栽于适宜大小的可溶性无纺布袋中，袋中基质可用原床土加入适量有机肥，将制成的软容器苗栽植地下，进行正常肥、水养护。反季节绿化施工时，掘出容器苗，进入绿化施工工地栽植。该技术主要对象是月季、红叶小檗、红檵木、金叶女贞、紫薇等品种。月季、紫薇苗 3～4 月份制成软容器苗，5～8 月份青枝绿叶、花团锦簇，进入绿地成活率达 98%以上，克服了春季种植发芽困难，死活难辨的问题。

五、移植苗的抚育管理

苗木移植后，要使苗木长势好，长得快，成为符合园林绿化要求的优质苗木，生产上应做好以下管理工作。

1. 灌水和排水

灌水是保证苗木成活的关键。苗木移植后要立即灌水，最好能连灌 3 次水。一般要求栽后 24 h 内灌第一次透水，使坑内或沟内水不再下渗为止；隔 2～3 d 再灌第二次水，再隔 4～7 d 灌第三次水(俗称连三水)。以后视天气和苗木生长情况而定，灌水不能太频繁，否则地温太低，不利于苗木生长。灌水一般应在早晨或傍晚进行。

排水也是水分管理的重要环节。雨季来临之前，应全面清理排水沟，保证排水畅通。雨后应及时清沟培土，平整苗床。

2. 扶正

移植苗第一次浇水或降雨后，容易倒伏露出根系。因此移植后要经常到田间观察，出现倒伏要及时扶正、培土踩实，不然会出现偏冠甚至死亡现象。扶苗时应视情况挖开土壤扶正，不能硬扶，以免损伤树体或根系。扶正后，整理好地面，培土、踏实后立即浇水，对容易倒伏的苗木，在移植后立支架，待苗木根系长好后再撤掉支架。

3. 遮阳护苗

北方气候干旱，空气湿度偏低，对移植小苗，尤其对常绿小苗的缓苗极为不利。为了提高小苗的移植成活率，根据需要可加设遮阳帘，控制日光强烈照射，减少水分蒸发。如全光雾插生产的小苗，出床栽植时必须采取这个措施。确定缓苗成活后，适时撤帘见光。

4. 中耕松土

苗木移植后，由于灌溉或降水等原因，会造成土壤板结，通气不良，影响苗木根系生长。为此应及时中耕松土，但应注意苗根附近中耕宜浅，以免损伤苗根，为苗木根系创造良好条件，促进苗木正常生长发育。

5.病虫害防治

移植苗因根系受损、树势减弱，很容易招致病虫的危害，必须提前预防，并加强田间抚育管理，促使苗木生长健壮，增强抵抗能力，减少病虫害的发生。

自测训练

一、填空题

1.苗木移植的方法有(　　　　)和(　　　　)。

2.生产上常用的苗木栽植方法有(　　　　)、(　　　　)、(　　　　)和(　　　　)。

3.苗木移植后的抚育管理措施有(　　　　)、(　　　　)、(　　　　)、(　　　　)和(　　　　)等。

4.裸根移植在起苗后栽植前，要对苗木进行(　　　　)、(　　　　)、(　　　　)、(　　　　)、(　　　　)和(　　　　)等处理。

二、判断题

1.北方地区最好的苗木移植时期是新芽开始萌动前2周或数周。(　　)

2.秋季移植应在秋季苗木地上部分生长缓慢或根系停止生长后，即落叶树落叶后进行。(　　)

3.裸根移植主要用于落叶阔叶树苗木在休眠时的移植。(　　)

4.常绿树及移植不易成活树种的苗木适宜带土坨移植。(　　)

三、问答题

1.苗木移植的作用是什么？

2.一般在什么时间进行苗木移植？

3.苗木移植过程应注意什么？

4.苗木移植后的抚育管理有哪些内容？

技能训练十二　幼苗移栽与定植

一、目的要求

掌握幼苗移栽的时期、移栽的方法以及移栽后的抚育管理。

二、材料与用具

苗圃常绿树、落叶树、花灌木等幼苗8～10种，铁锹、移植铲、皮尺、剪枝剪、浇水管、喷壶、遮阳网等。

三、方法步骤

(1)依据苗木移植的时间和方法，按每小组3～5人划分，在实习苗圃分配一定的苗木移植任务。

(2)可利用课堂实习、教学实习或专业劳动时间分次进行，按照操作步骤进行幼苗移栽及移栽后的管理训练。

(3)调查幼苗移栽成活率，填写幼苗移栽生长情况登记表(表6.2)。

表 6.2　幼苗移植生长情况登记表

树种	面积或行数	移植苗木				移植前后苗木处理	移植				苗木成活调查						成活率/%	发育状况	抚育经过
		年龄	平均高度/cm	平均地径/cm	株数		时间	方法	行距/cm	株距/cm	月　日		月　日		月　日				
											株数	平均高度/cm	株数	平均高度/cm	株数	平均高度/cm			

四、作业

记录幼苗移栽过程，完成幼苗移植实训报告。

任务二　园林苗木的整形修剪

整形修剪是园林苗圃管理中的一项重要措施。整形是指为提高园林植物观赏价值，按其习性或人为意愿对植物进行修整，使之形成栽培者所需要的植株形态；修剪是对植物的某些器官，如枝、芽、干、叶、花、果等进行剪截、疏删的具体操作。修剪是手段，整形是目的，整形必须要通过一定的修剪手段才能完成，而修剪则在一定的整形基础上，根据某种目的来实施。

一、整形修剪的作用

根据园林植物的生长发育特性、栽培环境和栽培目的不同，需要进行适当的修剪整形，其主要作用如下。

1. 调节生长和发育

园林苗木的地上部分与地下部分是相互依赖、相互制约的，二者保持动态的平衡。任何一方的增强或减弱，都会影响另一方的强弱。修剪则是有目的地利用地上部分与地下部分动态平衡规律调整二者的均衡，以建立良好的新的平衡关系。

整形修剪具有双重作用：即对“整体抑制，局部促进”；反过来对“整体促进，局部抑制”。

通过修剪调节树体内的营养合理分配，防止徒长，使养分集中供给顶芽、叶芽，促进其花芽分化形成更多花枝、果枝，提高花、果数量和质量，一些花灌木还可通过修剪达到控制花期或延长花期的目的。

2. 有利于培养理想树形

通过整形修剪可培养出理想的主干、丰满的侧枝及圆满、匀称、紧凑、牢固、优美的树形。通过整形修剪可以使植物按照人们设计好的树形生长发展，有利开花结果。

3. 有利于苗木健壮

通过整形修剪可以改善苗木的通风透光条件，减少病虫害，使苗木健壮、质量提高。

4. 有利于植株矮化，加强局部生长

苗木的地上部分经过修剪后，会使其总生长量减少，而促进局部生长，同时也常常影响苗木生长和开花结果的平衡关系。因为疏剪一部分枝条，必然会减少苗木叶子、枝条的数量，就会使苗木减少其制造营养物质的数量，因而使树木生长量下降。修剪得越重，生长量下降就越多，从而使植株矮化。但是对局部来讲，因为修剪使苗木总体的生长点减少，被保留下来的枝条营养生长得到加强。

绿化美化用的大苗整形修剪技术与果树相似，但目的要求不完全相同。园林绿化大苗整形修剪的基本要求是美观、健壮，而果树则是丰产、稳产、品质好。

二、整形修剪的形式

观赏树木种类繁多，其分枝习性各有不同，加之在园林绿化中用途各种各样，所以其整形方式不一样，归纳起来，在实际应用中有如下几种整形方式。

(一)自然式整形

这种树形是在树木本身特有的自然树形基础上，稍加人工调整与干预(基本上顺其自然)，所以树木生长良好，发育健壮，能充分发挥出该树种的观赏特性。庭荫树、风景树或有些行道树多采用此种整形。自然树形通常有以下几种形状(图 6.1)。

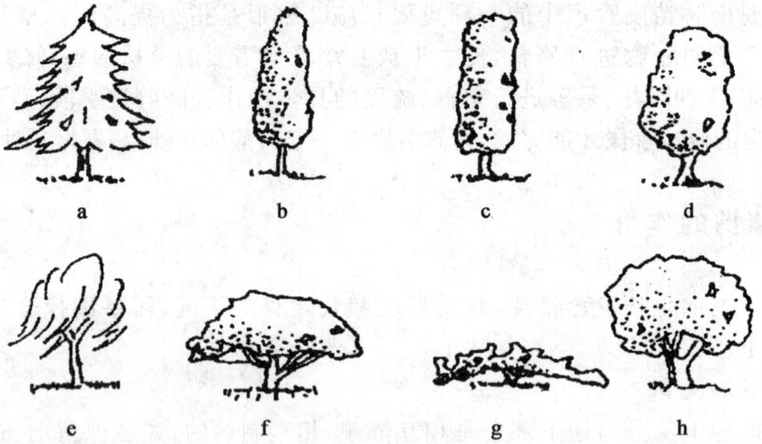

图 6.1　常见园林植物自然式整形(魏岩. 园林植物栽培与养护. 2003)

a. 尖塔形　b. 圆锥形　c. 圆柱形　d. 卵圆形　e. 垂枝形　f. 伞形　g. 匍匐形　h. 圆球形

尖塔形：有明显的主干，属单轴分枝，顶端优势明显。如雪松、南洋杉、落羽杉、大叶竹柏等。

圆锥形：形似圆锥，介于尖塔形与圆柱形之间，属单轴分枝。如松、柏、银桦、美洲白蜡等。

圆柱形：杜松、钻天杨、箭杆杨等。

卵圆形：银杏、毛白杨、苹果等。

广卵形：樟树、罗汉松、广玉兰等。

伞形：一般也是合轴分枝形成的冠形，有主干，枝条分布呈伞状，如合欢、鸡爪槭、垂枝桃、龙爪槐等。

扁圆形：槐树、桃花、复叶槭等。

圆球形：馒头柳、圆头椿、珊瑚朴、黄刺玫等。

不规则形：连翘、迎春、沙地柏等。

(二)人工式整形

由于园林绿化的特殊要求，有时将树木整剪成有规则的几何形体，如方的、圆的、多边形等，或整剪成非规则式的各种形体，如鸟、兽等。这种整形是违背树木生长发育的自然规律，抑制强度较大；所采用的植物材料要求萌芽力和成枝力均强的种类，并且见有枯干的枝条要立即修剪，有死的植株还要马上换上，才能保持整齐一致，所以往往为满足特殊的观赏要求才采用此种整形方式。

1. 几何形体式整形

这种整形方式采用的树种必须萌芽力与成枝力均很强，并耐修剪才行。整剪时遵照几何形体构成的规律进行，如要把树冠整剪成圆球形，就必须先定出半径长度及圆心的位置(或圆球的最高点)才可以动剪刀进行修剪。几何形体式断面形状大致有图 6.2 所示的几种。

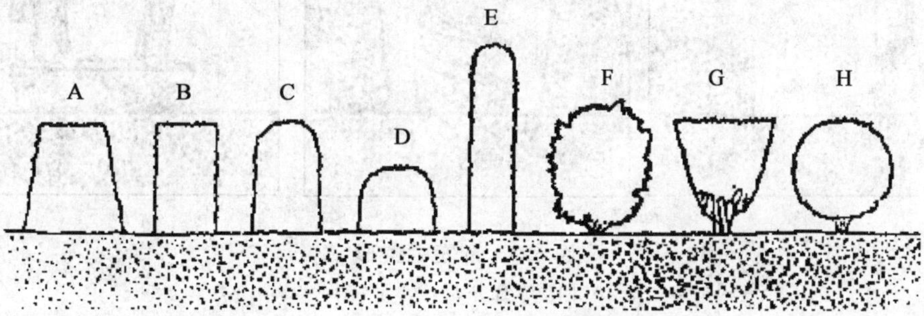

图 6.2 几何形体式断面形状

A. 梯形 B. 方形 C、D. 圆顶形 E. 柱形 F. 自然式 G. 杯形 H. 球形

2. 非规则式的整形

(1)垣壁式 在欧洲古典式庭院中经常可以见到此种整形方式，主要是为了垂直绿化墙面。常见的形式有 U 字形、叉形、肋骨形和扇形(图 6.3)。

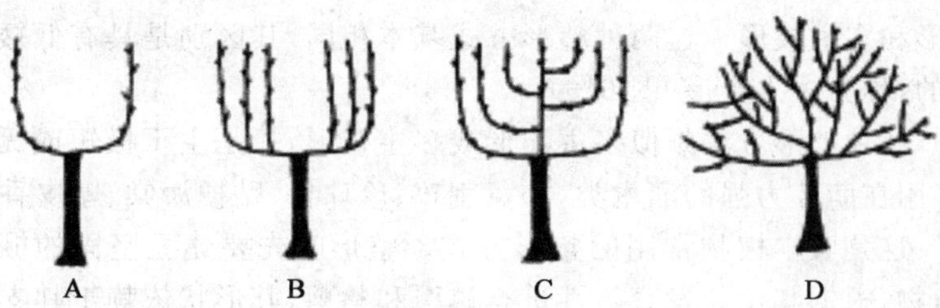

图 6.3 常见的垣壁式整形

A. U 字形 B. 叉形 C. 肋骨形 D. 扇形

这种整形，首先要培养一个低矮的主干，在其干上左右两侧呈对称或放射性配列主枝，并使枝头保持在同一平面上。

(2)雕塑式　选择枝条茂密、柔软、叶形细小(或较小)而且耐修剪的树种，如罗汉松、圆柏、柏、榕树、冬青、榆树、构骨、珊瑚树、女贞、迎春等，通过用铅丝、绳索等用具，蟠扎扭曲等手段，按照一定的物体造型，由其主枝、侧枝构成骨架，然后通过绳索的牵引将其小枝紧紧地抱合，或者直接按照仿造的物体进行细致的整形修剪，从而整剪成各种雕塑式形状(图 6.4)。这种整形方式视修剪者的意图、技术而定，有的事先做成框架，在其上缚扎整形。但要注意所做的形体要与周围的环境协调，线条也不要过于繁琐，以轮廓简洁大方为佳。制作时用几棵同树种，不同年龄的苗木进行拼整。养护时，随时剪截伸出形体外的枝条，如发现有枯株，应立即补植，才能始终保持整体的完美而不变形。

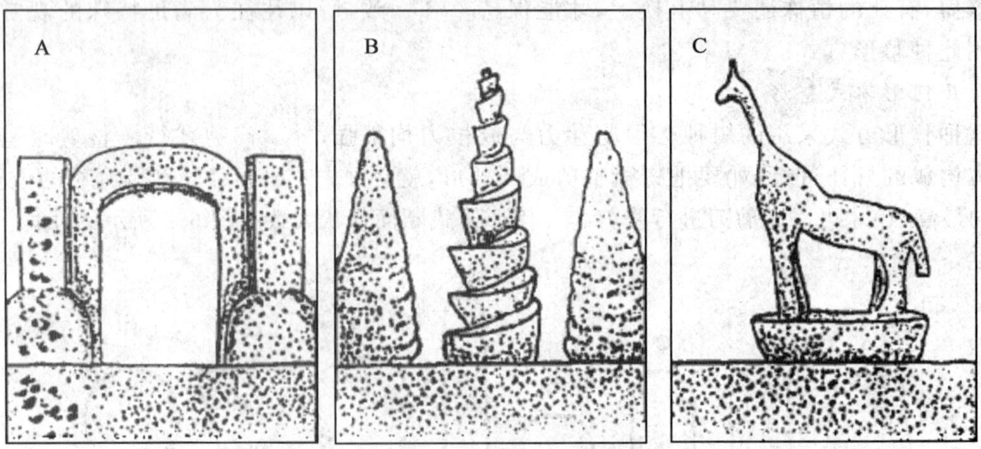

图 6.4　雕塑式整形

A. 门形　B. 塔形　C. 动物形

(三)自然与人工混合式整形

1. 无中干形

(1)自然杯状形　此形是杯状形的改良树形，杯状形即是常讲的“三股六叉十二枝”(图 6.5)。

(2)自然开心形　此种树形是自然杯状形的改良与发展。留的主枝大多数为 3 枝，个别少数的植株也有 2 或 4 枝的。

(3)多主干形和多主枝形　这两种整形方式基本相同，其区别是具有低矮主干的称为多主枝形；无主干的，称为多主干形(图 6.6)。

(4)丛球形　此种整形方法颇似多主干形或多主枝形，只是主干极短或无，留枝数多，呈丛生状。该形多用在萌芽力强的灌木类，如黄刺玫、珍珠梅、贴梗海棠、厚皮香、红花榴木等。

(5)棚架形　这是藤本植物常用的整形方式。整形时先要建立坚固的棚架或廊、亭等，然后栽植藤本植物，根据其生长发育习性进行诱引和整剪，其形状依赖于其支架的形式。

2. 有中干形

有中干形一般根据主枝配列方式分为分层形和疏散形两种，多应用在大的乔木和果树上(图 6.7)。

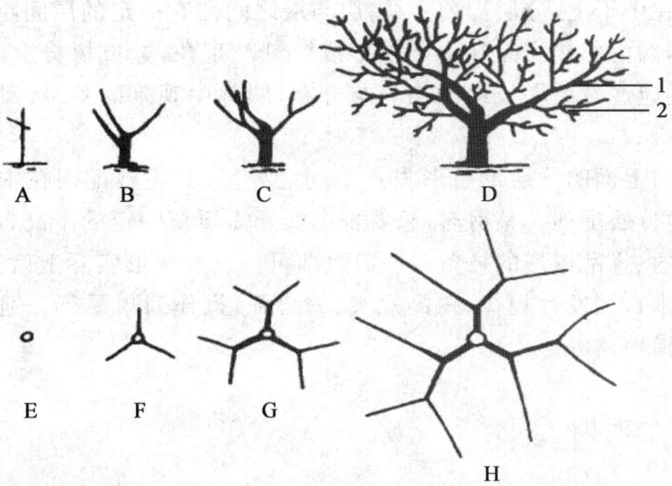

图 6.5　自然杯状形整形

1. 主枝　2. 侧枝

A～C. 第一年至第三年整形　D. 基本完成整形的侧面图　E～H. 平面图

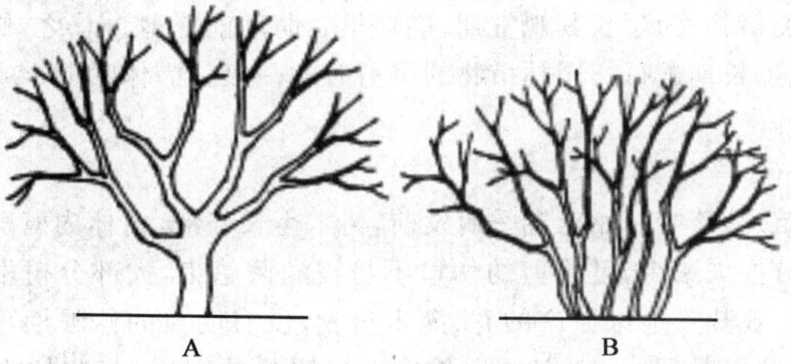

图 6.6　多主枝形与多主干形

A. 多主枝形　B. 多主干形

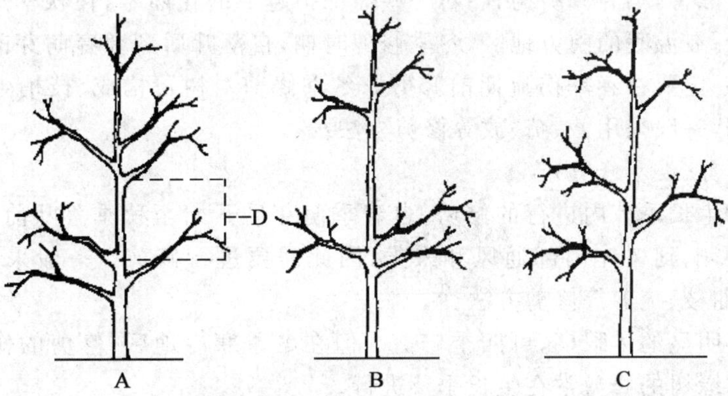

图 6.7　分层形与疏散形

A. 分层形(主枝邻近)　B. 分层形(主枝邻接)　C. 疏散形　D. 层间距

(1)分层形　在中干上，分层配列主枝，层与层之间留有一定的层间距，每层的主枝最好是临近，不要邻接，因为邻接容易在中干上形成“卡脖”现象，造成树势上弱下强的不均衡姿态。观果的树木还应注意结果枝组的培养与分布，园林中观果的苹果、梨、山楂等树种多采用此种整形方式。

(2)疏散形　与上面的分层形整形方式不同之处是，其主枝配列在中干上是随意的，不是按一定的层间距分层配列。整剪时，只要根据实际需要留一定的干高，将主枝均匀地配置在中干上，把无用的、扰乱树形的枝条一一剪除即可。这种树形实际上就是自然树形稍加人工的干预，符合树木自然发育规律，树高冠大、树势强，操作简单易行。适合应用于行道树、庭荫树、风景树和孤植树等。

三、整形修剪的时期

园林植物种类繁多，习性与功能各异。各地在具体确定修剪时期上，相差较大，每种植物都有其适宜的修剪季节，从总体上看，一年中的任何时候都可进行修剪，具体时间的选择应从实际出发。但最佳时期应满足两个条件：一是不影响植物的正常生长，避免剪口感染；二是不影响植物的开花结果，不破坏原有冠形。如观花观果类植物，应在花芽分化前和花期后修剪；观枝观叶类植物，为延长其观赏期，应在早春萌动前修剪。总之，修剪整形一般在植物的休眠期或缓慢生长期进行。园林植物的修剪时期一般分为休眠期(冬季)修剪和生长期(夏季)修剪。

1. 休眠期修剪(冬季修剪)

落叶树(或大苗)从落叶开始至春季萌发前，树木生长停滞，树体内营养物质大都回归根部贮藏，修剪后养分损失最少，且修剪的伤口不易被病菌感染，大部分树木的修剪工作在此时间内进行。热带、亚热带地区原产的乔、灌木植物，没有明显的休眠期，但是从 11 月下旬到第二年 3 月初的这段时间内，它们的生长速度也明显的缓慢，有些树木也处于半休眠状态，所以此时也是修剪的适宜期。

冬季修剪的具体时间应根据当地的寒冷程度和最低气温来决定。如冬季严寒的地方，修剪后伤口易受冻害，早春修剪为宜；对一些需保护越冬的花灌木，在秋季落叶后立即重剪，然后埋土或卷干；在温暖的南方地区，冬季修剪时期，自落叶后到翌春萌芽前都可进行；有伤流现象的树种，一定要在春季伤流期前修剪。冬季修剪对树冠构成、枝梢生长、花果枝的形成等有重要作用，一般采用截、疏、放等修剪方法。

2. 生长期修剪(夏季修剪)

在夏季植物生长季节内进行的修剪，自春季萌芽后开始至秋季落叶前结束。此期园林植物枝叶茂盛，影响到树体内部通风和采光，因此需要进行修剪。一般采用抹芽、除蘖、摘心、环剥、扭梢、曲枝、疏剪等修剪方法。

常绿树没有明显的休眠期，可四季修剪。但在冬季寒冷地区，修剪的伤口不易愈合，易受冻害，因此，常绿树的修剪常在生长季节进行。

一年内多次抽梢开花的植物，花后及时修剪去花梗，使其抽发新枝，开花不断，延长观赏期，如紫薇、月季等观花植物；对于苗圃中生长的观花观果植物，如暂时不需要发挥其观赏功能，应及时疏花疏果，以减少养分的消耗，促进苗木的生长；观叶、观姿类的植物，一旦发现扰乱树形的枝条就要立即剪除；棕榈等则应及时将破碎的枯老叶片剪去；绿篱、球形植物的夏季修剪，既要使其整齐美观，同时又要兼顾截取插穗。

四、整形修剪的方法

由于修剪时期和部位不同，采用的修剪方法也不一样，归纳起来，无论是休眠期修剪，还是生长期修剪，采用的方法概括为 5 个字：截、疏、放、伤、变。在生长期修剪时，方法没变，但所叫的名称改变了，通常只有休眠期修剪时才使用这 5 个字。

（一）休眠期修剪的方法

1. 截

又称短截。狭义上讲一年生枝剪去一部分称为截。广义上讲，多年生枝剪去一部分称回缩（有的文献将“回缩”单作为一种修剪方法介绍）；新梢剪去一部分称摘心。有人将短截又分为轻短截（一般截去枝条全长的 1/5～1/4）、中短截（剪去枝条全长的 1/3～1/2）、重短截（即剪去枝条全长的 2/3～3/4）、极重短截（仅留基部 1～2 个芽）。一般根据树种、树龄、树势、枝条及其在树冠中的位置等情况的不同而采用不同的短截长度。通常短截较重，对侧芽萌发和生长势的刺激较强。

2. 疏

又称疏剪或疏删。将一年生枝从基部剪除称为疏。生长季采用的抹芽、摘叶、去萌等也属于疏的范畴。其作用如下：

(1)因为疏枝减少树体总枝叶量，所以，对植株整体生长有削弱作用，对局部的刺激作用与短截不同，与枝条的着生位置有关，对同侧的剪口以下的枝条有增强作用；对同侧剪口以上的枝条有削弱作用。因为疏枝后在母枝上产生伤口，影响营养物质的运输。疏枝越多，伤口间距离越近，距伤口越近的枝条，这两种作用越明显。通常用疏枝控制枝条旺长或调节植株整体和局部的生长势。

(2)通过疏剪减少枝叶量，使树冠内光线增强，特别是短波光增强更多，其有利于组织分化，不利于细胞伸长，故为了减少分枝或促进花芽分化，可采用疏剪的方法。以观果为目的树木，应适当疏枝疏叶，使果实着色好。

(3)削弱树体和母枝生长势较短截明显，常用以调节植株整体与局部的生长势。但疏剪结果枝反而可以加强植株整体和母枝的生长势。

(4)为了改善树冠内的通风透光状况，增强同化作用，促进花芽分化，同时增加树木的观赏效果，无论何时，对树木修剪首先进行常规修剪，常规修剪指的是疏除树冠上的老弱枝、病虫枝、伤残枝、枯枝、交叉枝、过密枝、萌蘖枝、徒长枝及扰乱树形的一切枝条。

3. 放

营养枝不剪称甩放或长放。其原理是利用单枝生长势逐年递减的自然规律。长放的枝条留芽多，抽生的枝条也相对增多，致使生长前期养分分散，多形成中短枝；生长后期积累养分较多，能促进花芽分化和结果。但是营养枝长放后，枝条增粗较快，特别是背上的直立枝，越放越粗，运用不妥，会出现树上长树的现象，必须注意防止。一般情况下，对背上的直立枝不采取甩放，如果要甩放也应结合运用其他的修剪措施，如弯枝、扭梢或环剥等；甩放一般多应用于长势中等的枝条，促使形成花芽把握性较大，不会出现越放越旺的情况。通常对桃花、西府海棠、榆叶梅等花木的幼树，为了平衡树势，增强较弱枝条的生长势，往往采取长放的措施，使该枝条迅速增粗，赶上其他枝的生长势；丛生的花灌木多采用长放的修剪措施，如整剪连翘时，为了形成潇洒飘逸的树形，在树冠的上方往往甩放 3～4 条长枝，远远地看过去，长枝随风摆动，非常好看。杜鹃、金银木、迎春等花木也多采用甩放的修剪方法。

4.伤

凡把枝条用各种方法使其皮部、韧皮部和木质部受损，均属于伤。伤的方法多在生长期应用，如刻伤、环剥、折裂、扭梢和拿枝等。而刻伤的方法在休眠期常结合其他修剪方法综合应用。刻伤又分为目伤、纵伤和横伤。

(1)目伤　是在芽或枝的上方或下方进行刻伤，伤口的形状似眼睛，所以称之为目伤(图 6.8)。伤的深度以达木质部为度，在芽或枝的上方切刻时，由于养分和水分受伤口的阻挡而集中于该芽或枝，可促使其芽萌发，增强其枝的生长势。在整形时，为了在理想的部位萌芽抽枝，往往在芽的上方采用目伤的措施。当在芽或枝的下方切刻时，则使该芽或枝生长势减弱，但由于有机营养物质的积累，有利于花芽的形成。刻伤的愈深愈宽时，其作用就愈强。

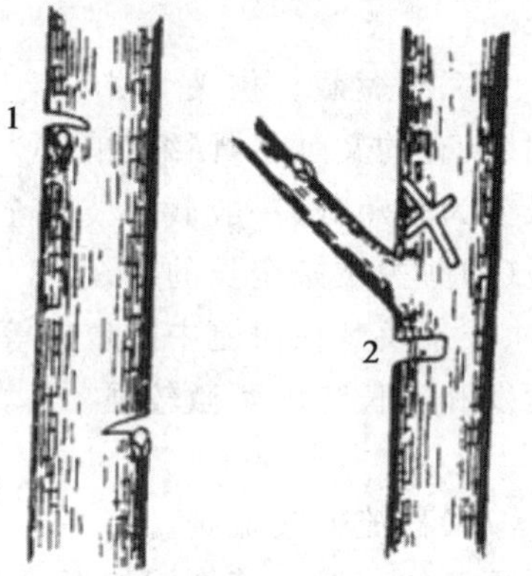

图 6.8　目伤

1.在芽上方刻伤　2.在芽下方刻伤

(2)纵伤　是在枝干上用刀纵切，深达木质部的措施。作用是减少树皮的机械束缚力，有利于枝条的加粗生长，增强生长势。纵伤措施宜在春季开始生长前进行。实施时，宜选树皮硬化部分，小枝可行一条纵伤，粗枝可纵伤数条。

(3)横伤　是对树干或粗大的主枝横砍数刀，深及木质部。作用是阻滞有机养分的向下运输，促使枝条充实，有利于花芽分化，能达到促进开花结实、丰产的目的。

5.变

改变枝向，缓和枝条生长势的方法称变。如屈枝、弯枝、盘枝、拉枝、压平等(图 6.9，图 6.10)技术措施都可以改变枝条角度和方向，使先端优势转位。变的修剪方法在生长期与休眠期均可应用。

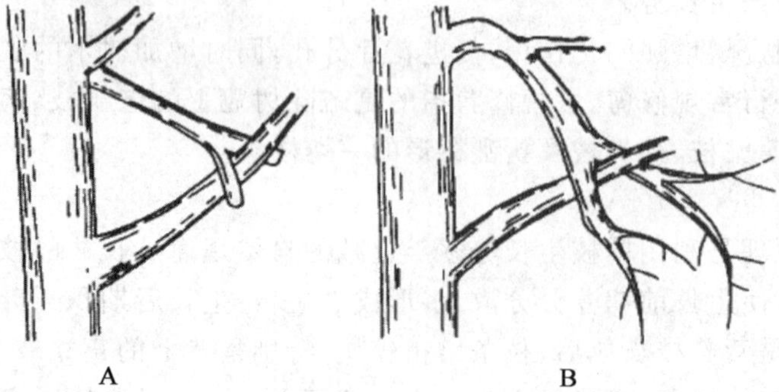

图 6.9　撑枝(压平)

A.支棍　B.活支棍

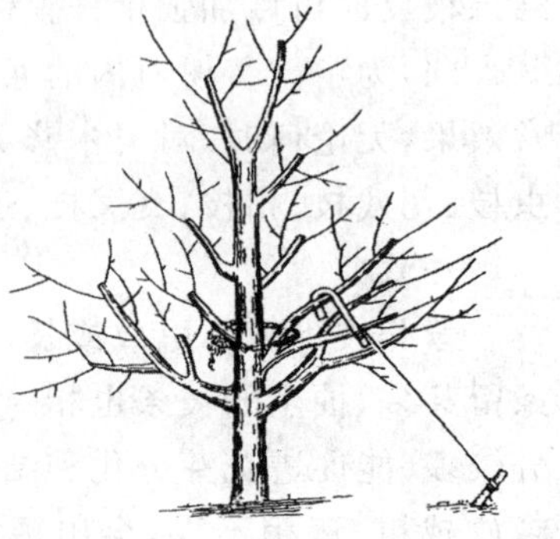
图 6.10　拉枝

弯枝可加大分枝角度，减少枝条上下端生长势差异，防止枝条下部光秃现象的发生；骨干枝弯枝有扩大树冠，改善光照条件，充分利用空间，缓和生长，促进开花结果等作用。

弯枝在树木造型时应用较多，特别是将树木整剪成各种各样的动物形体，或将树木整剪成非几何形体式。应用时不是单纯地用一种方法，而是几种方法综合应用，才能取得预期的效果。

(二)生长期修剪的方法

1.摘心

将新梢顶端摘除的技术措施，称为摘心，俗称卡尖或捏尖(图6.11)。其作用如下：

(1)促进花芽分化　摘心可以改变营养物质运输的方向，因为摘心后养分不能再大量地流入新梢顶端，而集中在下部的叶片和枝条内，所以摘心可促进花芽分化和坐果。

(2)促进分枝　摘心后改变了顶端优势，促使下面侧芽萌发，从而增加了分枝。

(3)促使枝芽充实　适时摘心，可以使下部的枝芽得到足够的营养，使枝条生长充实，芽体饱满，从而有利于提高枝条的抗寒力和花芽的发育。

(4)增加分枝数和分枝级次，有利于提早形成花芽　摘心首先要有足够叶面积的保证；其次，要在急需养分的关键时期进行，不宜过迟或过早。而且利用摘心可以延长花期，如夏秋开花的紫薇、木槿等，可对部分新梢进行摘心，另一部分不摘心，摘心的部分可提前形成花芽开花，不摘心的部分正常花期开花，则可延长整个植株花期15～20 d，而对早开花的枝条花后进行修剪(去残花)又可发生新枝开花，则又可延长花期10～20 d，因此利用摘心技术可使整个花期延长很多。

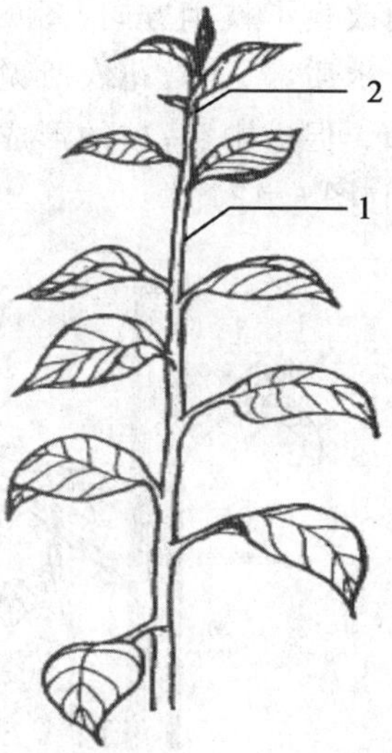

图6.11　摘心

1.第一次摘心处　2.第二次摘心处

2.抹芽和除梢

将多余的芽萌发后及时从基部抹除，称抹芽或除芽(通俗说法叫掰芽)。萌芽抽生成嫩枝时，剪除或掰除，称为除梢。抹芽和除梢可改善树冠内通风透光与留下芽的养分供应状况，增强其生长势。抹芽和除梢还可以避免造成过多过大的伤口。有时为了抑制顶端过强的生长势，或为了延迟发芽期，将主芽抹除，而促副芽或隐芽萌发。

3.摘叶

带叶柄将叶片剪除称摘叶。摘叶可改善树冠内的通风透光条件，观果的树木果实充分见光后着色好，增加果实美观程度，从而提高观赏效果；对枝叶过密的树冠，进行摘叶有防止病虫害发生的作用；通过摘叶还可以进行催花。

4.去蘖(除萌)

嫁接繁殖或易生根蘖的树木，随时需要除去萌蘖。桂花、榆叶梅和月季在栽培养护过程中经常要除萌，以免萌蘖长大后扰乱树形，并防止养分无效地消耗。对牡丹、芍药的修剪，有一句非常通俗的说法“芍药要梳头，牡丹要洗脚”，意思是说，芍药花蕾较多，为了保证花朵大小一致，要将过多的、过小的花蕾疏除，因而称之为“梳头”；而牡丹植株基部萌蘖很多，除有用的以外，均应去除，所以称之为“洗脚”。

5. 折裂

为了曲折枝条，使之形成各种艺术造型，常在早春芽略萌动时，对枝条施行折裂处理。具体做法：先用刀斜向切入，深达枝条直径的 1/2～2/3 处，然后小心地将枝弯折，并利用木质部折裂处的斜面相互顶住，为了防止伤口水分过多损失，往往在伤口处进行包裹。

6. 扭梢(枝)和拿枝(梢)

两者都是将枝梢扭伤的措施。扭梢就是将生长旺的梢向下扭曲，木质部和皮层都被扭伤而改变了枝梢方向(图 6.12)。拿枝是用手对旺梢自基部到顶部慢慢地捏一捏，响而不折，伤及木质部，通常花农所说的“伤骨不伤皮”。这些方法可以阻碍养分的运输，从而使生长势缓和。促进中、短枝的形成，有利于花芽的分化。折梢和折枝也有类似的作用，需要时可以应用(图 6.13)。

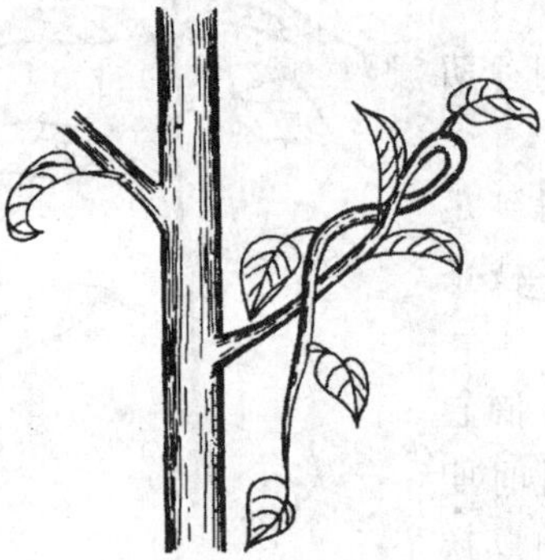

图 6.12　扭梢

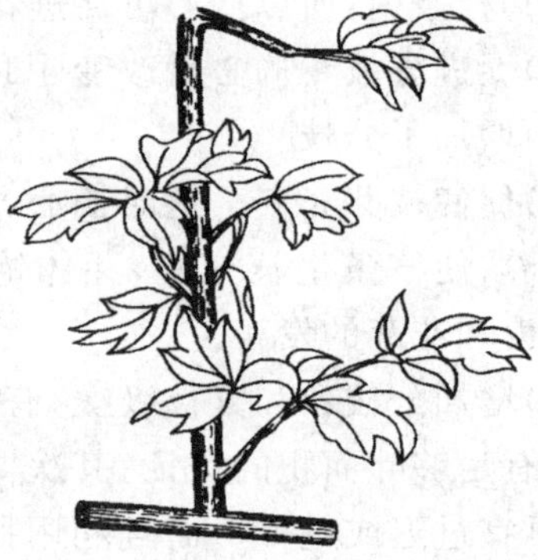

图 6.13　折梢

7. 环剥

将枝干的皮层与韧皮部剥去一圈的措施，称之为环状剥皮，简称环剥(图 6.14)。环状剥皮的作用：树木枝条进行环状剥皮后，使进行过剥皮的枝条中断了韧皮部的疏导系统，破坏了植株地上部分与地下部分的新陈代谢平衡关系。环剥中断了有机物质向下运输，而暂时增加环剥以上部位糖类的积累，并且使生长素含量下降，故会抑制营养生长，促进生殖生长。

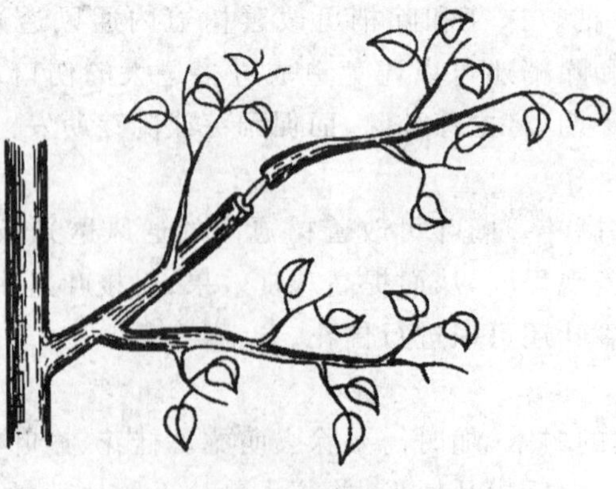

图 6.14　环剥

8. 屈枝

在生长季将新梢施行屈曲、绑扎或扶立等诱引技术措施。这一些措施虽未损伤任何组织，但当直立诱引时，可增强生长势；当水平诱引时，则有中等的抑制作用，使组织充实，易形成花芽，或使枝条中、下部形成强健的新梢；当向下屈曲诱引时，则有较强的抑制作用，在对观赏树木造型时经常应用。

9. 圈枝

在幼树整形时为了使主干弯曲或成疙瘩状，常采用圈枝的技术措施。使生长势缓和，树生长不高，并能提早开花。

10. 断根

是将植株的根系在一定范围内全部切断或部分切断的措施。进行抑制栽培时常常采取断根的措施，断根后可刺激根部发生新的须根，有利于植株移栽成活。

五、各类园林植物修剪整形技艺

(一)大乔木类整形

大乔木类通常作为行道树、庭荫树、孤植树，故通常采用中心干形、开心形等树形。雪松采用主干形整形时，其幼苗具有主干顶端柔软而自然下垂特点，为了维护中心干顶端优势，应重剪顶梢附近粗壮的侧枝，促使顶梢旺盛生长。如原主干延长枝长势较弱，而其相邻的侧枝长势特别旺盛时，则剪去原头，以侧代主，保持顶端优势。对于上部枝要去弱留强，去下垂枝，留平斜向上枝，回缩修剪下部的重叠枝、平行枝、过密枝，主枝数量不宜过多、过密，以免分散养分。在主干上间隔 50 cm 左右组成一轮主枝。主枝上的枝条一般要缓放不短截，使树冠疏朗匀称、美观大方。

作为行道树要求主干通直圆满，具有一定的干高。一般要求主干高 2～3.5 m，根系发达，有完整、紧凑、丰满匀称的树冠。可通过以下方法来培养高干。

1. 修剪养干

适用于萌芽力强、生长快、干性强及顶端优势明显的树种。如在培育杨树类大苗期间，抹除干高以下的芽或枝，未能及时抹除的，则在停长后疏去分枝，但注意不可一次疏去太多，要逐步进行，许多树种要培养出干高在 2～3.5 m 的苗木，需要 2～4 年的时间。

2. 密植养干

在移植时，缩小株行距，对苗木进行密植，可促进树木向上生长，抑制侧枝生长，也可培养出通直主干，但应注意这种方法培育的主干往往比较细。

3. 截干法

适用于潜伏芽寿命长，萌芽力较强，年生长量较小，干性弱的树种，通过修剪方法培养 2～3 年后干形达不到要求的，可采用此法。具体做法是：先进行移植，移植后加强肥水管理，不修剪，以促根系生长，1～2 年后，从根颈处截去，刺激基部潜伏芽萌发，在萌发的枝中，选留一个直立强壮的培养为主干，其余的除掉，经几年后可培养出主干通直树冠丰满的大苗。

采用开心形整形，如樱花，苗高达 1.2 m 左右时，进行定干，定干高度在 0.8～1.0 m，在主干上选留 3～5 个主枝形成自然开心形，主枝上下互相错落向四周展开，在第三或第五主枝以下剪去中心干，每个主枝的中、下部各选配 1～2 个侧枝，主枝上的其他中长枝则可疏密留稀填补空间，增加开花数量。

(二)小乔木类整形

通常采用开心形、丛状形等树形进行整形，适于庭园孤植、对植、列植，也可成丛、成片种植。

采用开心形整形，如梅花，常采用自然开心形，在春季定干，定干高度在 0.6～1.0 m，也可视具体而定，当萌芽抽枝后，选留 3～4 个枝作为主枝，不留中心干，每主枝上的中、下部配 1～2 个侧枝，使主、侧枝均匀地布满树冠空间，对其他枝条则是疏密留稀。

采用丛状形整形，如珊瑚树，其枝叶繁茂，较耐修剪，丛生性强，苗木在早春行重短截，促其分枝后，选 4～5 个枝作为主枝，分别占领不同空间，形成丛状形，注意剪除徒长枝，疏除重叠枝、交叉枝。

(三)灌木类整形

通常采用丛状形整形，宜植于庭园、路边、坡地等，如蜡梅、珍珠梅、棣棠等。苗木在早春进行重短截，使其发 3～5 个健壮的枝条，在生长期应适当摘心、剪梢，剪去杂乱枝，要保持形成丰满的树冠。

(四)藤本类整形

苗木移植后，春季近地面处截干，促使萌生侧枝，选留 2～3 条生长健壮的枝条培养做主蔓，对枝上过早出现的花芽要及早摘去。藤本植物移植后第一年，应设立支柱固定植株，并使其向上攀缘生长。

(五)球形类整形

针对瑞香、大叶黄杨等需进行球形整形，提高观赏价值。具体做法是：当苗木达到一定高度时，修剪枝梢使树冠呈圆球形。当分枝抽出达 20～25 cm 时，再次修剪枝梢，促进次级侧枝形成，使球体逐年增大，同时剪去畸形枝、徒长枝和病虫枝。成形后，每年生长期进行 2～3 次短截，促使球面密生枝叶。

(六)绿篱类整形

用作绿篱的灌木要求枝叶丰满，特别是下部枝条不能光秃，要从基部培养出大量分枝，形成灌丛，以便于定植后修剪成绿篱。具体做法是：当苗木高达 20～30 cm 及以上时，剪去主干顶梢，使侧枝萌发生长，当侧枝长到 20～30 cm 时，剪去顶梢，促使次级侧枝抽出，经 1～2 年培养，苗木上下侧枝密集。高绿篱苗一般任其生长或适当修剪。

自测训练

一、概念题

整形　修剪　短截　疏剪　目伤　摘心

二、填空题

1. 整形修剪的形式有(　　　　)整形、(　　　　)整形和(　　　　)整形三种。

2. 园林植物的修剪时期一般分为(　　　　)期修剪和(　　　　)期修剪。

3. 园林植物修剪的基本方法可归纳为(　　　　)、(　　　　)、(　　　　)、(　　　　)、(　　　　)5种。

4. 生长季常用的修剪方法有(　　　　)、(　　　　)、(　　　　)、(　　　　)、(　　　　)、(　　　　)等。

5. 轻短截只剪去一年生枝梢的(　　　　);中短截是在春梢中上部饱满芽处剪去枝条的(　　　　);重短截是在枝条中下部约剪去枝条的(　　　　);极重短截是在枝条基部留(　　　　)个不饱满芽,一般多用于竞争枝处理或降低枝位。

6. 花灌木类整形修剪的形式有(　　　　)式和(　　　　)式。

三、选择题

1. 轻短截一般截去枝条全长的(　　)。

A. 1/5～1/4　　B. 1/3～1/2　　C. 1/2～2/3　　D. 2/3～3/4

2. 生长季采用的抹芽、摘叶、去萌等属于(　　)整形修剪方法。

A. 短截　　B. 疏剪　　C. 放　　D. 伤

3. 小乔木类整形通常采用(　　)的方法。

A. 分层形　　B. 几何形　　C. 自然开心形　　D. 丛球形

四、问答题

1. 修剪整形的意义是什么?

2. 整形修剪的方法有哪些?

技能训练十三　苗木修剪与整形

一、目的要求

掌握苗木整形的方式,能够进行正确的苗木整形修剪。

二、材料与用具

需要整形修剪的小乔木、花灌木、绿篱、藤本植物等,修枝剪、高枝剪、园艺锯、油漆、刷子等。

三、方法步骤

(1)准备对植物种类进行仔细观察,了解其枝芽生长特性、苗木的生长情况及要达到的冠形特点。

(2)教师进行讲解和操作示范,学生按每小组3～5人分组,按照操作要求进行平茬、抹芽、摘心、短截、疏枝等操作。

(3)选择正确的方法进行修剪,具体方法见本节相关内容。

(4)检查是否漏剪、错剪,进行补剪或纠正。

(5)整理修剪完毕,清理现场。

四、作业

纪录修剪的苗木、修剪方法,完成实训报告。

任务三　苗木的灌溉、施肥及中耕除草

一、灌水与排水

水分既是植物的重要组成成分，又是植物生存最重要的环境因子之一。从种子萌发到苗木出圃，其中所需水分，主要来自灌溉。不同树种在不同生长时期对土壤水分的要求是不一样的。灌溉应根据不同树种的特性、土质类型、气候、季节及苗木生长时期等具体情况来确定灌水量、灌水时间和灌水次数。

(一)灌溉方法

苗圃中应用的灌溉方法主要有以下几类：

1. 侧方灌溉

也即沟灌，用于高床(或高垄)的灌溉。水沿沟流入，从侧面渗入畦(苗床)内。此法灌溉苗床床面不会板结，但用水量大，床宽时，灌水不易均匀。

2. 漫灌

也即畦灌，用于低床。这种方法较沟灌省水，投入少，简单易行。但床面易板结，造成土壤通气不良。漫灌还容易冲倒或淹没幼苗，使苗木基部叶沾泥，影响光合作用。

3. 喷灌

管道灌溉的一种，主要用于小苗区。其主要优点是喷水均匀，省水，灌溉效果好，但需较多投资。大风时使用不方便。

4. 滴灌

通过管道输水，用水滴形式使土壤湿润。适用于精细灌溉，比喷灌更省水，但需较多的配套设施，在保护地育苗和栽培中广泛使用。

5. 盘灌

适应于经过多年培育的大规格苗木。以干基为圆心，在树冠投影以内的地面筑埂围堰，形似圆盘，在盘内灌水。盘灌用水经济，但浸湿土壤的范围较小，由于大苗根系可能比冠幅大，因此离干基较远的根系，难以得到水分供应，同时还有破坏土壤结构，使表土板结的缺点。

6. 穴灌

适应于经过多年培育的大规格苗木。在树冠投影外侧挖穴，将水灌入穴中。穴的数量依苗木冠幅的大小而定，穴深以不伤粗根为准，灌后将土还原。这种方法用水经济，不会引起土壤板结，适用于水源缺乏的地区。

(二)灌水的技术要求

灌溉必须合理。不同种类的苗木对水分的需求量差异很大。一些常绿针叶树种不耐湿，灌水量应小；有些阔叶落叶树种，水量过大易产生黄化现象，如刺槐、海棠、玫瑰及山楂等。杉木、落叶松等树种，苗期需水量大，灌溉次数多；核桃、栎类等树种，幼苗扎根深，可适当少灌。

速生期苗木需水量大，灌溉要透，保证主要根系层处于湿润状态。速生期后期和硬化期，要控制灌溉次数并及时停止灌溉，以防止苗木徒长。

灌溉必须及时，确定什么时候灌溉的可靠方法是测定土壤含水量。一次灌溉的多少以不低于田间含水量60%为准。确定灌溉量还要考虑土壤和气候条件。晴朗多风，适当多灌，阴雨无风，适当少灌；黏土可少次多量，沙土则多次少量。

灌溉常在早晨和傍晚进行，尽量避免灌溉给土温带来的急剧变化。

(三)苗圃排水

排水也是水分管理的重要环节。雨季来临之前，应全面检查排水系统，清除排水沟内杂草，平整苗床，铲平沟底，保证及时排出多余水分。做到明水不积，暗水能排，雨停田干。

二、苗木施肥

(一)苗圃施肥的原则和技术要求

苗木施肥是为了提高土壤肥力，增加苗木营养。为了使苗木施肥这一措施经济合理，必须遵循以下基本原则：

1.明确施肥目的

为了使苗木获得丰富的矿质营养，促进苗木生长，施肥要尽可能集中分层施用，使肥料集中靠近苗木根系，有利于苗木吸收和避免土壤固定；还应迟效与速效肥料配合，有机与矿质肥料配合，基肥与追肥配合，以保证稳定和及时供应苗木吸收，避免淋失。

为了改良土壤，应该根据土壤存在的具体问题选用合适的肥料，而不是单纯考虑树木对矿质营养的需要，甚至可以使用不含肥料三要素的物质，如用石灰改良酸性土，用硫黄改良碱性土等。

2.掌握环境条件对肥料吸收的影响

苗木对肥料的吸收不仅决定于植物的生物学特性，还受外界环境条件的影响。如不考虑苗木越冬情况，夏末之后盲目增加施肥量和追肥次数，可能会造成苗木冬季冻害。在生长期内，温度的高低、土壤湿度的大小，都直接影响苗木对营养元素的吸收。当温度低时，苗木吸收的养分少，尤其对氮、磷养分的吸收受到限制，而对钾的吸收影响较小；温度高时，树木吸收的养分多。另外，夏季大雨后，土壤中硝态氮大量淋失，这时宜追施速效氮肥。

土壤状况和施肥措施有密切关系。沙性土壤质地疏松，通气性好，温度较高，属于“热土”，宜选用猪粪、牛粪等冷性肥料；且沙土的保肥性能差，施肥量每次宜小。黏性土壤质地紧密，通气性差，温度低，属于“冷土”，宜选用马粪、羊粪等热性肥料；而黏性土壤的缓冲能力和保水保肥性能强，施肥量每次可大些。土壤的结构与施肥也有很大的关系，如果土壤结构不良，土壤的水、气失调，就要考虑施用有机肥、种植绿肥或试用结构改良剂，以改良其物理性质。

土壤酸碱度直接影响土壤养分的有效程度，酸性土壤，有利于阴离子的吸收；而碱性土壤则有利于阳离子的吸收。如对氮素的吸收，在酸性土壤中，有利于硝态氮的吸收；在中性或微碱性土壤中，则有利于铵态氮的吸收。土壤酸碱度还影响到菌根的发育。通常在酸性土壤中菌根易于形成和发育，而发达的菌根有利于苗木对磷和铁等元素的吸收利用，阻止磷素从根系向外排泄，同时还可提高苗木吸收水分的能力。

苗圃施肥还应考虑土壤本身的养分状况，根据苗木对土壤养分的需要量，对照土壤养分状况，有针对性地施肥，缺少什么肥料就补充什么肥料，需要补充多少就施用多少。

3.掌握苗木在不同物候期内需肥的特性

苗木在不同物候期所需的营养元素是不同的。一般说来，从生长初期到生长盛期，施肥以氮、磷肥为主；生长后期应以钾肥为主，磷肥为辅，减少氮肥施用量。当年最后一次追施氮肥应在苗木停止生长前一个月进行。

(二)苗木施肥量

苗木一般都应施用含有N,P,K三要素的混合肥料。具体施用比例因不同树种、不同年龄时期、不同物候期的需要和土壤的营养状况而定。

科学施肥应该是针对树体的营养状态，经济有效地供给植物所需要的营养元素，并且防止在土壤内和地下水内积累有害的残存物质。过量的施肥不仅造成经济上和物质上的浪费，还干扰其他营养元素的吸收和利用，而且还会恶化土壤条件，污染用水。同时施肥量的确定与当时的科学技术水平有关。因施肥受多种因素的影响很难确定统一的施肥用量，以下几点原则，可做确定施肥量的参考。

1.根据不同树种而异

树种不同，对养分的要求不一样，如茉莉、梧桐、梅花、月季、桂花、牡丹等种类喜肥沃土壤；沙棘、刺槐、悬铃木、臭椿、山杏等则耐瘠薄的土壤；开花结果多的大树应较开花、结果少的小树多施肥，树势衰弱的树也应多施肥。

2.根据不同的土壤而施肥

在施肥时，土壤的性质不同，所施用的肥料种类也不同。土壤的性质不同，施用肥料的用量也是不一样的，施肥的用量应根据土壤肥沃程度及其植物对肥料的反应而定。

3.根据树木不同时期的要求而施肥

一年生苗在生长旺盛的后期，对氮肥需要量最大，同时对磷钾肥的需要量也大，而二年生的移植苗，是在生长前期需氮肥较多，约占当年总需要量的70%。

4.根据过去施肥的经验

根据施肥量观察植物生长发育的状况，因为树木在缺乏某种元素或某种元素过量的情况下，树木所呈现的各种症状是不同的，根据肉眼观察得到的植物症状，不断总结施肥的经验教训，最后摸索出一套施肥用量相对标准。

5.叶面分析

叶片所含的营养元素量可反映树体的营养状况，发达的国家广泛应用叶面分析法来确定树木的施肥量。用此法不仅能查出肉眼见得到的症状，还能分析出多种营养元素的不足或过剩。

(三)施肥期的选择

确定在什么时候施肥最好，首先要了解植物在什么时间需要何种肥料，同时还应了解植物并不是在整个生长期内，都从土壤中吸收养分，也不是土壤中有什么营养元素就吸收什么元素。植物从外界环境中吸收与利用营养元素的过程，实质上是一种选择吸收的过程，其主要决定于植物本身的需要。因为每种植物在其生长发育的历程中，对各种营养元素的需要，已经形成了一定的比例关系，因此，施肥的时间应掌握在苗木最需肥的时候施入，以便使有限的肥料能被苗木充分吸收。具体施肥的时间应视苗木生长的情况和季节而定。在生产上，一般分基肥和追肥，基肥施用要早，追肥要巧。

苗木早春萌芽、开花和生长，主要是消耗树体贮存的养分。树体贮存的养分丰富，有利于枝条健壮生长，叶茂花繁、增加观赏效果。树木落叶前，是积累有机养分的时期，这时根系吸收强度虽小，但是时间较长，地上部制造的有机养分以贮藏为主，为了提高苗木的营养水平，北方一些省份，多在秋分前后施用基肥，但时间宜早不宜过晚，施得过迟，使树木生长不能及时停止，降低树木的越冬能力。

1. 基肥的施用时期

基肥是在较长时期内供给树木养分的基本肥料，所以宜施迟效性有机肥料，如腐殖酸类肥料，堆肥、厩肥、圈肥以及腐烂的作物秸秆、树枝、落叶等，使其逐渐分解，供苗木较长时间吸收利用大量元素和微量元素。

基肥分秋施和春施，秋施基肥以秋分前后施入效果最好，其原因如下：基肥是较长时间内供给苗木养分的基本肥料，应施迟效性的有机肥，迟效性肥料需要比较长的时间腐烂分解，秋季施入有机质腐烂分解的时间较充分，可提高矿质化程度，来春可及时供给苗木生长所需。如能再结合施入部分速效性化肥，提高细胞液浓度，从而也可增强苗木的越冬性。施有机肥可提高土壤孔隙度，使土壤疏松，有利于土壤积雪保墒和提高地温，防止冬春土壤干旱，并减少根际冻害。秋施基肥正值一些苗木根系（秋季）生长的高峰，并可发出新根，加之秋天苗木根系吸收的时间较长，吸收的养分积累起来，为来年生长和发育打好物质基础。

春施基肥，要求有机质要充分腐熟，如果有机质没有充分分解，肥效发挥较慢，早春不能及时供给根系吸收，到生长后期肥效发挥作用，往往会造成新梢二次生长，对苗木生长发育不利，同时也会降低苗木的越冬能力。

2. 追肥的施用时期

追肥又叫补肥。根据苗木一年中各物候期需肥特点及时追肥，以调解苗木生长和发育的矛盾。具体追肥时期，则与地区、树种、品种及树龄等有关，要紧紧依据各物候期特点进行追肥。对于一般移植后苗木，每年在生长期进行1～2次追肥，至于具体时期，则须视情况合理安排，灵活掌握。如苗木出现缺肥症状时可随时进行追施。

（四）施肥方法

施肥方式分为土壤施肥和根外追肥。

1. 土壤施肥

土壤施肥方法可分为沟施、撒施或浇施、穴施等。

（1）沟施　在苗床行间开沟，将肥料施在沟中，沟施时，可用液体肥料也可干施。液体追肥，先将肥料溶于水，再浇在沟中；干施时为了撒肥均匀，可用数倍或几十倍的干细土与肥料混合后再撒施于沟中，然后用土将肥料加以覆盖，以防损失肥效。施肥后覆土与否对肥效影响很大。如氨水、碳酸氢铵等，施肥后，如不盖土，肥分损失很大。撒施肥料时，严防撒到苗木叶子上，否则会灼伤苗木。

（2）撒施或浇施　将肥料溶于水中浇在苗床地面，或将肥料直接（也可把肥料与干土混合）均匀撒在苗床地面并浇水使之溶解渗入土壤。

（3）穴施　经过多次移植的大规格苗木，株行距较大，可进行穴施。在树冠投影圈内，按一定距离挖穴，穴的数量依树冠大小而定，穴的大小一般30 cm左右，深度视苗木根系深度而定，将肥料施入穴内，覆土填平。

2. 根外施肥

根外追施是将速效肥溶于水后，直接喷洒在叶面上。故又名叶面追肥。根外追肥具有发挥肥效快、用肥量少、不易被土壤吸附等优点，常用于补充氮、磷、钾肥和微量元素。根外追肥的浓度要严格控制在2%以下，如尿素0.1%～0.2%，过磷酸钙1%～2%，硫酸铜0.1%～0.5%，硼酸0.1%～0.15%。根外追肥常用高压喷雾器，使叶片的两面都要喷上肥料，通常在晴天的傍晚或阴天进行。喷后如遇雨，则需补喷一次。但这种施肥方法，由于喷到叶面上的肥料溶液容易干，所以根外追肥利用率的高低，与苗木叶片能否重复被湿润密切相关。

总之，根外施肥在苗木缺少某一营养元素时，或为保花保果时，或苗木长势衰弱欲尽快恢复生长势时，或苗木根系受损暂时降低吸收功能时，都可以采用。但其施肥效果不能全部代替土壤施肥，它只能作为一种补充施肥方法。

(五)苗圃常用肥料及养分含量

1. 有机肥料

有机肥料是含有机质为主的肥料。常用的有堆肥、厩肥、绿肥、泥炭(草炭)、腐殖酸肥、人粪尿、家禽粪、饼肥和骨粉等。有机肥含有多种营养元素和有机质，可以满足各种苗木对多种营养元素的需要，因此，是一种完全肥料。有机肥料要经过土壤微生物的分解作用，才能释放出可被植物吸收利用的营养元素和热量，属于迟效肥料。有机肥不仅能供给苗木生长所需要的多种元素，而且在土壤微生物的作用下形成腐殖质，对形成土壤团粒结构具有重要意义。因此，施于黏土中，可以改善通气性；施于沙地中，可以提高其保水性。常用有机肥的主要养分含量见表6.3。

表6.3 常用有机肥的主要养分含量 %

种类	有机质	氮 N	磷 P_2O_5	钾 K_2O
堆肥	15～25	0.4～0.5	0.18～0.20	0.45～0.70
猪厩肥	25.0	0.45	0.19	0.08
牛厩肥	20.3	0.34	0.16	0.40
马厩肥	25.4	0.58	0.28	0.53
羊厩肥	31.8	0.83	0.23	0.67
人粪尿		0.5～0.8	0.2～0.4	0.2～0.3
绿肥(以干物质计)		2～4	0.2～0.6	1～4
家禽粪(鸡粪)		1.78	0.62	1.37
牲畜粪		0.8～1.2	0.4～0.6	0.5～1.0
饼肥	75～85	2～7	1～3	1～2

2. 无机肥料

无机肥料又叫矿质肥料，包括化学加工生产的化学肥料和天然开采的矿物质肥料。这些肥料大部分为工业产品，不含有机质，有效成分含量高，大部分易溶解于水，能被植物直接吸收，肥效较快，多属速效肥。按照营养成分可分为以下各种：

(1)氮肥是含有氮素或以氮素为主的矿质肥料。氮肥种类颇多，大多数易溶于水，肥效迅速，施肥数日即可见效。通常都用作追肥，也可与有机肥混合作基肥使用。常见氮肥的含氮量、化学性质及肥效快慢见表6.4。

表6.4 常用氮肥及其性质

名称	含氮量/%	化学性质	肥效	备注
硫酸铵	20～21	生理酸性	速效	适用于碱性土，可作基肥、追肥和种肥
氯化铵	24～25	生理酸性	速效	适用于碱性土，可作基肥和追肥，不宜作种肥
碳酸氢铵	15～17	近中性	速效	适用于各种土壤，可作基肥、追肥，不能作种肥
硝酸铵	33～35	中性	速效	适用于各种土壤，一般用作追肥
尿素	42～46	中性	速效	适用于各种土壤，可用作基肥和追肥
氨水	12～18	弱碱性	速效	适用用酸性土，可作基肥或追肥
硝酸铵钙	20左右	弱碱性	速效	适用用酸性土，作基肥或追肥
石灰氮	18～20	碱性	较迟	适用用酸性土，有灭草作用，只作基肥

近年来，为了克服化学氮肥肥效短、易分解、易挥发、淋失和易被土壤固定的缺点，试制了一些能逐渐溶解，缓慢释放养分，肥效持续时间较长的氮肥，称为长效氮肥。如脲甲醛，粉状，含氮88.4%；钙镁磷包膜碳酸氢铵，碳铵占75%～80%，钙镁外壳占15%～18%，可用作基肥。

(2)磷肥是含磷素或以磷素为主的矿质肥料。大多数磷肥肥效迟缓，常用作基肥，有的也可用作追肥。常见磷肥的含磷量、化学性质及肥效快慢见表6.5。

表6.5 常用磷肥及其性质

名称	含磷量/%	化学性质	肥效	备注
过磷酸钙	14～21	呈酸性反应	速效	适合于在中性和碱性土壤中作基肥和种肥，有时也用作追肥
重过磷酸钙	40～52	呈酸性反应	速效	适合于在中性和碱性土壤中作基肥和种肥，有时也用作追肥
钙镁磷肥	14～21	微碱性反应	迟效	适合于酸性土壤，多用作基肥
磷矿粉肥	不定	弱酸溶性	迟效	适合在酸性土上作基肥
钢渣磷肥	16左右	碱性	迟效	在酸性土壤、黏性、低湿或有灌溉条件的土壤中作基肥施用较好
骨粉	21～22		迟效	适合在酸性土上作基肥

(3)钾肥是钾素或以钾为主的矿质肥料。目前钾肥的种类较少。常见钾肥的含钾量、化学性质及肥效快慢见表6.6。

表6.6 常用钾肥及其性质

名称	含钾量/%	化学性质	肥效	备注
硫酸钾	50左右	生理酸性	速效	适宜于碱、中性土壤中
氯化钾	50左右	生理酸性	速效	适宜于石灰性或中性土壤
草木灰		碱性	速效	适用用酸性土

(4)复合化肥又叫多质化肥或多元化肥，肥料中含有两种或两种以上的营养元素。复合肥料特点是养分较全面，含量较高，大多数能被植物所利用，剩余副成分较少，对土壤性质无不良影响。此外，复合肥料物理性状好，便于运输和使用。但是复合肥料成分较固定，难以满足各类土壤或不同的苗木的要求。所以施用复合肥料要根据不同土壤、苗木及肥料特性合理选择施用。

(5)颗粒肥料是用硫酸铵、过磷酸钙和硫酸钾或其他钾盐，与经过干燥粉碎处理的泥炭土配合，再加热而制成的颗粒状肥料。因为肥料中的养分已被泥炭腐殖胶体所吸附，在土壤中较难以被淋失或被固定，所以其肥效高而且持久。

(6)微量元素肥料是指一些植物需要量很小，但又不可缺少的营养元素。其中最为常用的有铁、硼、锰、铜、锌和钼等。这些营养元素需要量极少，一般土壤中的含量能满足苗木的需要，可不作为必须施用的肥料。但有些土壤某些微量元素含量过低，或者由于土壤条件很差，使一些微量元素难以溶解，植物无法吸收，表现为"缺素症"，这样微量元素便成为苗木正常生长的限制因子，必须加以补充。因此就需施用微量元素肥料。

3. 微生物肥料

也称菌肥，是利用土壤中一些对苗木生长有益的微生物，经培养而制成的各种菌剂肥料的总称。包括固氮菌肥料、根瘤菌肥料、磷化菌肥料、钾细菌肥料、抗生菌肥料及菌根真菌肥料等。有些具有抗菌作用和刺激植物生长作用的放线菌，也已发展为菌肥。这些菌肥本身并不含有树木生长所需要的营养元素，而是通过菌肥中微生物的生命活动，改善植物营养条件，促进植物对养分的吸收，分泌各种激素刺激植物根系的发育，抑制有害微生物的活动等等，以利于植物的生长发育。因此，菌肥是一种辅助性肥料，不能单独施用，必须与有机肥、化肥配合使用，才能发挥其作用，达到增产的目的。

三、中耕除草

(一)中耕除草的作用

育苗地由于灌溉和降雨以及机械的压力等原因，会出现土壤板结、通气不良、杂草滋生等情况，不利于苗木生长，需要进行中耕除草。通过中耕使耕作层土壤疏松，切断毛细管，减少土壤水分蒸发，减轻土壤反盐碱现象，同时促进气体交换，并给土壤微生物的生活创造适宜条件，提高土壤中有效养分的利用率。通过除草，消除或减弱杂草对苗木生长所需的水分、养分和光照条件的争夺。有些杂草还是病虫害的根源，消灭杂草，也减少了病虫害的发生，因而促进了苗木生长。在较黏的土壤上进行中耕，能防止土壤龟裂，减少苗木的损伤。中耕一般与除草结合进行。

(二)中耕除草的技术要求

中耕必须及时，每逢灌溉或降雨后，当土壤湿度适宜时要及时进行中耕，以减少水分蒸发，避免土壤出现板结和龟裂现象。中耕的深度对中耕的效果影响较大，过浅效果不佳，过深易损伤苗木根系。具体深度因苗木大小而异。小苗因根系分布较浅，一般 2～4 cm，随着苗木的长大，根系分布加深，中耕的深度也逐渐加深。中耕常在灌溉或雨后 1～2 d 进行。但当土壤板结，天气干旱，或是水源不足时，即使不除草也要中耕。一般小苗生长前半期每

10～15 d 进行一次，后半期每 15～30 d 一次。除草要做到除早、除小、除了。大苗由于个体较高大，冠幅郁闭，阳性杂草显著减少，中耕除草的次数也减少。中耕除草要求全面均匀，不伤苗木。

(三)中耕除草的作业方式

除草可采用人工除草和化学除草。

1.人工除草

应尽量将草根挖出，以达到根治效果，并应做到不伤苗，草根不带土，除草后使土壤疏松。撒播苗出土前后不便除草和松土，可将苗床杂草拔掉，再在苗床上撒盖一层细土，防止露根透风。

2.化学除草

(1)施药时期　春季第 1 次施药，一般在杂草种子刚萌发、出芽时，除草效果好。其他时间使用除草剂，可根据苗木、杂草的种类及生长情况，选择最佳的施药时间。

(2)用药量　根据苗木种类、除草剂的种类、杂草种类及环境状况，参考小面积试验取得的数据和他人使用经验，严格掌握用药量。用药量是指单位面积的药量，与施药时的载体关系不大，但载体量小，施药不均匀；载体量大，施药工作量大。为防止载体量少，未施完规定的面积造成用药过量，可根据除草剂的剂型、使用器械确定适量的载体。茎叶处理一般使用水溶液喷雾，喷雾时溶液要均匀，防止药物沉淀；土壤处理可使用水溶液喷雾或混合沙土作毒土，将除草剂与沙土混合后闷一段时间，效果更好。背负式喷雾器一般每公顷用水 450 L，毒土每公顷 450 kg。

(3)使用方法　有浇洒法、喷雾法、毒土法、涂抹法等方法。

四、苗木防寒及防暑

(一)苗木低温伤害的基本类型

园林苗木在生长期和休眠期，都可能受到低温的为害。在一年中，根据低温伤害发生的季节和物候情况，可分为冬害、春害和秋害。冬害是植物在冬季休眠期受到的伤害；春害和秋害是植物在生长初期和末期，因寒潮突然入侵和夜间地面辐射冷却所引起的低温伤害。低温可伤害植物各组织和器官，致使植物落叶、枯梢，甚至死亡。根据低温对植物伤害的机理，可以分为冻害、冻旱(生理干旱)、寒害三种基本类型。

1.冻害

是指 0℃以下低温和早晚霜为害，使苗木组织细胞内和细胞间隙水分冻结，造成细胞破裂，植株死亡。

2.冻旱

又称干化，是一种因土壤冻结而发生的生理干旱。寒冷地区，冬季土壤冻结，根系很难从土壤中吸收水分，而地上部分的枝条、芽、叶仍进行蒸腾作用，不断散失水分，最终破坏水分平衡导致细胞死亡，枝条干枯，直至整株死亡。常绿植物遭受冻旱可能性大，如杜鹃、月桂、冬青、松树等。

3. 寒害

又称冷害，是指0℃以上低温对植物造成的伤害。多发生在热带和亚热带植物上，如三叶橡胶在0℃以上低温影响下，叶黄脱落。寒害引起苗木死亡的原因，不是细胞内或细胞间隙水分冻结，主要是细胞内核酸、蛋白质代谢受到干扰。在喜温植物北移时，应考虑这一限制因子。

(二)常用的防寒措施

防寒是保护苗木安全越冬的一项措施，特别在北方，由于气候寒冷和早晚霜等不稳定因素，苗木很容易受到冻害而死亡。苗木防寒应从提高幼苗抗寒能力和减少霜冻为害这两方面入手。常用的防霜防冻措施有熏烟、灌水或排水、根颈培土、假植防寒、风障防寒、树干涂白等，具体方法在项目三中已详细介绍。

(三)苗木高温伤害和防暑措施

苗木在异常高温的影响下，生长下降甚至会受到伤害。它实际上是在高温和太阳强烈照射下，苗木所发生的一种暑害，以仲夏和初秋最为常见。

1. 苗木高温伤害的类型

高温对苗木的影响，一方面表现为组织和器官的直接伤害——日灼；另一方面表现为呼吸加速和水分平衡失调的间接伤害——代谢干扰。

(1)高温的直接伤害——日灼　夏秋季由于气温高，水分不足，蒸腾作用减弱，致使苗木体温度难以自我调节，造成叶、枝、干的皮层或其他器官表面的局部温度过高，伤害细胞生物膜，使蛋白质失活或变性，导致皮层组织或器官溃伤、干枯，严重时引起局部组织死亡。

(2)间接伤害——代谢干扰　苗木在达到临界高温以后，光合作用开始迅速降低，呼吸作用继续增加，消耗了本来就可以用于生长的大量碳水化合物，使生长下降。高温引起蒸腾速率的提高，也间接降低了苗木的生长和加重了对苗木的伤害。

2. 高温伤害的防治

根据高温对苗木伤害的规律，可采取以下措施：

(1)加强灌溉淋水　灌溉淋水使土壤水分含量提高，增强了蒸腾和蒸发作用，带走了大量的热量，从而降低了苗木体的温度。

(2)移植前进行抗性锻炼　保护地中的苗木，在移栽前加强抗高温锻炼，逐渐疏开树冠和增加光照，以便适应新环境。

(3)保持移植苗较完整的根系　移栽时尽量减少根系的损伤，并使土壤与根系密接，以便顺利吸水。

(4)加强综合管理，促进根系生长，改善苗体状况，增强抗性　生长季节要特别防止干旱，避免各种原因造成的叶片损伤，防止病虫为害，合理施肥，增强苗木的抗性。

(5)加强受害苗木的管理　对于已经遭受伤害的苗木应进行适当的修剪，去掉受害枯死的枝叶。适时灌溉和合理施肥，特别是增施钾肥，有助于苗木生活力的恢复。

自测训练

一、填空题

1. 无机肥料按照营养成分可分为（　　　　）、（　　　　）、（　　　　）、（　　　　）、（　　　　）、（　　　　）。

2.苗木常用的灌溉方式有(　　　　)、(　　　　)、(　　　　)、(　　　　)、(　　　　)、(　　　　)。

3.苗木施肥的方法有(　　　　)和(　　　　)。

4.苗木低温伤害的类型有(　　　　)、(　　　　)、(　　　　)。

二、问答题

1.施肥应遵循哪些基本原则?

2.有机肥料和无机肥料各有何特点?

3.中耕除草有何作用?操作上有何技术要求?

Project 7

园林苗圃病虫害防治与除草

知识目标:

◆ 园林苗圃常见病害的种类、发生规律及防治方法。

◆ 园林苗圃常见虫害的种类、发生规律及防治方法。

◆ 园林苗圃常见杂草的种类及防治方法。

技能目标:

◆ 能够识别与鉴定园林苗圃常见病害、虫害和杂草。

◆ 熟悉常见杀菌剂、杀虫剂、除草剂的类型,并能够合理使用进行病害、虫害、杂草的防治。

◆ 会拟订园林苗圃病害、虫害、杂草的综合防治方案。

任务一　园林苗圃主要病害与防治

园林苗圃病害是一种普遍的自然灾害，造成植物病害的病菌生长繁殖快，危害时间长，导致植物品质下降，降低园林植物观赏价值，造成的损失相对严重。园林植物在城市绿化中占有重要地位，为保证这些植物的正常生长、发育，有效发挥其园林功能及绿化效益，病害的防治是必不可少的环节。

一、病害的种类与症状

(一)病害的种类

苗圃苗木发生的病害种类很多，按病原物类别划分可分为非侵染性病害与侵染性病害两类。

1. 非侵染性病害

非传染性病害指由非生物性病原引起的病害，此类病害无侵染过程，不能相互传染，有时也称为生理性病害。如光照不足、土壤营养失衡、温度过高或过低等情况导致植物黄化病、小叶病等。这类病害最普遍的表现为黄化、畸形、落花落果或是一些其他的不正常表现，有时也表现为枯枝和叶片上的枯斑现象，没有病征出现，而且通常是全株性的。

2. 侵染性病害

侵染性病害是指由生物病原侵染引起，能相互传染，有侵染过程的病害。按病原物类别可进一步细分为：真菌病害、细菌病害、原核生物病害、病毒病害、线虫病害及寄生性种子植物病害。如苗木的猝倒病、白粉病、枯萎病、炭疽病、锈病、茎腐病等。这类病害属于重点防治对象，因为病原物可以再次传染从而使更多的苗木染病，造成更大的损失。侵染性病害的分布与非侵染性病害相比一般是分散的。通常可在病株的周围找到健康的植株，甚至在同一个植株上，也不是所有的部位都染病。此类病害有较为明显的病征，能够看到一些霉状物、粉状物、粒状物、胶状物或是斑块。

(二)病害的症状

症状是指园林植物生病后肉眼可见的不正常表现(或病态)。症状由病状和病征两部分组成。园林植物本身的不正常表现称为病状，发病部位病原物的表现称为病征。园林植物生病后都一定会出现病状，但不一定有病征，非传染性病害和病毒病就只有病状而无病征，真菌和细菌病害往往有比较明显的病征。

症状是病害病理过程的综合表现，对于每一种园林植物病害都有其一定的特异性和稳定性，所以症状是病害诊断的重要依据。

1. 病状

常见的病害病状可归为5大类型，即变色、坏死、腐烂、萎蔫和畸形。

(1)变色　病部发生颜色变化，但细胞并未死亡。变色又分均匀变色和不均匀变色，前者如褪绿、黄化、白化、红化、银叶等，如栀子缺铁引起的新叶褪绿黄化症；后者如花叶、斑驳、明脉等，如山茶花叶病。变色病状多发生在园林植物的叶片上。

(2)坏死　发病部位的细胞和组织死亡，但仍保持原有细胞和组织的外形轮廓。最常见的是斑点(或称病斑)，其形状、颜色、大小不同，一般具有明显的边缘。根据形状可分为圆斑、角斑、条斑、环斑、网斑、轮纹斑等，根据颜色可分为褐(赤)斑、铜色斑、灰斑、白斑等。坏死类病状是园林植物病害病状的主要类型之一，如月季黑斑病、大叶黄杨褐斑病等。

(3)腐烂　指发病部位较大面积的组织死亡和细胞解体。植株各个部位都可发生腐烂，幼苗或多肉的组织更容易发生。如阔叶树腐烂病。

(4)萎蔫　各种原因如茎基坏死、根部腐烂或根的生理功能失调引起的园林植物萎蔫，如菊花枯萎病等。

(5)畸形　整株或部分细胞组织生长过度或不足，表现为全株或部分器官呈不正常状态，出现丛枝、丛根、肿瘤、矮缩、皱缩、卷叶等畸形，如夹竹桃丛枝病、樱花根癌病等。

2.病征

常见的病征类型有以下7种类型。

(1)霉状物　病原真菌在受害部位常产生各种颜色的霉层(青霉、灰霉、黑霉、霜霉等)，如牡丹灰霉病、花木煤污病等。

(2)粉状物　病原真菌在受害部位产生各种颜色的粉状物，如月季白粉病。

(3)锈状物　病原真菌在受害部位产生各种颜色的锈状物，如玫瑰锈病。

(4)点状物　病原真菌在受害部位产生黑色、褐色等小点，如橡皮树炭疽病。

(5)绵丝状物　病原真菌在受害部位产生绵丝状物，如茉莉白绢病。

(6)颗粒状物　病原真菌在病部位产生颗粒状物。

(7)溢脓　病原细菌在发病部位产生脓状黏液，呈现溢脓状，这是细菌性病害的特有病征。

二、非侵染性病害的防治

(一)气候因素引起的病害

1.低温

低温可引起寒害、霜害和冻害。寒害是指温度在0℃以上的低温对喜温苗木的危害，受害的苗木主要是原产热带或亚热带的苗木；霜害是指气温或地表温度下降至0℃时，空气中饱和的水汽凝结成白色冰晶(霜)，主要表现为秋季苗木进入冬眠前遭受早霜危害和春季苗木开始生长之后所受的晚霜危害，常常使芽、新叶及嫩梢坏死；冻害是由气温降至冰点以下，植物组织直接受到低温影响所导致的，冻害不仅使芽、叶、新梢等幼嫩组织遭受危害，而且可导致树皮的开裂，如杨树破腹病。因此，温度较低时，可采用物理防寒方法，用积雪或其他保护性覆盖物覆盖苗木，也可通过建温室、塑料大棚来保温。

2.土表烫伤

盛夏高温干旱时，多沙砾或黏土板结的苗床，土表温度常高达50～60℃及以上，极易使幼苗幼茎受到烫伤。苗嫩而温度高时，苗迅速倒伏，外表上很像侵染性猝倒病；苗稍大而烫伤严重时，则形成立枯苗。这两种苗的根部初时均完好无腐烂现象，仅根颈处出现水浸状斑条，继而失水收缩成细颈苗。此时如果仔细挖出受害苗检查很容易区别于侵染性猝倒病和茎腐病，因为后两者都有根系腐烂的症状。因此，盛夏午时温度过高时可通过遮阴处理，如采用遮阳网等，也可覆草和喷灌降温。

(二)空气污染引起的病害

如果苗圃与工矿区邻近，空气中会存在多种污染物质，如二氧化硫、硫化氢、二氧化氮等。这些有毒气体除直接对植物生长产生不良影响外，同时还能降低植物的抗病能力。植物受空气污染危害大概有 3 种情况，即急性危害、慢性危害及不可见危害。急性危害的受害叶片，最初叶面呈水渍状，叶缘皱缩，受害严重时叶片逐渐枯萎脱落，造成植株死亡；慢性危害主要表现为叶片退绿黄化，生长发育不良，这主要是叶片细胞中的叶绿素受到破坏而引起的；不可见的危害是指在浓度较低的大气污染物影响下，植物受到轻度的危害，生理代谢受到干扰及抑制，如光合作用受到影响，酶系统的活性下降，细胞液酸化，使植物体组织变性，细胞产生质壁分离，色素下沉等。因此，在工业区或市区栽种园林植物时应选择对空气污染有抗性的品种。

(三)土壤因素引起的病害

土壤的物理和化学性质不良常导致苗木的生长势较弱。物理因素指土壤排水差，通气不良，土壤板结，造成土壤氧气缺乏，根系呼吸作用受损，甚至发生烂根现象；化学因素表现为营养贫乏引起缺素症，但有时可能由于苗圃地的土壤受到污染，土壤污染物(重金属等)通常使苗木根系生长受抑制，影响对水分的吸收，叶片退绿，影响生理代谢。缺素症的防治关键是明确缺失哪种营养元素，表 7.1 为各营养元素缺乏或过量引发的症状，进行补施后即可得到改善。

表 7.1　各营养元素缺乏或过量所引起的症状

元素种类	元素缺乏的症状	元素过量的症状
氮(N)	植株矮小，发育不良，症状先在下部老组织中出现，老叶黄化枯焦，新叶淡绿，植株早衰	叶暗绿色，徒长，延迟成熟，茎叶变软弱，抗病力下降，易受害虫危害
磷(P)	植株矮化，病状一般先从老叶上出现，茎叶暗绿或呈紫红色，灰暗无光泽，生育期推迟	株高变矮，叶变肥厚，成熟提早，产量降低
钾(K)	老叶先端黄化，后叶尖及叶缘发生枯焦，症状随生育期延长而加重，早衰	表现镁的缺乏症
钙(Ca)	生长受阻，节间缩短，矮小，组织柔软；茎生长点死亡；幼叶往往黄化，叶片顶端叶缘生长受阻，出现扭曲症状，提早落叶	表现锰、铁，锌的缺乏症
铁(Fe)	症状先在幼叶上出现，先是脉间失绿，叶脉仍保持绿色，后叶片逐渐变白，叶脉变黄，导致叶片死亡	表现锰的缺乏症
硼(B)	生长点及新叶呈皱曲，而停止生长，严重则枯死；叶柄弯曲或木栓化；根系细弱，根尖枯死	老叶之叶尖先黄化，之后叶面出现椭圆形棕色斑点，严重则叶片枯死

(四)药害

苗圃在经营管理过程中，如果对苗木使用化学除草剂不当，浓度过高或使用方法错误，均会使苗木发生药害。主要表现为急性药害、慢性药害和残留药害。因此，施用农药时应按说明书要求进行，避免两施药带因互相重叠而造成药害。对施药机具进行检查避免泄漏。水溶性或乳剂农药应搅匀，避免浓度不匀而造成药害。必要时可喷芸薹素内酯缓解症状。

(五)肥害

肥料过量施用不仅会导致苗木徒长，而且追施液体肥料会残留叶片，如施用尿素追肥后，尿素液常常残留于真叶上，一段时间后，子叶的基部和幼嫩的真叶就会逐渐萎蔫坏死，最后变成黑色。幼苗被喷尿素液后，如果立即用清水喷苗，洗去残留的尿素后就不会产生肥害。

三、侵染性病害的防治

(一)白粉病

1.症状与为害

白粉病是一类普遍存在于世界各地的病害，在我国各地均有发生，在北方地区的多雨季节以及长江流域及其以南的广大地区，发病率很高。除针叶树以及角质层、蜡质层厚的苗圃植物，许多观赏植物，如月季、九里香等大部分园林苗木，都会发生白粉病。白粉病主要为害花木的嫩叶、幼芽、嫩梢和花蕾。病症非常明显，开始在叶片背面出现褪绿斑，后在病斑背面产生白色粉层。秋季白粉层产生初为黄褐色，后为黑褐色。月季白粉病如图 7.1 所示。

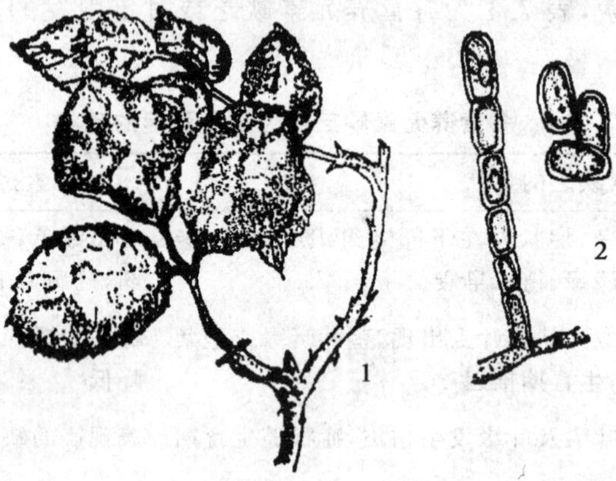

图 7.1　月季白粉病(林焕章.花卉病虫害防治手册.1999)

1.症状图　2.白粉菌粉孢子

2.防治措施

(1)消灭越冬病菌　秋、冬季结合修剪，剪除病弱枝，并清除枯枝落叶集中烧毁，减少初侵染来源。

(2)加强栽培管理　栽植时切勿过密，适当疏剪，以创造通风透光的环境，防止病害发生。同时，要合理施肥，氮肥不宜过多，增施磷钾肥。生长季节发现少量病叶、病梢时，及时摘除烧毁，防止扩大侵染。

(3)化学防治　发芽前施 3～4°Be′的石硫合剂预防；发病初期喷 25%粉锈宁可湿性粉剂 1 500～2 000 倍液，30%醚菌酯悬浮剂 3 000 倍液，37%苯醚甲环唑水分散粒剂 2 000～3 000 倍液，15%三唑酮可湿性粉剂 1 500～2 000 倍液，或 25%丙环唑乳油 2 500～5 000 倍液等。温室内可用 10%三唑酮烟雾剂熏蒸。

(4)种植抗病品种　选用抗病品种是防治白粉病的重要措施之一。

(二)锈病

1. 症状与为害

锈病是园林苗木中的一类常见病害。在冬季长而寒冷的地区和夏季炎热地区一般危害不重，但在四季温暖多雨的地区则病害较为严重。可为害梨、圆柏、贴梗海棠、玫瑰、葡萄、松树、垂柳等树种。苗木受害后，发病部位产生黄褐色铁锈状物。主要为害叶和果实，常造成提早落叶、叶片畸形、嫩梢易折、果实畸形，影响植物的生长，降低植物的观赏性。玫瑰锈病如图 7.2 所示。

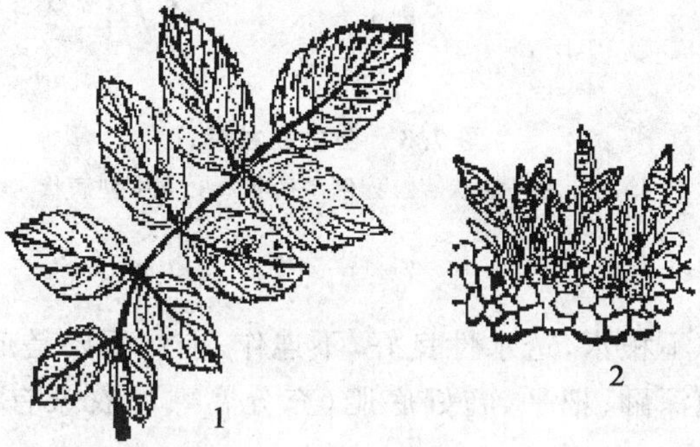

图 7.2　玫瑰锈病(林焕章. 花卉病虫害防治手册. 1999)

1. 症状图　2. 冬孢子堆

2. 防治措施

(1)实行轮作　减少初侵染源。

(2)进行冬剪　及时除去病枝、病叶、病芽，并集中烧毁。

(3)化学防治　雨前施用 25%粉锈宁可湿性粉剂 1 500～2 000 倍液，或 65%的代森锌可湿性粉剂 500 倍液，25%吡唑醚菌酯悬浮剂 3 000～5 000 倍液，可防止新叶不受侵染；发病初期喷 37%苯醚甲环唑水分散粒剂 2 000～3 000 倍液，15%三唑酮可湿性粉剂 1 500～2 000 倍液，或 25%丙环唑乳油 2 500～5 000 倍液、5%噻菌灵悬浮液 300～800 倍液，或 12.5%烯唑醇可湿性粉剂 3 000～6 000 倍液，可起到较好的防治效果。

(三)苗木立枯病

1. 症状与为害

立枯病是苗木尤其是针叶树木幼苗最严重的病害之一，由于为害期不同，其症状有四个类型(图 7.3)。

(1)种腐型　种子在未发芽前被病菌侵染而腐烂，腐烂的种子多呈水肿状，以后在腐烂种子外部披有一层白色或粉红色的丝状物。

(2)芽腐型　种子发芽后，嫩芽尚未出土前，受病菌侵害而腐烂，腐烂的幼苗呈水肿状。

(3)猝倒型　幼苗出土后，苗茎基部受到病菌侵染，呈水浸状病斑，上部褐色萎蔫，遇风吹时折断倒伏。

(4)立枯型　幼苗茎部木质化后感染病菌，使茎部被害部位出现白毛状、丝状或白色网状物。根部皮层和细根受侵后感染病菌，使地上部出现严重的缺水状态而迅速死亡。因茎部已经木质化，故苗木死后不倒伏，所以称立枯病。

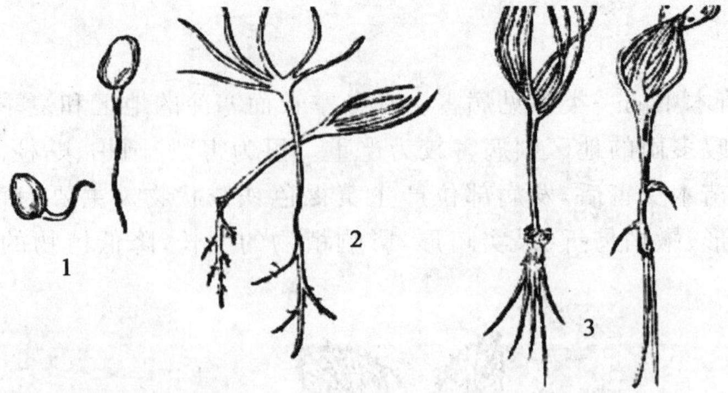

图 7.3　苗木立枯病

1. 发芽种子病状　2. 猝倒型病状　3. 立枯型病状

2. 防治措施

(1)选好圃地　要求不积水，透水性良好，不连作，前作不要是茄科等最易感病植物。

(2)圃地整理　圃地深翻、耙平，施好底肥（充分腐熟的农家有机肥），做高床条播，播种沟内撒入 75% 敌克松 4～6 g/m^2。

(3)精细选种　播种前用 0.2%～0.5% 的敌克松等拌种。

(4)适时播种　使苗木能在雨季发病敏感期之前木质化，增强苗木的抗病能力。

(5)播后管理　播种后控制灌水，减少发病；出现苗木感病时，在苗木根颈部用 75% 敌克松 4～6 g/m^2 灌根。苗木出圃时严格检查，一经发现带病苗木立即销毁。栽植前，将苗木根部浸入 70% 甲基托布津 500 倍溶液中 10～30 min，进行根系消毒处理。

(6)苗期喷药　可在苗木出土后每隔 7～10 d 喷一次等量式波尔多液，共喷 3 次，进行预防。发病初期用 30% 恶霉灵水剂 2 000 倍液＋70% 甲基硫菌灵可湿性粉剂 1 000 倍液灌根，或马上喷施青霉素（80 万单位注射用青霉素钠一瓶，加水 10 kg 配成药液），隔 10～15 d，连续喷 5～6 次，有比较好的防治效果。

(7)土壤消毒　用 40% 甲醛 400 倍液喷洒苗床，淋透深度 3～5 cm，用塑料薄膜覆盖 3 d。

(四)花木白绢病

1. 症状与为害

为害许多乔、灌木观赏树种，如油茶、油桐、楠、茶、泡桐、青桐、梓、乌柏、松树等。根茎处开始发病，进而皮层腐烂。病部首先呈褐色，受害植物叶片失水凋萎，枯死脱落，植株生长停滞（图 7.4）。

2. 防治措施

(1)与禾本科植物实行五年以上轮作。

(2)土壤消毒，可于病穴土壤灌浇 40% 甲醛 100 倍液，刚发病时用 1% 硫酸铜浇灌土壤。还可用多菌灵、萎锈灵等药剂处理土壤。

(3)发病初期可用 25% 丙环唑乳油 3 000 倍液或 12.5% 烯唑醇可湿性粉剂 2 500～3 000 倍液喷雾，或将发病植株根茎部病斑彻底刮除，用 1.9% 的硫酸铜液进行伤口消毒，然后涂保护剂，可加入芸薹素内酯促进恢复；发病严重的拔除病株。

(五)杨树溃疡病

1.症状与为害

杨树溃疡病是杨树上的重要枝干病害,发生普遍,为害严重,在我国杨树主要种植区普遍发生。除为害杨树外,还可为害核桃、刺槐、苹果、梧桐和榆树等多种树种。该病主要发生在树干和主枝上。早春在树干上出现褐色、水渍状圆形或椭圆形病斑,后有紫红色液体流出。有时病斑呈水泡型,泡内充满褐色液体,树皮凸出,水泡破裂流出淡褐色液体,遇空气变为黑褐色。当病斑环绕树干一周时,上部枝干枯死(图7.5)。

2.防治措施

(1)建立卫生苗圃　培养健壮幼苗,禁用重病苗木;苗木或插条用苯来特100倍液浸泡2～3 h,或用代森锰锌200～00倍液浸24 h进行消毒处理。

(2)加强栽培管理　改善生长条件,提高抗病力;冬季剪除病种枝烧毁,春季树干涂白。

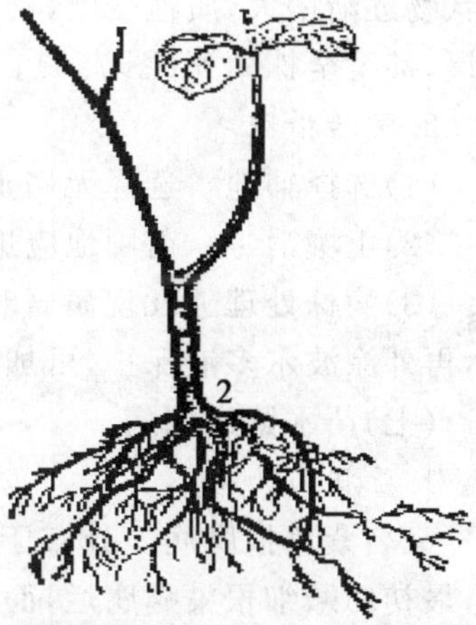

图7.4　茉莉花白绢病(林焕章.花卉病虫害防治手册.1999)

1.病根　2.病菌菌核

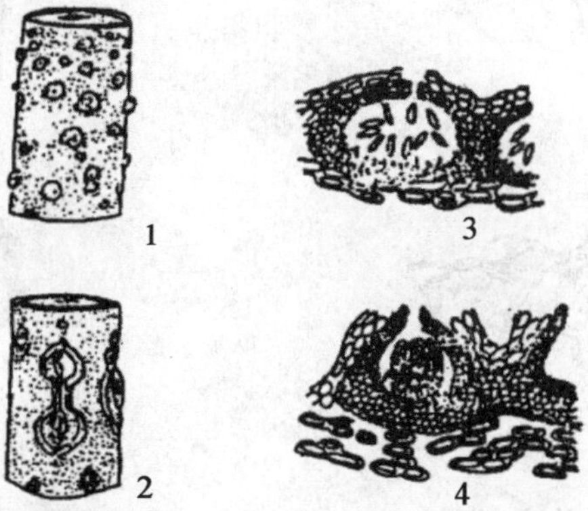

图7.5　杨树溃疡病(彭志源.最新园林花木育苗与栽培技术操作规范.2004)

1.树干上的水泡症状　2.病害后期的溃疡斑

3.病菌的分生孢子器及分生孢子　4.子囊腔、子囊孢子

(3)定植前用水浸根　定植时根部用萘乙酸刺激生根,地面覆盖薄膜以防失水,树干喷洒高脂膜、甲基纤维素防止水分蒸腾。

(4)化学防治　以春秋防治相结合、秋季防治为主,在主干上喷洒药剂,阻止病菌的侵入和蔓延。发病高峰期选用2∶2∶100波尔多液或50%多菌灵、70%甲基托布津500倍液或80%抗菌剂200倍液喷雾防治,效果较好。

(六)根癌病

1.症状与为害

根癌病在我国分布很广,寄主范围也很广。主要发生在根颈部,也可发生在主根、侧根及地上部的主干和侧枝上。病部膨大呈球形的瘤状物,幼瘤为白色,质地柔软,表面光滑,后瘤状物逐渐增大，质地变硬，褐色或黑褐色，表面粗糙。由于根系受到破坏，造成植株生长缓慢，甚至全株枯死（图 7.6）。

2.防治措施

（1）选择辅地　选择无病土壤作苗圃，实施轮作，间隔 2～3 年。

（2）土壤消毒　苗圃地应进行土壤消毒，用硫黄粉或漂白粉 50～100 g/m^2。

（3）病株处理　发现病瘤时，先用快刀彻底切除病瘤，然后用 100 倍硫酸铜溶液消毒切口，再外涂波尔多液保护，可加入芸薹素内酯促进恢复。

（七）苗木紫纹羽病

1.症状与为害

又名紫色根腐病。分布于我国各地区，为害松、杉、柏、柳等幼苗。树木受害后根部腐烂，最初幼嫩细根染病腐烂，而后扩展到粗根。病根皮层腐烂，容易脱落。病部木质部也随即潮湿腐烂。苗木受害，很快枯死（图 7.7）。

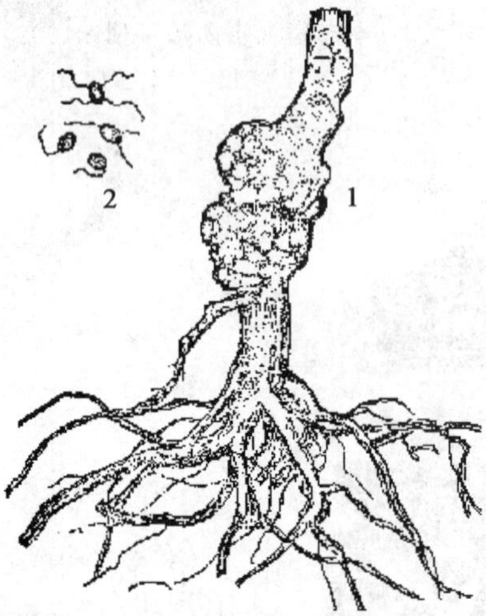

图 7.6　樱花根癌病（林焕章.花卉病虫害防治手册.1999）

1.根颈部被害状　2.病原细菌

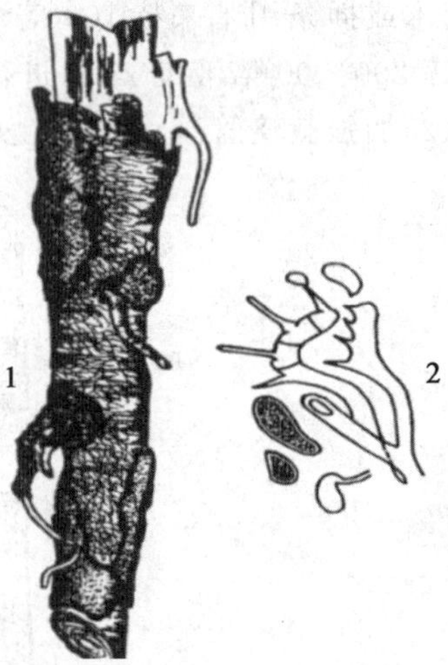

图 7.7　苗木紫纹羽病（林焕章.花卉病虫害防治手册.1999）

1.病根症状　2.病原菌丝束

2.防治措施

（1）对苗圃地进行调查　实地查看枯死或不明原因的落叶现象，挖根查看，确定为紫色根腐病病菌所致，即为"发病中心"。要立好标志，做好记录，按照现场划定发病范围。

（2）做好处理工作　对枯死的苗木，要连根挖起，集中烧毁；应切除霉烂根，挖树后的土坑内要进行消毒。病根周围灌注 30%恶霉灵水剂 1 000 倍液，70%甲基硫菌灵 500～1 000 倍液，或 50%多菌灵可湿性粉剂 500～1 000 倍液，或 50%的代森锌 200～400 倍液，或福尔马林 400 倍液，或 2°Be′的石硫合剂，也可使用草本灰。病株周围土壤用二硫化碳浇灌处理，消毒了土壤，促进绿色木霉菌的大量繁殖，抑制蜜环菌的发生。

（3）选择圃地　要选择土壤疏松、排水良好的土地作为苗圃地，以利植株健康生长。对挖好的植树穴要做好药物消毒工作。

四、常用杀菌剂的使用

杀菌剂是指通过改变病菌的致病过程，或者调节植物代谢，诱导植物抗病力，来达到防治植物病害的化学药剂。常见杀菌剂及使用方法见表7.2。

表7.2 常见杀菌剂及使用方法

药剂类型	药剂名称	常见剂型	防治对象	使用方法	特点
无机杀菌剂	波尔多液	硫酸铜：生石灰：水 1：0.5：100 1：1：100 1：2：100等	立枯病、锈病、叶斑病、霜霉病、炭疽病、溃疡病	喷雾	杀菌力强，防病范围广，附着力强，不易被雨水冲刷，残效期可达15～20 d。 注意：(1)现配现用；(2)对金属有腐蚀作用；(3)长期使用会导致螨类猖獗
	石硫合剂	石灰：硫磺：水=1：2：10	白粉病、锈病、螨类、介壳虫等，霜霉病无效	喷雾	不能与忌碱性农药混用，不能与铜制剂混用或连用。深枣红色、透明，臭鸭蛋气味，强碱性，有腐蚀作用。 注意：(1)与波尔多液至少间隔1个月使用；(2)现配现用；(3)敏感植物：蔷薇科植物
非内吸性杀菌剂	代森锌	60%、65%及80%可湿性粉剂	霜霉病、炭疽病、褐斑病等	喷雾	吸湿性强，在日光下不稳定，遇碱或含铜药剂易分解。对人、畜低毒，对植物安全
	福美双	50%可湿性粉剂	炭疽病、霜霉病	喷雾	遇酸易分解，不能与含铜药剂混用
	百菌清	75%可湿性粉剂、40%悬浮剂	白粉病、炭疽病	喷雾	附着性好，耐雨水冲刷，不耐强碱
	代森锰锌	70%可湿性粉剂、25%悬浮剂	炭疽病	喷雾	遇酸遇碱易分解，高温时遇潮湿也易分解
抗生素	多抗霉素	1.5%、2%、3%和10%可湿性粉剂	黑斑病、灰霉病、褐斑病	喷雾	对人、畜低毒，易溶于水、对酸稳定，对碱不稳定
	120农用抗生素	2%、3%混合水剂，4%水剂	枯萎病、白粉病、叶斑病、炭疽病等	喷雾	兼有刺激作物生长的效应，易溶于水，对酸稳定，对碱不稳定
	农用链霉素	15%、20%可湿性粉剂	各种病原菌引起的病害	喷雾	对人、畜低毒

续表 7.2

药剂类型	药剂名称	常见剂型	防治对象	使用方法	特点
内吸性杀菌剂	甲基托布津(甲基硫菌灵)	50%、70%可湿性粉剂、36%悬浮剂	白粉病、叶斑病、炭疽病、灰霉病、褐斑病等	喷雾	对光、酸较稳定,遇碱性物质分解失效,极易引起抗药性
	甲霜灵	25%可湿性粉剂	霜霉菌、腐霉菌、疫霉菌所致病害特效	喷雾	高效、强内吸性杀菌剂,可双向传导,极易引起抗药性
	三唑酮(粉锈宁)	5%、15%、25%可湿性粉剂,25%、20%、1%、10%乳油,1%粉剂	白粉病和锈病等	喷雾	高效、持效期长,具有预防、治疗、铲除、熏蒸作用,对酸碱都较稳定
	多菌灵	25%、50%可湿性粉剂	真菌引起的多种植物病害	喷雾	遇酸遇碱易分解
	乙膦铝(疫霜灵)	90%原粉、40%可湿性粉剂	霜霉病、疫病等真菌引起的病害有较好的防效	喷雾	溶于水,遇酸遇碱分解,双向传导
	苯来特(苯菌灵)	30%、50%可湿性粉剂	真菌引起的多种植物病害	喷雾	溶于水,遇酸遇碱分解
	苯醚甲环唑	10%、37%水分散粒剂	白粉病、锈病、褐斑病等	喷雾	不宜与铜制剂混用
	醚菌酯	30%悬浮剂	白粉病、霜霉病、叶斑病等	喷雾	不可与强碱、强酸性的农药等物质混合使用

自测训练

一、概念题

非侵染性病害　侵染性病害

二、填空题

1.苗圃病害种类按病原物类别划分可分为(　　　)病害与(　　　)病害两类。

2.非侵染性病害有时也称为(　　　)病害。

3.侵染性病害按病原物类别可进一步细分为(　　　)病害、(　　　)病害、(　　　)病害、(　　　)病害、线虫病害及寄生性种子植物病害。

4.侵染性病害有较为明显的病征,能够看到一些(　　　)、(　　　)、(　　　)、(　　　)或斑块。

5.立枯病根据为害期不同其症状有(　　　)、(　　　)、(　　　)和(　　　)四种类型。

6.白粉病主要为害花木的(　　　)、(　　　)、(　　　)和(　　　)。

7.杀菌剂的使用方法多为(　　　)。

三、选择题

1. 以下属于非传染性病害的是(　　)。

A. 猝倒病　　B. 白粉病　　C. 小叶病　　D. 枯萎病

2. 缺素症属于(　　)。

A. 生理性病害　　B. 侵染性病害

3. 苗木受害后，发病部位产生黄褐色锈状物的是(　　)。

A. 白粉病　　B. 锈病　　C. 炭疽病　　D. 枯萎病

4. 幼苗茎部木质化后感染病菌，苗木死后不倒伏，属于(　　)。

A. 白粉病　　B. 锈病　　C. 炭疽病　　D. 立枯病

5. (　　)主要发生在根颈部，病部膨大呈球形的瘤状物。

A. 枯萎病　　B. 根癌病　　C. 炭疽病　　D. 白绢病

四、判断题

1. 非侵染性病害能相互传染。(　　)

2. 黄化病等是由光照不足、土壤营养失衡、温度过高或过低等情况导致的。(　　)

3. 褐斑病开始在叶片背面出现褪绿斑，后在病斑背面产生白色粉层。(　　)

4. 加强苗木的栽培管理、种植抗病品种是防治病害的有效措施。(　　)

5. 锈病常造成提早落叶、叶片畸形、嫩梢易折，影响植物的生长。(　　)

6. 多菌灵属于非内吸性杀菌剂。(　　)

五、问答题

1. 苗圃主要的病害有哪些？

2. 白粉病的症状鉴别有哪些内容？

3. 锈病的症状鉴别有哪些内容？

4. 苗木立枯病的主要症状及防治方法有哪些？

5. 如何鉴别花木白绢病？

技能训练十四　苗圃常见病害的调查与防治

一、目的要求

调查本地区园林苗圃主要病害类型，观察病害危害症状及为害苗木，能够制订病害防治方案，掌握苗木常见病害的防治方法。

二、材料与用具

记录本、放大镜、剪枝剪、标本夹、显微镜等。

三、方法步骤

(1)以小组为单位，到苗圃进行观察，根据发病部位为害症状，如变色、坏死、腐烂、萎蔫和畸形等，进行病害初步鉴别。

(2)仔细观察发病部位病原物的表现，如霉状物、粉状物、锈状物、点状物、绵丝状物、颗粒状物、溢脓等病征，进一步判断病害类型。

(3)摘取感病部位枝、叶等，制作成病害标本，在显微镜下进一步观察。

(4)确定并记录病害类型，填入表7.3。

表 7.3　苗圃主要病害类型调查表

调查地点：　　　　　　　　　　　　　　　　调查时间：　年　月　日

病害类型	主要病状描述	主要病征描述	为害植物	为害部位

四、作业

各组根据调查情况拟订病害综合防治方案，完成实训报告。

任务二　园林苗圃主要虫害与防治

园林植物中害虫种类繁多，危害巨大，有时可造成园林植物的毁灭性灾难。其中多种害虫危害隐蔽，防治困难，严重影响园林苗圃植物生产。生产上对园林苗圃植物害虫主要采用“预防为主，综合防治”的方针策略，以确保园林植物的安全生产。

依据园林苗圃虫害的为害特点，大体上可分为地下害虫和地上害虫两类。

一、地下害虫与防治

地下害虫主要有蝼蛄、地老虎、蛴螬等。它们咬食幼苗的根和嫩茎以及刚播种的种子，有的甚至在地表挖坑道，导致植物根系与土壤分离，失去水分干枯而死。

(一)小地老虎

1.症状与为害

小地老虎(图 7.8)分布全国各地，北方主要分布在地势低洼、地下水位较高的地区，寄主广泛。小地老虎食性很杂，幼虫为害寄主的幼苗，从地面截断植株或咬食未出土幼苗，亦能咬食植物生长点，严重影响植株的正常生长。沙土地、重黏土地发生少，沙壤土、壤土、黏壤土发生多。圃地周围杂草多亦有利其发生。

2.防治措施

(1)物理防治　诱杀成虫，在春季成虫羽化盛期，用糖醋液诱杀成虫。糖醋液配制比为糖 6 份、醋 3 份、白酒 1 份、水 10 份，加适量敌敌畏，盛于盆中，于近黄昏时放于苗圃地中。也可用黑光灯诱杀成虫。

诱捕幼虫，用泡桐叶或莴苣叶诱捕幼虫，于每日清晨到田间捕捉；对高龄幼虫也可在清晨到田间检查，如果发现有断苗，拨开附近的土块，进行捕杀。

(2)化学防治　对不同龄期的幼虫，应采用不同的施药方法。幼虫 3 龄前用喷雾，喷粉或撒毒土进行防治。3 龄后可用毒饵或毒草诱杀，在播种前或幼苗出土前，用幼嫩多汁的新

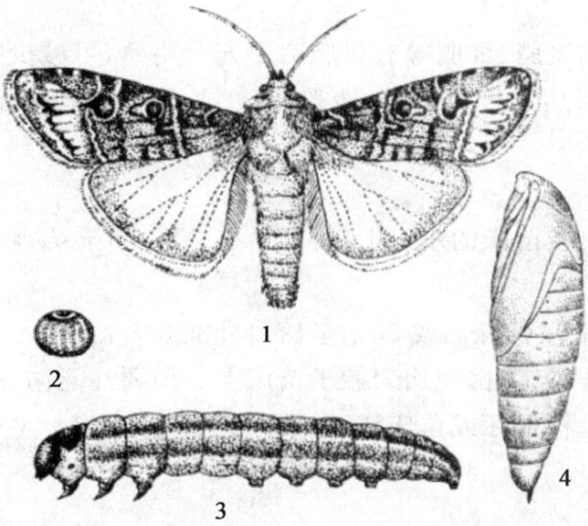

图 7.8　小地老虎(李成德.森林昆虫学.2007)

1.成虫　2.卵　3.幼虫　4.蛹

鲜杂草 70 份与 25%西维因可湿性粉剂 1 份配制成毒饵,于傍晚撒于地面,诱杀 3 龄以上幼虫。幼虫为害期,喷洒 40.7%毒死蜱乳油 1 000～2 000 倍液、75%辛硫磷乳油 1 000 倍液;也可用 50%辛硫磷乳油 1 000 倍液喷浇苗间及根际附近的土壤。

(二)蝼蛄

1.症状与为害

蝼蛄别名大蝼蛄、拉拉蛄、地拉蛄、土狗子、地狗子。分布在北纬 32°以北地区。为害多种植物幼苗。成虫、若虫均在土中活动,取食播下的种子、幼芽或将幼苗咬断致死,受害的根部呈乱麻状。由于蝼蛄的活动将表土层窜成许多隧道,使苗根脱离土壤,致使幼苗因失水而枯死,严重时造成缺苗断垄。

常见的有东方蝼蛄(图 7.9)和华北蝼蛄两种。

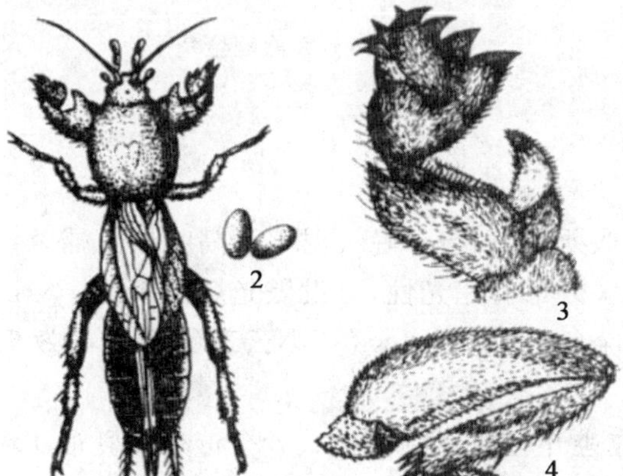

图 7.9　东方蝼蛄(孙时轩.林木育苗技术.2002)

1.成虫　2.卵　3.成虫前足　4.成虫后足

2.防治措施

(1)人工防治　施用厩肥、堆肥等有机肥料要充分腐熟,可减少蝼蛄的产卵。

(2)物理防治　在闷热天气、雨前的夜晚灯光诱杀成虫非常有效,一般在晚上 7:00～10:00 进行。

(3)化学防治

鲜马粪或鲜草诱杀:在苗床的步道上每隔 20 m 挖一小土坑,将马粪、鲜草放入坑内,清晨捕杀,或施药毒杀。

毒饵诱杀:用 80%敌敌畏乳油或 50%辛硫磷乳油 0.5 kg 拌入 50 kg 煮至半熟或炒香的饵料(麦麸、米糠等)中作毒饵,傍晚均匀撒于苗床上。但要注意防止畜、禽误食。

灌药毒杀:在受害植株根际或苗床浇灌 50%辛硫磷乳油 1 000 倍液。

(三)金龟子

1.症状与为害

金龟子的成虫又叫瞎撞子、铜克螂。幼虫称为蛴螬,终生栖居土中,喜食刚刚播下的种子、根、块根、块茎以及幼苗等,造成缺苗断垄。成虫食芽、茎、枝表皮和叶片等,形成不规则孔洞,残缺不全,或仅留叶柄。除大黑鳃金龟子(图 7.10)外,还有小青花金龟、苹毛丽金龟、铜绿丽金龟等。

图 7.10　大黑鳃金龟子

2.防治措施

(1)消灭成虫

①金龟子一般都有假死性,可于早晚气温不太高时振落捕杀。

②夜出性金龟子大多数都有趋光性,可设黑光灯诱杀。

③利用性激素诱捕金龟,如苹毛丽金龟、小云斑鳃金龟等效果均较明显,有待于进一步研究应用。

④成虫发生盛期(应避开花期)可喷洒 40.7% 毒死蜱乳油 1 000～2 000 倍液。

(2)除治蛴螬

①加强苗圃管理,圃地勿用未腐熟的有机肥或将杀虫剂与堆肥混合施用。冬季翻耕,将越冬虫体翻至土表冻死。

②可用 50%辛硫磷颗粒剂 30～37.5 kg/hm² 处理土壤。

③苗木出土后，发现蛴螬为害根部，可用50%辛硫磷1 000～1 500倍液灌注苗木根际。灌注效果与药量多少关系很大，如药液被表土吸收而达不到蛴螬活动处，效果就差。

④土壤含水量过大或被水久淹，蛴螬数量会下降，可于11月前后冬灌，或于5月上、中旬生长期间适时浇灌大水，均可减轻为害。

(四)象鼻虫

1.症状与为害

象鼻虫俗称灰老道、放牛小子，成虫与幼虫都为害苗木，主要以幼虫钻蛀近地面至地下的一段茎部，造成植株叶片卷缩变色，枯叶多、茎部腐烂至死亡。象鼻虫类的臭椿沟眶象如图7.11所示。

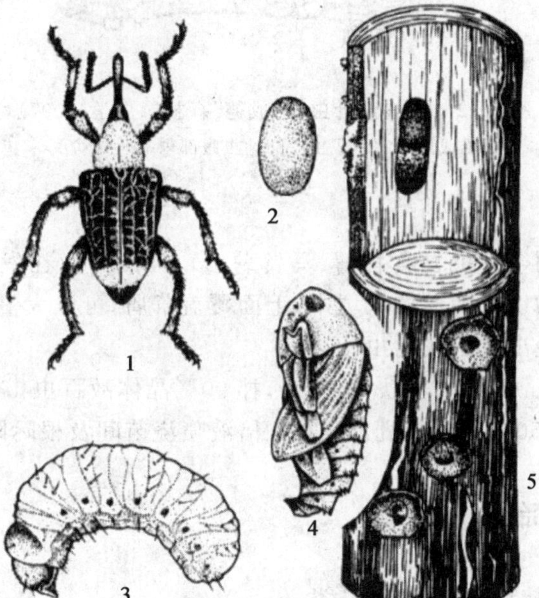

图7.11 臭椿沟眶象(李成德.森林昆虫学.2007)

1.成虫 2.卵 3.幼虫 4.蛹 5.被害状

2.防治措施

(1)人工防治 利用成虫不喜飞和假死的习性，捕杀成虫。中耕松土，破坏越冬土茧，可使其越冬成虫大量死亡。及时清除枯死枝干，剪除被害枝或挖除虫害笋，消灭虫源。

(2)药剂防治 春季整地时，用50%辛硫磷，根据说明加水均匀喷洒细土，翻入表土层药杀幼虫。在成虫盛发期，用90%敌百虫喷雾。成虫期喷1～2次20%菊杀乳油1 500～2 000倍液，或2.5%溴氰菊酯乳油2 000～2 500倍液，或50%辛硫磷乳油或40%氧化乐果乳油1 000倍液。

(五)金针虫

1.症状与为害

金针虫(图7.12)又名铁丝虫、黄夹子虫、叩头虫。常在苗圃中咬食苗木的嫩茎、嫩根或种子。幼苗受害后逐渐枯死。为害主要在春、秋两季。

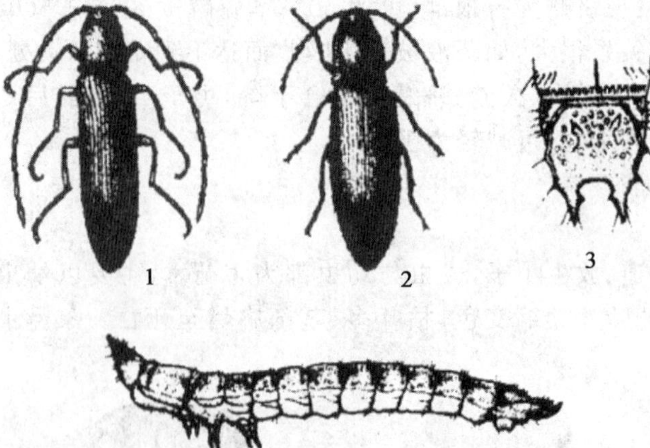

图 7.12　沟胸金针虫(李成德.森林昆虫学.2007)

1.雄成虫　2.雌成虫　3.幼虫腹部末端　4.幼虫

2.防治措施

(1)人工防治　利用金针虫喜食甘薯、马铃薯、萝卜等习性,在发生较多的地方,每隔一段挖一小坑,将上述食物切成细丝放入坑中,上面覆盖草屑,可以大量诱集,然后每日或隔日检查捕杀。结合翻耕,捡出成虫或幼虫。

(2)化学防治　用豆饼碎渣、麦麸等 16 份,拌 90%晶体敌百虫 1 份,制成毒饵,具体用量为 15～25 kg/hm^2。用 50%辛硫磷乳油 1 000 倍液喷浇苗间及根际附近的土壤。

二、地上害虫与防治

根据地上害虫为害特点,分为以下几类:

食叶性害虫。主要有尺蠖类和蛾类,它们以树叶为食物,经常将植物的叶片吃光从而导致植物的生长势变弱甚至死亡。

刺吸性害虫。主要有粉虱、蚜虫和盾蚧等,它们喜欢在植株的叶背和树干的遮阴处密集吮吸汁液为害,严重时易形成花、叶、枝发黄呈枯萎状。

蛀食性害虫。主要有螟和天牛,它们能够进入植物的枝干内部取食,造成植物生长衰弱甚至死亡。

(一)黄刺蛾

1.症状与为害

黄刺蛾又名洋辣子、毒毛虫等(图 7.13)。是一种杂食性食叶害虫,为害杨、柳、榆、刺槐、枫杨、茶花、悬铃木等,常将苗木叶片吃光。雌蛾体橙黄色,前翅黄褐色,后翅灰黄色。老熟幼虫体长 19～25 mm,体粗大。头部黄褐色,隐藏于前胸下,胸部黄绿色。初孵幼虫先食卵壳,然后取食叶下表皮和叶肉,剥下上表皮,形成圆形透明小斑,隔 1 日后小斑连接成块。4 龄时取食叶片形成孔洞;5、6 龄幼虫能将全叶吃光仅留叶脉。

2.防治措施

(1)人工防治　根据不同刺蛾结茧习性与部位,结合修枝清除树上的虫茧,灭除越冬虫

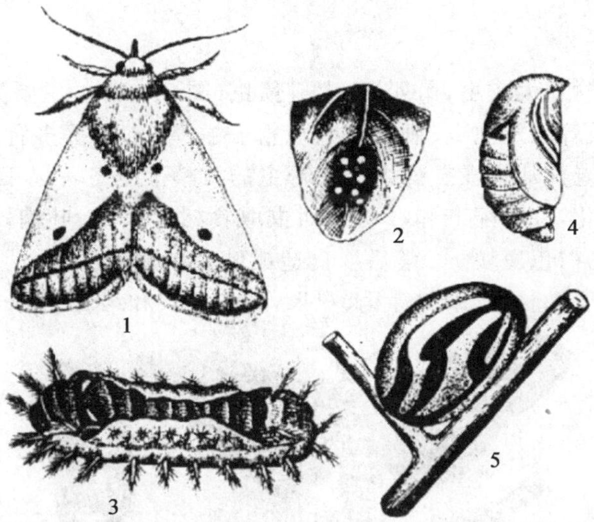

图 7.13 黄刺蛾(李成德.森林昆虫学.2007)

1.成虫 2.卵 3.幼虫 4.蛹 5.茧

茧。在土层中的茧可采用挖土除茧。另外,初孵幼虫有群集性,摘除带初孵幼虫的叶片,可防止扩大为害。

(2)物理防治　刺蛾成虫大都有较强的趋光性,成虫羽化期间可安置黑光灯诱杀成虫。

(3)生物防治　结合保护天敌,如上海青蜂、姬蜂等。将虫茧堆集于纱网中,让寄生蜂羽化飞出。

(4)化学防治　幼虫为害严重时,喷施细菌性杀虫剂灭蛾灵 1 000 倍液、90%晶体敌百虫 800～1 000 倍液,50%辛硫磷乳油 1 500 倍液、40.7%毒死蜱乳油 1 000～2 000 倍液。此外选用拟除虫菊酯类杀虫剂、甲维盐、阿维菌素亦有很好的效果。药杀应掌握在幼虫 2～3 龄阶段为好。

3.其他刺蛾类

其他刺蛾类见表 7.4。

表 7.4 其他刺蛾类

害虫种类	为害与形态特征
褐边绿刺蛾	又名青刺蛾。以幼虫为害悬铃木、柳、杨、白蜡、榆、紫荆、樱花、白玉兰、广玉兰、丁香和黄连木等。成虫体长约 15 mm,绿色,前翅基部有放射状褐色斑,后翅及腹部为黄褐色。老熟幼虫体长 26 mm,圆筒形,体翠绿色或黄绿色
褐刺蛾	又名桑刺毛虫、红绿刺蛾。为害悬铃木、乌桕、梅花、桂花、樱花、臭椿、紫薇和木槿等。成虫体长 18 mm,褐色,前翅前缘中部有两条暗褐色横带。老熟幼虫体长 24 mm,黄绿色,背中线为天蓝色,每节有 4 个黑斑,体侧支刺长而大
丽绿刺蛾	又名绿刺蛾,为害悬铃木、香樟、桂花、茶、木棉、相思树等。成虫体长 10 mm,胸、背绿色,前翅翠绿色,前缘基部有深褐色刀形斑纹。后翅基半部为米黄色,端半部灰褐色。老熟幼虫体长 26 mm,头褐色,体翠绿色,体背有成对的蓝斑和刺支

(二)大蓑蛾

1.症状与为害

大蓑蛾又名大袋蛾，大皮虫，吊死鬼，大避债虫(图 7.14)。主要为害梨、苹果、柑橘、桃、李、梅、杏、枇杷、龙眼等以及泡桐、刺槐、法桐、柳、榆、茶、水杉等多种果树和林木及月季、桂花、樱花等花木。以老熟幼虫在护囊内挂在寄主的枝梢上越冬。翌年5月上、中旬化蛹，5月中、下旬越冬成虫羽化，并交配产卵。初孵幼虫取食树叶表皮、叶肉，留下另一层表皮，形成透明枯斑或不规则的白色斑块。2龄后取食造成叶片缺刻和孔洞，为害严重时，能将叶片吃光，继而取食枝干皮层和林木、果树芽梢、花果，影响生长和结实。

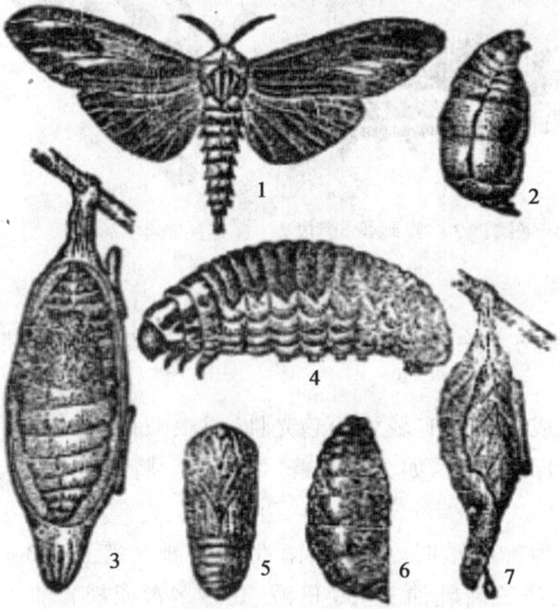

图 7.14 大蓑蛾

1.雄成虫 2.雌成虫 3.雌成虫在护囊内产卵状 4.幼虫 5.雄蛹 6.雌蛹 7.护囊

2.防治措施

(1)人工防治 冬季结合修剪，摘除虫囊，消灭越冬幼虫。对于植株不太高的园林植物，在成虫产卵期，摘除虫囊，消灭雌成虫和卵。

(2)物理防治 利用大袋蛾的趋光性，用黑光灯诱杀雄成虫，或利用性信息素诱杀雄成虫，使雌成虫不能交尾产卵。

(3)生物防治 幼虫和蛹期有多种寄生性和捕食性天敌，如鸟类、姬蜂、寄生蝇等，其中伞裙追寄蝇的寄生率可达50%以上，应予以保护；也可用苏云金杆菌制剂如青虫菌、灭蛾灵、HD-1等，每克含孢量 100×10^8 以上，每公顷用药 1 800 mL，兑水 900 kg 喷雾；或用核型多角体病毒制剂，以每毫升含多角体病毒 1×10^6 喷雾制剂每公顷用药 4 500～6 000 mL，兑水 900 kg 喷雾。

(4)化学防治 在2龄幼虫盛期及时喷药防治。80%敌敌畏乳油或50%马拉硫磷乳油 100 mL、2.5%溴氰菊酯乳油 50 mL，5%巴丹可湿性粉剂 50～100 g、25%灭幼脲悬浮剂 100 mL 兑水 100 L 喷雾。甲维盐、阿维菌素亦有很好的效果。根据幼虫多在傍晚活动的特性，宜在傍晚用药。虫龄大时，喷药的浓度可适当提高，喷药时必须保证充分喷湿。此外，喷雾时注意喷到树冠的顶部。

(三)小线角木蠹蛾

1.症状与为害

小线角木蠹蛾危害白蜡、槐树、龙爪槐、银杏、榆、樱桃、元宝枫、丁香、山楂、海棠、悬铃木、柽柳、冬青和栾树。成虫体灰褐色，触角线状，前胸后缘具深褐色毛丛线纹。翅面密布黑色短线纹，前翅中室至前缘为深褐色。以幼虫在枝干蛀道内越冬(图 7.15)。翌年 3 月越冬幼虫开始活动危害。该虫世代不整齐，所以不论是危害期，还是越冬期，各种龄期的幼虫均有。

图 7.15　小线角木蠹蛾

1.雌成虫　2.雄成虫　3.卵　4.幼虫　5.蛹

2.防治措施

(1)人工防治　加强检疫，调运花木要严格办理检疫手续。

(2)物理防治　成虫有趋光性，昼伏夜出。用新型高压黑光灯或性信息素诱捕器诱杀成虫，连续诱杀效果好。

(3)生物防治　保护姬蜂、寄生蝇、啄木鸟、蜥蜴、燕子等天敌。

(4)化学防治　每年 3～5 月、9～10 月幼虫为害期，虫态较为整齐，有利于各种防治，可采用内吸性药液注射、熏蒸药片堵孔、毒签插孔等方法防治蛀道内的幼虫。如注射芫菁夜蛾线虫水悬液，浓度为每毫升 3 万条；或注射白僵菌溶液；或注射 10%安绿宝 4 000 倍液，把下面孔口注入。3 m 以下花木被害后，可在排粪孔内插入毒杆方法防治。

(四)国槐尺蠖

1.症状与为害

国槐尺蠖在北方为害较重。幼虫危害槐树、龙爪槐、蝴蝶槐等，常将树叶蚕食一光，严重影响树木的观赏性。成虫体黄褐色至灰褐色。触角丝状，前后翅面上各有 3 条深褐色波状纹，前翅顶角处有呈灰褐色近三角形的斑。幼虫体绿色，有黑点，体背灰白或紫红色。胸足 3 对，腹足和臀足各 1 对，行走时体曲如弓(图 7.16)。

2.防治措施

(1)人工防治　人工扫集吐丝下地幼虫并杀死。

(2)物理防治　成虫日伏夜出活动并产卵，有趋光性。可利用黑光灯诱杀成虫，以减轻

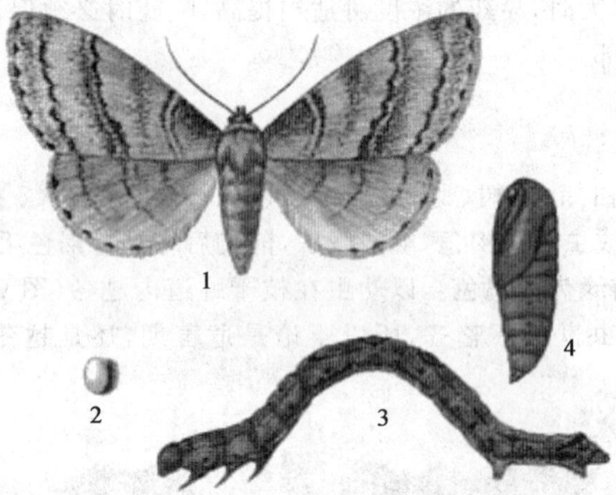

图 7.16 国槐尺蠖

1.成虫 2.卵 3.幼虫 4.蛹

下代幼虫危害。

(3)化学防治 在尺蠖大发生时可使用5%甲维盐乳油2 000倍液,或20%桃小灵乳剂2 000倍液喷雾防治。

(五)蔷薇三节叶蜂

1.症状与为害

蔷薇三节叶蜂分布于北京、河南、江苏、浙江、重庆、福建、广东等地,是月季的一种重要害虫。其幼虫取食月季嫩叶,常将嫩叶吃光或仅剩粗叶脉,严重影响月季的生长及花的观赏价值。寄主除月季外,还有蔷薇、粉团蔷薇、十姐妹、黄刺玫等。雌虫成虫头和胸部黑色,无蓝色反光。触角第3节向端部老熟幼虫黄绿色,头部黄色,被有金黄色绒毛。成虫白天活动,夜间静伏不动。活动时以有嫩梢的寄主植物为中心,一般喜栖息于寄主植物枝梢或叶上。烈日或雨天不太活动。幼虫共6龄,喜群集,昼夜均取食,有互相残杀习性和假死性(图7.17)。

图 7.17 蔷薇三节叶蜂

1.雄蜂及幼虫 2.雌蜂及幼虫

2.防治措施

(1)人工防治 冬春结合抚育,在寄主植物周围松土,杀灭越冬幼虫或蛹。结合修剪,剪除卵枝并烧毁。

(2)化学防治　在低龄幼虫阶段进行化学防治。所选药剂有1.8%阿维菌素乳油1 500倍液,90%敌百虫晶体1 000倍液,50%杀螟松乳油1 500倍液,20%甲氰菊酯乳油或20%氰戊菊酯乳油1 000~1 500倍液,1.25%烟参碱乳油1 000倍液。

(六)星天牛

1.症状与为害

星天牛食性杂,为害杨、柳、榆、刺槐、悬铃木、乌桕、相思树、柑橘、樱花、海棠等。以成虫啃食枝干嫩皮,以幼虫钻蛀枝干,破坏输导组织,影响正常生长及观赏价值,严重时被害树易风折枯死。成虫体黑色有光泽,前胸背板两侧有尖锐粗大的刺突(图7.18)。

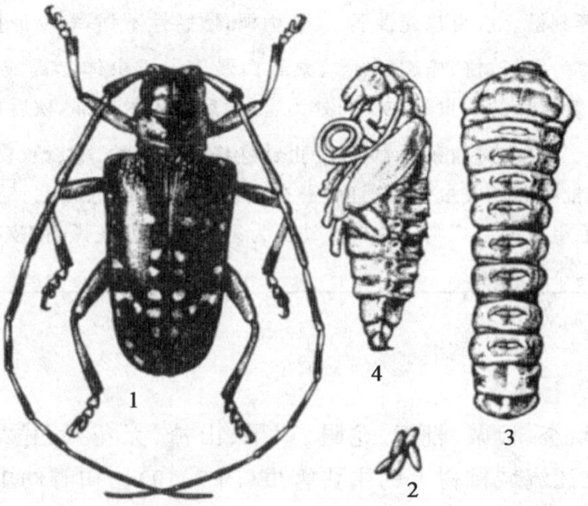

图7.18　星天牛(宋建英.园林植物病虫害防治.2005)

1.成虫　2.卵　3.幼虫　4.蛹

2.防治措施

(1)人工防治

①利用成虫飞翔力不强和具有假死性的特点,人工捕杀成虫。

②寻找产卵刻槽,可用锤击、手剥等方法消灭其中的卵。

③用铁丝钩杀幼虫。特别是当年新孵化后不久的小幼虫,此法更易操作。

④加强检疫,天牛类害虫大部分时间生活在树干里,易被人携带传播,所以在苗木、繁殖材料等调运时,要加强检疫、检查。双条杉天牛、黄斑星天牛、锈色粒肩天牛、松褐天牛为检疫对象,应严格检疫。对其他天牛也要检查有无产卵槽、排粪孔、羽化孔、虫道和活虫,一经发现,立即处理。

(2)物理防治　适地适树,采取以预防为主的综合治理措施,对在天牛发生严重的绿化地,应针对天牛取食树种种类,选择抗性树种,避免其严重为害;加强管理,增强树势;除古树名木外,伐除受害严重虫源树,合理修剪,及时清除园内枯立木、风折木等。

(3)生物防治　保护利用天敌,如人工招引啄木鸟,利用天牛肿腿蜂等。

(4)化学防治　在幼虫为害期,先用镊子或嫁接刀将有新鲜虫粪排出的排粪孔清理干净,然后塞入磷化铝片剂或磷化锌毒签,并用黏泥堵死其他排粪孔,或用注射器注射80%敌敌畏，或采用新型高压注射器，向树干内注射果树宝。在成虫羽化前喷 2.5% 溴氰菊酯触破式微胶囊。对公园及其他风景区古树名木上的天牛，可采用饵木诱杀，并及时修补树洞，干基涂白等，以减少虫口密度，保证其观赏价值。

3.其他天牛类

其他天牛类见表 7.5。

表 7.5 其他天牛类

害虫种类	为害与形态特征
光肩星天牛	为害杨、柳、榆、槭、刺槐等园林树种，对糖槭为害最烈。成虫体黑色，前胸两侧各有一较尖锐的刺状突起。成虫白天活动，取食被害植物的嫩枝皮，产卵前咬一椭圆形刻槽。成虫趋光性弱、飞翔力弱，敏感性不强，容易捕捉
薄翅天牛	为害杨、柳、榆、悬铃木、桑和白蜡等。成虫体赤褐或暗褐色，产卵于树木腐朽处，孵化后的幼虫先在腐朽处为害，随后蛀入木质部，秋后在蛀道内越冬
云斑天牛	又名多斑白条天牛，以幼虫钻蛀杨、柳、乌桕、榆、桑、白蜡、大叶女贞、悬铃木、柑橘、枇杷等。成虫体黑褐色，密布灰白色和灰褐色绒毛。鞘翅面上有白色和灰黄色绒毛组成的不规则云片斑。幼虫为害后受害处变黑，树皮破裂，有树胶流出，并有虫粪和木屑排出

(七)桃蛀螟

1.症状与为害

桃蛀螟为害桃、梨、杏、板栗、枇杷、龙眼、苹果、山楂、无花果、杧果、向日葵、法国梧桐及松杉等果树苗木，是长江流域桃树上的主要害虫(图 7.19)。初孵幼虫多在果梗、果蒂基部或果与叶片接触处吐丝作蒂潜食，蜕皮后从果梗基部钻入果内，沿果核蛀食果肉。同时不断排出褐色粪便堆在虫孔外。前期为害幼果，使果实不能发育或成僵果。虫害果常引发褐腐病。

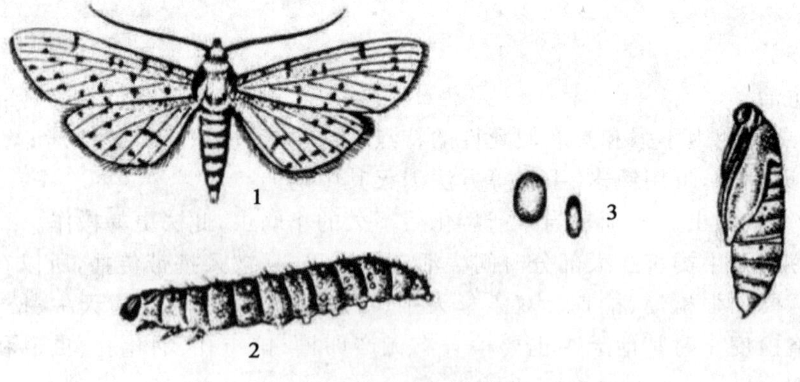

图 7.19 桃蛀螟

1.雌成虫 2.幼虫 3.卵 4.蛹

2.防治措施

(1)人工防治 冬季清除玉米、向日葵、高粱、蓖麻等遗株。4 月前将寄主树翘皮(长江流域，尤其是桃树)刮净以消灭越冬幼虫，是防治桃蛀螟的重要措施。

(2)物理防治 在成虫羽化盛期，用黑光灯或糖、醋、酒混合液诱杀。

(3)化学防治　在第一、第二代成虫产卵高峰期喷药防治。药剂选用1.8%阿维菌素乳油1 500倍液，20%氰戊菊酯乳油50 mL，加水100 kg，或用5%甲氨基阿维菌素苯甲酸盐乳油100 mL，加水75 kg喷雾。

(八)蚜虫

1.症状与为害

全国各地均有分布，寄主植物很多，主要为害扶桑、木槿、石榴、茶花、牡丹、紫叶李、夹竹桃、梅花、紫荆、月季等花木。在园林苗圃中常见的除桃蚜(图7.20)外，还有棉蚜、月季长管蚜、绣线菊蚜等。体色为黑色，以成蚜或若蚜群集于植物叶背面、嫩茎、生长点和花上，用针状刺吸口器吸食植株的汁液，使细胞受到破坏，生长失去平衡，叶片向背面卷曲皱缩，心叶生长受阻，严重时植株停止生长，甚至全株萎蔫枯死。蚜虫为害时排出大量水分和蜜露，引起霉菌病发生，同时，诱发煤污病。

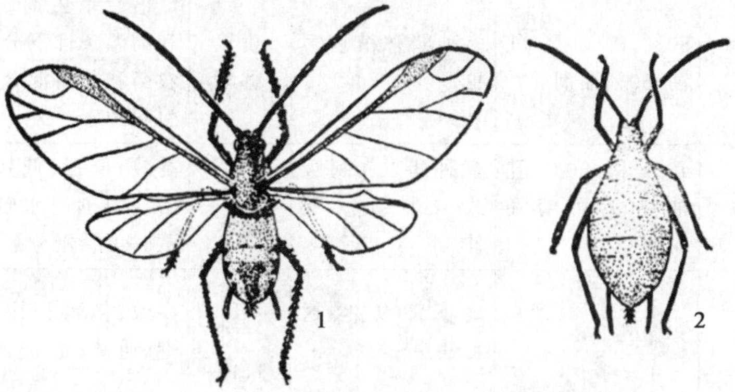

图7.20　桃蚜

1.有翅胎生雌蚜　2.无翅胎生雌蚜

2.防治措施

(1)人工防治　注意检疫虫情，抓紧早期防治。盆栽花卉上零星发生时，可用毛笔蘸水刷掉，刷时要小心轻刷、刷净，避免损伤嫩梢、嫩叶，刷下的蚜虫要及时处理干净，以防蔓延。

(2)物理防治　利用涂有黄色和胶液的纸板或塑料板，诱杀有翅蚜虫；或采用银白色锡纸反光，拒避迁飞的蚜虫。

(3)生物防治　保护和利用天敌，瓢虫、草蛉等天敌已能大量人工饲养后适时释放。另外蚜霉菌等亦能人工培养后稀释喷施。尽量少用广谱触杀剂，选用对天敌杀伤较小的、内吸和传导作用大的药物。

(4)化学防治　发生严重地区，木本花卉发芽前，喷施5°Be′的石硫合剂，以消灭越冬卵和初孵若虫。虫口密度大时，可喷施10%吡虫啉可湿性粉剂2 000倍液、3%啶虫脒乳油2 000～2 500倍液、鱼藤精1 000～2 000倍液；用40%氧化乐果乳油50～100倍液进行涂茎，对梅、樱花等安全。烟草末40 g加水1 kg，浸泡48 h后过滤制得原液，使用时加水1 kg稀释，另加洗衣粉2～3 g或肥皂液少许，搅匀后喷洒植株，也有很好的效果。吡蚜酮、烯啶虫胺、呋虫胺、噻虫嗪均是新药，效果很好。

三、常用杀虫剂的使用

杀虫剂是用来防治各种苗木害虫的药剂。常见杀虫剂与使用方法见表 7.6。

表 7.6　常见杀虫剂与使用方法

药剂类型	药剂名称	常见剂型	防治对象	使用方法	特点
有机磷杀虫剂	敌百虫	90%晶体、80%可溶性粉剂、50%可湿性粉剂、25%粉剂	多种具有咀嚼式口器的害虫	喷雾 灌根 喷粉	高效、低毒、低残留、广谱性杀虫剂，室温下存放稳定，易吸湿受潮，在弱碱条件下可转变为毒性更强的敌敌畏
	敌敌畏	80%和50%乳油、50%油剂	多种园林植物害虫	喷雾 熏蒸	广谱性杀虫剂，击倒力强，在碱性和高温条件下分解快，不能与碱性农药和肥料混合，对豆科的幼苗易引起药害
	乐果	40%和50%乳油、60%可溶性粉剂	多种害虫(刺吸式口器害虫最佳)	喷雾 涂抹	高效、低毒、低残留、广谱，在碱性溶液中迅速水解，性能不稳定，贮藏时可缓慢分解
	辛硫磷	50%乳油	地下害虫、鳞翅目幼虫	喷雾 拌种 浇灌	高效、低毒、低残留、光谱性杀虫剂，遇碱、光易分解
	乙酰甲胺磷	40%乳油	食心虫、刺蛾和菜青虫等(3龄前使用效果最好)	喷雾	广谱、高效、低毒、低残留，遇碱易分解，残效期短
	毒死蜱	48%乳油	各种鳞翅目害虫、蚜虫、害螨、潜叶蝇和地下害虫	喷雾	高效、中毒，在土壤中残留期长
氨基甲酸酯类杀虫剂	抗蚜威	50%可湿性粉剂	多种蚜虫	喷雾	高效、速效、中毒、低残留，选择性杀蚜剂
	硫双威	75%可湿性粉剂、37.5%胶悬剂	棉铃虫、烟青虫、甜菜夜蛾和斜纹夜蛾等	喷雾	经口毒性高，经皮毒性低，高效、广谱、持久、安全
拟除虫菊酯类杀虫剂	溴氰菊酯	2.5%乳油、25%可湿性粉剂	多种园林植物害虫	喷雾	中毒；光稳定性好，在酸性液中稳定，在碱性液中易分解，高效、低毒，田间残效期 5～7 d，连续使用易导致害虫产生抗药性
	氰戊菊酯	20%乳油	多种园林植物害虫	喷雾	中毒
	甲氰菊酯	20%乳油	鳞翅目害虫、叶螨、粉虱和叶甲	喷雾	中毒

续表 7.6

药剂类型	药剂名称	常见剂型	防治对象	使用方法	特点
	高效氯氟氰菊酯	2.5%和5%乳油	鳞翅目害虫、蚜虫和叶螨等	喷雾	杀虫谱广,作用快,残效期长
	氯氰菊酯	10%乳油	多种园林植物害虫	喷雾	中毒
特异性昆虫生长调节剂	灭幼脲	25%悬浮剂	桃小食心虫、松毛虫、美国白蛾、柑橘全爪螨等	喷雾	低毒、遇碱和较强的酸易分解,常温下贮存较稳定,田间残效期15~20 d,对人、畜和天敌安全
	定虫隆	5%乳油	对鳞翅目幼虫有特效	喷雾	高效、低毒
	噻嗪酮	25%可湿性粉剂	飞虱、叶蝉、介壳虫和温室粉虱等	喷雾	药效高,残效期长,残留量低,对天敌昆虫较安全
微生物杀虫剂	阿维菌素	1.8%、5.0%乳油	双翅目、同翅目、鳞翅目和螨类害虫	喷雾	抗生素类杀虫剂,高效、广谱杀虫杀螨剂,对人畜高毒
	苏云金杆菌(Bt)	可湿性粉剂、乳剂	鳞翅目、双翅目、鞘翅目和直翅目害虫	喷粉 喷雾 灌心	细菌性杀虫剂,低毒、高效、广谱杀虫剂
	甲维盐	5%水分散粒剂、1%乳油	鳞翅目昆虫的幼虫和其他许多害虫及螨类	喷雾	低毒杀虫、杀螨剂,是在阿维菌素的基础上合成的高效生物药剂,具有活性高、杀虫谱广、可混用性好、持效期长、无残留,无公害,使用安全
烟碱类杀虫剂	吡虫啉	10%、25%可湿性粉剂	蚜虫、飞虱和叶蝉等	喷雾	速效、残效期长,对天敌昆虫安全
	噻虫嗪	25%、50%水分散粒剂,70%种子处理可分散粒剂	同翅目、鳞翅目、鞘翅目、缨翅目害虫	叶面喷雾及土壤灌根处理	全新结构的第二代烟碱类高效低毒杀虫剂,施药后迅速被内吸,并传导到植株各部位
	呋虫胺	可溶粒剂、水分散粒剂、可湿性粉剂、悬浮剂、可分散油悬浮剂、胶饵等	鞘翅目、双翅目和鳞翅目、双翅目、甲虫目和总翅目害虫有高效	喷雾 撒施	最新一代超级烟碱类杀虫剂,具有很广的杀虫谱,并对作物、人畜和环境又十分安全,再配以各种用途的使用方法,该农药有望成为世界性的大型农药
	烯啶虫胺	10%水剂、1.0%颗粒剂、50%可溶性粉剂	蚜虫、叶蝉、蓟马半翅目害虫	喷雾	对人畜、鸟类及水生动物均低毒,对皮肤、眼无刺激致敏性、杀虫谱广、安全无药害

续表 7.6

药剂类型	药剂名称	常见剂型	防治对象	使用方法	特点
	溴氰虫酰胺	19%悬乳剂、乳油	鳞翅目、鞘翅目、半翅目	喷雾、灌根、撒施	高效、低毒、作用机制新颖、对非靶标生物安全、杀虫谱广，速度更快，持效期更长
酰胺类杀虫剂	氯虫苯甲酰胺	20%悬浮剂	鳞翅目、鞘翅目、双翅目及多种非鳞翅目害虫	喷雾	高效广谱、属微毒级，对施药人员非常安全，对稻田有益昆虫、鱼虾也非常安全。持效期可以达到 15 d 以上，对农产品无残留影响，同其他农药混合性能好
	氟虫双酰胺	水分散粒剂、10%悬浮剂	鳞翅目	喷雾	对成虫和幼虫都有优良的活性，作用速度快、持效期长，耐雨水冲刷。与现有杀虫剂无交互抗性产生

自测训练

一、填空题

1. 在苗圃中发生的虫害有很多种类，大体上可分为(　　　　)和(　　　　)两类。

2. 苗木常见的根部害虫有(　　　　)、(　　　　)和(　　　　)等；蛀干害虫有(　　　　)、(　　　　)、(　　　　)等。

3. 金龟子的幼虫称为(　　　　)，主要为害(　　　　)、(　　　　)、(　　　　)、(　　　　)以及(　　　　)等；成虫为害(　　　　)、(　　　　)、(　　　　)表皮和叶片等，形成不规则孔洞，残缺不全，或仅留叶柄。

4. 苗圃常见的食叶类害虫有(　　　　)、(　　　　)、(　　　　)等。

5. 常用的杀虫剂有(　　　　)、(　　　　)、(　　　　)、(　　　　)、(　　　　)、(　　　　)等。

二、判断题

1. 尺蠖类和蛾类是蛀干害虫。(　　)

2. 金龟子的幼虫称为蛴螬，为地下害虫，成虫为枝干害虫。(　　)

3. 蔷薇三节叶蜂以幼虫取食月季嫩叶。(　　)

4. 蛀干害虫对苗木的为害主要以成虫阶段为害为主。(　　)

5. 刺蛾类为食叶害虫。(　　)

三、问答题

1. 苗圃的主要虫害有哪些？

2. 刺蛾类害虫的防治措施有哪些？

3. 天牛类害虫的防治措施有哪些？

4. 蚜虫类害虫的为害特点有哪些？

技能训练十五　苗圃常见虫害的调查与防治

一、目的要求

调查本地区园林苗圃主要害虫类型，观察为害症状及为害苗木，能够制定虫害防治方案，掌握常见杀虫剂的使用方法。

二、材料与用具

记录本、放大镜、解剖针、相机、昆虫标本瓶等。

三、方法步骤

(1)以小组为单位，调查当地园林苗圃常见的地下害虫和枝梢害虫种类，观察各类害虫形态。

(2)仔细观察虫害为害植物和为害症状。

(3)将调查数据进行汇总整理，记录害虫种类，填入表7.7。

表7.7　苗圃主要害虫类型调查表

调查地点：　　　　　　　　　　　　调查时间：　　年　　月　　日

害虫名称	为害植物	为害部位	主要为害症状

四、作业

各组根据调查情况拟定虫害综合防治方案，完成实训报告。

任务三　园林苗圃的杂草防治

杂草是指园林苗圃中人们非有意识栽培的植物，或者说凡害大于益的植物都是杂草。杂草生长迅速，不但与园林苗木争夺养分和水分，而且还是多种病虫害的中间寄主，如果防治不及时就会蔓延，影响花木生长。杂草防除的物理方法主要是人工拔除、耕作和使用覆盖物，生物控制法很少在园林苗圃中使用，而最简单有效的方法则是化学除草。

一、常见杂草的种类

对杂草进行分类是识别杂草的基础，特别是防除和控制的重要基础。

(一)按生命周期分类

按生命周期的长短，杂草可分为一年生、二年生和多年生杂草。

1.一年生杂草

该类杂草在一个生长季节内完成其生活史，即从种子发芽到成熟结实在一年内完成。

如稗草(图 7.21)、牛筋草(图 7.22)、反枝苋(图 7.23)、马齿苋、异型莎草和碎米莎草等。

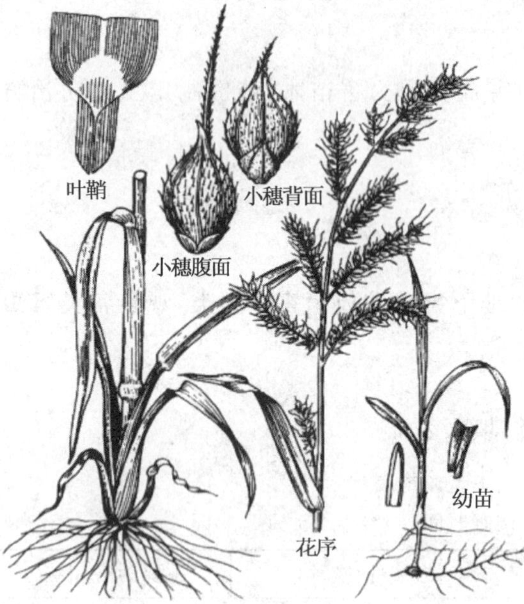

图 7.21 稗草

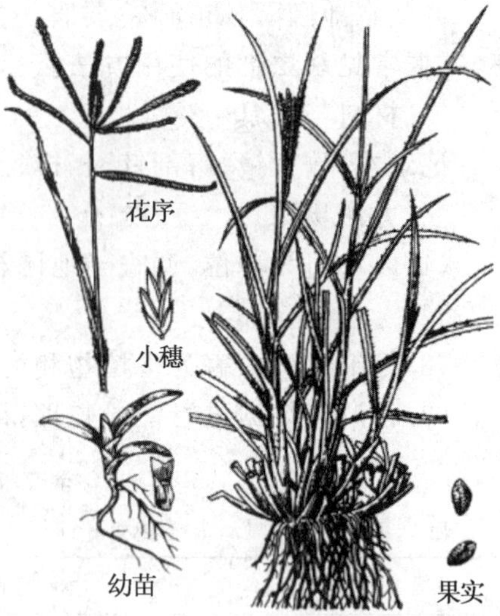

图 7.22 牛筋草

2. 二年生杂草

该类杂草在夏末或秋、冬季发芽,植株处于未成熟的状态度过冬季的几个月,翌年春天再进一步进行营养生长,春末或夏初开花、结实,生长时间虽不足一年,但跨两个年度,因而称之为二年生杂草。如野燕麦、波斯婆婆纳、猪殃殃、播娘蒿和独行菜等。

3. 多年生杂草

该类杂草生长期较长,能存活多年,既可以种子繁殖又能以根茎等营养器官繁殖,通常以营养器官休眠越冬。苗圃常见的有禾本科的狗牙根、白茅、蔄股颖等,莎草科的莎草、香附子,阔叶杂草荠菜、田旋花、白茅、酢浆草、繁缕等。

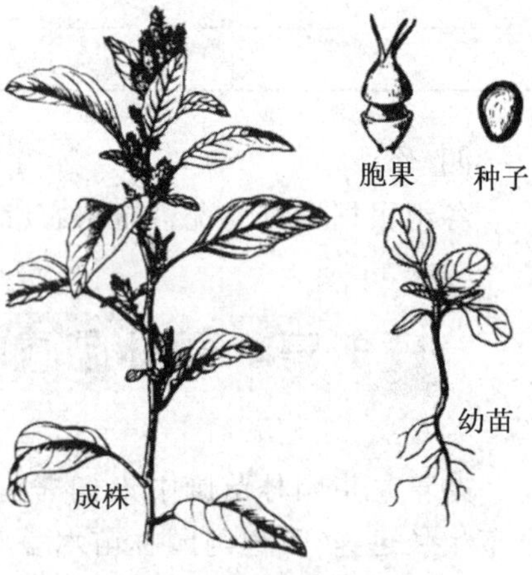

图 7.23 反枝苋

(二)按叶片形态分类

根据杂草的叶片形态特征对杂草进行分类,大致可分为禾草、莎草和阔叶草三大类。

1. 禾草类

属于禾本科植物。其主要形态特征为:叶片狭长、叶脉平行,叶鞘开张,常有叶舌,无叶柄;茎圆形或略扁,分节,节间中空,如马唐(图 7.24)、稗草和狗尾草等。

2. 莎草类

属于莎草科植物。其叶片形态与禾草相似:叶片狭长、叶脉平行,但叶鞘不开张,无叶舌;茎三棱形或扁三棱形、不分节、实心,如香附子(图 7.25)、异型莎草等。

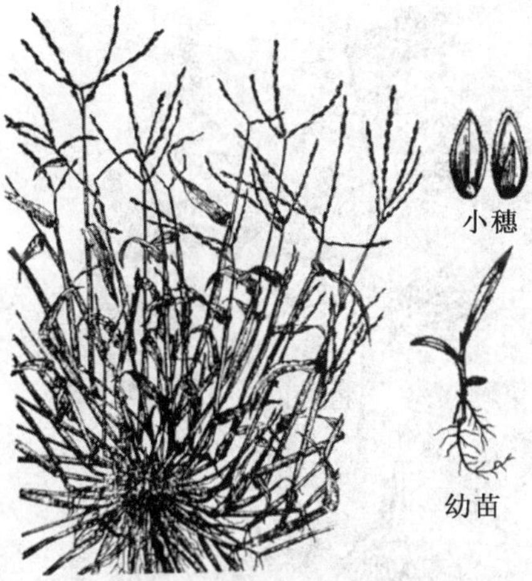

图 7.24　马唐

图 7.25　香附子

3. 阔叶草类

包括所有的双子叶植物杂草及部分单子叶杂草。其主要形态特征为：叶片宽大，具网状叶脉，叶有柄；茎常为实心，如车前(图 7.26)、蒲公英(图 7.27)和荠菜等。

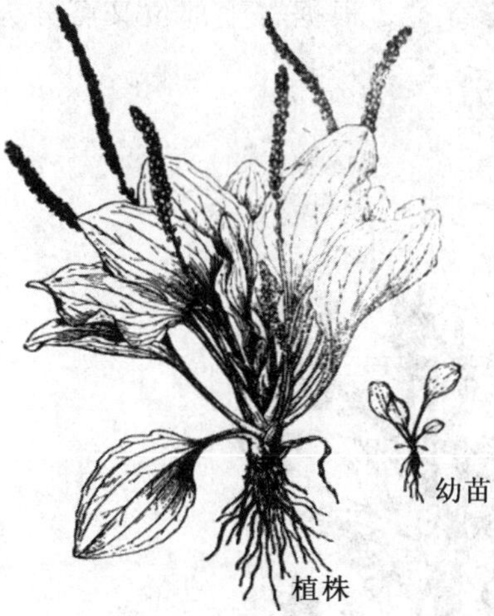

图 7.26　车前

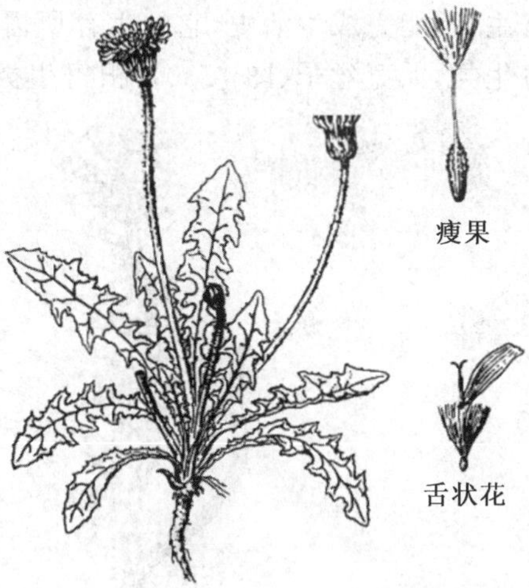

图 7.27　蒲公英

(三)按寄生性分类

杂草按寄生性可分为非寄生杂草、半寄生杂草和寄生杂草。

1. 非寄生杂草

有叶绿体，能进行光合作用。常见的杂草绝大部分为非寄生性杂草，如葎草(图 7.28)、萹蓄、艾蒿(图 7.29)等。

2. 半寄生杂草

有叶绿体，能进行光合作用，但倾向于寄生，若无寄主也能生存，如独脚金和百蕊草等。

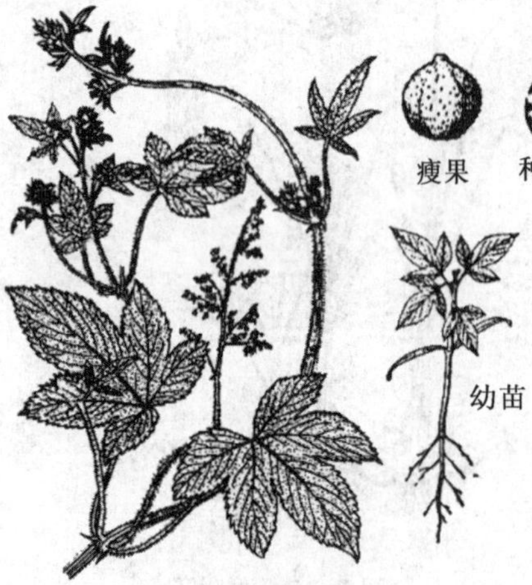

图 7.28 葎草

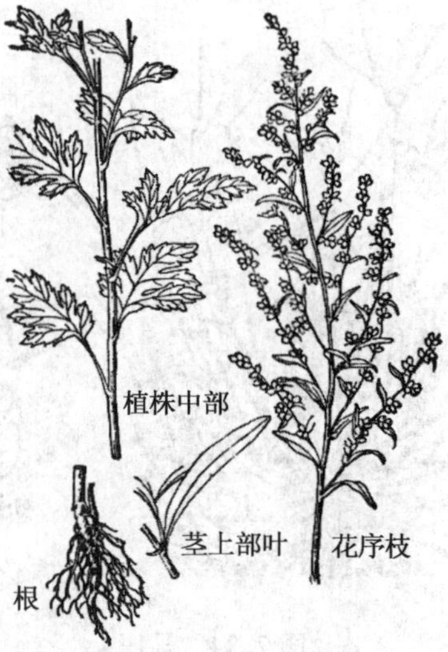

图 7.29 艾蒿

3.寄生杂草

一般无叶绿素,不能或不能独立进行光合作用,需要或必须有寄主,有特殊吸收器,离开寄主,不能完成生活史,它的生存所需要的能量物质来自于寄主。根据寄生部位又可分为茎寄生类,如菟丝子(图 7.30);根寄生类,如列当等。

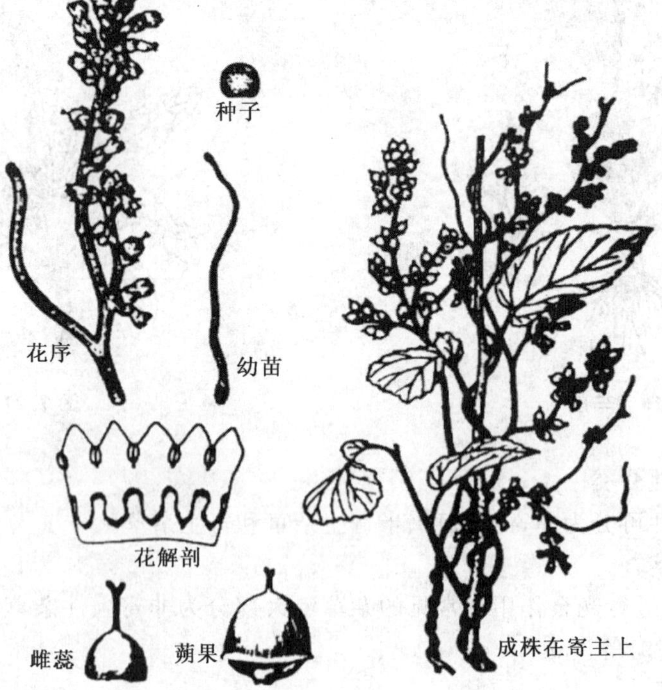

图 7.30 菟丝子

二、杂草防治方法

(一)农业防治

1. 实行杂草检疫制度

对于从外地(检疫地区)、外国引入新种苗木或种子繁育时,必须实行严格的杂草检疫,凡属国内没有或本地尚未广为传播的而具有潜在危险的杂草,必须禁止或限制试种。以前,由于部分地方没能严格执行种子检疫制度,使一些为害性极大的恶性杂草传入我国,造成很大损失。因此,生产中对所有传播材料(种子、接穗、插条等)都应清选和检疫,使其尽可能不带检疫对象。

2. 清洁苗圃环境

苗圃周围和路旁杂草是苗圃杂草的重要来源,尤其在灌溉条件下,水渠两边生长的杂草产生的种子是重要的传播源。所以,应及时铲除苗圃周围、道路旁和水渠旁的杂草,尽可能不让杂草完成生长发育史。铲除的杂草应挖坑堆沤处理,成为有机肥。

3. 实行土壤轮作和土壤耕作

园林苗圃实行合理的土壤轮作制度,不仅能减轻病虫害的发生和减少生理缺素症的为害,还可以明显减轻杂草为害。由于一些寄生性杂草对某些苗木有依赖性,通过合理的轮作制度,既可以减轻此类杂草的危害,同时又清除了一些病原及虫害的宿存越冬或越夏场所,减少翌年病虫害的初侵染源,如菟丝子、列当等。

土壤耕作(秋耕、中耕等)是苗圃地管理的经常性工作。一般耕作也具有双重作用,一方面可以铲除生长中的杂草,将多年生杂草的根系翻出导致其死亡;另一方面苗圃的杂草多是一、二年生的杂草,它们多以种子进行繁殖,且根据它们的生物学特性,种子大多集中在夏秋两季成熟。此时对苗圃地进行深耕可以将杂草的种子深埋于土壤之下,使之不能够发芽,从而起到抑制翌年杂草数量的目的。苗圃中耕每年需要多次进行,一般至少 3~5 次,才能起到控制杂草的作用。

(二)物理性除草

物理性除草是指利用人工或机械设备防除杂草的方法。

1. 人工除草

指通过人工拔除、割刈、锄草等措施有效防治杂草的方法,也是一种最原始、最简便的方法。人工除草费工费时,劳动强度大,除草效率低。但是,在不发达地区仍然是主要的除草手段。在发达地区或较发达地区,在某些特殊作物上也主要以人工除草为主,有时亦被作为一种补救除草措施应用。

2. 机械除草

是在苗木生长的适宜阶段,根据杂草的发生和危害情况,运用机械驱动的除草机械进行除草的方法。主要包括中耕除草机、除草施药机以及用于耕翻并兼有除草效果的耕翻机。机械除草提高了除草效率,降低了劳动强度,用工少及不污染环境。

3. 物理防治

是利用物理的方法,如火、电、辐射等手段杀灭控制杂草的方法。物理防治包括火力除草、电力除草及薄膜覆盖抑草等方法。

火力除草是利用火焰或火烧产生的高温使杂草被灼伤致死的一种除草方法。但火力除草消耗了大量有机物，不利于提高土壤肥力、改善土壤结构，也不符合持续高效农业的要求，而且还易对其他植物产生伤害。

薄膜覆盖抑草已广泛应用于园林苗圃除草。无色薄膜覆盖能抑制部分杂草的发育。近年来，生产上采用有色薄膜，不仅能有效抑制刚出土的杂草幼苗生长，而且能通过有色薄膜的遮光极大地削弱已有一定生长年龄的杂草的光合作用，在薄膜覆盖条件下，高温、高湿，杂草又是弱苗，能有效地控制或杀灭。

(三)生物防治

生物防治是利用不利于杂草生长的生物天敌，如某些昆虫、病原真菌、细菌、食草动物或其他高等植物来控制杂草的发生、生长蔓延和为害的杂草防治方法。其目的不是根除杂草，而是通过干扰或破坏杂草的生长发育、形态建成、繁殖与传播，使杂草的种群数量和分布控制在经济阈值允许水平之下。生物防治比化学除草具有不污染环境、不产生药害、经济效益高的优点；比农业防治、物理防治简便。

(四)化学防治

在林业和园林苗圃管理过程中，除草是一项耗时费力的基础性工作，据调查，人工除草占苗圃总用工量的40%～60%。近年来，由于劳动力成本日趋昂贵且效率较低，杂草复发率高，而化学除草可以节约用工60%～80%，降低除草成本40%～80%。化学除草是一项亟须推广的农业技术。不论是对病虫害还是对于防治杂草，化学防治都能产生一个比较理想的效果。在苗圃中，一般大体分为两种，一种是苗前对土壤消毒处理，不仅可以杀菌杀虫，同时还能使杂草的种子失活而不能发芽；另一种就是在苗期，对已经生长的杂草通过喷施除草剂来防治。

三、常用除草剂的应用

苗圃种植的苗木种类繁多，生长习性、生物学特性、栽培方式各不相同。因此，在苗圃地科学合理地使用化学除草技术，能达到不伤根、不伤芽、除草及时，并有一定的持效性，可大大降低除草的成本，促进苗木健壮生长。但乱用或滥用除草剂会造成药害、带来环境污染等问题，因而科学使用除草剂极为重要。

(一)化学除草剂的分类

目前，市场上销售的除草剂商品有上百种。对这些除草剂进行合理的分类，有利于我们较快地掌握它们的特性。除草剂的分类方法有多种，但每种分类都不是绝对的。常用的分类依据有：使用时间、对作物的选择性、防治对象、在植物体内传导特性、作用机理、化学结构等。

1.根据使用方法分类

(1)土壤处理剂　又称封闭除草剂，这类除草剂在杂草出苗前施用，对未出苗的杂草有效，对出苗杂草活性低或无效。如氟乐灵、二甲戊灵、敌草隆等。

土壤处理除草剂的除草效果受环境条件影响较大，特别是土壤墒情、质地、有机质含量等。土壤表面干燥，施药后又长期不下雨，除草效果会下降，在黏土和有机质含量高的地块，土壤颗粒吸附除草剂能力比沙土或有机质含量低的地块强。因此，在黏土和有机质含量高的地块除草剂的用量应大一些。

(2)茎叶处理剂　这类除草剂在杂草出苗后施用，对出苗的杂草有效，但不能防除未出苗的杂草。如喹禾灵、二甲四氯(2-甲基-4-氯苯氧乙酸)、草甘膦等。杂草植株大小对茎叶处理剂的敏感性差别很大，一般来说，小苗比大苗敏感。大多数茎叶处理除草剂在杂草2～5叶期使用，才能达到理想的除草效果，杂草长大后再施用防除效果会下降，甚至无效。茎叶处理剂也不能使用太早，使用过早，杀死早出苗的杂草后，后出苗的杂草仍会造成危害。茎叶处理除草剂除草效果比较稳定，受环境条件影响小。但在特别干旱情况下，除草剂效果也可能下降。

2.根据对不同类型杂草的活性分类

(1)禾本科杂草除草剂　是主要用来防除禾本科杂草的除草剂，如芳氧苯氧丙酸类除草剂能防除很多一年生和多年生禾本科杂草，对其他杂草无效；二氯吡啉酸，对稗草有特效，对其他阔叶杂草无效。

(2)莎草科杂草除草剂　是主要用来防除莎草科杂草的除草剂，如莎扑隆，能在水、旱地防除多种莎草，但不能防除其他杂草。

(3)阔叶杂草除草剂　是主要用来防除阔叶杂草的除草剂，如苯磺隆。

(4)广谱除草剂　是能有效地防除单、双子叶杂草的除草剂。如烟嘧磺隆(玉农乐)，能防除多数禾本科杂草和阔叶杂草。又如草甘膦，对大多数杂草都有效。

(二)常用除草剂

1.防除禾本科杂草的土壤处理剂

(1)异丙甲草胺　商品名为杜尔、都尔，属选择性芽前土壤处理除草剂，可防除一年生禾本科杂草，加工制剂是72%乳油。使用时要求土壤有一定的湿度，而且在杂草萌芽出土前才能发挥药效。

(2)乙草胺　属选择性芽前土壤处理除草剂，可防除一年生禾本科杂草，对多年生杂草无效。加工剂型有50%乳油、20%可湿性粉剂。乙草胺对2叶期以上的禾本科杂草防效差。

(3)丁草胺　商品名称为马歇特，用60%丁草胺乳油2 500～3 000mL/hm^2加水700～1 000 kg喷洒。在土壤湿度高时也可采用毒土(肥)法，即在杂草萌芽前每公顷拌200～300 kg细潮土，均匀撒施。使用时应注意：

①丁草胺的施药时期应在杂草萌芽前，最迟不能超过禾本科杂草2叶期。

②应根据土壤质地、有机质含量、杂草生长情况确定用药量。沙质土易产生药害，使用时要谨慎。

③毒土法施药时，如在撒施后适当喷水，有利于提高除草效果。

(4)氟乐灵　商品名称为特福力，剂型有485乳油。氟乐灵在干旱地区使用防除效果较差，可在用药后用喷水的方法提高防效，为了减少光解，尽量选择阴天或傍晚时间施药。

(5)乙氧氟草醚　商品名称为果耳，其他名称为割草醚，制剂有23.5%乳油。通常提前进行土壤处理，每公顷用23.5%乳油600～750 mL，在杂草萌发出土前进行土壤处理；杂草4～5叶期，用23.5%乳油450～750 mL/hm^2加水450～600 L，使用低压喷雾器定向对杂草茎叶进行喷雾，可与百草枯、草甘膦混用，扩大杀草谱，提高防效；或用0.05～0.5 kg/hm^2拌毒沙或药土均匀撒施。

(6)禾草敌　商品名称为禾草特、禾大壮、草达灭、环草丹、杀克尔，加水喷雾或制成药土、药沙均匀撒施，也可利用灌溉水滴注施药。由于该药挥发性很强，药土、药沙、药肥应随拌随施。

2.防除禾本科杂草的茎叶处理除草剂

(1)精氟吡甲禾灵　又称为高效盖草能、右旋吡氟乙草灵，对苗后到分蘖期、抽穗初期的一年生和多年生禾本科杂草都有很好的防除效果，对阔叶杂草和莎草科杂草无效。加工剂型为10.8%乳油。本剂施药后杂草吸收快，一般下雨前1～2 h施药，不影响除草效果。

(2)精吡氟禾草灵　又称精稳杀得，加工剂型是15%乳油。适用于阔叶草坪中防除马唐、狗尾草、稗草、千金子、牛筋草、看麦娘、狗牙根、双穗雀稗等一年生和多年生禾本科杂草。用药量随杂草的大小及水分条件不同而异。

水分适宜时防除一年生禾本科杂草，用15%精吡氟禾草灵乳油500～800 mL/hm^2 加水500～800 kg喷雾；干旱条件下用800～1 000 mL/hm^2 加水500～800 kg喷雾；茎叶防除多年生杂草用15%精稳杀得乳油1 000～1 500 mL/hm^2 加水500～800 kg喷雾。

(3)精禾草克　在禾本科杂草与阔叶草坪间有高度选择性，茎叶处理可在几小时内完成对药剂的吸收作用，从而向植物体内上部、下部移动。加工剂型为5%乳油。防除多年生禾本科杂草用5%精禾草克乳油1 500～3 000 mL/hm^2，加水500～800 kg，均匀喷雾处理杂草茎叶。

(4)稀禾定　商品名称拿捕净，加工剂型是20%乳油、12.5%机油乳剂。防除一年生禾本科杂草用12.5%拿捕净乳油1 000～1 500 mL/hm^2；防除多年生禾本科杂草用12.5%拿捕净乳油1 500～2 000 mL/hm^2。

3.防除阔叶杂草的茎叶处理除草剂

(1)2,4-D丁酯　该药是激素型选择性除草剂。阔叶杂草3～5叶期，用72%的2,4-D丁酯乳油900～1 500 mL/hm^2。喷雾时应避免药液雾滴飘移到邻近敏感的花卉和阔叶灌木上引起药害，使用时要注意风向。中午气温高、蒸发量大时不宜喷药。

(2)苯磺隆　商品名称为巨星，是内吸传导型苗后选择性除草剂，药剂可被杂草的茎、叶和根吸收并在体内传导。该药在土壤中通过化学水解作用很快分解，田间持效期60 d左右。加工剂型有75%干悬浮剂、10%可湿性粉剂。阔叶杂草株高不超过10 cm时，用75%巨星干悬浮剂15～30 g/hm^2 加水700～900 kg进行茎叶喷雾。干燥低温（10℃以下）时不宜用药。

(3)氯氟吡氧乙酸　商品名称为使它隆(Starsne)，属内吸传导型茎叶处理除草剂。剂型是20%乳油。阔叶杂草2叶期，用20%氯氟吡氧乙酸乳油1 000～2 000 mL/hm^2。施药时应选择无风或微风天气，严防将药液飘移到邻近苗木上。

(4)麦草畏　商品名称为百草敌，是选择性内吸传导激素型除草剂。剂型为48%水剂。阔叶杂草2～4叶期，用48%百草敌水剂300～500 mL/hm^2 加水500～800 kg均匀喷雾。施药时应选择无风或微风的晴好天气。

4.防除莎草和阔叶杂草的茎叶处理除草剂

(1)灭草松　商品名称为苯达松、排草丹，是触杀型选择性苗后除草剂。防除碎米莎草、异型莎草、苍耳、马齿苋、苦苣菜、蓼、藜、龙葵等杂草。杂草3～4叶期，用48%苯达松水剂1 500～2 000 mL/hm^2 加水700～900 kg喷雾。

(2)莠去津(阿特拉津)　莠去津为三氮苯类选择性内吸传导型土壤兼茎叶处理剂。主要通过植物根部吸收并传导到分生组织和叶面，干扰光合作用使杂草致死。制剂有50%可湿性粉剂、80%可湿性粉剂、38%胶悬剂等。

(三) 除草剂的使用原则与方法

1. 除草剂使用应遵循的原则

(1)正确选用除草剂品种　不同除草剂品种的作用特性和防治对象不同，对作物的安全性亦不同，应根据田间杂草发生、分布及群落组成，以及作物品种选用适宜的除草剂品种。

(2)正确选择用药量　根据除草剂品种特性、杂草生育状况、气候条件及土壤特性，确定单位面积最适宜用药量。

(3)正确选择施药技术　选择质量好的喷雾器，在喷药前应调节好喷雾器，使各个喷嘴流量保持一致，达到喷洒均匀，且不重喷、不漏喷。重喷使药量加倍，容易使作物产生药害；漏喷又不能保证药效。

(4)掌握最佳施药时期　根据除草剂的特性，选在最能发挥药效又对作物安全的时期施药，并严格按照除草剂的使用说明书进行操作。

2. 除草剂的使用方法

(1)按施药对象

①土壤处理。即把除草剂喷洒于土壤表层或通过混土操作把除草剂拌入土壤中一定深度，建立起一个除草剂封闭层，以杀死萌发的杂草。土壤处理药剂先在土壤中固定，然后通过土壤中的液相互相移动扩散，与植物的根、茎接触吸收进入植物体内。

②茎叶处理。即把除草剂稀释在一定量的水中，对杂草幼苗进行喷洒，利用杂草茎叶吸收和传导来消灭杂草。茎叶处理对杂草的防除效果与温度、光照以及除草剂在植物体表面的黏着、润湿状况和渗透关系密切。

(2)按施药时间

①播前处理。指在播种前对土壤进行封闭处理，如丁草胺可在水稻秧田或移栽大田播(栽)前2～3 d处理。

②播后苗前处理。即在播种后出苗前，或者在禾本科作物立针到第1叶之前进行土壤处理。播前处理或播后苗前处理剂主要被根、芽、芽鞘吸收，而且是向上传导的，这些除草剂用于土壤处理防除杂草的效果比作茎叶处理好。

③苗后处理。指在杂草出苗后，一般禾本科杂草在3叶前，双子叶杂草在3～5叶期，把除草剂直接喷洒到杂草植株上。也有些灭生性除草剂如百草枯、草甘膦可以在杂草生长中后期进行灭生处理。苗后处理剂一般为茎叶吸收并能向下或其他方向传导的除草剂。

(3)按施药方法　除草剂可采用的施药方法很多，如采用喷雾处理，包括常量喷雾和微量喷雾；也可采用撒毒土法把除草剂与一定量的细润土拌匀后撒施。除草剂的不同物理化学特性决定其施药方法，如挥发性强的禾大壮、氟乐灵等必须采用土壤处理，如果采用茎叶喷雾不仅效果差，而且也容易使作物发生药害。

自测训练

一、填空题

1. 根据杂草的叶片形态特征对杂草进行分类，大致可分为(　　　　)、(　　　　)和(　　　　)三大类。

2.除草剂根据施用方法可分为(　　　　)处理剂和(　　　　)处理剂。

3.除草剂的使用方法通常有(　　　　)和(　　　　)。

4.常用的防除禾本科杂草的土壤处理剂有(　　　　)、(　　　　)和(　　　　)等。

5.常用的防除阔叶杂草的茎叶处理除草剂有(　　　　)、(　　　　)和(　　　　)等。

二、问答题

1.园林苗圃常见的杂草有哪些种类?

2.杂草的防治方法主要是什么?

3.除草剂主要有哪些类型?

4.使用丁草胺要注意什么?

技能训练十六　园林苗圃常见杂草种类调查与防治

一、目的要求

调查本地区园林苗圃主要杂草种类,能够正确识别杂草,掌握常见除草剂的种类及使用方法。

二、材料与用具

记录本、放大镜、相机、标本夹等。

三、方法步骤

(1)以小组为单位,调查当地园林苗圃常见的杂草种类。

(2)采集杂草标本,进行杂草识别与鉴定。

(3)查阅资料,熟悉常见除草剂种类及使用方法。

(4)制订杂草防治方案,结合苗圃生产管理进行杂草防治。

四、作业

记录杂草种类,完成实训报告。

Project 8

苗木质量评价与出圃

知识目标：

- 了解苗木出圃质量要求和规格要求。
- 理解怎样进行苗木分级、什么季节适宜起苗及怎样进行苗木包装和运输。
- 掌握苗木出圃中的起苗方法，什么时候需要假植苗木和怎样进行假植。

技能目标：

- 能够利用所学知识，制定提高苗木出圃成活率的措施；通过完成工作任务，积累生产经验和社会经验，提高实际工作中分析问题和解决问题的能力。
- 会进行苗木出圃的各项调查操作，根据调查结果制订出圃计划并进行裸根苗和带土球苗的起苗、假植操作，对出圃苗进行检疫并合理包装确保运输成活率。
- 熟练进行裸根苗和带土球苗的起苗操作，并能根据要求对各类苗木进行假植操作。

任务一　苗木出圃的调查与质量评价

一、苗木出圃的调查

(一)苗木调查的时间

应在苗木停止生长后出圃前进行,落叶树种要在落叶前进行。因此,调查时间多在秋季苗木停止生长以后进行。

(二)苗木调查的方法

1. 标准行法

在要调查的苗木生产区中,每隔一定的行数,选出一行作标准行。把全部标准行选定后,再在标准行上选出一定长度,有代表性的地段,在选定的地段量出苗高、地际直径、根系长度和大于 5 cm 长的一级侧根,调查其数量,并计算调查地段苗行的总长度和每米苗行上的平均苗木数,以此推算出每公顷的苗木数量和质量,进而推算出全生产区的苗木数量和质量。

2. 标准地法

适用于苗床育苗、实生的小苗。在育苗地上均匀地每隔一段距离,选出有代表性的面积为 0.25～1 m^2 的小块标准地若干,在小块标准地上调查苗木的数量和质量(苗高、地际直径等),并计算出每平方米苗木的平均数量和质量指标,再推算出单位面积和全生产区的苗木产量和质量。

选标准行和标准地,一定要从数量和质量上选有代表性的地段进行调查,否则调查结果不能代表全生产区的情况。

要按树种、育苗方法、苗木的种类和苗龄等项分别进行调查和记载,分别计算,并将合格苗和等外苗分别统计,汇总后填入苗木调查统计表(表 8.1)。

表 8.1　苗木调查统计表

______年______月______日　　　　填表人:

地区	类型	树种	苗龄	面积/hm^2	质量				冠幅	一级高		二级高		等外苗	
					高度/cm	地径/cm	根系			数量		数量		数量	
							长度/cm	长>5 cm的一级侧根		株	%	株	%	株	%

3.计数统计法

对于针叶树大苗和珍贵树种的大苗,为了做到统计数字准确,也常进行逐株点数,并抽样量出苗高、地径、冠幅等,计算出平均值,以掌握苗木的数量和规格。小型苗圃为了精确了解情况,亦可采用点数的方法进行苗木调查。

4.抽样法

为了保证苗木调查的精度和减少工作量,可采取抽样的方法。要求以90%的可靠性、90%的精度计算苗木产量;以90%的可靠性,95%的精度计算平均苗高和平均地径。这种调查方法工作量小,精度比较高。

二、苗木出圃的质量要求

(1)出圃的园林苗木应该生长健壮,树形完好,骨架基础良好。苗木在幼年期就应做好树体和骨架基础的培育工作,养好树干、树冠,使之有优美的树形和健壮的树势,符合绿化要求。

(2)根系发育良好,有较多的侧根和须根。主根短而直,起苗时避免苗受机械损伤。根系的长短根据苗龄、规格、苗木种类及要求而定。

一般出圃的各类小苗的根系长度,以相当于苗木地径的10～15倍为宜。一般带土球出圃的常绿苗木,高度在1 m以下时,土球直径×高=30 cm×20 cm;苗高在1～2 m时,土球直径×高=40 cm×30 cm;苗高在2 m以上时,土球直径×高=70 cm×60 cm;亦可依需要和要求确定土球的大小。

(3)出圃的苗木必须无病虫害(包括树体和根系)。带有危害性极大的病虫害的苗木必须严禁出圃,以防止定植后,生长不好,树势衰弱,树形不整等而影响绿化效果。

(4)对于萌芽力不好的针叶树种,要有饱满的顶芽,且顶芽一定要没有开始萌动。

(5)一般出圃的苗木应经过移植培育。5年生以下的移植培育至少1次;5年生以上(含5年生)的移植培育至少2次。

总之,评定苗木质量的优劣,要根据苗木的质量指标进行,全面分析。目前,国际上通常根据苗木的含水量、苗木根系的再生能力、苗木抗逆性等生理指标来评定苗木质量的好坏。

三、苗木出圃的规格要求

苗木的出圃规格,要根据绿化任务的不同来确定。如用做行道树、庭荫树或重点绿化的地区,要求绿化美化立竿见影,苗木规格要求就大,而一般绿化或花灌木的定植规格要求就可小些。但随着城市建设的发展,人们对绿化美化的急切追求,对苗木的规格要求出现了逐渐加大的趋势。一般情况下,实际生产中可参照我国行业标准(附录)。

现将华中地区对出圃规格标准介绍如表8.2所示。

表 8.2　苗木出圃的规格标准

苗木类别	代表树种	出圃苗木的最低标准	备注
大中型落叶乔木	毛白杨、国槐、元宝枫、合欢	要求树形良好，干直立、胸径直径 3 cm 以上（行道树在 4 cm 以上），分枝点在 2.0～2.2 cm 及以上	干径每增加 0.5 cm 提高一个规格级
有主干的果树、单干式灌木、小型落叶乔木	苹果、柿树、榆叶梅、紫叶李、西府海棠、碧桃	要求主干上端树冠丰满，地际直径在 2.5 cm 以上	地径每增加 0.5 cm 提高一个规格级
多干式灌木	丁香、黄刺玫、珍珠梅	要求地际分枝处有 3 个以上分布均匀的主枝，出圃高度在 80 cm 以上	高度每增加 30 cm 提高一个规格级
	紫薇、玫瑰、棣棠、木香	要求地际分枝处有 3 个以上分布均匀的主枝，出圃高度在 50 cm 以上	高度每增加 20 cm 提高一个规格级
	月季、郁李、小檗	要求地际分枝处有 3 个以上分布均匀的主枝，出圃高度在 30 cm 以上	高度每增加 10 cm 提高一个规格级
绿篱苗木	小叶黄杨、侧柏	要求树势旺盛、全株成丛、基部丰满，灌丛直径 20 cm 以上，高 50 cm 以上	高度每增加 20 cm 提高一个规格级
攀缘类苗木	地锦、凌霄、葡萄	要求生长旺盛、枝蔓发育充实、腋芽饱满、根系发达	以苗龄为出圃标准，每增加一年提高一个规格级
人工造型苗	黄杨球、龙柏球	出圃规格不统一，应按不同要求和用途制定	

四、苗龄的表示方法

苗龄就是苗木的年龄，是从播种、插条或埋条到出圃，苗木实际生长的年龄。以经历 1 个年生长周期作为 1 个苗龄单位。苗龄用阿拉伯数字表示，第一个数字表示播种苗或营养繁殖苗在原地的年龄；第二个数字表示第一次移植后培育的年数；第三个数字表示第二次移植后培育的年数，数字间用短横线间隔，各数字之和表示苗木的年龄，称几年生。如：

1-0，表示 1 年生播种苗，未经移植。

2-0，表示 2 年生播种苗，未经移植。

2-2，表示 4 年生移植苗，移植 1 次，移植后继续培育 2 年。

2-2-2，表示 6 年生移植苗，移植 2 次，每次移植后各培育 2 年。

0.2-0.8，表示 1 年生移植苗，移植 1 次，2/10 年生长周期移植后培育 8/10 年生长周期。

0.5-0，表示半年生播种苗，未经移植，完成 1/2 年生长周期的苗木。

$1_{(2)}$,-0，表示 1 年干 2 年根未经移植的插条苗、插根苗或嫁接苗。

$2_{(3)}$,-1，表示 2 年干 3 年根移植一次的插条、插根或嫁接移植苗。

注：以上右下角括号内的数字表示插条苗、插根苗或嫁接苗在原地根的年龄（母树的年龄）。

自测训练

一、填空题

1. 苗木出圃调查方法有(　　　　)、(　　　　)、(　　　　)、(　　　　)。

2. 苗龄用阿拉伯数字表示,第一个数字表示(　　　　);第二个数字表示(　　　　);第三个数字表示(　　　　),数字间用短横线间隔,(　　　　)表示苗木的年龄,称几年生。

3. 用做行道树的落叶乔木出圃规格通常要求枝下高为(　　　　)m,胸径为(　　)cm以上。

二、问答题

1. 苗木出圃的质量要求有几方面?

2. 1-0,2-2-2,0.2-0.8,$1_{(2)}$-0 分别表示怎样的苗龄含义?

3. 苗木出圃前如何进行苗木调查?

技能训练十七　苗木出圃前调查

一、目的要求

帮助苗圃管理人员对苗木的生长状况和数量有全面了解;为制订来年生产计划和出圃计划提供依据。

二、材料与用具

实际生产苗圃苗木;皮尺、游标卡尺、钢卷尺、直尺、记录本、表格、计算器、苗圃育苗档案。

三、方法步骤

(1)按照调查方法分组同时进行,调查统计结束后,各组同学分别汇报调查结果和所遇问题,教师引导同学总结出几种方法的优缺点及应用场所。

(2)调查前,了解所要调查的各项指标的测量方法。分组调查时,教师对所选标准行或标准地的代表性进行确认,尽量避免人为误差。

(3)标准行法调查,每隔 5 行选 1 行或 1 垄作标准行。把全部标准行选定后量出苗高、地际直径、根系长度和大于 5 cm 长的一级侧根,调查其数量,并计算调查地段苗行的总长度和每米苗行上的平均苗木数,以此推算出每公顷的苗木数量和质量,进而推算出全生产区的苗木数量和质量。

四、作业

各组成员填写苗木调查统计表。

任务二　苗木起苗、分级、假植与贮藏

一、苗木起苗

(一)起苗季节

起苗时间一般在秋季树木休眠后和春季芽萌动前进行。大多数苗木的起苗一般在早春

进行,起苗后立即移栽,成活率高。一些不宜在秋季起苗移栽的树种更适宜在春季起苗,如常绿树种和不易假植贮藏的较大苗木。春季发芽早的树种,适宜秋季起苗,如落叶松、水杉等。因此秋季起苗后最好立即栽植。秋季起苗要在苗木地上部分休眠、树叶脱落后进行,冬季无严寒、土壤不冻结的地区也可冬季起苗,但是不能立即出圃的苗木应入假植沟假植。常绿树种的起苗,北方大多在春季或雨季进行,而南方则在秋后或梅雨季节进行,常绿树种也同样以休眠期进行起苗为宜。

(二)起苗方法

1.人工起苗

分为裸根起苗和带土球起苗两种。

(1)裸根起苗　大多数落叶树种和容易成活的针叶树小苗均可采用裸根起苗。起苗时沿苗行方向,在距苗木为地径的 6～10 倍(或视根系大小而定)以外的适当之处,先挖一条沟,在沟壁下侧挖出斜槽,根据根系要求的深度切断苗根,再切断侧根,即可取出苗木(图 8.1)。起苗时切不要用手硬拔苗木,以免损伤苗木根系。苗木起出后,根部最好能打泥浆或用苔藓等保湿。

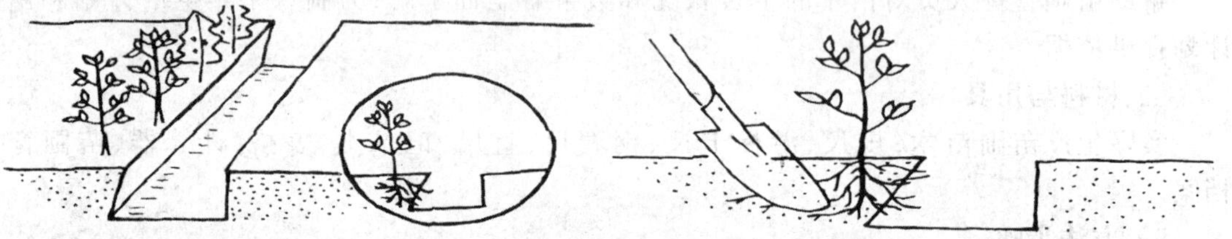

图 8.1　裸根起苗

(2)带土球起苗　一般针叶树和多数常绿阔叶树以及少数落叶阔叶树,它们的根系不发达,或须根很少,或发须根的能力弱,而蒸腾量却较大,故移植较难成活,应带土球起掘。5～6 年生以上的珍贵大苗,起苗时也应带土球以保证成活。土球的大小,因苗木大小、树种成活难易、根系分布情况、土壤质地以及运输条件而异。成活较难的,根系分布广的,土球应当大些,但土壤沙性或运输条件差时,土球不宜过大,否则容易松散,也不便于运输。一般乔木土球半径约为根颈直径的 8～10 倍,高度约为土球直径的 2/3,灌木一般以株高的 1/3～1/2 确定根系半径。

起掘大苗应先将其枝叶用绳捆好,以缩小体积,便于操作和运输,少数珍贵大苗,还要将根颈以上的 1 m 主干用草绳或稻草包扎,以免运输中被损伤。

起苗时先铲去表面浮土 3～5 cm,以减轻土团不必要的重量,并利于扎紧土球。然后在规定土球大小的外围用铁锹垂直下挖,切断侧根和须根,达到所需深度后,就向内斜削,使土球呈坛子形(图 8.2)。起掘时如遇到较粗侧根,应用枝剪剪断,或用手锯锯断,防止土团震动而松散。土球直径在 30～50 cm 及以上的,当土球周围挖好后,应立即用蒲包和草绳进行打包,打包的形式和草绳围捆的密度视土球大小和运输距离而定(图 8.3)。土球大、运输距离远的,应采用包扎牢固而较复杂的形式,且要打密一些,反之就可以简单一些,打稀一些。土球直径在 30～40 cm 及以下者,可不用草绳打包,而仅用蒲包、稻草或麦秆包扎即可。

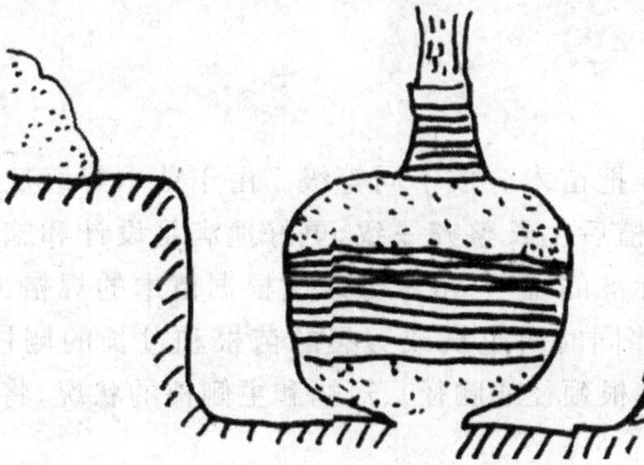

图 8.2　带土球起苗

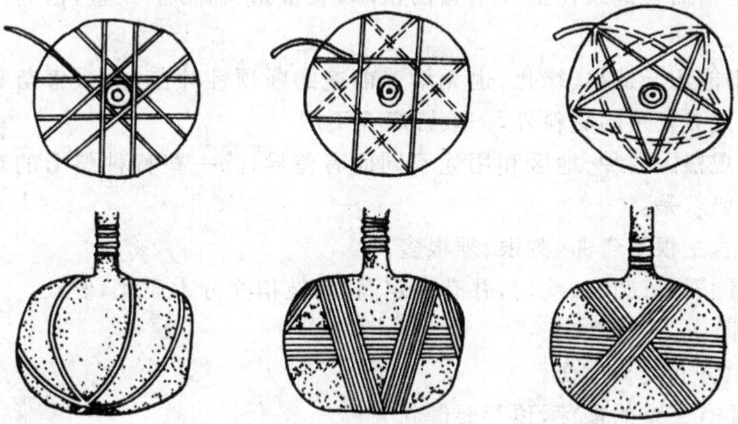

1　　2　　3

图 8.3　带土球苗木土球打包示意图

1. 橘子包　2. 古钱包　3. 五角包

2. 机械起苗

随着生产的发展，用起苗犁起苗的苗圃日益增多。用机械起苗，可大大提高工作效率，减轻劳动强度，而且起苗的质量也较好。

3. 起苗时注意事项

(1)为保证起苗质量，必须特别注意苗根的长度和数量，保证苗木有一定长度和较多的根系。一般针叶、阔叶树实生苗起苗深度为 20～30 cm，扦插苗为 25～30 cm。

(2)不要在刮大风天起苗，否则失水过多，降低成活率。

(3)若圃地干旱，应在起苗前 2～3 d 灌水，使土壤湿润，以减少起苗时损伤根系，保证质量。

(4)为提高园林绿化植树的成活率，应随起随运随栽，当天不能出圃的要进行假植或覆盖，以防土球或根系干燥。对针叶树在起苗过程中应特别注意保护顶芽和根系。

(5)起苗工具是否锋利也是影响起苗质量的重要因素。

二、苗木分级

苗木分级即按苗木质量标准把苗木分成不同等级。由于苗木等级反映苗木质量，为了提高苗木栽植的成活率，并使栽植后生长整齐一致，更好地满足设计和施工的要求，同时也为了便于苗木包装运输和出售标准的统一，苗木分级应根据苗木的规格进行。当苗木起出后，应立即在蔽阴处进行分级，并同时对过长或劈裂的苗根和过长的侧枝进行修剪。分级时，根据苗木的年龄、高度、粗度(根颈径或胸径)、冠幅和主侧根的状况，将苗木分为合格苗、不合格苗和废苗3类。

合格苗：是指可以用来绿化的苗木，具有良好的根系、优美的树形、一定的高度。合格苗根据其高度和粗度的差别，又可分为1级苗和2级苗。

不合格苗：是指需要继续在苗圃培育的苗木，其根系、树形不完整，苗高不符合要求，也可称小苗或弱苗。

废苗：是指不能用于造林、绿化，也无培养前途的断顶针叶苗，病虫害苗和缺根、伤茎苗等。除有的可作营养繁殖的材料外，一般皆废弃不用。

出圃的苗木规格因树种、地区和用途不同而有差异，除一些特种整形的观赏苗木外，一般优良乔木苗的要求是：

(1)根系发达，主根不弯曲，侧根、须根多。

(2)苗木粗壮、通直、圆满、均匀，并有一定高度，枝梢充分木质化，健壮。

(3)根颈较粗。

(4)没有病虫害和机械损伤。

(5)针叶树要有完整的顶芽，顶芽要健壮。

除上述要求外，不同种类的苗木还有不同规格的要求。如行道树特别要求分枝点有一定的高度。

在苗木分级时应剔除不合格的苗木，这些苗木有的可以继续留在苗圃培养，质量太差者应予以淘汰。苗木的分级工作应在避风背阴处进行，并做到随起随分级随假植，以防风吹日晒或损伤根系。

三、苗木假植

假植是将苗木的根系用湿润的土壤进行暂时埋植处理，这样可以防止根系干燥，保证苗木质量。假植分为临时假植和越冬假植，临时假植是在起苗后或栽植前进行的临时栽植，因栽植的时间较短，故也叫短期假植。当秋季起苗后，要通过假植越冬时，叫越冬假植或长期假植。

假植的方法是选择排水良好、背风雨背阴的地方，与主风方向相垂直挖一条沟，沟的规格因苗木的大小而异。播种苗一般深宽各为30～40 cm，迎风面的沟壁做成45°的斜壁，短期假植可将苗木在斜壁上成束排列；长期假植，可将苗木单株排列，然后把苗木的根系和茎的下部用湿润的土壤覆盖、踩紧，使根系和土壤紧接。假植沟的土壤如果干燥时，假植后应适当(浇)灌水。在严寒地区，为了防寒，最好用草类、秸秆等将苗木的地上部分覆盖。

假植时注意事项：

(1)假植时使苗向背风方向倾斜，用湿润的土壤将苗木埋上并用脚踩实，使根与湿土紧密接触；为防止透风，埋土厚30～40 cm。

(2)如果土壤干燥，在根层适当喷洒些水，然后在上面盖上干土，切忌水过多，尤其在黏性土壤上。

(3)沙土和壤质土壤最适于假植，黏性土由于热量条件和通气状况较差，不适于作假植沟。

(4)一般针叶树采用全埋法，即将苗木全埋入土中；阔叶树一般要埋全苗的2/3，但是一些易干枯的苗如核桃等也需要全部埋起来。

为了便于春季起苗和运苗，在假植地上要留出道路。苗木假植完后，要插标牌，并写明树种、等级和数量等。为了便于统计工作，假植时应按一定数量如每几百株或几千株做一记号。在风沙危害较重的地区，可在迎风面设置防风障。

四、苗木贮藏

苗木贮藏是指在人工控制的环境中进行的苗木存放处理。但因在贮藏过程中，苗木根系也需用湿润的土壤等基质进行埋植处理，因此，有时也称为假植贮藏。苗木贮藏一般是低温贮藏，温度0～3℃，空气湿度80%～90%，并有通气设备。一般在冷库、冷藏室、冰窖、地下室贮藏。在条件好的场所，苗木可贮藏6个月左右。苗木的贮藏可以确保苗木质量，掌握出圃栽植时间，为苗木的长期供应创造了条件。

自测训练

一、概念题

苗木分级　假植　苗木贮藏

二、填空题

1. 苗木的假植分为(　　　　)和(　　　　)。

2. 越冬假植开沟方向与当地(　　　　)垂直，苗梢朝(　　　　)。

3. 起苗的方法包括人工起苗和(　　　　)，其中人工起苗又包括(　　　　)和(　　　　)。

4. 苗木分级时，根据苗木的年龄、(　　　　)、(　　　　)、冠幅和主侧根的状况，将苗木分为(　　　　)、(　　　　)和(　　　　)3类。

5. 起苗时一般乔木的土球直径为根颈直径的(　　　　)倍，土球高度为直径的(　　　　)。

6. 灌木裸根起苗时一般以株高(　　　　)确定根系半径。

三、选择题

1. 越冬假植时，挖假植沟的方向为(　　)

A. 南北向　　B. 东西向　　C. 与当地主风方向垂直　　D. 南向

2. 一般乔木的土球直径为根颈直径的(　　)倍。

A. 8～10　　B. 5～6　　C. 2～3　　D. 12～13

3. 一般乔木起苗时土球高度为直径的(　　)。

A. 2/3　　　B. 1/2　　　C. 1/4　　　D. 2/5

4. 灌木裸根起苗时一般以株高(　　)确定根系半径。

A. 1/3～1/2　　B. 1/4　　C. 1/2　　D. 2/3

四、判断题

1. 带土球起苗时土球直径是苗木地径的15～20倍。(　　)
2. 苗木越冬假植时苗梢朝北。(　　)
3. 灌木裸根起苗时一般以株高1/4确定根系半径。(　　)
4. 一般乔木的土球直径为根颈直径的5～6倍。(　　)
5. 苗木越冬假植时,挖假植沟的方向要与当地的主风方向垂直。(　　)

五、简答题

1. 苗木分级时优良乔木苗的要求是什么?
2. 简述苗木起苗的方法。
3. 简述苗木假植的方法。
4. 简述假植的注意事项。

任务三　苗木检疫、包装与运输

一、苗木检疫

(一)苗木消毒

1. 药剂消毒

用3～5°Bé石硫合剂或1∶1∶100倍波尔多液等浸渍苗木根部,并用药液喷洒苗木的地上部分。浸根10～20 min后,用清水冲洗干净。也可用0.1%～0.2%硫酸铜液处理根系5 min后,用清水冲洗干净。

2. 熏蒸消毒

可用氰酸气熏蒸,熏蒸时一定要严格密封,以防漏气中毒,先将硫酸导入水中,在倒入氰酸钾之后,工作人员立即离开熏蒸室,熏蒸后打开门窗,待毒气散尽后,方可入室。每100 m^2熏蒸面积所需药量,落叶树种为硫酸450 g、水900 mL和氰酸钾300 g,熏蒸时间60 min;常绿树种为硫酸450 g、水700 mL和氰酸钾250 g,熏蒸时间45 min。

(二)苗木检疫

苗木检疫是为了防止危害苗木的各种病虫害、杂草等随同苗木在销售和交流的过程中传播蔓延。因此,苗木在流通过程中,应进行检验。运往外地的苗木,应按国家和地区的规定对重点病虫害进行检疫。如发现本地区和国家规定的检疫对象,应停止调运并进行彻底消毒,不使本地区的病虫害扩散到其他地区。所谓"检疫对象",是指国家规定的普遍或尚不普遍流行的危险性病虫及杂草。

引进苗木的地区,还应将本地区没有的严重病虫害列入检疫对象。如发现本地区或国家规定的检疫对象，应立即进行消毒或销毁，以免扩散引起后患。

二、苗木包装

（一）包装材料

目前生产上常用的包装材料有草包、聚乙烯袋、聚乙烯编织袋、不透水的麻袋和纸袋、集装箱等。除聚乙烯袋之外，其他材料保水性能差，而聚乙烯透气性能差。美国有商品化苗木包装材料销售。它是在牛皮纸内层增加一层蜡质，这种材料既有良好的保水作用，也有良好的透气性能。用它来包装苗木后，再在袋外用机械打包机打包。有些现代化苗圃用浸蜡硬纸箱来包装苗木。

（二）包装方法

可用包装机或手工包装。对于大苗如落叶阔叶树种，大部分起裸根苗。包装时先将湿润物放在包装材料上，然后将苗木根对根放在上面，并在根间加些湿润物如（苔藓，湿稻草，湿麦秸等）；或者将苗木的根部蘸满泥浆。这样放苗到适宜的重量后，将苗木卷成捆，用绳子捆住。小的裸根苗也可用此办法。针叶和大部分常绿阔叶树种因有大量枝叶，蒸腾量较大，而且起苗时损伤了较多的根系，起苗后和定植初期，苗木容易失去体内的水分平衡，以致死亡，因此这类树木的大苗起苗时要求带上土球。为了防止土球碎散，以减少根系水分损失，挖出土球后要立即用塑料膜、蒲包、草包和草绳等进行包装（图 8.4）。对特殊需要的珍贵树种的包装有时用木箱。包装时一定要注意在外面附上标签，在标签上注明树种的苗（树）龄、苗木数量、等级、苗圃名称等。

图 8.4　土球包扎好的出圃苗木

三、苗木运输

城市交通情况复杂，而树苗往往超高、超长、超宽，应事先办好必要的手续；运输途中押运人员要和司机配合好，尽量保证行车平稳。运苗途中提倡迅速及时，短途运苗中不应停车休息，要一直运至施工现场。长途运苗应经常给树根部洒水，中途停车应停于有遮阴的场所。遇到刹车绳松散、苫布不严、树梢拖地等情况，应及时停车处理。

1. 小苗的运输方法及要求

小苗远距离运输应采取快速运输，运输前应在苗包上挂上标签，注明树种和数量。在运输期间，要勤检查包内的湿度和温度。如包内温度过高，要把包打开通风。如湿度不够，可适当喷水。苗木运到目的地后，要立即将苗包打开进行假植，过干时适当浇水，再进行假植。火车运输要发快件，对方应及时到车站取苗假植。

2. 裸根苗的装车方法及要求

装车不宜过高过重，压得不宜太紧，以免压伤树枝和树根；树梢不准拖地，必要时用绳子围拴吊拢起来。绳子与树身接触部分，要用蒲包垫好，以防伤损干皮。卡车后厢板上应铺垫草袋、蒲包等物，以免擦伤树皮，碰坏树根。装裸根乔木应树根朝前，树梢向后，顺序排码。长途运苗最好用苫布将树根盖严、捆好，这样可以减少树根失水。

3. 带土球苗装车方法与要求

（树高）2 m 以下的苗木，可以直立装车，高 2 m 以上的树苗，则应斜放，或完全放倒，土球朝前，树梢向后。并立支架将树冠支稳，以免行车时树冠晃摇，造成散坨。土球规格较大，直径超过 60 cm 的苗木只能放 1 层；小土球则可放两三层。土球应相互紧靠，还须用木块、砖头支垫，以防土球晃动。土球上不准站人或压放重物，以防发生事故或压伤土球。

运输带土球的大苗，其质量常达数吨，要用机械起吊和载重汽车运输。吊运前先撤去支撑，捆拢树冠。应选用起吊、装运能力大于树重的机车和适合现场使用的起重机类型。吊装前，用事先打好结的粗绳，将两股分开，捆在土球腰下部，与土球接触的地方垫以木板，然后将粗绳两端扣在吊钩上，轻轻起吊一下，此时树身倾斜，马上用粗绳在树干基部拴系一绳套（称"脖绳"），也扣在吊钩上，即可起吊装车。

吊起的土球装车时，土球向前（车辆行驶方向），树冠向后码放，土球两旁垫木板或砖块，使土球稳定不滚动。树干与卡车接触部位用软材料垫起，防止擦伤树皮。树冠不能与地面接触，以免运输途中树冠受损伤。最后用绳索将树木与车身紧紧拴牢。运输时汽车要慢速行驶。树木运到目的地后，卸车时的拴绳方法与起吊时相同。按事先编好的位置将树木吊卸在预先挖好的栽植穴内。如不能立即栽植，即应将苗木立直、支稳，决不可将苗木斜放或平倒在地上。

4. 运输时注意的问题

如果是短距离运输，苗木可散在筐篓中，在筐底放上一层湿润物，筐装满最后在苗木上面再盖上一层湿润物即可，以防苗根不失水为原则。如果长距离运输，则裸根苗苗根一定要蘸泥浆。带土球的苗要在枝叶上喷水。再用湿苫布将苗木盖上。

无论是长距离还是短距离运输，要经常检查包内的湿度和温度，以免湿度和温度不符合植物需求。如包内温度高，要经常将包打开，适当通风，并要换湿润物以免发热。若发现湿度不够，要适当加水。另外，运苗时应选用速度快的运输工具，以便缩短运输时间。有条件的还可用特制的冷藏车来运输。

自测训练

一、概念题

植物检疫

二、问答题

1. 苗木消毒的主要方法有哪些？

2. 裸根苗的包装方法是什么？

3. 带土球苗的包装方法是什么？

4. 苗木运输的方法及应注意的问题是什么？

技能训练十八　苗木起挖与包装

一、目的要求

掌握苗木起挖方法和打包技术。

二、材料与用具

(1)材料　待起裸根苗和带土球苗。

(2)用具　铁锹、草绳、蒲包、修枝剪、手锯、卷尺等。

三、方法步骤

(1)裸根起苗、打包　落叶阔叶树休眠期移植时，一般采用裸根起苗。一般根系的半径为苗木地径的6～10倍，高度为根系直径的2/3左右，灌木一般以株高的1/3～1/2来确定半径。小规格苗木起挖时，在规定的根系幅度稍大的范围外挖沟，切断全部侧根然后于一侧向内深挖，轻轻放倒苗木并打碎根部泥块，尽量保留较多须根，挖好后立即将苗木的根部蘸满泥浆。起苗前如天气干燥，应提前2～3 d对圃地灌水，使苗木充分吸水，土质松软，便于操作。

(2)带土球起苗、打包　一般乔木土球半径为根颈直径的8～10倍，高度约为土球直径的2/3。灌木一般以株高的1/3～1/2确定根系半径。挖苗前，现将树冠用草绳拢起，将根颈以上1m主干用草绳包扎。起苗时先将苗干周围地表浮土铲去，后在确定的土球尺寸的外围向下挖，深度比规定的土球高度稍深一些，遇粗根应用枝剪或手锯锯断。将土球修成类似"苹果"状，用草绳在土球中间横向打腰绳，然后以主干为中心，用草绳兜底旋转缠绕土坨一周，打紧。用手锯将苗木主根切断，使土坨与土壤分开，用吊装机械或人力将土坨挖起。

四、作业

根据实际操作，整理苗木起挖和打包的方法和步骤，各组写出报告。

Project 9

常见苗木繁育技术

知识目标：

- 熟悉各类常见苗木的形态特征、生长习性及合理的园林应用。
- 掌握常见树种的繁育措施和栽培技术要点。

技能目标：

- 能够利用所学知识，掌握各类苗木的繁育措施；通过合理进行抚育管理，积累生产经验，提高苗木生产中分析问题和解决问题的能力。
- 会制订常见苗木的繁育生产计划，能进行生产操作，养护管理，做到合理应用。
- 根据不同树种的要求，熟练进行各类常见苗木的繁育技术操作。

任务一　常绿乔木类繁育

一、雪松

松科雪松属。

【形态特征】常绿乔木，高 50～70 m，胸径 3 m。树冠圆锥形。树皮深褐色，不规则鳞片状开裂。一年生枝微有白粉及短毛。雌雄异株。球果宽卵形，成熟时红褐色，种鳞外部被锈色绒毛，球果顶端圆钝。种子三角形，种翅宽大。花期 10～11 月，球果翌年 10 月成熟。

【分布与习性】北自旅顺、大连、北京、陕西，南至长江流域都有栽植。喜光，但幼时需庇荫。喜温暖湿润气候，不耐寒，不耐积水。

【繁殖及栽培】播种、扦插、嫁接繁殖。种子发芽率可达 90%，但由于天然结种量不高，一般需人工辅助授粉，故采用播种繁殖有一定的难度。扦插繁殖法较常用，采自幼年实生母树上 1 年生的健壮枝作插穗，则成活率可达 100%。可在早春发芽前扦插，也可在雨季扦插。此外，亦可用日本黑松作砧木行嫁接繁殖。雪松移栽应在春季进行，必须带土球，高 2～3 m 的大苗移栽必须立支柱。壮年雪松生长迅速，主干延长枝质地较软，易被风折，故应及时用细竹竿缚直。若雪松顶梢折断，可在顶端生长点附近，选一生长强壮的侧枝，绑竹竿缚直，并适当剪去被扶枝条周围的侧枝，加大顶端优势，经 2～3 年，树冠可恢复，再除去竹竿。

【园林用途】雪松树形整齐，树体高大伟岸，为世界著名的观赏树种。分枝多而低，一般与草坪相搭配，进行孤植、对植、列植或群植。

二、油松

松科松属。别名东北黑松。

【形态特征】常绿乔木，高 25 m，胸径 1 m 左右。幼树树冠圆锥形，成年树冠圆形，而老年时树冠则常平顶。树皮灰褐色。叶 2 针 1 束。雄球花生于当年生枝的基部，雌球花生于当年生枝的顶端或侧面。球果卵圆形，成熟时淡褐色。种鳞肥厚，鳞脐有刺尖。种子具翅。花期 4 月，球果次年 10 月成熟。

【分布与习性】北自吉林南部、内蒙古，南至河南，东自山东，西至青海、四川等地。性喜光，喜暖凉气候，能耐－25℃的低温，耐干旱，对土壤适应性较广。生长较快，寿命长。我国特有种。

【繁殖及栽培】播种繁殖。

当球果由深绿色变成黄褐色（9～10 月），下部种鳞微裂时，应及时采种，翻晒数日，果鳞开裂后，脱出种子密封低温贮藏。用 0.5%的福尔马林或 0.5%的高锰酸钾进行种子消毒，然后用 45～60℃温水浸种催芽，也可在播前一个月混 3 倍湿沙进行层积催芽。以早春播种为好，采用条播，播幅 3～5 cm。行距 20 cm，每亩（0.07 hm^2）用种 10～15 kg。

【园林用途】树形老年平顶，苍穹伟岸，可孤植于草坪之上，亦可对植于建筑或院落的入口处。但树形幼年、成年和老年各有不同，应用时应加以注意。

三、圆柏

柏科圆柏属。

【形态特征】常绿乔木，高可达 30 m，树冠尖塔形或圆锥形，老时树冠则呈广卵形。树皮灰褐色，条状开裂。小枝圆柱形。具有二型叶性，刺形和鳞形叶，有时叶为针刺形，老时为鳞形叶。雌雄异株。球果近球形，褐色，被白粉。种鳞肉质，种子无翅。花期 3 月，球果翌年 7 月成熟。

【分布与习性】产于内蒙古、河北、山西、陕西、山东、河南等地，野生较少，多为栽培种。性喜光，幼树需庇荫，喜凉爽的气候，较耐寒，忌水湿。萌芽能力强，耐修剪，寿命长。

【繁殖及栽培】播种繁殖或扦插繁殖。用播种繁殖的发芽率为 40%。当年 7 月进行采种，在次年 1 月进行种子处理，首先进行净种，然后用 5% 的福尔马林溶液进行消毒 25 min，再用凉开水洗净，然后在 5℃的环境下进行层积处理 100 d 左右，即可播种。也可用扦插的方法进行繁殖，可以在 6 月进行软材扦插，也可在 10 月进行硬材扦插。一般 10 月末的硬材扦插方法成活率较高。

【园林用途】圆柏的树形挺拔，萌芽能力强，在园林中应用较为广泛。可进行剪形或作绿篱，也可以栽植于庙宇、陵墓、公园中。也可做裸地桩景或大型盆景。

【变种及同属种】①偃柏，②垂枝圆柏，③龙柏，④塔柏，⑤鹿角桧。

四、红皮云杉

松科云杉属。别名红皮臭、带岭云杉。

【形态特征】常绿乔木，高 30 m，胸径 80 cm。树皮条状开裂。一年生小枝黄褐色，无白粉，有疏毛。叶四棱状针形，先端尖，四面具有气孔线，叶脱落后留下叶枕。雄球花单生于叶腋处，雌球花单生于枝顶。球果下垂，成熟时种鳞不脱落。种子倒卵形，具翅。花期 5～6 月，球果 10 月成熟。

【分布与习性】产于黑龙江大小兴安岭、完达山及张广才岭，吉林长白山，辽宁，内蒙古等地。稍耐阴，喜湿润土壤，生长快，寿命较长，可达 200 年。浅根性，易风倒。

【繁殖及栽培】播种繁殖。

【园林用途】树姿优美，耐寒，耐湿，可列植，亦可作为孤赏树应用。

五、樟子松

松科松属。

【形态特征】常绿乔木，高 15～25 m，最高达 30 m，树冠椭圆形或圆锥形。树干挺直，3～4 m 以下的树皮黑褐色，鳞状深裂，叶 2 针一束，刚硬，常稍扭曲，先端尖。雌雄同株，球果长卵形。鳞盾呈斜方形，具纵脊横脊，鳞脐呈瘤状突起。种子小，具黄色、棕色、黑褐色不一，种翅膜质。

【分布与习性】中国黑龙江大兴安岭海拔 400～900 m 山地及海拉尔以西、以南一带沙丘地区。为喜光性强、深根性树种，耐寒性强，能忍受－50～－40℃低温，旱生，不苛求土壤水分。抗逆性强。寿命长，一般年龄达 150～200 年，有的多达 250 年。

【繁殖及栽培】播种繁殖。在播种前 15～20 d，采用混沙埋藏进行种子催芽处理，绝大部分种子裂嘴，即可将种子筛出进行播种。一般在 4 月中旬左右进行播种，播种前要灌透底水。幼苗生长初期灌水时应掌握量少次多的原则。速生期 7～8 月份应每隔 3～5 d 灌 1 次透水，到 8 月中下旬后，为促进苗木质化，使之顺利越冬，一般不进行灌水。追肥应在苗木旺盛生长期进行。7 月中旬将过密细弱的小苗间掉。松土在 7～8 月份进行，及时防治病虫害。2 年生以上苗木需进行移栽，移栽苗成活后适时管理，促进生长，培育成规格苗木。

【园林用途】可作庭园观赏及绿化树种。

六、广玉兰

木兰科木兰属。又称洋玉兰、荷花玉兰。

【形态特征】广玉兰常绿乔木，高达 30 m。树冠卵状圆锥形，小枝和芽均有锈色柔毛。叶厚革质，倒卵状长椭圆形，先端钝，表面光泽，背面密被锈褐色绒毛，表面有光泽，边缘微反卷。花期 5～6 月；果熟期 10 月。种子外皮红色，9～10 月果熟。

【分布与习性】喜温暖湿润气候，要求深厚肥沃排水良好的酸性土壤。喜阳光，但幼树颇能耐阴，不耐强阳光或西晒，否则易引起树干灼伤。稍耐寒。对土壤要求不严，适生于湿润肥沃的土壤，故在河岸、湖畔处生长好，但不耐积水，不耐修剪。在建筑煤渣混杂的垃圾土上或践踏过度的土壤上生长不良。抗二氧化硫（SO_2）、氯气（Cl_2）、氟化氢（HF）、烟尘污染。根系深广，病虫害少，幼时生长缓慢，寿命长。

【繁殖及栽培】可播种、压条和嫁接育苗。通常以播种和嫁接育苗为主。广玉兰栽植通常在 4 月下旬至 5 月，或于 9 月进行；栽植时应疏剪叶片带土球移植，还应进行卷干。为利于成活，在不破坏树形的原则下，适当摘叶或剪稀枝叶。栽植时根际多加肥土，移栽成活后生长期施肥 1～2 次，经常除草施肥浇水，可使次年开花繁多。幼苗需经常松土除草，5～7 月追施充分腐熟的稀薄肥水 3～4 次。广玉兰萌芽力不强，不耐修剪。

【园林用途】广玉兰树姿雄伟壮丽，树荫浓郁，花大而幽香，是优良的城市绿化观赏树种，并被誉为“美国最华丽的树木”。可孤植草坪，对植在现代建筑的门厅两旁，列植作园路树，在开阔的草坪边缘群植片林，或在居民新村、街头绿地、工厂等绿化区种植，既可遮阴又可赏花，入秋种子红艳，深受群众喜爱。可利用其枝叶色深浓密之特点，为铜像或雕塑等作背景，使层次更为分明。

七、香樟树

樟科樟属。别名香樟。

【形态特征】常绿乔木，高 20～30 m。树冠呈宽卵形。树皮幼时绿色，光滑，老时黄褐色或灰褐色，纵裂，全树都有浓烈的樟脑气味。单叶互生，叶卵状椭圆形，顶端短尖，叶表面深绿色，有光泽，背面灰绿色，微被白毛。花两性。花期 5 月，果熟期 10～11 月。

【分布与习性】分布于我国长江流域以南各地，栽培区域较广，其中台湾、福建、江西、浙江、广东和广西最多。喜光，喜温暖湿润气候，耐严寒，以湿润肥沃、微酸性黄壤土最为相宜，萌芽力强，耐修剪，并有一定的耐潮风能力。对臭氧、二氧化硫、氟化氢、氨气、氯气的抗性强。

【繁殖及栽培】以播种繁殖为主。移植以 4 月上旬进行为好。挖大苗要疏叶，不必疏枝，更不必截干，这样既能降低体内水分蒸发，又能较快地恢复冠形。挖苗时要带土球，运苗时轻取轻放，防止土球松散。天气较干旱、气温又高时，如长途运输，土球上要盖草包。种植穴要比土球大，穴深度要控制在栽下后根颈部略高出地面，加土要边加边夯，分层夯实。水必须浇足，待水下渗后覆土，培成馒头形，栽后一星期内每日要浇足水，温度较高时还要增加全干喷水。

【园林用途】樟树四季常青，树冠广展，枝叶茂密，绿荫蔽日，气势雄伟，是优良的庭荫树、行道树和营造风景林、防风林、保健林的理想树种。适于孤植、丛植、片植。

【变种及同属种】①云南樟，②浙江樟。

八、榕树

桑科榕属。别名正榕、小叶榕、细叶榕。

【形态特征】常绿大乔木。树冠伞形或圆形。树高 20 m，冠幅 15 m。叶色深绿，革质，椭圆形，先端钝尖。花黄色或淡红色，果实绿转淡红褐色。

【分布与习性】原产我国华南地区及江西、浙江南部等地。喜阳，喜暖热多雨气候及酸性土壤。生育适温为23～32℃，热带树种，生长中至快。耐热，怕旱，耐湿，耐瘠，耐阴，耐风，抗污染，耐剪，易移植，寿命长。

【繁殖及栽培】播种或扦插繁殖。榕树如在温暖相适之地，极易滋繁，如能任其自然生长，不加破坏，则数年后便能成荫。

【园林用途】树形强健，绿荫蔽天，为低维护性高级遮阴树、行道树、园景树、防火树、防风树、绿篱树或修剪造型，是台湾地区景观利用最广泛的树种。华南地区作行道树、遮阴树。庭园、校园、公园、游乐区、庙宇等均可单植、列植、群植。

【变种及同属种】垂叶榕。

九、白皮松

松科松属。

【形态特征】常绿乔木，高达 30 m。幼树树皮灰绿色，老树树皮灰褐色或灰白色，裂片脱落后露出粉色内皮。叶为 3 针 1 束，长 5～7 cm。球果长 5～7 cm。种子有短翅。果次年10～11 月成熟。

【分布与习性】为中国特有树种，为喜光树种，耐瘠薄土壤及较干冷的气候；在气候温凉、土层深厚、肥润的钙质土和黄土上生长良好。

【繁殖及栽培】一般多用播种繁殖，育苗地应选择排水良好，地势平坦、土层深厚的沙壤土为好。种子催芽处理白皮松种子要用波尔多液浸种消毒，播前用温水（50～60℃）浸种催芽或混沙层积催芽，咧嘴种子数达到种子总数的 50%时即可播种。一般在 15～20 d 即可出土发芽。白皮松幼苗应以基肥为主，追肥为辅。白皮松幼苗生长缓慢，宜密植，在定植前还要经过 2～3 次移栽。

【园林用途】白皮松树姿优美，树皮奇特，可供观赏。在园林配置上用途十分广阔，它可以孤植，对植，庭荫也可丛植成林或作行道树。

十、马尾松

松科松属。

【形态特征】大乔木，高可达 45 m，胸径 1.5 m。树皮红褐色，枝平展或斜展，树冠宽塔形或伞形。针叶 2 针一束，稀 3 针一束，长 12～20 cm，细柔，微扭曲。球果卵圆形或圆锥状卵圆形，有短梗，下垂，成熟前绿色，熟时栗褐色，种子长卵圆形，花期 4～5 月，球果第二年 10～12 月成熟。

【分布与习性】分布非常广泛，北自河南和山东南部，南至两广、台湾，东至沿海，西至四川中部及贵州一带。阳性树种，不耐庇荫，喜光、喜温。适生于年均温 13～22℃，根系发达，主根明显，对土壤要求不严格，喜微酸性土壤，但怕水涝，不耐盐碱，在石砾土、沙质土、黏土、山脊和阳坡的冲刷薄地上，以及陡峭的石山岩缝里都能生长。

【繁殖及栽培】播种繁殖。播前温水浸种 2 h，用甲基托布津等药剂浸泡消毒后，与土混拌闷 4～5 h，再进行播种。播后翌年早春进行间苗补苗，3～4 年后进行移栽定植。

【园林用途】马尾松高大雄伟，姿态古奇，适应性强，抗风力强，耐烟尘，木材纹理细，质坚，能耐水，适宜山涧、谷中、岩际、池畔、道旁配置和山地造林。也适合在庭前、亭旁、假山之间孤植。

任务二　落叶乔木类繁育

一、银杏

银杏科银杏属。别名公孙树、白果树。

【形态特征】落叶大乔木，高度可达 40 m，胸径可达 3 m 以上。树皮灰褐色，深纵裂。叶扇形，二叉脉，顶端常 2 裂，基部楔形，具长柄；雌雄异株，雌球花有长柄，顶端常着生 2 枚直立的胚珠。花期 4～5 月。种子核果状，圆球形，9～10 月成熟，外种皮肉质，有臭味，成熟时呈淡黄色或橙黄色。

【分布与习性】浙江天目山有野生银杏，沈阳以南，广州以北各地均有栽培，而以江南一带较多。阳性，耐寒，喜湿润而又排水良好的深厚沙质壤土，喜酸性钙质土，可耐轻度盐碱。深根性树种。银杏抗旱性强。寿命长，可达上千年。

【繁殖及栽培】播种、扦插、嫁接等法繁殖。但以用播种及嫁接法最多。种子以采用 80～90 年生的母树最好，采后堆于阴处，使外种皮腐软，与内种皮分开，用水冲洗后阴干贮藏。可当年秋播或次年春播，多行春播。播前应混沙催芽。为了提高结实和繁殖优良品种，可行嫁接。一般均用枝接法，常用的方法有皮下接、切接、短枝嵌接及劈接等。

【园林用途】树姿雄伟壮丽，叶形秀丽，秋叶金黄，寿命长，少病虫害，适宜作庭荫树、行道树或孤赏树。作行道绿化时，应选择雄株，以免种皮污染环境。

二、水杉

杉科水杉属。

【形态特征】落叶乔木，树高可达 35 m，干基部经常膨大。树皮为灰褐色。叶条形，扁平，交互对生，叶基扭转排列成羽状的 2 列。雌雄单性同株。球果下垂，近球形，熟时深褐色，种子扁平，倒卵形，边缘有狭翅。花期 2 月，球果当年 11 月成熟。

【分布与习性】分布于四川、湖北、湖南等地。水杉属于阳性树种，喜温暖湿润的气候，喜土层深厚，土壤肥沃，排水良好的湿润地段，不耐涝，不耐干旱。孑遗植物，我国特有树种。

【繁殖及栽培】播种和扦插繁殖。但由于水杉的种子多瘪粒，种子又细小，发芽率仅能达到 8%左右，所以对于水杉的繁殖大都采用扦插的方法进行。扦插分春插、夏插和秋插，而以春插为主。应尽量用播种苗建立采穗圃。从 1～3 年生实生苗采集的接穗，具有发根期早、插穗成活率高等优点。硬枝扦插在南方地区应选择在 3 月中旬为宜，最好插前用 50 mg/kg 萘乙酸溶液快浸插穗基部，可有促进生根效果。夏插为嫩枝扦插，一般在 5 月底至 6 月初施行，须细致管理，设双层荫棚。秋插在 9 月间进行。

【园林用途】水杉树冠呈圆锥形，树姿优美。叶色在夏季为浅绿色，而到了秋季则与当年生无芽小枝一同变为棕褐色，极具观赏性。水杉生长迅速，较耐水湿，可作为园林中丛植、列植或孤植的绿化树种。

三、毛白杨

杨柳科杨属。

【形态特征】落叶乔木，高可达 30 m。树干通直，树皮灰绿色，光滑无毛，老时纵裂，具菱形皮孔。枝具长短枝之分。单叶互生。叶表面绿色有光泽，背面密被白色绒毛，叶缘波状，具缺裂，叶柄扁平。花单性，无花被，据花盘，雌雄异株。蒴果绿色，种子具长白色纤毛。花期 3～4 月，果期 5～6 月。

【分布与习性】产于黄河中下游地区。东北和西北地区皆有栽培。寒温带树种，较耐寒，可耐－25℃的低温。喜光，喜温暖湿润的气候，适合生长于土层深厚、肥沃、排水良好的沙质壤土中。萌芽能力强，寿命长，抗污染能力强。

【繁殖及栽培】毛白杨的种子稀少，仅在其分布中心可采到成熟种子，播后出苗也不齐，故很少采用播种繁殖。主要采用压条、扦插、嫁接、分蘖等法繁殖。其中嫁接繁殖的成活率较高，可达 90%以上。

【园林用途】树干端直，树皮美丽，树冠开阔，树荫浓密，叶背洁白，适合于作行道树、庭荫树。为杨属树种中四旁绿化的最佳树种。

四、垂柳

杨柳科柳属。

【形态特征】落叶乔木，树冠开展。树皮灰黑色，不规则开裂。枝无顶芽，小枝细长下垂，光滑无毛。单叶互生，叶窄披针形，基部楔形有时偏斜，叶缘具细锯齿，两面无毛。叶近无柄，被白色短柔毛。花单性，无花被，具腺体，雌雄异株。柔荑花序均生于短枝的枝顶，直出或斜展。种子具短白毛。花期 3～4 月，果期 4～5 月。

【分布与习性】广布树种。主要分布于江南水乡，以江苏、浙江、湖南、湖北、江西、四川、广东等地。华北地区也有栽培。湿生阳性树种，喜光，极耐水湿，生长速度较快，寿命较短。

【繁殖及栽培】播种繁殖和扦插繁殖。一般以扦插繁殖为主。采种后需及时播种。

【园林用途】树冠开展，枝条柔软下垂，随风轻拂，妩媚多姿，是水旁绿化的优良树种。

五、国槐

豆科槐属。别名国槐。

【形态特征】落叶乔木，高可达 20 m。树皮灰黑色浅纵裂，幼枝深绿色具疏毛。柄下芽。奇数羽状复叶互生，小叶 7～17 枚，卵状椭圆形，全缘，先端渐尖，基部圆形。顶生直立圆锥花序 ，两性花，蝶形花冠，黄白色。肉质荚果，念珠状。花期 6 月，果期 10 月。

【分布与习性】中国乡土树种，栽培历史悠久。分布较广，北自东北南部、南至广东、广西、华北大部。阳性树种，幼时稍耐阴，喜土层深厚、肥沃且排水良好的沙质壤土。我国特有种。

【繁殖及栽培】播种繁殖。10 月果熟后采种，水浸种去皮处理。

【园林用途】树冠开展，枝叶茂盛，树姿优美，果实奇特，是较好的园林绿化树种。

六、合欢

豆科合欢属，别名绒花树、夜合树、乌绒树。

【形态特征】落叶乔木，高达 16 m，树冠伞形，合欢小枝有棱无毛。羽片 4～12 对，镰刀形，中脉明显偏上缘，仅背面中脉有毛，复叶朝开暮合，雨天亦闭合。头状花序，总梗细长，排成伞房状，萼及花冠均黄绿色；雄蕊多数，粉红色。荚果扁条形。花期 6～7 月；果熟期 9～10 月。树冠易偏斜，分枝点低。

【分布与习性】产于我国黄河流域以南，常生于温暖湿润的山谷林缘。合欢喜光，耐侧阴，稍耐寒，华北地区应选平原或低山小气候较好的地方种植，对土壤适应性强，喜排水良好的肥沃土壤，耐干旱瘠薄，不耐积水。浅根性，有根瘤菌。抗污染能力强，不耐修剪，生长快。

【繁殖及栽培】采用播种繁殖。为培育通直的主干，育苗期应适当密植，及时剪侧枝，弱苗可截干。春季当芽刚萌动时，裸根栽植。移植大树时应设支架，以防被风刮倒。冬季于树干周围开沟施肥 1 次。育苗期及时修剪侧枝，保证主干通直。移植成活后在主干一定高度处选留 3～4 个分布均匀的侧枝作主枝，然后在最上部的主枝处回缩。

【园林用途】合欢树冠开阔，绿荫浓密，叶清丽纤秀，夏日绒花满树，是优良的庭院观赏树种。可用作行道树、庭荫树，宜在庭园、公园、居民新村、工矿区、郊区"四旁"及风景区种植。配置在山坡、林缘、草坪、池畔、瀑口最为相宜。可孤植、列植、群植，姿态自然潇洒。

七、元宝枫

槭树科槭树属。别名平基槭。

【形态特征】落叶乔木或小乔木，高 8～12 m。树皮黄褐色，纵裂。1 年生枝绿色，后转为红褐色，光滑无毛。单叶对生，掌状 5 裂，全缘，两面光滑。叶柄较长。花杂性同株，顶生伞房花序，花黄白色。双翅果成直角或钝角，似元宝状。花期 4 月，果期 9 月。

【分布与习性】产于东北南部、华北大部分地区。耐荫，喜深厚肥沃疏松土壤。

【繁殖及栽培】播种繁殖。秋季采收后风干净种，干藏越冬，次年春用 40℃温水浸种 2 h，洗净混粗沙催芽，15 d 后播种。

【园林用途】树形美观，叶大亮洁，花色淡雅，果秀形奇，是优良的园林绿化树种，可作庭荫树和行道树。

八、栾树

无患子科栾树属。又名灯笼树。

【形态特征】落叶乔木，高 15 m。1 回奇数羽状复叶，有时 2 回或不完全 2 回羽状复叶，小叶 7～15 对，卵状披针形，叶缘粗锯齿或缺裂。杂性花，顶生圆锥花序。蒴果三角状卵形，成熟时红褐色。花期 6 月，果期 9 月。

【分布与习性】中国北部及中部各地。喜光，耐半阴，耐旱，耐寒，对土壤要求不很严格，耐瘠薄，喜生于石灰质土壤。也能耐盐渍及短期水涝，在微酸与微碱性土壤上都能生长。为深根性树种，萌蘖力强。有较强的抗烟尘能力，对二氧化硫有较强的抗性。

【繁殖及栽培】播种繁殖。也可分蘖和根插繁殖。果实 9～10 月成熟，果熟后采种，晾干去杂净种，当年秋季播种或混沙湿藏越冬，到次年春催芽处理后播种。一般采用大田育苗。苗期注意遮阴。播种苗于当年秋即可入假植沟中，翌年春分栽。栾树属深根性树种，需多次移植。

【园林用途】树形端直，枝叶茂密，春季嫩叶艳红，秋季叶色变黄，夏花金黄满树，是优良的园林绿化树种。可作庭荫树和行道树。

九、臭椿

苦木科臭椿属。别名樗树。

【形态特征】落叶乔木，高 25 m。树皮较光滑，有苦味。小枝粗壮，无顶芽。奇数羽状复叶互生，卵状披针形。翅果黄褐色或红褐色。花期 5 月，果期 9 月。

【分布与习性】分布于东北南部、西南、华北等地。喜光，适应性强，耐旱，耐瘠薄，不耐水湿。深根性。

【繁殖及栽培】播种繁殖。采种后晾晒去杂干藏，播前用40℃温水浸种一昼夜。

【园林用途】树体高大，树干通直，树冠饱满，枝繁叶茂，秋季红果满树，可作庭荫树和风景林。欧美等国称其为“天堂树”。

十、悬铃木

悬铃木科悬铃木属。别名法桐。

【形态特征】落叶大乔木，高可达35 m。冠广阔。树皮不规则薄片状剥落，内皮灰白色，外皮灰绿色，斑驳状。叶片掌状3～5裂。花单性，雌雄同株，密集成下垂的单性球形头状花序，球果通常为2球生于1个果序轴上，少数为3球。聚合小坚果，呈球形。花期4月，果期9月。

【分布与习性】本种为法桐和美桐的杂交种，在世界各地都有栽植，我国主要在秦岭、淮河以南各地进行栽培。喜光，喜温暖湿润的气候，喜土层深厚肥沃的湿润土壤。较耐干旱，不耐水湿。深根性，生长快，抗性强。

【繁殖及栽培】播种、扦插繁殖。采球后，去除外部绒毛，净种干藏，到第二年春季进行播种。播前要用凉水进行适当浸种处理，播后约25 d方可出苗。但发芽率较低，仅能达到25%。也可用扦插法繁殖，于初冬或早春进行采条，冬季所采的插条应进行埋藏，到第二年3月进行硬枝扦插，成活率较高，可达到90%以上。

【园林用途】树形高大雄伟，分枝角度较大，树皮斑驳，干皮光滑，叶大浓郁，花果奇特，抗性较强，是世界著名的行道树和园林观赏树种。可列植、群植，亦可作庭荫树和行道树。

十一、鹅掌楸

木兰科鹅掌楸属。别名马褂木。

【形态特征】为落叶大乔木，高达40 m，胸径1 m以上，小枝灰色或灰褐色。叶形如马褂，叶片的顶部平截，犹如马褂的下摆；叶片的两侧平滑或略微弯曲，好像马褂的两腰；叶片的两侧端向外突出，仿佛是马褂伸出的两只袖子，故鹅掌楸又叫马褂木。花单生枝顶，花被片9枚，外轮3片萼状，绿色，内二轮花瓣状黄绿色，基部有黄色条纹，形似郁金香。

【分布与习性】喜温暖凉爽的湿润气候，在土层深厚、肥沃、湿润、排水良好酸性或微酸性的土壤上生长良好。生长快，寿命长。花期5～6月，果期10月。树冠圆锥形。生长强健，耐修剪。

【繁殖及栽培】鹅掌楸的繁殖主要以播种为主，扦插次之。移栽比较困难，无论大小苗都需要带带土球，大树移植必须分年度进行，先逐步断根，后移植，否则即使移植成活，恢复比较困难。

【园林用途】鹅掌楸树形端正雄伟，叶形奇特石雅，花大而美丽，为世界珍贵树种之一，其黄色花朵形似杯状的郁金香，故欧洲人称之为“郁金香树”，是城市中极佳的行道树、庭荫树种，无论丛植、列植或片植于草坪、公园入口处，均有独特的景观效果，对有害气体的抵抗性较强，也是工矿区绿化的优良树种之一。

十二、泡桐

玄参科泡桐属。

【形态特征】为落叶乔木，高达 17 m，树干通直，树冠庞大，卵圆形至扁球形。树皮灰色、灰褐色或灰黑色，幼时平滑，老时纵裂。叶大，卵形，花大，淡紫色或白色，顶生圆锥花序，由多数聚伞花序复合而成。蒴果卵形或椭圆形。花期 4～5 月；果期 10 月。

【分布与习性】分布于黄河下游地区。阳性树种，喜光，也较耐阴，耐寒性稍差。对黏重瘠薄土壤有较强适应性。生长旺盛，寿命短。

【繁殖及栽培】以播种繁殖为主。4 月上旬进行，播前温水浸种，直至冷却后继续浸泡 24 h，捞出后层积沙藏于背风向阳处 3～5 d 部分萌芽时可下地播种。10 d 左右可出苗，苗期注意遮阳和蹲苗。年生长高度达 1 m 以上。采用截干法养干，2～3 年抹干养根。

【园林用途】泡桐树干通直，叶大荫浓，花大型，紫色，先花后叶，盛开时香气四溢，是优美的景观树。可作行道树和庭荫树。

十三、蒙古栎

壳斗科栎属。

【形态特征】落叶乔木，高达 30 m，树皮灰褐色，深纵裂。树冠卵圆形。单叶互生、叶片倒卵形，叶波状齿缘，叶表面深绿色，背面淡绿色，坚果卵形至长卵形，花期 4～5 月，果期 9 月。

【分布与习性】分布于东北、华北及西北地区。喜温暖湿润气候，能耐一定寒冷和干旱。对土壤要求不严，酸性、中性或石灰岩的碱性土壤上都能生长，耐瘠薄，不耐水湿。根系发达，有很强的萌蘖性。

【繁殖及栽培】播种繁殖。种子催芽后采用垄播，播种量为 150 g/m。当年生苗高 20～30 cm。3 年生苗可出圃栽培。

【园林用途】在园林中可植作园景树或行道树，树形好者可为孤植树做观赏用。

十四、白桦

桦木科桦木属。

【形态特征】乔木，高达 27 m；树皮灰白色，成层剥裂；叶厚纸质，三角状卵形，三角状菱形或三角形，边缘具重锯齿；花为单性花，雌雄同株，小坚果狭矩圆形、矩圆形或卵形，背面疏被短柔毛，膜质翅较果长 1/3。

【分布与习性】分布于东北、华北及西南山地地区。喜光，不耐阴。耐严寒。对土壤适应性强，喜酸性土，沼泽地、干燥阳坡及湿润阴坡都能生长。深根性、耐瘠薄，生长较快，萌芽强，寿命较短。

【繁殖及栽培】白桦的繁殖可以用播种、扦插和压条三种方式进行。播种前应对种子进行温水浸种催芽，幼苗期应遮阴，8 月中旬后撤掉遮阴全光培养，苗期要保证土面湿润，越冬时注意霜冻。

【园林用途】白桦树是俄罗斯的国树。白桦树孤植、丛植于庭园、公园的草坪、池畔、湖滨或列植于道旁均颇美观。若在山地或丘陵坡地成片栽植，可组成美丽的风景林。

十五、七叶树

七叶树科七叶树属。别名梭椤树。

【形态特征】为落叶乔木，高达 20 m，树皮深褐色或灰褐色，掌状复叶，圆锥花序近圆筒形，花序总轴有微柔毛，小花序常由 5～10 朵花组成，花萼管状钟形，花瓣 4，白色，长圆倒卵形至长圆倒披针形。蒴果球形或倒卵圆形，黄褐色。花期 4～5 月；果期 10 月。

【分布与习性】中国黄河流域及东部各省均有栽培。喜光，耐半阴，喜冷凉、湿润小气候，不耐干热。不宜栽在楼西侧，可植于楼东北侧或于丛林中.肉质根，忌水涝.对土壤有一定的适应性。

【繁殖及栽培】七叶树的繁殖主要以播种为主。9 月中旬种子成熟后及时沙藏，于 4 月初陆续发芽后点播于低床中。苗期注意遮光，加强水肥管理，冬季注意防寒越冬。七叶树小苗根系再生能力弱，主根深而侧根少，不宜勤移植。

【园林用途】七叶树树干通直，树冠开阔，叶大荫浓，是优良的庭荫树。花白色，穗大，是世界著名的观赏树种。

十六、凤凰木

豆科凤凰木属。别名金凤花、红花楹树、火树、洋楹。

【形态特征】落叶乔木，高可达 20 m。树冠宽广。二回羽状复叶，小叶长椭圆形。伞房状总状花序顶生或腋生，花大而美丽，鲜红至橙红色，荚果带形，扁平。花期 6～7 月，果期 8～10 月。

【分布与习性】原产非洲马达加斯加。世界各热带、暖亚热带地区广泛引种。我国华南地区均有栽培。喜高温多湿和阳光充足，生长适温 20～30℃，不耐寒，冬季温度不低于 10℃。以深厚肥沃、富含有机质的沙质壤土为宜；怕积水，排水须良好，较耐干旱；耐瘠薄土壤。

【繁殖及栽培】常用种子播种育苗。需用 80℃温水烫种催芽，自然冷却后，继续浸泡 24 h，沥干后点播法播种，幼苗对霜冻较敏感，早期可施综合性肥料，少施氮肥，入秋以后应停止施肥，促其早日木质化。1 年生苗可出圃定植。幼苗生长 1～2 年后需移植 1 次，移植宜在早春进行。株行距在 60 cm 左右，3 年生苗就可用于定植。截干法培养大苗，定植后每年松土，除草 2～3 次。

【园林用途】凤凰树树冠高大，花期花红叶绿，满树如火，富丽堂皇，由于“叶如飞凰之羽，花若丹凤之冠”，故取名凤凰木。是著名的热带观赏树种，在我国南方城市的植物园和公园栽种颇盛，作为观赏树或行道树。

任务三 花灌木类繁育

一、大叶黄杨

卫矛科卫矛属。别名正木、冬青卫矛。

【形态特征】常绿灌木或小乔木，高达 8 m。小枝绿色，稍四棱形。叶对生，革质，有光泽，椭圆形至倒卵形，先端尖或钝，缘有细锯齿，两面无毛。花绿白色，蒴果近球形，淡粉红色，假种皮橘红色，花期 5～6 月，果熟期 9～10 月。

【分布与习性】原产日本南部，我国长江流域各地栽培较多。喜光也耐阴，喜温暖、湿润的海洋性气候，对土壤要求不严，以中性肥沃的壤土生长最佳，耐干旱瘠薄，极耐修剪，有一定耐寒性，生长较慢，寿命长。

【繁殖及栽培】主要是扦插繁殖，也可播种和嫁接繁殖。春秋两季皆可移植，以春季 3～4 月进行为好，小苗可以裸根蘸泥浆，大苗需带土球。

【园林用途】大叶黄杨叶色光洁，极耐修剪，绿化中常被应用为绿篱和整形的材料，经整形修剪后，应用于对称配植、花坛中心、配置图案和字样，也常应用为矮篱和中篱。抗污染性强，是污染区理想的绿化树种。

【变种及同属种】①金边大叶黄杨，②金斑大叶黄杨，③金心大叶黄杨，④银边大叶黄杨，⑤宽叶银边大叶黄杨，⑥斑叶大叶黄杨，⑦狭叶大叶黄杨。

二、紫薇

千屈菜科紫薇属，又名百日红、满堂红、痒痒树。

【形态特征】落叶小乔木或灌木。树皮呈片状剥落，光滑，小枝四菱形。单叶对生。圆锥花序着生于当年生枝条顶端，花有白、粉、红、紫堇色及紫色，花瓣边缘呈皱状波。花期 6～9 月中旬。蒴果球形。种子有翅。花紫色或淡紫色。

常见同属植物有：1.矮紫薇　2.粉花紫薇

【分布与习性】产于我国长江流域，分布于海拔 500～1 200 m 向阳、湿润的溪边和缓坡林缘。现全国各地多有栽培。紫薇对环境条件的适应性较强。喜温暖湿润和阳光充足环境，耐寒冷，略耐阴。对土壤要求不严，但以肥沃、深厚、疏松的微酸性土壤为最佳，生长健壮，花期长；耐干旱，怕水涝，忌种在地下水位高的低湿处；具有较强的抗污染的能力，能抗二氧化硫、氟化氢、氯气等有毒气体，故又是工矿区、住宅区美化环境的理想观赏植物。

【繁殖及栽培】紫薇多采用播种、扦插和嫁接繁殖。播种繁殖在 10～11 月适时采收健壮母株上的蒴果，晾干。待果皮开裂后去皮净种，干藏于冷凉处，第二年春季 2～3 月播种。扦插繁殖多采用春季硬枝扦插。3 月采 1 年生枝条，也可在 6～8 月采当年生半木质化枝条。嫁接繁殖是利用山上的野生古树桩作砧木进行嫁接。紫薇幼苗成长期每月施 1 次复合肥，以加快其生长。成株后，每年施有机肥或复合肥 2～3 次即可。一般在开花前和开花后施用。

紫薇的花是生长在当年萌发的春梢顶部，萌发力强，树冠不整齐，因此需要进行合理修剪。修剪分冬季修剪和花后修剪。冬季修剪时，仅留基部5～10 cm，剪去当年生枝条，使翌年抽出壮枝开花；在夏季花后及时剪去残花，以减少养分损耗，促进萌发新枝和开花。

【园林用途】紫薇树形优美，树皮光滑洁净，花色艳丽，花朵繁密，且花期长久，是盛夏极有观赏价值的花木。常植于建筑物前、庭院内或池边等。也可片植、丛植，与常绿树配植，构成多彩画面。紫薇对有毒气体有一定的抵抗性，因此也是厂区绿化的好树种。枝干多扭曲，具有叶细、枝密、干粗、露根等特点，很适宜制作盆景。

三、紫丁香

木樨科丁香属。别名紫丁白。

【形态特征】灌木或小乔木，高4 m，枝条无毛，较粗壮。叶薄革质或厚纸质，圆卵形至肾形，圆锥花序，花冠紫色，蒴果压扁状，顶端尖，光滑。花期5月，果期10月。

【分布与习性】东北各城市普遍栽培，朝鲜亦有，哈尔滨最多，素有"丁香城"之称。阳性树种，喜湿润气候，但耐干旱，对土壤要求不严，中性土及酸性土，均可生长发育良好。

【繁殖及栽培】种子繁殖，用温水45℃浸种，充分搅拌，自然冷却，换清水，泡2～3 d，每8～10 h换冷水1次，捞出控干后，用0.5%的高锰酸钾水浸种1 h，捞出洗净，混河沙催芽，种沙按比例1∶3均匀混合，沙子湿度80%，置于10～20℃室内，经常翻动，一个月即可发芽。1/3发芽即可播种。床面条播，约30 d出苗。扦插、分根也能繁殖。根系发达，移植容易成活。

【园林用途】花密浓香，枝叶浑厚，树态优美，易于繁殖，深受人们喜爱。宜在街道、公园、广场、庭院栽种，墙边、空地大量栽成树丛，既香又美，是城市绿化最普及树种之一。

【变种及同属种】①白丁香，②兰丁香，③红丁香，④重瓣丁香，⑤什锦丁香，⑥暴马丁香，⑦辽东丁香。

四、金叶女贞

木樨科女贞属，为金边卵叶女贞和欧洲女贞的杂交种。

【形态特征】半常绿小灌木，高2～3 m，单叶对生，椭圆形或卵状椭圆形；初生叶片金黄色，尤以新梢叶为甚，老叶呈绿色，有光泽；圆锥花序顶生，小花白色，花期5～6月；果期9～10月，果实椭圆形，成熟果实紫黑色。

【分布与习性】喜光，稍耐阴，抗旱，耐寒能力较强，在京津地区，小气候好的楼前避风处，冬季可以保持不落叶；生长快，耐修剪，适应性强，对土壤要求不严格，但以疏松肥沃、通透性良好的沙壤土为最好。

【繁殖及栽培】通常采用扦插繁殖，也可播种。用1～2年生木质化枝条剪成15 cm左右的插穗，插条用0.5%高锰酸钾液消毒1 d后方可用来扦插。扦插基质用粗沙土比用细沙土生根率高。扦插前蘸生根粉浓度1/1 000药液。夏季扦插比秋季生根率高。扦插苗7月中旬以前，可结合灌水追施1～2次氮肥；9月以后应控制灌水，以促使幼苗木质化。金叶女贞是喜光树种，在缺乏阳光的地段，叶片呈现绿色，因此应种植在光照充足的地方。育苗期间，为促生分枝、培养冠形，可在生长期间进行 3～5 次轻剪。硬枝扦插苗一般在 6 月前后开始修剪，嫩枝扦插苗入冬后至早春前对植株进行适当修剪整形。

【园林用途】叶黄色，宜与紫叶小檗、红花檵木、龙柏、黄杨等树种配置成彩色图案，形成强烈的色彩对比，具极佳的观赏效果；也可修剪成圆球形树冠植于草坪、路旁、花坛、建筑物前等，或作绿篱，是目前替代草坪进行园林造景的彩色地被植物。

五、牡丹

毛茛科芍药属。别名木芍药、洛阳花、富贵花。

【形态特征】落叶小灌木，高可达 2 m。根肉质、肥厚。分枝粗短，皮灰黑色。叶宽大，互生，表面绿色，背面带粉白。花呈紫、红、白、桃红、黄等色，蓇葖果卵形，顶端具喙，密被硬毛，花期 4～5 月，果期 8 月。

【分布与习性】喜凉爽、畏酷热，最忌劲风烈日和盐碱性的黏土，在华东地区宜栽于日照较短、地势高燥、土层深厚肥沃，pH 7～8 的沙质壤土，萌蘖力强，容易分株。

【繁殖及栽培】嫁接、播种和分株繁殖。嫁接以牡丹实生苗或芍药作砧木，接穗选取充实的蘖枝或当年枝，8～9 月上旬切接，接后壅土微露接穗顶芽，翌年 4 月发芽时切除砧芽，并摘除花蕾。播种于 8 月采种，置挡风处晾一日，以瓦盆盛湿砂贮藏，至霜降前后水选，择沉者秋播。如当年不能下种，可用湿沙层积催芽，于翌年早春播下。播种地选择排水良好之处，筑高床条播，行距 15 cm，深 3～5 cm，播后压实，覆土厚 2～3 cm，然后盖草保湿。夏季要搭棚遮阳，苗期应进行精细抚育管理，实生苗需培育 5～6 年后开花。分株繁殖于 9 月下旬～10 月下旬。移植宜在秋分前后，掘苗时勿伤细根，稍带宿土。栽植地宜选择排水良好，高燥向阳之处，开大穴，施足基肥。栽植不宜过深，根系要舒展，栽后随即浇水，但不宜踏实。夏天浇灌必须在清晨或傍晚地凉后进行。

【园林用途】牡丹是我国传统的庭院名贵花卉，在我国的栽培已有 1 500 多年的历史，自古以来，我国人民把它作为幸福、美好、繁荣昌盛的象征。其种类繁多，花色丰富多彩，株形端庄，高贵典雅，素有“国色天香”“花中之王”的美誉。无论孤植、丛植、片植都很适宜。牡丹也可盆栽，摆放园林主要景点中供观赏、展览，也可置于室内或阳台装饰观赏，还可做切花。

六、锦带花

忍冬科锦带花属。别名木芍药、洛阳花、富贵花。

【形态特征】落叶灌木，高可达 3 m。枝条开展，树型较圆筒状，叶椭圆形或卵状椭圆形，花冠漏斗状钟形，玫瑰红色，裂片 5。蒴果柱形；种子无翅。花期 4～6 月。

【分布与习性】产于东北、华北及华东北部。喜光，耐阴，耐寒；对土壤要求不严，能耐瘠薄土壤，但以深厚、湿润而腐殖质丰富的土壤生长最好，怕水涝。萌芽力强，生长迅速。

【繁殖及栽培】扦插、压条和分株繁殖。移植多在春季萌芽前进行，移栽时须带宿土。栽后每年早春萌芽前施 1 次腐熟堆肥，并修剪枯弱枝条。结合灌水追肥 1～2 次，促进生长。

【园林用途】锦带花枝叶繁茂，花色艳丽，是东北、华北地区重要的观花灌木之一。适宜庭院墙隅、湖畔群植；也可在树丛林缘作篱笆、丛植配植；点缀于假山、坡地。锦带花对氯化氢抗性强，是良好的抗污染树种。

七、黄刺玫

蔷薇科蔷薇属。

【形态特征】落叶丛生灌木，高1～3 m。小枝褐色，有硬直皮刺，无毛刺。奇数羽状复叶。花黄色，重瓣，单生于小枝顶。不结实。花期4～5月。

【分布与习性】产于我国东北、内蒙古、华北至西北。喜光，稍耐阴，耐寒力强，对土壤要求不严，耐干旱和瘠薄，在盐碱土中也能生长，以疏松、肥沃土为佳。不耐水涝。

【繁殖及栽培】扦插、分株繁殖。分株繁殖多在秋季落叶后或春季发芽前进行。移栽宜在3月萌芽前，重剪，栽后浇透水，隔4～5 d再浇水1次，连浇3次。冬季浇封冻水，秋季追施有机肥。

【园林用途】花繁密集、体量大，金黄色的花朵十分鲜艳，花期长，是北方地区早春重要观花树种。宜种于草坪、林缘、路边丛植，也可做绿篱。

八、月季

蔷薇科蔷薇属。别名月季花，四季蔷薇，长春花，月月红。

【形态特征】常绿或半常绿直立灌木，高达2 m。枝绿色，具粗刺，无毛。小叶3～5枚，卵状椭圆形，缘有尖锯齿，两面无毛。花单生或几朵集生成伞房状，重瓣，有紫、红、粉红等色，微芳香，萼片羽状裂，果近球形，黄红色，花期5～10月，果熟期9～11月。

【分布与习性】原产我国湖北、四川、云南、湖南、江苏、广东等地。现国内外普遍栽培观赏。适应性强，喜阳光，喜温暖，对土壤要求不严，但以富含有机质、排水良好的微酸性土最好。有一定耐寒性。

【繁殖及栽培】繁殖多用扦插和嫁接，嫁接砧木以白玉棠、七姐妹等蔷薇品种为主，还可采用分株及播种繁殖。平时管理应注意修剪，花谢后将残花剪去，并选留壮芽，不宜留得过高，也不宜留内侧芽。入冬选健壮枝仅保留2～4个芽，以上部位剪去，其余弱枝全部从茎基部疏去；新栽植株要重剪；过老的植株应进行更新，修剪后应适当进行施肥。

【园林用途】月季花容娇丽、花期长，是园林绿化布局中的观花好材料。配植在草坪、园路角隅、庭园、假山花坛、花境等处皆适合，也可辟成月季园，还是切花、盆栽的好材料。

【变种及同属种】①月月红，②小月季，③绿月季，④变色月季。

九、木槿

锦葵科木槿属。别名佛桑、朱槿、朱槿牡丹、大红花。

【形态特征】常绿灌木或小乔木，株高1～3 m。叶互生，广卵形，似桑叶。花单生叶腋，单瓣花呈漏斗状，雄蕊及柱头伸出花冠外，重瓣花似牡丹，花有红、玫瑰红、粉红、黄、白等颜色，花期长6～10月开花不断。

【分布与习性】原产我国，是强阳性植物，喜阳光充足、温暖湿润气候和疏松肥沃土壤，不耐寒。

【繁殖及栽培】繁殖多用扦插。结合修剪，3～4月在温室内扦插，6～7月在室外进行。选生长充实的一、二年生枝条，截成10～15 cm长插入纯沙中，上部露出两片叶，保持沙土湿润，1个月左右即可生根。盆栽应置于阳光足、通风好的地方。进入生长旺季要加强肥水管理，每隔10～15 d浇1次较浓的肥水，夏季高温期每天浇2次水；10月上中旬移入室内通风向阳处，逐渐减少浇水并停止施肥。冬季室温应不低于15℃，应每年早春换盆1次，结合换盆进行强修剪。

【园林用途】扶桑枝叶繁盛，花大色艳，花期长，是布置节日公园、庭院、会场、客厅、阳台的优美盆花。在华南大量用作花篱或观花树丛，布置园林绿地。

【变种及同属种】①扶桑，②木芙蓉。

十、西府海棠

蔷薇科苹果属。

【形态特征】小乔木，高达2.5～5 m，树枝直立性强，为中国的特有植物。叶片长椭圆形或椭圆形，花粉红色，伞形总状花序，有花4～7朵，集生于小枝顶端。果红色、密集。花期4～5月，果熟期8～9月。

【分布与习性】原产我国华北及陕西、甘肃、辽宁等地。喜光，不耐阴，宜植于南向之地。较耐寒，耐干旱，喜土壤深厚，适宜pH5.5～7.0的微酸性至中性黏土中生长，忌水涝，萌蘖力强。

【繁殖及栽培】繁殖多用播种和嫁接为主，移栽在落叶后至萌芽前进行，北方适宜春栽。栽后浇透水，施足底肥外，每年秋季要施基肥。

【园林用途】春季观花树种，盛开时繁花似锦，花蕾艳红，花开后花瓣亮粉，古典园林中多有种植。果实酸甜可食。

十一、蜡梅

蜡梅科蜡梅属。别名金梅、黄梅等。

【形态特征】落叶灌木，高达4 m；幼枝四方形，老枝近圆柱形，灰褐色，叶纸质至近革质，卵圆形、椭圆形、宽椭圆形至卵状椭圆形，有时长圆状披针形，花着生于第二年生枝条叶腋内，花单生，先花后叶，花被外轮蜡质黄色，中轮带紫色条纹，芳香。花期12月～翌年3月，果熟期8月。

【分布与习性】原产我国中部鄂、陕等地，各地有栽培。喜阳光，能耐阴，有一定耐寒力，极耐旱，忌渍水，宜土层深厚、排水良好的沙质壤土，在黏质土壤中生长不良，耐肥力强，不耐盐碱，寿命长。

【繁殖及栽培】繁殖多用播种、分株、压条、嫁接等方法进行。移栽在春季萌芽前进行，小苗裸根蘸泥浆，大苗带土球移栽。栽前施入腐熟有机肥作基肥，每株5～8 kg，栽后浇透水。秋末冬初是花芽分化期，应追施1次以磷肥为主的液肥，入冬前浇透冬水。第二年花谢后再施1次氮磷结合的复合肥，促进生长健壮。

【园林用途】蜡梅枝叶茂密，花开于岁寒早春，花黄似蜡，浓香四溢，为冬季观赏佳品，是我国传统名花之一。

【变种及同属种】①磬口蜡梅，②狗牙蜡梅。

十二、樱花

蔷薇科樱属。

【形态特征】乔木，高 4～16 m，树皮灰色。叶片椭圆卵形或倒卵形，花色多为白色、粉红色，成伞状或总状花序，有花 3～4 朵，先叶开放。核果近球形。花期 4 月，果熟期 5 月。

【分布与习性】原产我国长江流域，我国东北南部、华北地区以及韩国、日本均有栽培。喜光，喜温暖湿润气候，有一定的抗寒能力，喜深厚肥沃、排水良好的土壤，较耐寒。

【繁殖及栽培】繁殖多用嫁接，亦可扦插。春季用硬枝扦插，夏季用嫩枝扦插。嫁接砧木用适应性强的单瓣樱花或樱花实生苗。嫁接苗 3～4 年可出圃。移栽在春季萌芽前进行，带土球移植，栽前穴内施腐熟有机肥 15～25 kg。养护期注意浇水，松土，秋季施 1 次基肥，入冬前浇 1 次封冻水。

【园林用途】春季开花烂漫，极为美观。宜栽于山坡、庭院、建筑物前及路旁。

任务四　藤本类繁育

一、紫藤

蝶形花科紫藤属，又名藤萝、朱藤。

【形态特征】藤本植物。树干皮灰白色，有浅纵裂纹。羽状奇数复叶，互生。小叶卵状，长椭圆形。花大，色紫，芳香，总状花序，每轴着花 20～80 朵，呈下垂状。花期 4～5 月，果熟期 10～11 月。果实为荚果，长条形，表面被有银灰色短绒毛，内含扁圆形种子 1～3 粒。紫藤寿命极长，一般可达数百年。

常见同属植物有：①多花紫藤，②白花紫藤。

【分布与习性】原产我国黄河流域、长江流域及其以南各省区，山林中多野生，各地园林广泛栽培。紫藤为暖带及温带植物，适应性强，较耐寒，能耐水湿及瘠薄土壤，喜光，较耐阴。以土层深厚、排水良好、向阳避风处栽培最适宜。主根深，侧根浅，不耐移栽。生长较快，寿命长。缠绕能力强，对其他植物有绞杀作用。

【繁殖及栽培】可用播种、扦插、嫁接繁殖，以播种为主。秋后采种，晒干贮藏，第二年春季用 60℃温水浸种 1～2 d，种子膨胀后即点播，约 1 个月出苗，出苗率 90%左右。扦插繁殖在冬季落叶后，春季萌芽前进行。优良品种可嫁接繁殖，一般多在春季萌芽前进行，枝接、根接均可。紫藤消耗水分大，但土壤过湿不利于开花。8 月花芽分化期应适当控水，9 月可进行正常浇水，晚秋落叶后要少浇水。施肥应薄肥勤施。定植后选留健壮枝作主枝培养，并将主枝缠绕在支柱上。第二年冬季，将架面上的中心主枝短截至壮芽处，促进来年发出强健主枝。

【园林用途】紫藤生长迅速，枝叶茂密，花大而美，颇有芳香，为良好的棚架材料，植于水滨、池畔台坡等地，使之沿他树攀缘生长，极为幽美。寿命长，能形成盘曲古老之态，盆栽紫藤可形成千年古藤之趣。

二、爬山虎

葡萄科爬山虎属。别名爬墙虎。

【形态特征】落叶藤本；卷须短，多分枝，顶端有吸盘。叶形变异很大，通常宽卵形，先端多3裂，或深裂成3小叶，基部心形，边缘有粗锯齿。花序常生于短枝顶端两叶之间。果球形，蓝黑色，被白粉。

【分布与习性】分布华南、华北至东北各地。对土壤及气候适应能力很强，喜阴，耐寒，耐旱，在一般土壤上都能生长，但在阴凉、湿润、肥沃的土壤中生长最佳。生长速度快。对二氧化硫、氯气等有毒气体的抗性较强。

【繁殖及栽培】通常采用播种、扦插或压条等方法繁殖。在秋季果实成熟时采集，采收后将浆果堆放数日，搓去果肉，阴干，随即秋播或沙藏春播。硬枝、嫩枝扦插均可，春、夏、秋都能进行，极易成活。压条育苗在4月上旬进行。管理简单粗放，不必搭设支架。移栽时重短截促发枝，将其主茎导向墙壁或其他支持物，即可自行攀缘。

【园林用途】生长强健，茎蔓纵横，吸盘密布，翠叶遍盖如屏，秋霜后叶变红色或橙色，夏季降温效果极佳，是各种壁面垂直绿化的优良树种。可配植于建筑物墙壁、墙垣、庭园入口、假山石峰、桥头石壁，或老树干上。对氯气抗性强，可作厂矿、居民区垂直绿化，亦可作护坡保土植被。

三、美国凌霄

紫葳科凌霄属，别名凌霄花、紫葳。

【形态特征】落叶藤本。凌霄以气生根攀缘上升，藤蔓长达9～10 m。树皮灰褐色，呈细长状纵裂；小枝紫褐色。羽状复叶对生。顶生聚散花序或圆锥花序，花冠唇状漏斗形，红色或橘红色；花萼绿色。果长如豆荚；种子有膜质翅。花期5～8月，果期10月，蒴果细长，先端钝。栽培品种有中国凌霄和美国凌霄两种。

【分布与习性】原产长江流域中、下游地区，分布于我国华东、华中、华南等地，现从海南到北京各地均有栽培。喜光，稍耐阴，在强光下生长旺盛，宜于背风向阳处栽植；喜温暖湿润气候，不甚耐寒。耐干旱、不耐积水。对土壤要求不严，但以肥沃、湿润、排水良好微酸性和中性土为宜。萌芽力、萌蘖力均强。

【繁殖及栽培】凌霄不易结果，很难得到种子，以扦插繁殖为主，亦可分根或压条。硬枝扦插在早春3月进行，或在11月下旬至12月剪穗，翌年3月扦插，2个月即可生根。嫩枝扦插，在7～8月进行，入冬前生根。栽培管理比较容易。移植在春秋两季均可进行，植株通常需带土球移植，栽植后植株长到一定程度，要设立支架诱引攀缘。栽植后将主干保留30～40 cm

短截，使其重发新枝，萌出的新枝只保留上部 3～5 个，下部的全部剪去。每年在秋冬至萌芽前可进行适当疏剪，去掉枯枝和过密枝，使树形合理，利于生长。

【园林用途】凌霄干枝虬曲多姿，翠叶团团如盖，花大色艳，花枝从高处悬挂，柔条纤蔓，夏季开红花，花期长，是棚架、花门、假山、墙垣良好的绿化材料，也是夏秋主要的藤本观赏花木。

四、金银花

忍冬科忍冬属。别名忍冬、金银藤、金银花忍冬。

【形态特征】半常绿缠绕藤本灌木（在东北地区落叶），高达 5 m。花期 6～7 月，2 朵成对腋生，初开为白色后变黄色，有清香。果期 8～9 月份，浆果球形，黑色。

【分布与习性】我国东北地区南部（千山），常生于溪边、山坡、灌丛中。旅大、丹东等地较适宜栽植。喜阳，亦能耐庇荫，稍耐寒，耐旱，耐水湿。适应性强，酸、碱土壤均能生长，但以湿润、肥沃、深厚沙壤土生长最好。

【繁殖及栽培】播种繁殖。种子可于 9 月份采收，然后将果实捣烂、搓洗，用水漂去果皮与果肉，阴干后去杂，即可得纯净种子。种子催芽处理可于播种前 30～50 d 进行。将种子水浸 2～3 d，混沙后置于 10～25℃，保持 60% 的湿度，30～50 d 即可发芽播种。当苗高 10 cm 左右即可间苗。苗木无须特殊管理，易成苗。当年苗高 30～40 cm，2 年生苗木可出圃栽植。

【园林用途】春夏开花，先白后黄，黄白相映，故名“金银花”。为色、香俱佳的藤本植物。在园林绿化中常沿廊、架缠绕生长，或附在山石上，兼有绿化遮阴和观赏效果，为良好的垂直绿化树种。

【变种及同属种】①红金银花，②黄脉金银花。

五、南蛇藤

卫矛科南蛇藤属。

【形态特征】落叶藤状灌木。小枝光滑无毛，灰棕色或棕褐色，小叶 7～13，卵状长圆形至卵状披针形。总状花序，花蓝紫色。荚果近球形，种子扁圆形。花期 4 月，果期 10 月。

【分布与习性】北起辽宁、内蒙古，西至陕甘、四川，南达江浙、广东，为中国分布最广泛的种之一。性喜阳耐阴，分布广，抗寒耐旱，对土壤要求不严。栽植于背风向阳、湿润而排水好的肥沃沙质壤土中生长最好，若栽于半阴处，也能生长，寿命长。主根强健、侧根少，大树不宜移植。

【繁殖及栽培】播种繁殖，也可分株、扦插繁殖。春季 3 月下旬至 4 月上旬播种，播前 1 个月温水浸种后层积沙藏。6～8 年才能养成较大规格出圃。

【园林用途】南蛇藤植株姿态优美，茎、蔓、叶、果都具有较高的观赏价值，是城市垂直绿化的优良树种。特别是秋季叶片经霜变红或变黄时，美丽壮观；成熟的累累硕果，竞相开裂，露出鲜红色的假种皮，宛如颗颗宝石；作为攀缘绿化材料，南蛇藤宜植于棚架、墙垣、岩壁等处。

任务五　彩叶树木的繁育

一、美国红栌

漆树科黄栌属。

【形态特征】落叶灌木或小乔木，初春时树体全部叶片为鲜嫩的红色，娇鲜欲滴，春夏之交，叶色红而亮丽；至盛夏时节，树体下部叶片开始渐渐转为绿色，但顶梢新生叶片始终为深红色，入秋之后随着天气转凉，整体叶色又逐渐转变为深红色。见彩图 5(1)。

【分布与习性】原产美国。喜光，也耐半阴；不耐水湿。适应性强，易管理，生长迅速，特别是在土层深厚、疏松透气的山坡地、排水良好土地生长健康。

【繁殖及栽培】以嫁接繁育为最佳，用普通黄栌苗作为砧木。移栽宜于苗木的休眠期进行，从秋季树体落叶后到翌年春季萌芽前进行，北方地区一般为每年的 11 月底次年的 4 月初。生命力强，栽植成活率高，移栽苗木无须带土或进行药剂处理，以移栽裸根苗木为宜。秋季或初冬季节引种美国红栌，北方地区须先进行假植越冬，待来年开春时再下地栽种。南方则可直接栽种。

【园林用途】美国红栌是彩叶树种，它主要用于景观和风景林的绿化。

二、中华金叶榆

榆科榆属。又名金叶榆。

【形态特征】系白榆变种。落叶小乔木，叶片金黄色，有自然光泽，色泽艳丽；叶脉清晰，质感好；叶卵圆形，叶缘具锯齿，叶尖渐尖，互生于枝条上。见彩图 5(2)。

【分布与习性】生长区域北至黑龙江、内蒙古，东至长江以北的江淮平原，西至甘肃、青海、新疆，南至江苏、湖北等省，中华金叶榆对寒冷、干旱气候具有极强的适应性，抗逆性强，可耐－36℃的低温，同时有很强的抗盐碱性。

【繁殖及栽培】以嫁接繁育为主，用普通白榆作为砧木，接穗用 3 年生中华金叶榆的枝条，一般在 3 月初进行。主要采用切接技术，嫁接后伤口愈合较慢，要严禁浇水和施肥。半个月后伤口逐渐愈合，要进行掰芽管理。嫁接一个月后撤去伤口绑布。中华金叶榆属耐旱品种，一般情况不需浇水，特旱天每隔 2 d 浇一次水，连浇 3 次。一般施肥 2～3 次，时间间隔 1 个月。

【园林用途】是中国目前彩叶树种中应用范围最广的一个。乔木型可用于行道树，又可用于公园散植、丛植。绿篱型可用于彩色绿篱、绿地色带、花坛等园林造型。也可结合绑扎、修剪等技艺创造特异造型应用。

三、金枝国槐

豆科槐属。又名金黄金槐。

【形态特征】系国槐的变种植物。落叶乔木，树冠圆球形或倒卵形，高可达 25 m。枝条金黄色。奇数羽状复叶，小叶对生，全缘。花序为顶生圆锥花序，花黄白色，花期 6～9 月。见彩图 5(3)。

【分布与习性】原产中国黄河中下游地区，现已成为华北、西北的优良绿化树种。喜光、抗旱、耐寒，可在零下 25℃的严寒越冬，耐涝，抗腐烂病，适应性强，栽培成活率高。宜在湿润、肥沃、排水良好的沙质壤土种植，在酸性及轻度盐碱地均能正常生长。耐烟毒能力强，对二氧化硫、氯气、氯化氢均有较强抗性。生长速度中等，根系发达，为深根性树种，萌芽力强，寿命长。

【繁殖及栽培】以嫁接繁育为主，用普通国槐作为砧木，分高枝接头和根际芽接两种。高接换头法用的是枝接法中的插皮接。此种方法操作简便，成活率高。在嫁接前，选择生长充实，无病虫害，直径 1 cm 左右的一年生枝条做接穗，短截成 10 cm 左右蜡封，以防止水分损失，然后沙藏于阴凉背风处备用。4 月中、下旬，待国槐发芽后，选择胸径 3 cm 以上、树干较直的国槐大苗，在适当位置截干后嫁接。嫁接后一个月，成活的接穗即可发芽。同时砧木上的隐芽也会萌发，形成萌蘖，要及时将其去除。因接穗生长旺盛，要及时解绑，并将新梢绑缚在木棍上，以防其被风刮坏。嫁接好的苗木，夏季发芽后，要及时除萌，促进新梢生长。待苗高 60 cm 时，为培养顺直主干，要用竹竿或木棍绑缚新梢，直至达到预期高度。根际芽接苗当年高可达 3 cm，胸径 2 cm，2～3 年即可出圃用于绿化工程。

【园林用途】可做孤植、丛植、行列种植应用，是优良的庭院、行道、风景树。作为园景中孤植，充分展现个体美。可几株或几十株丛植，形成群落景观，或与乔、灌、草结合进行配置，或与建筑配置或点缀于假山石旁亦植于水景周围。还可作防护林带。

四、红叶杨

杨柳科杨属。又名中华红叶杨。

【形态特征】红叶杨是中国林科院 2025 杨的芽变品种，落叶乔木，叶色春夏秋三季四变，从亮紫红色到紫绿色到暗紫绿色再到杏黄色或金黄色。见彩图 5(4)。

【分布与习性】山西、福建、广东、四川、新疆、内蒙古、黑龙江、河南等地均有栽培。适应性强，抗性强，根系发达，耐旱涝耐冻，能耐－35℃低温。

【繁殖及栽培】以扦插和嫁接繁育为主。扦插时选当年生红叶杨发育充实的枝条，将剪好的插穗放入 800 倍的多菌灵液中浸泡 5 min 捞出，一般在 3 月中旬或 4 月上旬进行扦插。嫁接繁育时砧木以选择美洲黑杨类品种如 2025 杨、中林 46 杨为佳，3 月中旬进行芽接。一般嫁接后 10～15 d 芽片的芽萌动时破膜把芽放出来，然后在芽条生长到 7～15 cm 时解绑将膜去掉。生长期间保持土壤湿润。在 5 月中旬、6 月中旬、7 月上旬追肥为好，第一、二次追肥尿素，第三次追含 N、P、K 各 15 的复合肥。

【园林用途】红叶杨观赏价值高，是营造风景林和城市绿化的优良树种。

五、紫叶矮樱

蔷薇科李属。为紫叶李和矮樱杂交种。

【形态特征】落叶小乔木或灌木，高可达 2.5 m。枝条幼时紫褐色，叶长卵形或卵状长椭圆形，叶面红色或紫色，背面色彩更红，花单生，淡粉红色，花瓣 5 片，微香，花期 4～5 月。见彩图 5(5)。

【分布与习性】紫叶矮樱为紫叶李和矮樱杂交种，各地均有栽培。我国华北、华中、华东、华南等地均适宜栽培，东北的辽宁、吉林南部等地可安全越冬。喜光，耐寒、耐阴，对土壤要求不严格，但在肥沃深厚、排水良好的中性或微酸性沙壤土中生长最好，轻黏土亦可。喜湿润环境，忌涝。

【繁殖及栽培】以扦插和嫁接繁育为主。嫁接砧木一般采用山杏、山桃，春秋季采用切接，夏季采用芽接。还可硬枝扦插，插穗选自一、二年生优质树树干下部 0.5～1.0 cm 的枝条，4 月上中旬进行扦插。也可于夏季进行嫩枝扦插，插后注意温湿控制，温度不超过 25℃，湿度在 80%以上，芽接后 10 d 可检查看是否成活。耐旱，每年早春和秋末可浇足浇透返青水和封冻水。喜肥，新植苗木除在栽植时施基肥外，在生长期适当追肥。在早春、初夏各追施 1 次氮、磷、钾复合肥，秋末再施用 1 次厩肥或渣肥。对于新植苗木及缺肥长势不好的苗木，可进行叶面施肥。喷施次数以 3 次为宜，间隔时间 10～15 d。

【园林用途】紫叶矮樱叶色紫红亮丽，在园林中可作彩篱或色块栽植，也可孤植、丛植。还可盆栽观赏。

六、金叶女贞

木樨科女贞属。

【形态特征】落叶小乔木或灌木，高可达 2～3 m。叶色金黄，总状花序，小花白色。见彩图 5(6)。

【分布与习性】金叶女贞适应性强，对土壤要求不严，在长江以南及黄河地区、华北南部等地均能栽培。性喜光，稍耐阴，耐寒力中等，不耐高温高湿，在京津地区小环境下能保持冬季不落叶。抗病虫能力强。

【繁殖及栽培】以扦插繁育为主。嫩枝扦插在 6～8 月进行，硬枝扦插在 10 月中旬至 11 月初进行。硬枝扦插株行距 3 cm×3 cm；嫩枝扦插株行距 5 cm×5 cm，深度 3～5 cm，插后喷透水。床面上必须搭建塑料拱棚保湿。嫩枝扦插初期拱棚内的湿度在 95%以上，温度 22～28℃。插后 14～21 d 棚内湿度逐渐调到 70%～80%。硬枝扦插时隔 10～15 d 检查棚内苗床水分，缺水要及时浇水。插穗发芽展叶后预防和防治病害。做好冬季防寒；早春防高温烤苗工作。硬枝扦插第 1 次移植在第二年的 4 月底 5 月初进行；嫩枝扦插在扦插后 50～60 d 进行。移植株行距 30 cm×(20～25) cm；为培育大苗应进行第 2 次移植，株行距 60 cm×40 cm。当年移植后必须及时浇足水，3～5 d 浇第 2 次水。7～10 d 浇第 3 次水。适时中耕除草。5 月至 8 月进行 3～5 次适度修剪。

【园林用途】在园林中多用来组成图案和建造绿篱。

七、紫叶小檗

小檗科小檗属，又名红叶小檗。

【形态特征】落叶灌木，株高可达 2～3 m，叶深紫色或红色，幼枝紫红色，老枝灰褐色或紫褐色，有槽，具刺。叶全缘，菱形或倒卵形，在短枝上簇生。花单生或 2～5 朵成短总状花序，黄色，下垂，花瓣边缘有红色纹晕。浆果红色。花期 4～5 月，果熟期 9～10 月。见彩图 5(7)。

常见同属植物有：①矮紫小檗；②细叶小檗；③金叶小檗。

【分布与习性】原产于日本，我国秦岭地区也有分布。现我国各大城市都有栽培。喜凉爽湿润环境，耐寒也耐旱，不耐水涝，喜阳，也能耐阴，萌芽性强，耐修剪，对各种土壤都能适应，在深厚肥沃、排水良好的土壤中生长更佳。

【繁殖及栽培】多用扦插繁殖。6～8 月选生长健壮的当年生半成熟枝条，剪成长 10～12 cm 的插穗，插入沙床或土中，搭棚遮阴或全光照喷雾，一般 30～40 d 能生根成苗。生长期间每月施用氮、磷、钾复合肥 1 次，秋季落叶后，在根际周围开沟施腐熟厩肥或堆肥 1 次，然后埋土并浇足水。需阳光充足，不能在荫蔽处栽培，阳光不足则叶色不鲜艳或退化为绿色。萌蘖性强，耐修剪，定植时可强行修剪，以促发新枝。入冬前或早春前疏剪过密枝或截短长枝，花后控制生长高度，使株型圆满。

【园林用途】叶形、叶色优美，姿态圆整，春开黄花秋结红果，深秋叶色变紫红，果实经冬不落，是一种叶、花、果俱美的观赏花木，适宜在园林中作篱植、在园路角隅处丛植、大型花坛镶边、色块配植、剪成球形对称状配植、盆栽观赏、制作盆景或剪取果枝插瓶观赏。

八、紫叶李

蔷薇科李属。别名红叶李。

【形态特征】落叶小乔木，高可达 8 m。小枝光滑无毛。叶椭圆状倒卵形或卵形，先端渐尖，基部圆形，叶缘重锯齿，叶紫红色。花淡粉红色，单生。核果球形，熟时酒红色。花期 4 月，果期 7 月。见彩图 5(8)。

【分布与习性】园林观赏变种，主要分布于亚洲西南部地区。喜光，喜暖湿气候。

【繁殖及栽培】嫁接繁殖。可用桃、李、梅或山桃做砧木进行嫁接繁殖。一般用“T”字形芽接，嫁接的砧木选择两年生苗，嫁接前要先短截，只保留地表上的 5～7 cm 的树桩，6 月中下旬，在事先选做接穗的枝条上定好芽位，接芽要饱满、壮实，无干尖和病虫害。嫁接后，接芽在 7 d 左右没有萎蔫，说明已经成活，25 d 左右就可以将塑料带拆除。

【园林用途】叶色紫红，花艳繁多，可植于建筑物的前方及园路旁或草坪之上。

九、北美海棠

蔷薇科苹果属。

【形态特征】落叶小乔木或灌木，树冠圆球形或整株直立呈垂枝形，高可达 5～7 m。新干棕红色，黄绿色，老干灰棕色，有光泽。叶春季深红色，夏季老叶暗紫色。花朵基部合生，花色，白、粉、红色，鲜红花序伞状或伞房状总状花序，花密集壮观，花期4～5月。果小红色，果期5～12月。见彩图5(9)。

【分布与习性】北美海棠适应性强，在华北、东北、西北、华中、华东等地可安全应用。抗性强，耐极薄，耐寒性强，性喜光，耐干旱，忌渍水，在干燥地带生长良好，无病虫害，管理简单。

【繁殖及栽培】多以扦插繁育为主。4～5月进行扦插，覆以地膜保持地面温度，扦插进行前要保证枝长17 cm，削截面呈椭圆形，之后将枝条放置于营养液中，扦插时进行地膜开孔，检查枝条无损伤，插后及时浇水，枝条抽枝半米长补充微量元素，可以避免枝端因缺少元素而变色。

【园林用途】北美海棠是集观花、观叶、观果为一体的观赏树种，在园林中可列植于道路两旁，亦可孤植、丛植于草坪或点缀于岩石旁，湖水边，还可作盆景栽培。

十、红叶石楠

蔷薇科石楠属的杂交种。

【形态特征】常绿小乔木或灌木，叶革质，春季新叶鲜红，夏季转绿，秋、冬、春三季呈红色，花多而密，呈顶生复伞房花序。花白色，梨果黄色，花期5～7月，果期9～10月。见彩图5(10)。

【分布与习性】适应性强，耐低温，耐土壤瘠薄，有一定额耐盐碱和耐干旱的能力。性喜强光，也有很强的耐阴能力，生长迅速，萌芽力强，耐修剪。

【繁殖及栽培】以扦插繁育为主。从母树上选择一年生枝做插穗，插条剪留3 cm长，顶部留叶面积为1/5片叶；扦插前通过吲哚乙酸进行生根处理，接着将生根后插条的2/3浸入到药液中1 s，待药液干燥后进行扦插，扦插的深度为1/5，扦插的密度为400株/m^2，插好后立即浇透萘乙酸，萘乙酸的浓度为20 mg/kg。扦插后5 d施氮肥，扦插后10 d做好雨天排水、晴天遮阳等工作，插后30 d根据插苗的生根状况而逐渐通风炼苗，并加强肥水管理和病虫害的防治，肥料以薄肥勤施为原则。

【园林用途】红衣石楠被称为“红叶绿篱之王”，在园林绿地中以绿篱或色块栽植为主，也可孤植观赏。它对二氧化硫、氯气有较强的抗性，适宜厂矿绿化而用。

Project 10

园林苗圃经营管理

知识目标:

- ◆ 熟悉园林苗圃各种技术规范及经济管理制度。
- ◆ 掌握建立园林苗圃档案的方法。

技能目标:

- ◆ 能够根据市场需要科学经营管理园林苗圃。
- ◆ 会制订园林苗圃的生产计划。
- ◆ 熟练运用营销手段进行园林苗圃经营管理。

一、园林苗圃的经营类型及特点

随着我国苗木事业的发展及市场的逐步完善，园林苗圃的分类应从为生产及管理服务转移到侧重市场的适应性、市场的竞争力进行分类，以经营为核心划分园林苗圃经营类型，以提高园林苗圃的经营管理水平，实现可持续发展。

（一）单一培育苗木的园林苗圃

以苗木培育及销售为其唯一的经营内容，这种类型的苗圃占有的比重很大，尤其是农户经营的苗圃。按照苗圃经营的主要方式及其苗木培育种类可以细分为以下几种类型：

1. 按苗木种类分

（1）单一树种苗圃　整个苗圃仅培育某一个树种，种植面积大，苗木数量多，规格齐全。经营者对树种的生态学和生物学习性十分了解，苗圃栽培技术比较成熟，对苗木的管理经验比较丰富。苗木价格随市场波动大，经营风险高。

（2）多树种经营苗圃　苗圃培育、经营数个树种，各树种种植面积大小不一，各树种苗木规格多样。苗圃通常以 2～3 个树种（或品种）为主要产品。

2. 按苗木规格分

（1）大树经营苗圃　以大树培育为主要经营产品，大树主要是通过本地或异地自然资源的采挖，进行“假植”，培养根系和养树冠。这种苗圃的特点是一般建在城市周边，交通方便，投资大，风险大，技术要求较高，回报率高。

（2）小苗经营苗圃　以小苗培育为主要经营产品，以播种和扦插与嫁接为主要繁殖方式。苗木繁殖系数高，数量大，苗木经营周转周期短，技术要求低，单株苗木价格低，经营成本及风险低。

（3）大小苗木混合经营苗圃　该类型苗圃比较普遍，根据经营者的实力和条件，一部分苗圃以小苗为主，大苗为辅；另一部分以大苗为主，小苗为辅。充分利用苗圃地的空间，长短结合，比较科学、合理地利用市场、交通、土壤等资源。

（4）地方特色苗木兼其他品种经营苗圃　以本地区的特色、优势苗木品种为拳头产品，适度培育一些本地或外地引入的品种。苗圃苗木品种较多，苗木规格比较齐全。

（二）以公司为依托的苗圃经营类型

以某种形式的公司为依托，公司与苗圃相得益彰的一种苗圃经营类型。

1. 工程公司加苗圃

通常以园林绿化工程公司、建筑工程公司、房地产公司或市政工程公司等为主体，经营一定规模的苗圃。一般选择在城市周边，苗圃树种及其规格较多。

2. 外贸公司加苗圃

通常以“订单”方式培育、生产符合外贸出口需要的花卉及苗木。苗木品种、数量、规格、检疫等都有比较严格的标准要求。

（三）以政府为依托的苗圃

有些地区地方政府对苗木产业十分重视，专门成立苗木生产、经营管理机构和龙头企业，对苗木生产企业在信息采集、人员培训、规模拓展、品种更新与推广、销售等方面进行全面的指导，为苗圃与市场接轨搭建平台。指导各苗圃生产活动，协调苗木销售，推广新品种和新技术，已成为广大农户式苗圃的重要依托。

(四)以生态林带为依托的苗圃

京津冀地区营造城市生态林带时，政府采用市场运作的方式进行，把生态林带规划地转让与企业经营，企业把整个林带视作苗圃。由于生态林带设计树种丰富，苗木设计规格较小，企业可以利用较少的投入，完成林带建设任务，并随着林带内苗木的不断生长，密度不断增大，从中抽取苗木获取利益，以实现政府与企业双赢。

(五)以生态旅游为依托的苗圃

在许多城市周边地区，随着苗圃规模的壮大，苗圃地本身拥有的花卉、乔木、灌木等形成良好的生态景观，辅之以园路、小品等，创造出理想的休憩环境，是城市居民节假日良好的生态旅游场所。苗圃兼有苗木经营和观光的双重功能，形成苗圃、生态参观旅游良性经营循环，可以取得很好的经济、社会、生态效益。

二、园林苗圃的生产管理

(一)苗木生产计划管理

苗木生产计划分为全年生产计划和阶段生产计划，如春季生产计划、秋季生产计划、夏季及冬季生产计划等。无论是全年或是阶段性计划都要围绕着以下内容安排。

1. 繁殖计划

根据产品结构确定所需繁殖的树种及品种，确定繁殖方式、方法，确定繁殖数量，推算出所用种子数量、种条量和所需占用的土地面积，繁殖所需的生产设施规模、数量。按照育苗规程、规范要求确定作业时期，确定适宜的技工工艺，下达繁殖生产任务。

2. 移植计划

在上一年繁殖生产产品产量的基础上，根据产品结构总体规划确定各树种及品种移植数量。根据不同树种的养护年限、出圃年限及生长量确定株行距，进而确定所需移植用土地面积。

3. 养护计划

移植的苗木经一年后转入养护，养护的内容主要是浇水、施肥、防治病虫、中耕除草、修剪、防寒。各分项都有作业时间、数量、技术要求、用工、用料等具体安排。

4. 出圃计划

苗木经过几年时间的养护管理，高度、粗度、生长量等达到了出圃规格，这些苗木可以列入出圃计划。按树种及品种分列，再按各规格单列，统计各种规格的数量，提供给销售部门。每年的出圃计划是可以预计的。通过繁殖、移植、养护年限，预计若干年后可以出圃的树木品种和数量。

5. 全年及阶段用工计划

根据全年及阶段作业内容、规模数量，除以各项作业的施工定额，可以计算出所需用工的数量。生产部门把用工计划提交给劳动部门，为生产准备足够的劳务。用工计划的季节性很强，为节省开支，苗圃一般都招季节工。

6. 全年及阶段用料计划

各项作业内容都包括有生产用材料的具体内容。如肥料、农药、出圃包装、防寒材料、工具、机械、燃料等。生产部门将用料计划提供给后勤部门,后勤部门可及时为生产提供物资保证。

7.科研计划

苗圃的科研主要有两方面的内容,即引进和选育新、优园林植物材料,研究开发苗木繁殖、养护新技术工艺。生产部门每年都要根据生产实际需要,提出科研课题,写出开题报告和科研实验方案;确定课题负责人、参加人;确定完成步骤、完成时间;确定所需经费。苗圃要为科研创造必要的条件,本单位技术力量不足可以寻求合作单位共同完成。试验取得成果后应适时转入中试扩大成果。生产部门可列入试生产计划。尽快将试验成果转化为生产力。

8.外引苗木计划

苗圃每年都要有计划地从国内外引进一部分苗木。外引苗木主要有以下几部分内容:

(1)本圃原来缺少的苗木品种,引进后增加了产品结构的内容。

(2)计划扩大繁育的品种缺乏母株,引进目的是扩大繁殖量。

(3)自身繁殖小苗成本高、繁殖能力差,引进外地繁育的小苗降低成本。

(4)苗圃本地气候和土壤等条件不如引进地区优越,如果自己培育苗木,生产量小,成本高。

(5)引进代销成品苗木或引进中档苗木继续培养,即降低成本又增加经济效益。

外引苗木计划内容包括:确定外引苗木树种及品种、规格、数量,确定外引地区、单位及掘苗、进苗时间和运输方式,本圃预留移植地面积。外引计划中,一般都要强调技术措施,提出外引苗木移植成活率。

9.定制大苗计划

大苗是指超出苗圃苗木出圃规格的苗木。落叶乔木要求胸径大于 8 cm,常绿树一般高度大于 3 m。因为定植养护大规格苗木占地多,在圃养护时间长,资金周转慢,最终经济效益可能不会很高。但园林苗圃,首先是国营苗圃,必须考虑社会需要和环境效益,为城市重点工程有计划地定植大苗,是其一项重要任务。定植大苗计划要以城市建设总体规划中绿化任务为依据,根据城市园林树种规划确定品种、数量。预计年生长量,提前若干年进行育苗准备工作。

(二)苗木生产技术管理

对于苗木生产技术管理来说应因地制宜,依据不同季节的气候特点及植物的生长规律来进行有效的管理,促进苗木的快速、健壮生长,从而缩短生产周期,实现尽快营利的目的。

1.冬季管理

应密切关注天气变化,提前做好防寒准备。并做好冬剪工作,为苗木来年春天的生长储存养分及提高苗木的抗寒性,以保证苗木安全越冬。具体管理措施如下:

(1)冬剪　除去苗木下部弱枝、徒长枝、交叉枝、病虫枝等,并随着冬剪工作,完成苗木的整形、定干。

(2)病虫防治　此时病虫防治工作,主要体现在清理易发病虫害圃间的杂草、落叶。将杂草、落叶进行集中烧毁,以破坏病虫害的越冬环境。并配合使用石硫合剂对易感病虫害的苗木进行树干涂白处理。

(3)深施基肥　基肥的肥效较慢。故应在苗木的生长期到来之前完成施肥工作,只有这样才能为春季苗木的生长提供充足的养分。

(4)越冬防寒　随着冬季的来临,应提前做好新栽苗木及不耐寒苗木的越冬保暖措施。

(5)苗木存活率统计　做好本年度苗木存活率的统计核查工作，为来年田间补苗做好生产准备。

2.春季管理

随着气温回暖，雨水增多，苗木开始萌芽，病虫害也随之而来。此时，应及时加强对苗圃的早春管理，具体措施如下：

(1)施肥　对于冬季未完成施肥工作的，应抓紧施肥，并在苗木发芽前完成施肥工作。新栽植的苗木半年以后才能施肥。

(2)清沟排水　此时属于苗圃管理上的相对淡季，应抓紧时间完成苗圃排水沟的清理工作，为雨季的到来提前做好排涝准备。

(3)病虫害防治　北方地区做好越冬地下害虫防治工作。在南方，随着气温升高、天气干旱及苗木嫩芽的萌发，极易发生蚜虫危害，应提前防治。主要病害有猝倒病、立枯病、炭疽病等，而且会伴随着整个生产周期，应引起高度重施。

(4)日常管理　做好苗木的繁殖、移栽、补苗工作。

(5)做好抗旱工作　遇到春旱年份，应及时浇水抗旱。

3.夏季管理

夏初是苗木一年中生长的第一个高峰期，但也是病虫害高发期。此时应加大管理力度，具体管理措施如下：

(1)防旱、防涝　遇到干旱天气，要及时进行灌溉。苗木速生期的灌溉要采取多量少次的方法，每次要浇透浇匀，且尽量避开中午阳光最强烈时候浇水。雨前、雨后应及时做好清沟排水工作。

(2)除草　夏季是田间杂草生长的旺盛期，必须做好杂草的清理计划，应尽量做到“除早、除小、除了”的原则。并结合使用一些触杀性的除草剂，来达到控制田间杂草的目的。

(3)虫害防治　随着苗木的旺盛生长，加强田间调查，提前做好害虫预测，食叶性害虫如刺蛾类、天蛾类、蚕蛾类；蛀干性害虫如天牛类、蠹蛾类；地下害虫主要是蛴螬等大量出现危害苗木。此时应并及时地、合理地采取防治措施。

(4)夏剪　主要做好苗木的抹芽、过密枝的疏剪及分蘖枝的清除工作。

(5)追肥　为了满足苗木的旺盛生长需求，应及时地对苗木进行追肥，追肥以速效肥为主。尽量采取沟施、穴施的方法，以提高肥料的利用率。

(6)防风　夏季天气风云莫测，大风天气极易给苗木造成损伤，应提前做好大树及新栽苗木防风工作。

4.秋季管理

秋季管理与夏季管理基本类似，具体管理措施如下：

(1)除草　初秋仍是田间杂草猖獗的时候，必须加强田间杂草的清除管理工作，并可结合除草进行田间松土。

(2)防旱、防涝　秋季是苗木生长的第二高峰期，遇到干旱天气应及时进行田间灌溉。遇到秋雨连阴天，应及时排涝。

(3)虫害防治　此时仍是蛀杆害虫及地下害虫的高发期，应加强防治力度。

(4)科学施肥　对于小苗及地被来说，秋季应加强磷、钾的施用，以促进其木质化程度，提高其苗木的抗逆性。尽量减少或停止施用氮肥。

(5)繁殖、移栽　秋季气温适宜，应及时进行苗木扦插繁殖、移栽等工作。

(三)苗木质量管理

监督苗木质量是苗圃管理的重要内容。苗木质量的好坏直接影响栽植的成活率、养护成本和绿化效果,高质量的苗木是绿化建设的重要保证。

1.合格苗木应具备的条件

苗木形态良好:生长健壮、树形完美、色泽正常,苗高胸径符合园林绿化要求。

苗木根系完整:有发达的侧根和须根,根系分布均匀

苗干粗壮通直:茎根比适当,茎根比小,苗木生长强壮。高粗均匀,达一定的高度和粗度,木质化程度好,苗木质量高。

无病虫害和机械损伤:顶端优势明显的针叶树种,顶芽不能损伤,主侧枝分布均匀,完整的树冠。

2.苗木质量形态指标

主要有地径、苗高、高径比、根系指标、重量指标、茎根比、顶芽状况,以及综合的质量指数等,在生产上简便易行、用肉眼可观测、用简单仪器可以测定、便于直观控制。

根据苗木质量标准将苗木分为三级,Ⅰ、Ⅱ级苗为合格苗,可出圃造林;Ⅲ级苗为不合格苗,不允许用于造林,予以淘汰或再培育。

(四)苗木生产成本核算

苗木种类繁多,生产形式多种多样,其生产成本核算也不尽相同,通常在苗木生产成本核算中采用单株,大面积种植苗木成本核算两种方式。

1.单株成本核算

单株成本核算采用的方法是单件成本法,核算过程是将单株的苗木生产所消耗的一切费用,全归集到该苗木成本核算单上。单株苗木的成本费用一般包括种子购买成本(或插穗,接穗成本),培育管理中耗用的设备成本及肥料,农药,栽培容器的成本,栽培管理中支付的工人工资,以及其他管理费用等。

2.大面积种植苗木成本核算

大面积种植苗木成本核算首先应明确成本核算的对象,即明确承担成本费用的苗木对象,其次是对产品生产过程消耗的各种费用进行认真划分,其费用按生产费用要素可分为:

(1)原材料费用　包括购买种子,种苗的费用,在生长期间所使用的肥料和农药等生产资料费用。

(2) 燃料动力费用　包括苗木生产中进行的机械作业,排灌作业,遮阳,降温,加温供热所耗用的燃料费,燃油费和电费等。

(3) 工资及附加费用　生产及管理人员的工资及附加费用。

(4) 设备折旧费　在生产过程中使用的各种机具及栽培设备按一定折旧率提取的折旧费用。

(5) 废品损失费用　苗木在生产过程中,未达到苗木质量要求的应由成苗分摊的费用。

(6)其他费用　差旅费,技术资料费,邮电通信费,利息支出等。

三、园林苗圃的经济管理

(一)园林苗圃的效率管理

(1)健全各项规章制度、技术标准、管理标准、工作标准、劳动及消耗定额、统计台账等。

(2)建立和完善管理保障体系，有效控制投入产出，提高苗圃管理的运行效能；

(3)确保人流、物流、信息流畅通有序，现场环境整洁，文明生产。

(4)以合理化、高效化为目的，不断优化生产劳动组织，充分调动职工的积极性和创造性。

(5)积极推广新技术、新工艺、新结构、新材料，提高劳动效率。

(二)园林苗圃的物资管理

苗圃物资发放、回收、管理、更新、统计及物资申购。

材料费用的管理实行责任制，要求技术人员亲临生产线指导技术工作，并按技术规程规定的要求监督设备维修和使用情况。

(三)园林苗圃的财务管理

1.预算管理

做好财务管理基础工作，建立健全财务管理制度，认真做好财务收支的计划、控制、核算、分析和考核工作。

2.收入管理

由财务职能机构(处、室等)核准、纳入、记录每一项收入，并加以汇总。

3.支出管理

由财务职能机构(处、室等)核准、付出、记录每一项支出，并加以汇总。苗圃每笔支出费用都必须由经手人签字，财务人员登记并凭有效票据进行报销。所有报销票据由专人保管，每半个月汇总交予总部财务部核对账目并存档。

4.决算管理

加强财务核算的管理，实行定额管理，对生产现场的工时定额、出勤率、奖金、津贴及劳动组织的调整进行监督和控制。

5.财务监督

监督公司财产的购建、保管和使用，配合综合管理部定期进行财产清查。

四、园林苗圃的经营管理

由于苗木生产周期长，而且是具有生命的产品，因此苗圃的经营策略与措施要符合苗木自身规律，要适合苗木自身的特点。

(一)苗木经营策略

经营策略是只指园林苗圃在经营方针的指导下，为实现苗圃的经营目标而采取的各种对策，如市场营销策略，品种开发策略等。而经营方针是苗圃经营思想与经营环境结合的产物，它规定苗圃一定时期的经营方向，是苗圃用于指导苗木生产经营活动的方针，也是解决各种经营管理问题的依据。如在市场竞争中提出苗木的市场定位，提出以什么制胜，确定在生产结构中什么是优势等都属于经营方针的范畴。

苗木品种和质量是经营管理的重点，培育什么样的品种，如何培育优质的苗木，如何适应市场的需要等，是苗圃苗木经营管理最基本的经营方针。

(二)苗木市场风险评价

苗木市场预测是指导苗木生产经营活动的重要手段与信息，苗木生产单位对苗木市场的需求,变化和发展趋势应做出预计和推测。主要包括预测市场需求,预测市场占有率,预测科技发展状况和预测资源状况等。

(三)园林苗木的市场营销

1.开发营销渠道

苗木的营销渠道是指苗圃把所生产的苗木转移到市场,实现营销的途径,是苗木生产发展的关键。当前苗木主要的一级营销渠道是绿化工程公司,苗木网站,苗圃,花卉苗木市场和个体苗木营销员等。

未来园林苗木行业的年轻从业者将越来越多,要想占领未来的市场,必须抓住一些新的营销推广方式——加微信营销模式。微信作为一个为智能手机提供即时通讯服务的免费应用程序,具有很强的快捷性、互动及时性、群内人员信息共享等特点。

把企业微信号向客户推广。根据苗木的品种、数量、胸径、高度和拟出售的价格建立信息库,对名优大规格苗木进行拍照,发放到微信平台。最新苗木供求信息、资讯行情,扫描二维码可免费阅读。并在苗圃中的苗木上悬挂二维码,苗木售出后用在园林工程上,悬挂的牌子即可让人们了解苗木品种特性的同时,也宣传了园林的企业形象。用微信营销苗木值得提倡。

2.举办促销活动

苗木促销是指运用各种方式和方法,向消费者传递苗木信息,实现苗木销售的活动过程。

苗木促销首先要正确分析市场环境,确定适当的促销形式。应根据企业实力来确定促销形式。苗圃规模小,产量小,资金不足,应以人员推销为主,反之,则以广告为主,人员推销为辅。

根据苗木的性质来确定。如小苗生产周期短,销售时效性强,多选用人员推销的策略。对大苗、大树、盆景等商品,应通过广告宣传,媒体介绍来吸引客户。

根据产品的寿命周期确定产品的促销形式。此外,苗木的促销还可通过参加各种花卉苗木展览会,博览会来实现。

总之,苗木经营者应充分利用可以利用的资源,结合实际,采取合理的促销形式,扩大苗木经营领域,拓展销售渠道,促进苗木的销售。

五、园林苗圃的档案管理

园林苗圃档案的建立是对园林苗圃生产、试验和经营管理的记载。从苗圃开始建设起,即应作为苗圃生产经营的内容之一。是合理地利用土地资源和设施、设备,科学地指导生产经营活动,有效地进行劳动管理的重要依据。

(一)建立苗圃档案

1.建立苗圃档案的基本要求

(1)苗圃建立档案包括详细记载苗圃的位置、面积、立地条件、经营条件、圃地规划、固定资产、经营方式以及人员、组织机构等情况。

(2)苗圃档案应设专(兼)职人员记载,年终系统整理,当苗圃技术人员变更时,技术档案要办理交接手续,长期保存。

(3)在每一生产年度末,应收集汇总各类记载资料,进行整理和统计分析,为下一年度生产经营提供准确的数据和报告。

(4)对园林苗圃生产、试验和经营管理的记载,必须长期坚持,实事求是,保证资料的系统性、完整性和准确性。

2.园林苗圃档案的主要内容

(1)苗圃基本情况档案　主要包括苗圃的位置、面积、经营条件、自然条件、地形图、土壤分布图、苗圃区划图、固定资产、仪器设备、机具、车辆、生产工具以及人员、组织机构等情况。

(2)苗圃土地利用档案　以作业区为单位,主要记载各作业区的面积、苗木种类、育苗方法、整地、改良土壤、灌溉、施肥、除草、病虫害防治以及苗木生长质量等基本情况。

(3)苗木销售档案　包括苗木出圃登记表、苗木标签、苗木检验证书、购销合同、往来票据、运输证明、检疫证明;属自用的应有(调拨单、苗木出圃登记表)及能够证明苗木流向、出圃数量的各类凭证。

(二)苗圃技术档案的管理

苗圃技术档案是通过不间断地记录苗圃土地利用情况、苗木生长状况、育苗的技术措施、物资材料的消耗和各项作业的用工量等,提供系统的记载,作为档案资料加以保存。能够及时、准确地掌握培育苗木的种类、数量、质量及各种苗木的生长规律,为分析总结育苗技术经验,探索土地、劳力、机具和物料合理使用及建立健全计划管理、劳动组织,合理利用土地资源和设施,科学指导生产经营活动,制定生产定额和实行科学管理提供依据。同时,便于掌握以往经营情况,总结经验、吸取教训,对提高工作效率具有重要的参考作用。

1.苗圃土地利用档案

以作业区为单位,主要记载各作业区的面积、苗木种类、育苗方法、整地、改良土壤、灌溉、施肥、除草、病虫害防治以及苗木生长质量等基本情况(表10.1)。

表10.1　苗圃土地利用表

作业区号:　　　　　　　　　　　　　　　　作业区面积:

年度	树种	育苗方法	作业方式	整地改土	除草作业	灌溉作业	施肥作业	病虫情况	苗木质量	备注

填表人:

2.苗圃作业档案

以日为单位,主要记载每日进行的各项生产活动,劳力、机械工具、能源、肥料、农药等使用情况(表10.2)。

表10.2　苗圃作业日记

年　　月　　日　　　　　　　　　星期

树种	作业区号	育苗方法	作业方式	作业项目	人工	机具		作业量		物料使用量			工作质量	备注
						名称	数量	单位	数量	名称	单位	数量		
总计														
记事														

填表人:

3.育苗技术措施档案

以树种为单位，主要记载各种苗木从种子、插条、接穗等繁殖材料的处理开始，直到起苗、假植、贮藏、包装、出圃等育苗技术操作的全过程(表 10.3)。

表 10.3　育苗技术措施表

育苗年度：

<table>
<tr><td colspan="3">树种：</td><td colspan="2">育苗面积：</td><td colspan="2">苗龄：</td><td colspan="2">前茬：</td></tr>
<tr><td rowspan="17">繁殖方法</td><td rowspan="6">实生苗</td><td colspan="2">种子来源</td><td colspan="2">贮藏方法</td><td colspan="2">贮藏时间</td><td>催芽方法</td></tr>
<tr><td colspan="2"></td><td colspan="2"></td><td colspan="2"></td><td></td></tr>
<tr><td colspan="2">播种方法</td><td colspan="2">播种量</td><td colspan="2">覆土厚度</td><td>覆盖物</td></tr>
<tr><td colspan="2"></td><td colspan="2"></td><td colspan="2"></td><td></td></tr>
<tr><td colspan="2">覆盖起止日期</td><td colspan="2">出苗率</td><td colspan="2">育苗时间</td><td>留苗密度</td></tr>
<tr><td colspan="2"></td><td colspan="2"></td><td colspan="2"></td><td></td></tr>
<tr><td rowspan="3">扦插苗</td><td colspan="2">插条来源</td><td colspan="2">贮藏方法</td><td colspan="2">扦插方法</td><td>扦插密度</td></tr>
<tr><td colspan="2"></td><td colspan="2"></td><td colspan="2"></td><td></td></tr>
<tr><td colspan="2">成活率</td><td colspan="5"></td></tr>
<tr><td rowspan="5">嫁接苗</td><td colspan="2">砧木名称</td><td colspan="2">砧木来源</td><td colspan="2">接穗名称</td><td>接穗来源</td></tr>
<tr><td colspan="2"></td><td colspan="2"></td><td colspan="2"></td><td></td></tr>
<tr><td colspan="2">嫁接日期</td><td colspan="2">嫁接方法</td><td colspan="2">绑缚材料</td><td>解缚日期</td></tr>
<tr><td colspan="2"></td><td colspan="2"></td><td colspan="2"></td><td></td></tr>
<tr><td colspan="2">成活率</td><td colspan="5"></td></tr>
<tr><td rowspan="3">移植苗</td><td colspan="2">移植日期</td><td colspan="2">移植苗龄</td><td colspan="2">移植次数</td><td>移植株行距</td></tr>
<tr><td colspan="2"></td><td colspan="2"></td><td colspan="2"></td><td></td></tr>
<tr><td colspan="2">移植苗来源</td><td colspan="2"></td><td colspan="2">移植成活率</td><td></td></tr>
<tr><td>整地</td><td colspan="3">耕地日期：</td><td colspan="3">耕地深度：</td><td colspan="2">做畦日期：</td></tr>
<tr><td rowspan="3">施肥</td><td>种类</td><td colspan="2">施肥日期</td><td colspan="2">肥料种类</td><td colspan="2">施肥量</td><td>施肥方法</td></tr>
<tr><td>基肥</td><td colspan="2"></td><td colspan="2"></td><td colspan="2"></td><td></td></tr>
<tr><td>追肥</td><td colspan="2"></td><td colspan="2"></td><td colspan="2"></td><td></td></tr>
<tr><td>灌溉</td><td colspan="5">次数：</td><td colspan="3">日期：</td></tr>
<tr><td>中耕</td><td colspan="3">次数：</td><td colspan="3">日期：</td><td colspan="2">深度：</td></tr>
<tr><td rowspan="3">病虫害</td><td></td><td>名称</td><td>发生日期</td><td>防治日期</td><td>药剂名称</td><td>浓度</td><td>方法</td><td>效果</td></tr>
<tr><td>病害</td><td></td><td></td><td></td><td></td><td></td><td></td><td></td></tr>
<tr><td>虫害</td><td></td><td></td><td></td><td></td><td></td><td></td><td></td></tr>
<tr><td rowspan="4">出圃</td><td></td><td>日期</td><td>面积</td><td colspan="2">单位面积产量</td><td>合格苗率</td><td>起苗方法</td><td>包装</td></tr>
<tr><td>实生苗</td><td></td><td></td><td colspan="2"></td><td></td><td></td><td></td></tr>
<tr><td>扦插苗</td><td></td><td></td><td colspan="2"></td><td></td><td></td><td></td></tr>
<tr><td>嫁接苗</td><td></td><td></td><td colspan="2"></td><td></td><td></td><td></td></tr>
<tr><td>育苗新技术情况</td><td colspan="8"></td></tr>
<tr><td>育苗技术措施存在问题及改进意见</td><td colspan="8"></td></tr>
</table>

填表人：

4.苗木生长发育调查档案

以年度为单位，定期采用随机抽样法进行调查，主要记载苗木生长发育情况(表 10.4)。

表 10.4　苗木生长情况调查

育苗年度：

树种：	苗龄：	繁殖方法：	移植次数：
开始出苗		大量出苗	
芽膨大		芽展开	
顶芽形成		叶变色	
开始落叶		完全落叶	

	生长量										
	日/月	日/月	日/月	日/月	日/月	日/月	日/月	日/月	日/月	日/月	日/月
苗高											
地径											
根系											

	级别	分级标准	每公顷产量	总产量
出圃	一级	高度/ cm：		
		地径/cm：		
		根系：		
		冠幅：		
	二级	高度/cm：		
		地径/cm：		
		根系：		
		冠幅：		
	三级	高度/cm：		
		地径/cm：		
		根系：		
		冠幅：		
	等外苗			
	其他	备注		

填表人：

5.气象观测档案

以日为单位，主要记载苗圃所在地每日的日照长度、温度、降水、风向、风力等气象情况。苗圃可自设气象观测站，也可抄录当地气象台的观测资料。

6.科学试验档案

以试验项目为单位，主要记载试验的目的、试验设计、试验方法、试验结果、结果分析、年度总结以及项目完成的总结报告等。

(三)苗圃营销档案的管理

主要记载各年度销售苗木的种类、规格、数量、价格、日期、购苗单位及用途等情况(表10.5)。包括苗木出圃登记表、苗木标签、苗木检验证书、购销合同、往来票据、运输证明、检疫证明。

表 10.5 苗圃销售对象基本信息档案

销售单位	地址	联系人	联系电话	采购品种	采购数量	采购日期	反馈意见

自测训练

一、填空题

1. 苗木生产计划分为(　　　　)生产计划和(　　　　)生产计划。

2. 苗圃冬季管理主要有(　　　　)、(　　　　)、(　　　　)、(　　　　)、(　　　　)五项内容。

3. 合格苗木应具备(　　　　)、(　　　　)、(　　　　)、(　　　　)四个条件。

4. 园林苗圃档案的主要内容包括(　　　　)、(　　　　)和(　　　　)。

二、简答题

1. 简述园林苗圃的经营类型及特点。

2. 苗圃苗木生产计划包括哪些内容?

3. 简述园林苗圃财务管理的内容。

4. 根据当地具体情况设计苗木营销方案。

技能训练十九　建立苗圃管理档案

一、目的要求

熟悉苗圃档案管理的基本内容,会建立苗圃技术档案。

二、材料与用具

记录本、笔等。

三、方法步骤

(1)实地参观本地区中小型苗圃,了解苗圃经营管理的基本情况。

(2)查阅当地苗圃档案资料。

四、作业

分组编制苗圃基本情况档案、苗圃土地利用档案、苗圃育苗技术措施档案。

附录 1

城市园林苗圃育苗技术规程

（CJ/T 23—1999）

第一章　总　则

1.1　为了加强苗圃技术管理，提高育苗技术水平，满足城市园林绿化对苗木的基本需要，特制订本规程。

1.2　本规程主要对城市园林绿化需要的乔木、灌木和部分花木的繁育技术做出有关规定。其他专业苗圃可参照使用。花卉、草皮、地被植物、水生植物和盆栽花木等园林植物的育苗规程另行制订。

1.3　一个城市的园林苗圃面积应占建成区面积的 2%～3%。并根据城市园林绿化的发展及市场需要制订苗木生产规划。

1.4　园林苗圃要结合生产实际，开展科学试验，推广采用新技术，逐步实现良种壮苗，培育种类丰富、造型优美的苗木产品。

1.5　各地园林苗圃应结合当地的实际情况，制订育苗技术操作规程，加强技术培训和技术考核，努力提高职工技术素质，按规程指导苗圃育苗生产。

第二章　圃地选择与区划

2.1　圃地选择

2.1.1　各城市应根据城市绿化规划的要求设置园林苗圃。设置两个苗圃以上时，宜分设于城市的不同方位。

2.1.2　苗圃宜建于背风向阳、地势平坦之处，生产区的坡度一般不大于 2%；如建于丘陵地，应开垦梯田。

2.1.3　苗圃土壤的物理、化学性状应良好：土层深度在 50 cm 以上，pH 宜为 6.0～7.5，含盐量宜低于 2%，有机质含量不低于 2.5%，氮、磷、钾的含量与比例应适宜。

2.1.4　圃地应水源充足、排灌方便，地下水位宜为 2 m 左右，并无严重的大气和水源污染。交通方便，距市中心一般不宜远于 20 km。

2.2 苗圃区划 根据育苗生产需要，苗圃应划分为生产区和辅助区。

2.2.1　生产区 生产区用地不得少于苗圃总面积的 80%，一般可分为以下五个小区：

2.2.1.1　幼苗繁殖区 宜设在土质好、水源近、并靠近管理区的平坦地段。

2.2.1.2　小苗培育区 宜靠近幼苗繁殖区。

2.2.1.3　大苗栽培区 宜安排在土质一般的平地或缓坡地。

2.2.1.4　科学试验区 根据不同试验的需要，分别在上述小区内选定，一般宜设在管理区附近。

2.2.1.5 母本区 应在土壤肥沃、土层深厚处建立;也可在圃外建立采种基地。

2.2.2 辅助区 包括管理区、机具站、仓库、积肥场等。要统筹规划,科学安排道路、水、暖、电等系统;苗圃周围宜营造防护林。

第三章 整地、施肥和轮作

3.1 整地 生荒地和其他用地如用于育苗,应先浅耕灭茬,然后再翻耕;如有条件,可先种植一茬绿肥以提高地力。 种植前应先整地,并达到以下标准:

3.1.1 深翻土壤 翻耕深度繁殖区宜为25～30 cm,栽培区为30 cm以上。为耕作层较浅,应逐年加深。

3.1.2 修筑排灌沟 沟渠应按小区设计,结合畦床的设置进行修筑。

3.1.3 作畦 根据生产和操作需要,设置方形或长方形畦床,整平畦面。

3.1.4 土壤消毒 应定期进行土壤药物消毒。

3.2 施肥

3.2.1 苗圃应常年积肥,以积有机肥为主,广开肥源。

3.2.2 施肥以基肥为主,追肥为辅,有机肥应腐熟后施用。要逐步推广复合肥料。

3.2.3 基肥于翻地前施入,撒布均匀。追肥于苗木生长期施用,一般在生长初期以氮、磷为主,中期以氮为主,后期以磷、钾为主。应注意微量元素和根外施肥的应用。

3.2.4 施肥要与改良土壤的理化性状相结合。带土球苗木出圃后应及时补回栽培土和有机肥。

3.3 轮作和休闲

3.3.1 为保持和提高土壤肥力,减少病虫害的发生,育苗地应实行轮作和休闲制。

3.3.2 除互为病虫害寄主的种类外,其余苗木品种均可轮作。

3.3.3 土地瘠薄或有严重病虫害时,应深翻休闲。休闲地应种植绿肥;休闲期不得超过一年。

第四章 苗木繁殖

4.1 繁殖准备

4.1.1 作好繁殖床 选择保水、排水和通气性能良好的材料为基质,搞好繁殖场地的消毒。

4.1.2 常年进行繁殖要建造温室,推广容器育苗。尽量采用技术先进的温室和配套装置,逐步实现工厂化育苗。

4.1.3 种子采集的亲本必须选择生长健壮、适应性强和无病虫害的壮龄母树,并根据育苗目的和要求,分别选用不同性状和功能的优良品系。

4.1.4 做好种源调查,适时采种。采集时严禁混杂,并详细记载采集地点、时间和种名。

4.2 播种繁殖

4.2.1 为了获得数量多、抗性强和易于驯化的苗木,宜采用播种繁殖。

4.2.2 种子采后应立即选种。选种标准为外观正常,粒大充实,内含物新鲜,无病虫,纯度95%和含水量适度。

4.2.3 种子要及时处理,不随采随播的种子应妥善贮藏。

4.2.4 播种前应进行种子消毒,测定发芽率,合理确定播种量。不易发芽的种子必须进行物理或药物催芽处理。

4.2.5　播种时间应根据种子生理特性决定。一般为春播，休眠期长或带硬壳的种子宜秋播，易丧失发芽力的种子宜随采随播。

4.2.6　播种方式有条播、撒播和点播等。一般树种采用条播，少粒种子宜撒播，大粒或名贵种子应采用点播，有条件者可采用容器育苗。

4.2.7　播种要均匀适度，播后立即覆土，覆土厚度应根据种子大小和土壤、气候条件而定。播种后要保持苗床湿润，防止板结。

4.3　营养繁殖 为了保持母本原有性状，获得早开花结实的苗木，宜采用营养繁殖。营养繁殖可分为扦插、压条、埋条、分株、嫁接等方式。

4.3.1　扦插繁殖。适时采集发育良好的枝、叶或根作插穗，易生根的树种可在大田扦插，较难生根的树种可在保护地扦插，并用生根素处理。要注意防止倒插。

4.3.1.1　硬枝扦插 落叶树于落叶后选取1～2年生壮枝，分级贮存于冷凉湿润处，到次年春季扦插。常绿树于春、秋季和雨季随采随插。

4.3.1.2　软枝扦插 选取当年生半木质化枝条为插穗，随采随插。

4.3.1.3　根插。宜在春、秋季进行，根穗顶部与土面平齐。

4.3.2　压条繁殖 扦插不易生根的树种采用压条繁殖法。凡压条繁殖时，均应先将压入土中枝条的表皮刻伤或行环状剥皮，待形成根系后方可剪离母树培育。压条可分为以下几种方式：

4.3.2.1　伞状压条 亦称普通压条。在早春发芽前将母树1～3年生壮枝向四周弯曲，埋入土中8～12 cm，并使枝梢直立露出土面。

4.3.2.2　偃枝压条 将母树基部一年生萌条偃伏于地面，待叶芽萌发生长到15～20 cm时，剪去新梢基部叶片，将偃伏的枝条连同新梢基部平置于4～6 cm深的土沟内，用细土填实。

4.3.2.3　空中压条 亦称高枝压条。将细土或其他保湿通气性能良好的基质装入容器后套在枝条上。此法主要用于不易生根的珍贵苗木的繁殖。

4.3.3　埋条繁殖 在秋季从已落叶的母树上采集根部萌发的长枝，混沙埋藏，次年春季将枝条平置于3～5 cm深的土沟内，上覆细土，灌水，并保持土壤湿润。

4.3.4　分株繁殖 一般在春、秋季将母树根部萌发的枝条连根分离出来栽植，多用于根蘖发达的树种。

4.3.5　嫁接繁殖 根据繁殖要求，选择接穗与砧木之间亲和力强、生长健壮、无病虫害的树种进行嫁接。切口要平滑，各项操作要衔接迅速，保持形成层接触面的吻合。接后应加强管理，采取遮阴、保湿、培土、去砧等措施，提高成活率。

4.3.5.1　枝接 一般在春季发芽前随采随接。如秋季采穗，应蜡封低温贮藏至次年春季使用。

4.3.5.2　芽接 一般在夏末秋初砧木易离皮时进行。接芽不宜贮藏。

第五章　幼苗抚育

5.1　幼苗出土后，在傍晚或阴天陆续揭除覆盖物，对易受日灼的树种和软枝插条应及时搭棚遮阴。

5.2　幼苗抚育区应设喷灌，扦插床应设喷雾装置。喷水量和喷雾量根据苗木生长情况而定。

5.3　应清除床面、步道和沟渠中的杂草。一般宜采用化学除草。雨后和灌水后表土微干时应进行中耕。

5.4　播种苗出齐后应间苗 2～3 次，定苗疏密均匀，过稀处应予补栽。

5.5　扦插、压条、埋条及嫁接繁殖苗应及时剥芽去蘖，已木质化者则用枝剪剪除。

5.6　应十分注意防治幼苗病虫害，一经发现病虫，应及时喷药，防止蔓延。

5.7　根据幼苗生长发育情况及时追肥，生长旺季每 10～15 天施肥一次，还可酌情进行根外施肥。

5.8　幼苗须注意防寒。根据其抗寒能力的强弱，分别采用灌封冻水、设风障、覆盖、搭棚等措施，长根而未出土的秋播苗应覆土越冬。

第六章　大苗培育

6.1　移植

6.1.1　对 1～2 年生小苗必须移植，将其养成具有完整根系和一定干型、冠型的大苗。速生树种移植 1～2 次，慢生树种移植 2 次以上后，即可定向培育出圃。

6.1.2　移植期以春季为主。在秋季移植落叶树时，应在苗木落叶后进行；雨季移植应以带土球移植为主。北方可于冬季带土球移植针叶树。

6.1.3　移植株行距依苗木生长需要而定，并要便于畜力和机械操作。

6.1.4　苗木在掘、运、栽的过程中应尽量缩短时间，并分级栽植或予以假植。苗木栽植后应立即灌水。

6.2　修剪　苗木修剪方式因树种及培育目的而定。一般从自然树形为主，因树造型，轻量勤修，分枝均匀，冠幅丰满，干冠比例适宜。休眠期修剪以整形为主，可稍重剪；生长期修剪以调整树势为主，宜轻剪。有伤流的树种应在夏秋修剪。

6.2.1　乔木类　行道树苗木要求主干通直，主、侧枝分明，分枝点高 1.8～2.0 m，并逐年上移，直到规定干高为止；庭园观赏树苗的主干不宜太高，可养成多干型或曲干型等。

6.2.2　灌木类　枝叶茂密，主枝 5～8 支，并分布匀称。

6.2.3　针叶树类：养成全冠型或低干型者应保留主枝顶梢；顶梢不明显的树种宜养成多干型或几何型。

6.2.4　绿篱类：应促其分枝，保持全株枝叶丰满。也可作定型修剪，出圃后拼装成绿篱。

地被、攀缘类：主蔓 3～5 支，分布均匀。特殊造型苗木应分步骤修剪成型。

6.2.5　休眠期修剪以整形为主，可稍重剪；生长期修剪以调整树势为主，宜轻剪。有伤流的树种应在夏秋修剪。

6.3　其他栽培技术措施

6.3.1　要加强灌溉、施肥、中耕、除草等技术措施，促使苗木健壮生长，达到预定指标。

6.3.2　要注意预防旱、涝、风、雹、严寒、酷热等自然灾害和人、畜的损伤提高苗木保存率。

6.3.3　合理间作、套种和补苗，提高土地利用率。

第七章　病虫害防治

7.1　苗圃应设专人负责病虫害防治工作，加强虫情预测预报，建立植保档案。

7.2　应根据本地区不同树种和不同生长阶段的主要病虫发生规律，制订长期和年度防治计划，采取生物、化学和物理等方法进行综合防治。

7.3　认真进行土壤和种苗消毒。避免具有相同病虫害的苗木在一块地上连接种植或连年栽植；不得在育苗地种植易感染病虫的蔬菜和其他作物。

7.4　严格执行国家植物检疫条例的规定，未经检疫的种苗不得引进或输出。

7.5　对病虫害采取防治措施时，应十分注意保护天敌。

7.6　应重点防治下列病虫害：

7.6.1　根部病虫害　立枯病、根腐病、根癌病；蛴螬、蝼蛄、灰象甲、金针虫、地老虎、线虫等。

7.6.2　叶部病虫害　锈病、白粉病、褐斑病、黄化病、丛枝病；蚜虫、红蜘蛛、卷叶虫、避债蛾、巢蛾、天社蛾、刺蛾等。

7.6.3　枝干病虫害　腐烂病；透刺蛾、木蠹蛾、天牛、吉丁虫、介壳虫等。

7.7　使用药剂应严格执行国家植物保护条例的有关规定，尤其应注意以下几点：

7.7.1　正确选择药剂，防止植物产生药害。

7.7.2　在有效范围内，宜使用低浓度农药。应注意换用不同药剂，防止病虫产生抗药性。

7.7.3　不得使用高污染、高残毒和彼此干扰的药物，提高防治效果。

7.7.4　必须执行植保操作规程，确保人畜安全。

第八章　苗木出圃

8.1　出圃准备

8.1.1　苗木出圃前应对在圃苗木进行调查，将准备出圃的苗木的品种、规格、数量和质量加以统计，以便按计划出圃。

8.1.2　出圃苗木应符合园林苗木产品标准的各项规定。

8.1.3　对5年生以下的常绿树苗，移植不足2年时不得出圃，5年生以上的移栽不足3年时不得出圃。

8.1.4　大苗出圃应行环状断根，断根后可在2年内出圃。

8.2　掘苗

8.2.1　掘苗规格 小苗掘苗规格（表1），大、中苗掘苗规格（表2），带土球掘苗规格（表3）为一般掘苗规格，对生根慢和深根性树种可适当增大。

8.2.2　裸根苗掘苗时，土壤含水量不得低于17%，带土球苗的土壤含水量不得低于15%。

表1　小苗掘苗规格

苗木高度/cm	应留根系长度/cm	
	侧根（幅度）	直根
<30	12	15
31～100	17	20
101～150	20	20

表 2　大、中苗掘苗规格

苗木胸径/cm	应留根系长度/cm	
	侧根(幅度)	直根
3.1～4.0	35～40	25～30
4.1～5.0	45～50	35～40
5.1～6.0	50～60	40～45
6.1～8.0	70～80	45～55
8.1～10.0	85～100	55～65
10.1～12.0	100～120	65～75

表 3　带土球掘苗规格

苗木高度/cm	土球规格/cm	
	横径	纵径
＜100	30	20
101～200	40～50	30～40
201～300	50～70	40～60
301～400	70～90	60～80
401～500	90～110	80～90

8.3　其他要求

8.3.1　裸根苗掘起后的暴露时间不得过长，否则应假植。假植期不宜超过 20 天。

8.3.2　裸根苗掘起后应覆盖根部，带土球苗的土球应打包扎紧。运输前要打捆挂牌，标明种类与数量，防止混杂。

8.3.3　出圃苗木修剪时，要为种植时的修剪留有余地，必须剪去病虫枝和冗长枝。根系的修剪，则按带根标准剪去过长部分即可。

8.3.4　出圃苗木应设专人检查，做到四不出圃，即：品种不对、规格不符、质量不合格、有病虫害不出圃。

第九章　技术档案

苗圃必须建立完整的技术档案。要及时收集，系统积累，进行科学整理与分析，掌握育苗规律，总结经营管理经验。技术档案的主要内容有：

9.1　育苗地区、场圃概况

9.1.1　育苗地区概况 气候、物候、水文、土质、地形等自然条件的图表资料及调查报告。

9.1.2　苗圃概况 包括苗圃建设历史及发展计划，苗圃构筑物、机具、设备等固定资产的现状及历年增减损耗的记载。

9.2　育苗技术资料

9.2.1　苗木繁殖 按树种分类记载，包括种条来源、种质鉴定、繁殖方法、成苗率、产苗量及技术管理措施等。

9.2.2　苗木抚育 按地块分区记载，包括苗木品种、栽植规格和日期、株行距、移植成活率、年生长量、存苗量、存苗率、技术管理措施、苗木成本、出圃数量和日期等。

附录 2

城市绿化和园林绿地用植物材料——木本苗

中华人民共和国行业标准

CJ/T 34—1991

中华人民共和国建设部

发布日期:1991-08-15

实施日期:1992-06-01

1　主题内容与适用范围

本标准规定了城市绿化和园林绿地的露地栽植苗木产品的规格、质量、检验和验收等技术要求,及标志、掘苗、包装、运输、假植或贮存等基本要求。

本标准适用于苗圃露地培育的出圃苗木。

2　引用标准

CJ14 城市园林苗圃育苗技术规程

GB6000 主要造林树种苗木

3　名词术语

3.1　苗木类型:按培育苗木树种的自然形态分为常绿针叶乔木、落叶针叶乔木、常绿阔叶乔木、落叶阔叶乔木、常绿针叶灌木、常绿阔叶灌木、落叶阔叶灌木、常绿藤木、落叶藤木、竹类、棕榈类等种类;丛生型、匍匐型、蔓生型、单干型等类型。

3.2　丛生型苗木:指自然生长的树形呈丛生状的苗木。

3.3　匍匐型苗木:指自然生长的树形呈匍匐状的苗木。

3.4　蔓生型苗木:指自然生长枝条呈蔓生状的苗木。

3.5　单干型苗木:指经过人工整形后具主干的苗木。

3.6　小乔木:指树种自然生长成龄树高在 3～8 m 的乔木。

3.7　中乔木:指树种自然生长成龄树高在 8～15 m 的乔木。

3.8　大乔木:指树种自然生长成龄树高在 15 m 以上的乔木。

3.9　干径:指苗木主干离地面 130 cm 的直径,适用于大乔木和中乔木。

3.10　基径:指苗木主干离地表面 10 cm 处基部直径。适用于小乔木和单干型灌木。

3.11　冠径:指乔木树冠垂直投影面的直径。

3.12　蓬径:指灌木灌丛垂直投影面的直径。

3.13　树高:指乔木从地表面至树木正常生长顶端的垂直高度。

3.14　分枝点高:指乔木从树冠的最下分枝点到地表面的垂直高度。

3.15　灌高:指灌木丛地表面至灌丛正常生长顶端的垂直高度。

3.16　移植次数:指苗木在苗圃培育的全过程中经过移栽的次数。

4　技术要求

4.1　苗木出圃前的基本要求:

4.1.1　将准备出圃苗木的种类、规格、数量和质量分别调查统计制表。

4.1.2　出圃苗木应具备生长健壮、枝叶繁茂、冠形完整、色泽正常、根系发达,无病虫害、无机械损伤、无冻害等基本质量要求。参照 CJ14 有关规定进行。凡不符合上述要求的苗木不得出圃。

4.1.3　苗木出圃前应经过移植培育。5 年生以下的移植培育至少 1 次;5 年生以上(含 5 年生)的移植培育两次以上。

4.1.4　野生苗和异地引种驯化苗定植前应经苗圃养护培育一至数年后,适应当地环境,生长发育正常后才能出圃。

4.1.5　出圃苗木应经过植物检疫。省、自治区、直辖市之间苗木产品出入境应经法定植物检疫主管部门检验,签发检疫合格证书后,方可出圃。具体检疫要求按国家有关规定执行。

4.2　各类型苗木产品规格质量标准:

4.2.1　乔木类常用苗木产品主要规格质量标准见附表 1。

4.2.1.1　乔木类苗木产品主要质量要求:具主轴的应有主干枝,主枝应分布均匀,干径在 3.0 cm 以上。

4.2.1.2　阔叶乔木类苗木产品质量以干径、树高、苗龄、分枝点高、冠径和移植次数为规定指标;针叶乔木类苗木产品质量规定标准以树高、苗龄、冠径和移植次数为规定指标。

4.2.1.3　行道树用乔木类苗木产品主要质量规定指标为:阔叶乔木类应具主枝 3～5 支,干径不小于 4.0 cm,分枝点高不小于 2.5 m;针叶乔木应具主轴,主轴有主梢。(分枝点高等具体要求,应根据树种的不同特点和街道车辆交通量,各地另行规定)

4.2.2　灌木类常用苗木产品主要规格质量标准见附表 2。

4.2.2.1　灌木类苗木产品主要质量标准以苗龄、蓬径、主枝数、灌高或主条长为规定指标。

4.2.2.2　丛生型灌木类苗木产品主要质量要求:灌丛丰富,主侧枝分布均匀,主枝数不少于 5 支,灌高应有三支以上的主枝达到规定的标准要求。

4.2.2.3　匍匐型灌木类苗木产品主要质量要求:应有 3 支以上主枝达到规定标准的长度。

4.2.2.4　蔓生型灌木苗木产品主要质量要求:分枝均匀,主条数在 5 支以上,主条径在 1.0 cm 以上。

4.2.2.5　单干型灌木苗木产品主要质量要求:具主干,分枝均匀,基径在 2.0 cm 以上。

4.2.2.6　绿篱用灌木类苗木产品主要质量要求:灌丛丰满,分枝均匀,干下部枝叶无光秃,干径同级,树龄 2 年生以上。

4.2.3　藤本类常用苗木产品主要规格质量标准见附表 3。

4.2.3.1　藤本类常用苗木产品主要质量标准以苗龄、分枝数、主蔓径和移植次数为规定指标。

4.2.3.2　小藤本类苗木产品主要质量要求:分枝数不少于 2 支,主蔓径应在 0.3 cm 以上。

4.2.3.3　小藤本类苗木产品主要质量要求:分枝数不少于 3 支,主蔓径在 1.0 cm 以上。

4.2.4 竹类常用苗木产品主要规格质量标准见附表4。

4.2.4.1 竹类苗木产品主要质量标准以苗龄、竹叶盘数、竹鞭芽眼数2个以上，竹竿截干保留3～5盘叶以上。

4.2.4.2 无性繁殖竹苗应具2～3年生苗龄；播种竹苗应具3年以上苗龄。

4.2.4.3 散生竹类苗木产品主要质量要求：大中型竹苗具有竹竿1～2支；小型竹苗具有竹竿3支以上。

4.2.4.4 丛生竹类苗木产品主要质量要求：每丛竹具有竹竿3支以上。

4.2.4.5 混生竹类苗木产品主要质量要求：每丛竹具有竹竿2支以上。

4.2.5 棕榈类等特种苗木产品主要质量标准见附表5。

4.2.5.1 棕榈类特种苗木产品主要质量标准以树高、干径、冠径和移植次数为规定指标。

5 检测方法

5.1 测量苗木产品干径、基径等直径时用油标卡尺，读数精确到0.1 cm。测量苗木产品树高、灌高、分枝点高或着叶点高、冠径和蓬径等长度时用钢卷尺、皮尺或木制直尺，读数精确到1.0 cm。

5.2 测量苗木产品干径当主干断面畸形时，测取最大值和最小值直径的平均值。测量苗木产品基径当基部膨胀或变形时，从其基部近上方正常处测取。

5.3 乔木树高是从基部地表面到正常枝最上端顶芽之间的垂直高度。不计徒长枝。对棕榈类等特种苗木的树高从最高着叶点处测量其主干高度。

5.4 测量冠高时，应取每丛三支以上主枝高度的平均值。

5.5 测量冠径和蓬径，应取树冠(灌蓬)垂直投影面上最大值和最小值直径的平均值，最大值和最小值的比值应小于1.5。

5.6 检验苗木苗龄和移植次数，应以出圃前苗木档案记录为准。

5.7 4.1.3条内容用感官检测。

6 检验规则

6.1 苗木产品检验地点限在苗木出圃地进行，供需双方同时履行检验手续，供方应对需方提供苗木产品的树种、苗龄、移植次数等历史档案记录。

6.2 珍贵苗木、大规格苗木和有特殊规格质量要求的苗木要逐株进行检验。

6.3 成批(捆)的苗木按批(捆)量的10%随机抽样进行质量检验。

6.4 同一批出圃苗木应统一进行一次性检验。

6.5 同一批苗木产品的质量检验的允许误差范围为2%；成批出圃苗木产品数量检验的允许误差值为±0.5%。参照GB6000的有关规定执行。详见表1，表2。

表1 质量检验允许不合格值测定表

同批量数/株	允许值/株
1 000	20
500	10
100	2
50	1
2	0

表2 数量检验允许误差值测定表

同批量数/株	允许值/株
5 000	±25
1 000	±5
400	±2
200	±1
100	0

6.6 根据检验结果判定出圃苗木合格与不合格，当检验工作有误或其他地方不符合有关标准规定必须进行复检时，以复检结果为准。

6.7 涉及出圃苗木产品进出国境时，应事先与国家口岸植物检疫主管部门和其他有关主管部门联系，按照有关技术规定；履行植物进出境检验手续。

6.8 苗木产品出圃应附《苗木检验合格证书》，一式3份，其格式见表3：

表3 苗木检验合格证书

编 号		发苗单位			
树种名称		拉丁学名			
繁殖方式		苗 龄		规 格	
批 号		种苗来源		数 量	
起苗日期		包装日期		发苗日期	
假植或贮存日期		植物检疫证号			
发证单位		备注			

检验人(签字)　　负责人(签字)　　签证日期：年 月 日

7 标志、掘苗、包装、运输、假植或贮存

7.1 标志

7.1.1 苗木产品出圃应带有明显标志(注：标志的形式和颜色可由各地自行规定)。

7.1.2 标志牌上印注内容：苗木名称、拉丁学名、起苗日期、批号、数量、植物检验证号和发苗单位。

7.1.3 标志牌挂设按苗木产品品种和包装件数为单位。

7.2 掘苗

7.2.1 常绿苗木、落叶珍贵苗木、特大苗木和不易成活的苗木以及有其他特殊质量要求的苗木等产品，应带土球起掘。

7.2.2 苗木的适宜掘苗时期，按不同树种的适宜移植物候期进行。

7.2.3 起掘苗木时，当土壤过于干旱，应在起苗前3～5天浇足水。

7.2.4 裸根苗木产品掘苗的根系幅度应为其基径的6～8倍。

7.2.5 带土球苗木产品掘苗的土球直径应为其基径的6～8倍，土球厚度应为土球直径的2/3以上。

7.2.6 苗木起掘后应立即修剪根系。根茎达2.0 cm以上应进行药物处理。同时适度修剪地上部分枝叶。

7.2.7 裸根苗木产品掘取后，应防止日晒，进行保湿处理。

7.3 包装

7.3.1 裸根苗木产品起运前，应适度修剪枝叶、绑扎树冠，并用保湿材料覆盖和包装。

7.3.2 带土球苗木产品，掘取后应立即包装，应做到土壤湿润，土球规范，包装结实、不裂不散。(注：包装材料、规格和方法可由各地自行规定)。

7.4 运输

7.4.1 苗木产品需及时运输。在运输途中应专人养护，保证苗木产品处于适宜的温度和湿度，防止苗木暴晒、雨淋和二次机械损伤。

7.4.2　苗木产品在装卸过程中应轻拿轻放。保持苗木完好无损、无污染，装卸机具要有安全、卫生的技术措施。

7.4.3　苗木产品的体量过大和土球直径超过 70 cm 以上，

7.5　假植或贮存

7.5.1　苗木产品运到栽植地应及时进行定植。

可使用吊车等机械装卸。

7.5.2　苗木产品掘起后，当不能及时外运或运送到目的地，不能及时定植时，应进行临时性假植或贮存处理。

7.5.3　当苗木产品秋季起苗待翌春后栽植时，应进行越冬性假植或贮存处理。

7.5.4　假植和贮存的具体要求，可由各地自行规定。

附表　常用苗木产品主要规格质量标准(补充件)

附表 1　乔木类常用苗木主要规格质量标准见表

类型	树种	树高/m	干径/cm	苗龄/a	冠径/m	分枝点高/m	移植次数/次
常绿针叶乔木	南洋杉	2.5～3	—	6～7	1.0	—	2
	冷杉	1.5～2	—	7	0.8	—	2
	雪松	2.5～3	—	6～7	1.5	—	2
	柳杉	1.5～2	—	5～6	1.5	—	2
	云杉	2.5～3	—	7	0.8	—	2
	侧柏	2～2.5	—	5～7	1.0	—	2
	罗汉松	2～2.5	—	6～7	1.0	—	2
	油松	1.5～2	—	8	1.0	—	2
	白皮松	1.5～2	—	6～10	1.0	—	2
	湿地松	2～2.5	—	3～4	1.5	—	2
	马尾松	2～2.5	—	4～5	1.5	—	2
	黑松	2～2.5	—	6	1.5	—	2
	华山松	1.5～2	—	7～8	1.5	—	2
	圆柏	2.5～3	—	7	1.5	—	3
	龙柏	2～2.5	—	5～8	0.8	—	2
	铅笔柏	2.5～3	—	6～10	0.6	—	3
	榧树	1.5～2	—	5～8	0.6	—	2
落叶针叶乔木	水松	3.0～3.5	—	4～5	1.0	—	2
	水杉	3.0～3.5	—	4～5	1.0	—	2
	金钱松	3.0～3.5	—	6～8	1.2	—	2
	池杉	3.0～3.5	—	4～5	1.0	—	2
	落羽杉	3.0～3.5	—	4～5	1.0	—	2

续附表1

类型	树种	树高/m	干径/cm	苗龄/a	冠径/m	分枝点高/m	移植次数/次
常绿阔叶乔木	羊蹄甲	2.5～3	3～4	4～5	1.0	—	2
	榕树	2.5～3	4～6	5～6	1.0	—	2
	女贞	2～2.5	3～4	4～5	1.2	—	1
	广玉兰	3.0	3～4	4～5	1.5	—	2
	白兰花	3～3.5	5～6	5～7	1.0	—	2
	杧果	3～3.5	5～6	5	1.5	—	2
	香樟	2.5～3	3～4	4～5	1.2	—	2
	蚊母树	2	3～4	5	0.5	—	3
	桂花	1.5～2	3～4	5	0.5	—	3
	山茶花	1.5～2	3～4	5～6	1.5	—	2
	石楠	1.5～2	3～4	5	1.0	—	2
	枇杷	2～2.5	3～4	3～4	5～6	—	2
落叶阔叶乔木	银杏	2.5～3	2	15～20	1.5	3.0	3
	绒毛白蜡	4～6	4～5	6～7	0.8	5.0	2
	悬铃木	2～2.5	5～7	4～5	1.5	3.0	2
	毛白杨	6	4～5	4	0.8	2.5	1
	臭椿	2～2.5	3～4	3～4	0.8	2.5	1
	三角枫	2.5	2.5	8	0.8	2.0	2
	元宝枫	2.5	3	5	0.8	2.0	2
	刺槐	6	3～4	6	0.8	2.0	2
	合欢	5	3～4	6	0.8	2.5	2
	栾树	4	5	6	0.8	2.5	2
	七叶树	4	3.5～4	4～5	0.8	2.5	3
	槐树	4	5～6	8	0.8	2.5	2
	无患子	3～3.5	3～4	5～6	1.0	3.0	1
	泡桐	2～2.5	3～4	2～3	0.8	2.5	1
	枫杨	2～2.5	3～4	3～4	0.8	2.5	1
	梧桐	2～2.5	3～4	4～5	0.8	2.5	1
	鹅掌楸	3～4	3～4	4～6	0.8	2.5	2
	木棉	3.5	5～8	5	0.8	2.5	2
	垂柳	2.5～3	4～5	2～3	0.8	2.5	2
	枫香	3～3.5	3～4	4～5	0.8	2.5	2
	榆树	3～4	3～4	3～4	1.5	2	2
	榔榆	3～4	3～4	6	1.5	2	3
	朴树	3～4	3～4	5～6	1.5	2	2
	乌桕	3～4	3～4	6	2	2	2
	楝树	3～4	3～4	4～5	2	2	2
	杜仲	4～5	3～4	6～8	2	2	3
	麻栎	3～4	3～4	5～6	2	2	2
	榉树	3～4	3～4	8～10	2	2	2
	重阳木	3～4	3～4	5～6	2	2	2

续附表1

类型	树种	树高/m	干径/cm	苗龄/a	冠径/m	分枝点高/m	移植次数/次
落叶阔叶乔木	梓树	3～4	3～4	5～6	2	2	2
	白玉兰	2～2.5	2～3	4～5	0.8	0.8	1
	紫叶李	1.5～2	1～2	3～4	0.8	0.4	2
	樱花	2～2.5	1～2	3～4	1	0.8	2
	鸡爪槭	1.5	1～2	4	0.8	1.5	2
	西府海棠	3	1～2	4	1.0	0.4	2
	大花紫薇	1.5～2	1～2	3～4	0.8	1.0	1
	石榴	1.5～2	1～2	3～4	0.8	0.4～0.5	2
	碧桃	1.5～2	1～2	3～4	1.0	0.4～0.5	1
	丝棉木	2.5	2	4	1.5	0.8～1	1
	垂枝榆	2.5	4	7	1.5	2.5～3	3
	龙爪槐	2.5	4	10	1.5	2.5～3	3
	毛刺槐	2.5	4	3	1.5	1.5～2	

附表2　灌木类常用苗木产品主要规格质量标准

类型		树种	树高/m	苗龄/a	蓬径/m	主枝数/个	移植次数/次	主条长/m	基径/cm
常绿针叶灌木	匍匐型	爬地柏	—	4	0.6	3	2	1～1.5	1.5～2
		沙地柏	—	4	0.6	3	2	1～1.5	1.5～2
	丛生型	千头柏	0.8～1.0	5～6	0.5	—	1	—	—
		线柏	0.6～0.8	4～5	0.5	—	1	—	—
常绿阔叶灌木	丛生型	月桂	1～1.2	4～5	0.8	3	1～2	—	—
		海桐	0.8～1.0	4～5	0.5	3～5	1～2	—	—
		夹竹桃	1～1.5	2～3	0.5	3～5	1～2	—	—
		含笑	0.6～0.8	4～5	0.6	3～5	2	—	—
		米仔兰	0.6～0.8	5～6	0.6	3	2	—	—
		大叶黄杨	0.6～0.8	4～5	0.3	3	2	—	—
		锦熟黄杨	0.6～0.8	3～4	0.3	3	1	—	—
		云锦杜鹃	0.3～0.5	3～4	0.3	5～8	1～2	—	—
		十大功劳	0.3～0.5	3	0.6	3～5	1	—	—
		栀子花	0.3～0.5	2～3	0.3	3～5	1	—	—
		黄蝉	0.6～0.8	3～4	0.6	3～5	1	—	—
		南天竹	0.3～0.5	2～3	0.3	3	1	—	—
		九里香	0.6～0.8	4	0.3	3～5	1～2	—	—
		八角金盘	0.5～0.6	3～4	0.5	2	1	—	—
		枸骨	0.6～0.8	5	0.6	3～5	2	—	—
		丝兰	0.3～0.4	3～4	0.5	—	2	—	—
	单干型	高接大叶黄杨	2	—	3	3	2	—	—

续附表 2

类型		树种	树高/m	苗龄/a	蓬径/m	主枝数/个	移植次数/次	主条长/m	基径/cm
落叶阔叶灌木	丛生型	榆叶梅	1.5	3～5	0.8	5	2	—	—
		珍珠梅	1.5	5	0.8	6	1	—	—
		黄刺玫	1.5～2.0	4～5	0.8～1.0	6～8		—	3～4
		玫瑰	0.8～1.0	4～5	0.5～0.6	5	1	—	—
		贴梗海棠	0.8～1.0	4～5	0.8～1.0	5	1	—	—
		木槿	1～1.5	2～3	0.5～0.6	5	1	—	—
		太平花	1.2～1.5	2～3	0.5～0.8	6	1	—	—
		红叶小檗	0.8～1.0	3～5	0.5	6	1	—	—
		棣棠	1～1.5	6	0.8	6	1	—	—
		紫荆	1～1.2	6～8	0.8～1.0	5	1	—	—
		锦带花	1.2～1.5	2～3	0.5～0.8	6	1	—	—
		蜡梅	1.5～2.0	5～6	1～1.5	8	1	—	—
		溲疏	1.2	3～5	0.6	5	1	—	—
		金银木	1.5	3～5	0.8～1.0	5	1	—	—
		紫薇	1～1.5	3～5	0.8～1.0	5	1	—	—
		紫丁香	1.2～1.5	3	0.6	5	1	—	—
		木本绣球	0.8～1.0	4	0.6	5	1	—	—
		麻叶绣线菊	0.8～1.0	4	0.8～1.0	5	1	—	—
		猬实	0.8～1.0	3	0.8～1.0	7	1	—	—
	单干型	红花紫薇	1.5～2.0	3～5	0.8	5	1	3～4	
		榆叶梅	1～1.5	5	0.8	5	1	—	3～4
		白丁香	1.5～2	3～5	0.8	5	1	—	3～4
		碧桃	1.5～2	4	0.8	5	1	—	3～4
	蔓生型	连翘	0.5～1	1～3	0.8	5	—	1.0～1.5	—
		迎春	0.4～1	1～2	0.5	5	—	0.6～0.8	—

附表 3　藤木类常用苗木产品主要规格质量标准

类型	树种	苗龄/a	分支数/支	主蔓径/cm	主蔓长/m	移植次数/次
常绿藤木	金银花	3～4	3	0.3	1.0	1
	络 石	3～4	3	0.3	1.0	1
	常春藤	3	3	0.3	1.0	1
	鸡血藤	3	2～3	1	1.5	1
	扶芳藤	3～4	3	1	1.0	1
	三角花	3～4	4～5	1	1～1.5	1
	木 香	3	3	0.8	1.2	1
落叶藤木	猕猴桃	3	4～5	0.5	2～3	1
	南蛇藤	3	4～5	0.5	1.0	1
	紫 藤	4	4～5	1	1.5	1
	爬山虎	1～2	3～4	0.5	2～2.5	1
	野蔷薇	1～3	3	1	1.0	1
	凌 霄	3	4～5	0.8	1.5	1
	葡 萄	3	4～5	1	2～3	1

附表 4　竹类常用苗木产品主要规格质量标准

类型	树种	苗龄/a	母竹分支数/支	竹鞭长/cm	竹鞭个数/个	竹鞭芽眼数/个
散生竹	紫 竹	2～3	2～3	＞0.3	＞2	＞2
	毛 竹	2～3	2～3	＞0.3	＞2	＞2
	方 竹	2～3	2～3	＞0.3	＞2	＞2
	淡 竹	2～3	2～3	＞0.3	＞2	＞2
丛生竹	佛肚竹	2～3	1～2	＞0.3	—	2
	凤凰竹	2～3	1～2	＞0.3	—	2
	粉箪竹	2～3	1～2	＞0.3	—	2
	撑蒿竹	2～3	1～2	＞0.3	—	2
	黄金间碧竹	3	2～3	＞0.3	—	2
混生竹	倭 竹	2～3	2～3	＞0.3	—	＞1
	苦 竹	2～3	2～3	＞0.3	—	＞1
	阔叶箬竹	2～3	2～3	＞0.3	—	＞1

附表 5　棕榈类常用苗木产品主要规格质量标准

类型	树种	树高 /m	灌高 /m	树龄 /a	基径 /cm	冠径 /m	蓬径 /m	移植次数 /次
乔木型	棕 榈	0.6～0.8	—	7～8	6～8	1	—	2
	椰 子	1.5～2	—	4～5	16～20	1	—	2
	王 棕	1～2	—	5～6	6～10	1	—	2
	假槟榔	1～1.5	—	4～5	6～10	1	—	2
	长叶刺葵	0.8～1.0	—	4～6	6～8	1	—	2
	油 棕	0.8～1.0	—	4～5	6～10	1	—	2
	蒲 葵	0.6～0.8	—	8～10	10～12	1	—	2
	鱼尾葵	1.0～1.5	—	4～6	6～8	1	—	2
灌木型	棕 竹	—	0.6～0.8	5～6	—	—	0.6	2
	散尾葵	—	0.8～1	4～6	—	—	0.8	2

参考文献

[1] 郗荣庭.果树栽培学总论.3版.北京:中国农业出版社,1999.

[2] 林焕章.花卉病虫害防治手册.北京:中国农业出版社,1999.

[3] 俞禄生.园林苗圃.北京:中国农业出版社,2002.

[4] 王清连.植物组织培养.北京:中国农业出版社,2002.

[5] 苏金乐.园林苗圃学.北京:中国农业出版社,2003.

[6] 魏岩.园林植物栽培与养护.北京:中国科学技术出版社,2003.

[7] 张东林,等.园林苗圃育苗手册.北京:中国农业出版社,2003.

[8] 郭学望,包满珠.园林树木栽植养护学.2版.北京:中国林业出版社,2004.

[9] 彭志源.最新园林花木育苗与栽培技术操作规范.北京:银声音像出版社,2004.

[10] 江胜德,包志毅.园林苗木生产.北京:中国林业出版社,2004.

[11] 蒋永明.绿化苗木培育手册.上海:上海科学技术出版社.2005 .

[12] 宋建英.园林植物病虫害防治.北京:中国林业出版社,2005.

[13] 马骏,蒋锦标.果树生产技术(北方本).北京:中国农业出版社,2006.

[14] 陈世昌.植物组织培养.重庆:重庆大学出版社,2006.

[15] 孙新政.园艺植物种子生产. 北京:中国农业出版社,2006.

[16] 王庆菊,孙新政.园林苗木繁育技术.北京:中国农业大学出版社,2007.

[17] 杨玉贵,王洪军.园林苗圃.北京:北京大学出版社,2007.

[18] 张建国,等.网袋容器育苗新技术.北京:科学出版社,2007.

[19] 张运山.林木种苗生产技术.北京:中国林业出版社,2007.

[20] 赵彦杰.园林实训指导. 北京:中国农业大学出版社,2007.

[21] 李成德.森林昆虫学. 北京:中国林业出版社,2007.

[22] 张东林.园林绿化种植与养护工程问答录. 北京:机械工业出版社,2008.

[23] 王秀娟.园林苗圃.北京:中国农业大学出版社,2009.

[24] 叶要妹.园林绿化苗木培育与施工,北京:化学工业出版社,2011.

[25] 谢云.园林苗木生产技术书册,北京:中国林业出版社,2012.

[26] 刘睿颖.园林苗圃.北京:化学工业出版社,2012.

[27] 石进朝.园林苗圃.2版.北京:中国农业出版社,2013.

[28] 李娜.园林绿化苗木繁育.北京:化学工业出版社,2014.

[29] 郭淑英.园林苗圃.2版.重庆:重庆大学出版社,2015.

[30] 贾志国.园林绿化苗木栽培与养护.北京:化学工业出版社,2015.

[31] 汪民.苗圃经营与管理.北京:中国林业出版社,2015.

[32] 鞠志新.园林苗圃.北京:化学工业出版社,2016.

[33] 中华人民共和国国家标准.林木种子检验规程.GB 2772—1999.

[34] 林业部科技司.林业标准汇编(三).北京:中国林业出版社,1991.